全国优秀教材二等奖

 面向21世纪课程教材

 普通高等教育"九五"
国家级重点教材

U0229694

面向21世纪课程教材
Textbook Series for 21st Century

概率极限理论基础

Gailü Jixian Lilun Jichu

第二版

林正炎　陆传荣　苏中根　编著

高等教育出版社·北京

内容简介

本书第一版是教育部"高等教育面向 21 世纪教学内容和课程体系改革计划"的研究成果,是面向 21 世纪课程教材和普通高等教育"九五"国家级重点教材。本书既介绍了经典概率极限理论的基本内容,也简要地介绍了现代概率极限理论的主要结果,包含独立和理论、测度弱收敛理论、鞅的极限定理、强极限理论、B 值空间中的概率极限理论等内容,附录中收集了常用的概率不等式。

本书可作为高等学校概率与统计专业的教科书,也可供有关的科研人员参考。

图书在版编目（C I P）数据

概率极限理论基础 / 林正炎,陆传荣,苏中根编著.
-- 2 版 . -- 北京：高等教育出版社,2015.8（2022.4重印）
ISBN 978-7-04-042762-2

Ⅰ.①概… Ⅱ.①林… ②陆… ③苏… Ⅲ.①极限 -概率论 - 高等学校 - 教材 Ⅳ.① O211.4

中国版本图书馆 CIP 数据核字（2015）第 117005 号

策划编辑	张长虹	责任编辑 张长虹	封面设计 张 楠	版式设计 杜微言	
插图绘制	杜晓丹	责任校对 刘春萍	责任印制 朱 琦		

出版发行	高等教育出版社	网 址	http://www.hep.edu.cn
社 址	北京市西城区德外大街4号		http://www.hep.com.cn
邮政编码	100120	网上订购	http://www.landraco.com
印 刷	三河市华骏印务包装有限公司		http://www.landraco.com.cn
开 本	787 mm×960 mm 1/16		
印 张	21.5	版 次	1999 年 9 月第 1 版
字 数	390 千字		2015 年 8 月第 2 版
购书热线	010-58581118	印 次	2022 年 4 月第 3 次印刷
咨询电话	400-810-0598	定 价	33.60 元

本书如有缺页、倒页、脱页等质量问题,请到所购图书销售部门联系调换
版权所有 侵权必究
物料号 42762-00

第二版前言

本书自 1999 年出版以来, 国内许多单位的概率论与数理统计专业都把它作为研究生的教材, 不少概率统计工作者也把它作为重要的参考书。

一部教材必须不断进行修改, 才能日臻完善。教材的修订只有进行时, 没有完成时。本着这一原则, 我们对原书做了较大的修订。例如, 有关中心极限定理的证明, 原书仅作为一般无穷可分分布普适极限定理的特殊情况给出。现在, 我们给出了直接证明, 除经典的特征函数方法之外, 还介绍了 Lindeberg 替换技巧和 Stein 方法。关于中心极限定理和大数定律, 我们补充了若干必要性的内容。此外, 书中增添了有关大偏差理论的一些基本结果。基于鞅理论的重要性, 我们增加了一章, 简要介绍了关于鞅的极限理论。同时, 我们也对原书中某些陈述做了修改, 使之更加确切。尽管如此, 肯定还有不少需要改进的地方, 恳请广大读者不吝指教。

作　者

2014 年 4 月于浙江大学

第一版前言

概率论极限理论是概率论的主要分支之一, 也是概率论的其他分支和数理统计的重要基础。苏联著名概率论学者科尔莫戈罗夫和格涅坚科在评论概率论极限理论时曾说过: "概率论的认识论的价值只有通过极限定理才能被揭示, 没有极限定理就不可能去理解概率论的基本概念的真正含义。" 极限理论的基本内容是每一个概率统计工作者必须掌握的知识与工具。19 世纪 20 年代以前, 中心极限定理是概率论研究的中心课题。经典极限理论是概率论发展史上的重要成果。近代极限理论的研究至今方兴未艾, 它不仅深化了经典理论的许多基本结果, 也极大地拓展了自己的研究领域。这些都是和概率论其他分支以及数理统计的最新发展相联系的。

本书旨在介绍经典的和近代的概率极限定理的基本理论。内容包括: 关于独立随机变量和的经典的分析概率论; 随机过程与数理统计中十分有用的泛函极限定理; 近二十年中发展起来的强不变原理的基本结果和 Banach 空间值概率极限理论初步。全书分六章, 第一章是有关概率论基本知识的简要回顾和必要补充; 第二章叙述了分析概率论的主要结果; 第三章综述了大数定律、重对数律、完全收敛性和随机变量级数的收敛性; 第四章论述了概率测度弱收敛 —— 弱不变原理的基本理论; 第五章给出了强逼近理论的基本结果; 第六章介绍了 Banach 空间值随机变量的若干极限定理。概率不等式是极限理论的关键性工具, 在概率论的其他分支和数理统计的研究中也扮演着重要角色。在附录中我们收集了一批重要的概率不等式。

本书是概率论极限理论的一本入门教材, 可作为概率论与数理统计专业研究生的学位课程教材, 也可作为大学数学专业学生的选修课教材, 并可供需要这方面知识的读者自学。作者也期望本书对于概率统计的专业工作者有参考价值。

本书的写作和出版得到了原国家教委重点教材建设基金的资助, 国家自然科学基金和浙江省自然科学基金的资助, 也得到了杭州大学教材出版基金的资助。本书得到了概率论与数理统计教学指导组专家的指导和支持, 特别是陈木法教授等提出了不少具体的建议, 使本书增色不少。高等教育出版社, 特别是高尚华同志为本书的出版做了大量的工作。作者谨向他们以及所有关心支持本书出版工作的概率统计界朋友表示衷心的感谢。

　　限于作者水平, 不妥或谬误之处在所难免, 恳请同行专家和广大读者不吝赐教。

作　者

1998 年 6 月

于杭州大学

缩写及记号

r.v.	随机变量
d.f.	分布函数
c.f.	特征函数
a.s.	几乎必然地
i.d.	无穷可分
i.i.d.	相互独立同分布
$A_n, \text{i.o.}$	无穷多个 A_n 发生
$(\Omega, \mathscr{A}, P)$	概率空间
A^c	A 的对立事件
$A\Delta B$	A、B 的对称差, 即 $(A\bigcap B^c)\bigcup(A^c\bigcap B)$
∂A	A 的边界
mX	随机变量 X 的中位数
EX	随机变量 X 的数学期望
$\text{Var}\, X$	随机变量 X 的方差
$\text{Cov}(X, Y)$	随机变量 X 与 Y 的协方差
$X_n \to X \text{a.s.}$	随机变量列 $\{X_n\}$ 几乎必然收敛于随机变量 X
$X_n \xrightarrow{P} X$	随机变量列 $\{X_n\}$ 依概率收敛于随机变量 X
$\xrightarrow{d}$	依分布收敛 (或弱收敛)
$\xrightarrow{L_p}$	p 阶平均收敛
$\mu_n \Rightarrow \mu$	测度序列 $\{\mu_n\}$ 弱收敛于测度 μ
$\sigma(X_1, \cdots, X_n)$	由随机变量 $X_1, \cdots, X_n$ 生成的 σ 域
$\sigma(\mathscr{F})$	由集类 $\mathscr{F}$ 生成的 σ 域
$I(A)$	集 A 的示性函数
X^+	$\max(X, 0)$
X^-	$-\min(X, 0)$
$\mathbf{R}^k$	k 维欧氏空间
$\mathscr{B}^k$	k 维 Borel 集全体
$\mathbf{R}^\infty$	无穷维欧氏空间
$\mathscr{B}^\infty$	无穷维 Borel 集
$w_x(\delta)$	函数 $x(t)(0 \leqslant t \leqslant 1)$ 的连续模

$[a]$ 实数 a 的整数部分

$a_n = o(b_n)$ $\lim a_n/b_n = 0$

$a_n = O(b_n)$ $\limsup a_n/b_n < \infty$

$\pi_{t_1,\cdots,t_k}$ 在 $(t_1, \cdots, t_k)$ 上的投影映射

目　　录

第一章 准备知识

§1 随机变量与概率分布

设 Ω 是由一些元素组成的非空集, 其元素 (常记作 ω) 叫做点或**基本事件**. 通常称 Ω 为**基本事件空间**. 记 $\mathscr{A}$ 为由 Ω 的某些子集组成的集类, 如果它具有性质:

(i) $\Omega \in \mathscr{A}$;

(ii) 若 $A_i \in \mathscr{A}, i = 1, 2, \cdots$, 则 $\bigcup\limits_i A_i \in \mathscr{A}$,

那么称 $\mathscr{A}$ 为**事件的 σ 域**, 并称 $\mathscr{A}$ 中的元素为**事件**.

设 $P(A)(A \in \mathscr{A})$ 是定义在 σ 域 $\mathscr{A}$ 上的实值集函数. 若它满足条件:

(i) 对每一 $A \in \mathscr{A}$, 有 $0 \leqslant P(A) \leqslant 1$;

(ii) $P(\Omega) = 1$;

(iii) 对任意 $A_n \in \mathscr{A}(n = 1, 2, \cdots), A_n \bigcap A_m = \varnothing(n \neq m)$, 有可列可加性:

$$P\left(\bigcup_{n=1}^{\infty} A_n\right) = \sum_{n=1}^{\infty} P(A_n),$$

则称 $P(\cdot)$ 是 $\mathscr{A}$ 上的**概率测度**, 简称**概率**. 值 $P(A)$ 称为事件 A 的**概率**. 三元总体 $(\Omega, \mathscr{A}, P)$ 称为**概率空间**.

概率的可列可加性与如下的**上连续性**等价: 设事件列 $\{B_n\}$ 单调不增, 即 $B_1 \supset B_2 \supset \cdots \supset B_n \supset \cdots$ 且对任何 $n \geqslant 1$, $\bigcap\limits_{k \geqslant n} B_k = \varnothing$, 则 $\lim\limits_{n \to \infty} P(B_n) = 0$.

设 $X = X(\omega)$ 是定义在 Ω 上的有限实值函数, 如果它关于 $\mathscr{A}$ 是可测的, 就称 X 为一**随机变量** (简记为 r.v.). 以后我们也允许 r.v. 在概率为零的集合上取无穷值. 记 $\mathscr{B}$ 为 $\mathbf{R}^1 = (-\infty, \infty)$ 中所有 Borel 集组成的集类 (它是一个 σ 域). 我们称定义在 $\mathscr{B}$ 上的集函数 $P_X(B) = P\{\omega : X(\omega) \in B\}(B \in \mathscr{B})$ 为 r.v. X 的**概率分布**. 这样, 由概率空间 $(\Omega, \mathscr{A}, P)$ 上的一个 r.v. X 可以诱导出一个新的概率空间 $(\mathbf{R}^1, \mathscr{B}, P_X)$.

记 $F(x) = P_X\{(-\infty, x)\} = P(X < x)(x \in \mathbf{R}^1)$, 称它是 r.v. X 的**分布函数** (简记为 d.f.). 易知它具有性质:

(i) $F(x)$ 是不减、左连续的;

(ii) $\lim\limits_{x \to -\infty} F(x) = 0$, $\lim\limits_{x \to \infty} F(x) = 1$.

反之, 可以证明任一具有性质 (i)、(ii) 的函数 $F(x)$ 必为某个概率空间上某一 r.v. X 的 d.f.

如果在 $\mathbf{R}^1$ 上存在一个有限或可列的点集 B, 对每一 $x \in B$, $P(X = x) > 0$ 且使得 $P(X \in B) = 1$, 则称 r.v. X 是离散型的, 称它的 d.f. $F(x)$ 是离散分布函数, 使得 $P(X = x) > 0$ 的 x 为 r.v. X 的**可能值**.

如果 r.v. X 对 $\mathbf{R}^1$ 上任一有限或可列的点集 B, 有 $P(X \in B) = 0$, 就称 r.v. X 的分布是**连续的**. 若对任何 Lebesgue 测度 (L 测度) 为 0 的 Borel 集 B, 有 $P(X \in B) = 0$, 则称 r.v. X 是连续型的, 它具有**绝对连续**的分布函数. 若 X 的分布是**连续的**, 且存在 L 测度为 0 的 Borel 集 B, 使 $P(X \in B) = 1$, 则称 r.v. X 的分布是**奇异的**.

若 d.f. $F(x)$ 是绝对连续的, 则对每一 x, 有

$$F(x) = \int_{-\infty}^{x} p(t)\mathrm{d}t,$$

其中 $p(x)$ 是非负可积函数. 称 $p(x)$ 是 r.v. X 的**概率** (分布) **密度**或**密度函数**.

若对每一 $\varepsilon > 0$, 有 $F(x + \varepsilon) - F(x - \varepsilon) > 0$, 则称 x 是 d.f. $F(x)$ 的一个**支撑点**. 全体支撑点组成的集合称为 F 的**支撑**. d.f. 的不连续点是它的支撑点.

设 $(\Omega, \mathscr{A}, P)$ 是一概率空间, 如果 $A \in \mathscr{A}, P(A) > 0$, 且对任何 $B \subset A$, 或者 $P(B) = 0$, 或者 $P(B) = P(A)$, 则称 A 是 P 的一个**原子**.

由 Lebesgue 分解定理和单调函数的性质可知, 任一 d.f. $F(x)$ 可唯一地分解成如下形式:

$$F(x) = C_1 F_1(x) + C_2 F_2(x) + C_3 F_3(x), \tag{1.1}$$

其中 $C_i \geqslant 0 (i = 1, 2, 3), \sum_{i=1}^{3} C_i = 1, F_1(x), F_2(x), F_3(x)$ 分别是离散的、绝对连续的和奇异的 d.f.

设 X 是 r.v., 当 X 与 $-X$ 有相同的分布时, 我们称 X 是**对称的** r.v.

设 $X_1, X_2, \cdots, X_n$ 是定义在同一概率空间上的 r.v., 则称 $\boldsymbol{X} = (X_1, X_2, \cdots, X_n)$ 为 n **维随机变量**或**随机向量**. 对任一 n 维欧氏空间 $\mathbf{R}^n$ 中的 Borel 集 B, 记

$$P_X(B) = P(\boldsymbol{X} \in B) = P\{\omega : (X_1(\omega), \cdots, X_n(\omega)) \in B\},$$

称 P_X 是随机向量 $\boldsymbol{X}$ 的概率分布. 记

$$F(x_1, \cdots, x_n) = P\{X_1 < x_1, \cdots, X_n < x_n\}, \quad (x_1, \cdots, x_n) \in \mathbf{R}^n,$$

称它为 n 维随机变量 $(X_1, \cdots, X_n)$ 的 n **元分布函数**或随机向量 $\boldsymbol{X}$ 的分布函数.

易知它具有性质:

(i) 对每一 $x_i(i = 1, \cdots, n), F(x_1, \cdots, x_n)$ 是不减左连续的;

(ii) $\lim\limits_{x_i \to -\infty} F(x_1, \cdots, x_n) = 0 (i = 1, \cdots, n),$

$$\lim_{x_1 \to \infty, \cdots, x_n \to \infty} F(x_1, \cdots, x_n) = 1;$$

(iii) 对 $\mathbf{R}^n$ 中任一矩形集 $A = \{x = (x_1, \cdots, x_n) : a_i \leqslant x_i < b_i, 1 \leqslant i \leqslant n\}$, 有

$$P(\boldsymbol{X} \in A) = P\{a_i \leqslant X_i < b_i, 1 \leqslant i \leqslant n\}$$
$$= F(b_1, \cdots, b_n) - \sum_{i=1}^{n} F(b_1, \cdots, a_i, \cdots, b_n)$$
$$+ \cdots + (-1)^n F(a_1, \cdots, a_n).$$

$$F_j(y) = \lim_{\substack{y_i \to \infty \\ i \neq j}} F(y_1, \cdots, y_{j-1}, y, y_{j+1}, \cdots, y_n)$$ 称为随机向量 $\boldsymbol{X}$ 的**一元边际分布**.

设 $X_1, \cdots, X_n$ 是 n 个 r.v., 称它们是**相互独立的**, 若对 $\mathbf{R}^1$ 中任意 n 个 Borel 集 $B_1, \cdots, B_n$, 事件 $\{\omega : X_i(\omega) \in B_i\}(1 \leqslant i \leqslant n)$ 是相互独立的, 即

$$P\left\{\bigcap_{i=1}^{n}(X_i \in B_i)\right\} = \prod_{i=1}^{n} P(X_i \in B_i).$$

易知 r.v. $X_1, \cdots, X_n$ 相互独立当且仅当对任何实数 $x_1, \cdots, x_n$, 有

$$F(x_1, \cdots, x_n) = \prod_{i=1}^{n} F_i(x_i),$$

其中 $F_i(x) = P(X_i < x)$.

设 r.v. X_1 和 X_2 独立且它们的 d.f. 分别为 $F_1(x)$ 和 $F_2(x)$, 那么 r.v. $X_1 + X_2$ 的 d.f. 为

$$F_1 * F_2(x) = \int_{-\infty}^{\infty} F_1(x - u)\mathrm{d}F_2(u),$$

$F_1 * F_2$ 称为 F_1 与 F_2 的**卷积**.

若 $X_1, X_2, \cdots$ 是一列 r.v., 且对每一 $n, X_1, \cdots, X_n$ 是相互独立的, 则称此 r.v. 序列是**相互独立的**. 又若 $X_1, \cdots, X_{n+m}$ 是相互独立的 r.v., 而 f 和 g 分别是定义在 $\mathbf{R}^m$ 和 $\mathbf{R}^n$ 上, 取值于 $\mathbf{R}^1$ 中的 Borel 可测函数, 那么 $f(X_1, \cdots, X_m)$ 和 $g(X_{m+1}, \cdots, X_{n+m})$ 是独立的 r.v.

§2　数学期望及其性质

设 $X = X(\cdot)$ 是定义在概率空间 $(\Omega, \mathscr{A}, P)$ 上的 r.v., 如果 $\int_{\Omega} |X| \mathrm{d}P < \infty$, 就称 r.v. X 的**数学期望**或**均值存在** (或称 r.v. X 是**可积的**), 记作 EX, 它由下式定义:

$$EX = \int_{\Omega} X \mathrm{d}P. \tag{2.1}$$

利用积分变换, 也可写成 $EX = \int_{-\infty}^{\infty} x \mathrm{d}F(x)$.

设 $g(x)$ 是 $\mathbf{R}^1$ 上的 Borel 可测函数, 如果 r.v. $g(X)$ 的数学期望存在, 即 $E|g(X)| < \infty$, 则由积分变换可知

$$Eg(X) = \int_{\Omega} g(X) \mathrm{d}P = \int_{-\infty}^{\infty} g(X) \mathrm{d}F(x). \tag{2.2}$$

设 k 是正整数, 若 r.v. X^k 的数学期望存在, 就称它为 X 的 k **阶原点矩**, 记为 α_k. 由 (2.2) 知

$$\alpha_k = EX^k = \int_{-\infty}^{\infty} x^k \mathrm{d}F(x). \tag{2.3}$$

设 k 是正实数, 若 $|X|^k$ 的数学期望存在, 就称它为 X 的 k **阶绝对矩**, 记为 β_k. 由 (2.2) 知

$$\beta_k = E|X|^k = \int_{-\infty}^{\infty} |x|^k \mathrm{d}F(x). \tag{2.4}$$

X 的 k **阶中心矩** μ_k 和 k **阶绝对中心矩** ν_k 分别定义为:

$$\mu_k = E(X - EX)^k = \int_{-\infty}^{\infty} (x - \alpha_1)^k \mathrm{d}F(x),$$

$$\nu_k = E|X - EX|^k = \int_{-\infty}^{\infty} |x - \alpha_1|^k \mathrm{d}F(x).$$

我们称二阶中心矩为**方差**, 记作 $\mathrm{Var}X$ 或 DX. 显然有

$$\mathrm{Var}X = \mu_2 = \nu_2 = \alpha_2 - \alpha_1^2.$$

容易验证, 若 α_k 存在, 则对一切正整数 $m \leqslant k, \alpha_m$ 存在; 若 β_k 存在, 则对一切正数 $m \leqslant k, \beta_m$ 存在且有 $\beta_m^{1/m} \leqslant \beta_k^{1/k}$. 从而, 对每一 l 和 m 有 $\beta_m \beta_l \leqslant \beta_{m+l}$. 对 ν_k 也有类似的结论.

关于数学期望, 容易验证下列性质成立:

1) 若 r.v. X, Y 的期望 EX 和 EY 存在, 则对任意实数 α、$\beta, E(\alpha X + \beta Y)$ 也存在, 且

$$E(\alpha X + \beta Y) = \alpha EX + \beta EY.$$

2) 设 $A \in \mathscr{A}$, 用 I_A 表示集 A 的示性函数. 若 EX 存在, 则 $E(XI_A)$ 也存在, 且

$$E(XI_A) = \int_A X\mathrm{d}P.$$

此外, $E(|X|I_A) = 0$ 的充要条件是 $P(A) = 0$, 或者在 A 中 a.s. 成立着 $X = 0$ (a.s. 是 "几乎必然" 的简写).

3) 若 EX 存在, 则下面三命题等价:

(i) $X = 0$ a.s.;

(ii) 对一切 $A \in \mathscr{A}, E(XI_A) = 0$;

(iii) $E|X| = 0$.

4) 若 $\{A_k\}$ 是 Ω 的一个分划, 即 $A_k \bigcap A_m = \varnothing (k \neq m)$ 且 $\Omega = \bigcup\limits_k A_k$, 则

$$EX = \int_\Omega X\mathrm{d}P = \sum_k \int_{A_k} X\mathrm{d}P.$$

5) 设 X 是 r.v., $A \in \mathscr{A}$. 若有 α、$\beta \in \mathbf{R}^1$ 使得在 A 上 a.s. 成立着 $\alpha \leqslant X \leqslant \beta$, 则 $\int_A X\mathrm{d}P$ 存在, 且有

$$\alpha P(A) \leqslant \int_A X\mathrm{d}P \leqslant \beta P(A).$$

特别地, 若 X 是在 Ω 上 a.s. 有界的, 则 EX 必存在. 进一步, 若有 r.v. X_1 和 X_2, EX_1 和 EX_2 都存在, 且在 A 上 a.s. 成立着 $X_1 \leqslant X \leqslant X_2$, 则 EX 存在并且

$$\int_A X_1\mathrm{d}P \leqslant \int_A X\mathrm{d}P \leqslant \int_A X_2\mathrm{d}P.$$

6) 设 EX 存在, 并由关系式

$$G_X(A) = \int_A X\mathrm{d}P, \quad A \in \mathscr{A}$$

定义 $\mathscr{A}$ 上的集函数 $G_X(\cdot)$, 那么它是可列可加的. 特别地, 当 $X \geqslant 0$ a.s. 时, G_X 是 $\mathscr{A}$ 上的一个有限测度.

关于矩的若干不等式陈述于附录二的四和五中, 它们是十分有用的.

关于矩的存在性可写出如下的必要条件和充分条件:

定理 2.1 设对 r.v. X 存在 $p > 0$, 使 $E|X|^p < \infty$, 则

$$\lim_{x \to \infty} x^p P(|X| \geqslant x) = 0. \tag{2.5}$$

证　记 X 的 d.f. 为 $F(x)$. 因为 $E|X|^p < \infty$, 故有

$$\lim_{x\to\infty} \int_{|t|\geqslant x} |t|^p \mathrm{d}F(t) = 0.$$

但是

$$x^p P(|X| \geqslant x) \leqslant \int_{|t|\geqslant x} |t|^p \mathrm{d}F(t),$$

由此即可推得 (2.5).

定理 2.2　设 r.v. $X \geqslant 0$ (a.s.), 它的 d.f. 为 $F(x)$. 那么 $EX < \infty$ 的充要条件是 $\int_0^\infty (1 - F(x))\mathrm{d}x < \infty$. 这时

$$EX = \int_0^\infty (1 - F(x))\mathrm{d}x. \tag{2.6}$$

证　对于非负 r.v. X, 利用 Fubini 定理有

$$\begin{aligned}
EX &= \int_\Omega X(\omega)\mathrm{d}P(\omega) = \int_\Omega \int_0^\infty I_{(x\leqslant X(\omega))}\mathrm{d}x\mathrm{d}P(\omega) \\
&= \int_0^\infty \int_\Omega I_{(x\leqslant X(\omega))}\mathrm{d}P(\omega)\mathrm{d}x = \int_0^\infty P(X \geqslant x)\mathrm{d}x \\
&= \int_0^\infty (1 - F(x))\mathrm{d}x.
\end{aligned} \tag{2.7}$$

推论 2.1　$E|X| < \infty$ 的充要条件是 $\int_{-\infty}^0 F(x)\mathrm{d}x$ 与 $\int_0^\infty (1 - F(x))\mathrm{d}x$ 均为有限. 这时有

$$EX = \int_0^\infty (1 - F(x))\mathrm{d}x - \int_{-\infty}^0 F(x)\mathrm{d}x. \tag{2.8}$$

推论 2.2　对 $0 < p < \infty, E|X|^p < \infty$ 的充要条件是 $\sum_{n=1}^\infty P(|X| \geqslant n^{1/p}) < \infty$. 它也等价于 $\sum_{n=1}^\infty n^{p-1}P(|X| \geqslant n) < \infty$.

证　由定理 2.2 的证明可知, 在 $X \geqslant 0$ 下, (2.6) 总成立. 由此并应用 Fubini 定理,

$$\begin{aligned}
E|X|^p &= \int_0^\infty P(|X|^p \geqslant x)\mathrm{d}x = \int_0^\infty \int_\Omega I_{(|X|^p\geqslant x)}\mathrm{d}P\mathrm{d}x \\
&= \int_\Omega \int_0^\infty px^{p-1}I_{(|X|\geqslant x)}\mathrm{d}x\mathrm{d}P \\
&= p\int_0^\infty x^{p-1}P(|X| \geqslant x)\mathrm{d}x.
\end{aligned}$$

因此 $E|X|^p < \infty$ 当且仅当 $\int_0^\infty P(|X|^p \geqslant x)\mathrm{d}x < \infty$, 它也等价于 $\int_0^\infty x^{p-1}P(|X| \geqslant x)\mathrm{d}x < \infty$. 而这两个积分收敛又分别等价于上述两个级数收敛.

除了数学期望和方差外, 中位数也是随机变量的一个重要数字特征. 数 mX 称为 r.v. X 的**中位数**, 若 $P(X \geqslant mX) \geqslant \frac{1}{2}$ 且 $P(X \leqslant mX) \geqslant \frac{1}{2}$. 一个 r.v. 的中位数总是存在的, 但不一定是唯一的. 易知若 $P(|X - a| < \varepsilon) > \frac{1}{2}$, 则 $|mX - a| < \varepsilon$.

$M(t) = Ee^{tX}$ 称为 r.v. X 的**矩母函数**. 如果 $M(t)$ 在 $t = t_0 > 0$ 及 $t = -t_0$ 处取有限值, 那么可以证明下列性质成立:

1) 当 $|t| \leqslant t_0$ 时, $M(t) < \infty$;

2) $M(t)$ 在 $|t| \leqslant t_0$ 上是凸函数;

3) 对任意正整数 $k, E|X|^k < \infty$ 且

$$EX^k = M^{(k)}(0).$$

若 r.v. X_1 与 X_2 独立, 且它们的矩母函数 $M_1(t)$ 和 $M_2(t)$ 在 $|t| \leqslant t_0$ 上有限, 那么 r.v. $X_1 + X_2$ 的矩母函数为 $M_1(t)M_2(t)$.

最后介绍随机向量的数学期望的概念. 若对随机向量 $\boldsymbol{X} = (X_1, \cdots, X_n)$ 的每一分量 X_i, 数学期望 EX_i 存在, 随机向量 $\boldsymbol{X}$ 的**数学期望** $E\boldsymbol{X}$ 就定义为向量 $(EX_1, \cdots, EX_n)$.

设 $g(\cdot)$ 是 $\mathbf{R}^n$ 到 $\mathbf{R}^1$ 的 Borel 可测函数, 那么 $g(\boldsymbol{X})$ 是一个 r.v., 记 $\boldsymbol{X}$ 的 n 元 d.f. 为 $F(x_1, \cdots, x_n)$. 由积分变换可写

$$Eg(\boldsymbol{X}) = \int_{\mathbf{R}^n} g(x_1, \cdots, x_n)\mathrm{d}F(x_1, \cdots, x_n).$$

记 $\sigma_{jj} = \mathrm{Var}X_j (1 \leqslant j \leqslant n), \sigma_{jk} = \mathrm{Cov}(X_j, X_k) = E(X_j - EX_j)(X_k - EX_k) = EX_jX_k - EX_jEX_k (j \neq k)$. 后者称为 r.v. X_j 与 X_k 的**协方差**, 矩阵 $\Sigma = (\sigma_{jk})_{n \times n}$ 称为随机向量 $\boldsymbol{X}$ 的**协方差矩阵**. 由 Schwarz 不等式易知 $|\sigma_{jk}| \leqslant \sqrt{\sigma_{jj}\sigma_{kk}}$.

$$\rho_{jk} = \begin{cases} \sigma_{jk}/\sqrt{\sigma_{jj}\sigma_{kk}}, & \text{当 } \sigma_{jj}\sigma_{kk} \neq 0, \\ 0, & \text{当 } \sigma_{jj}\sigma_{kk} = 0 \end{cases}$$

称为 r.v. X_j 与 X_k 的**相关系数**. 易知 $|\rho_{jk}| \leqslant 1$, 且对方差不为 0 的 r.v. X_j 和 $X_k, |\rho_{jk}| = 1$ 当且仅当 X_j 与 X_k 是以概率 1 线性相关的, 即有常数 $a_1 \neq 0, a_2 \neq 0$ 和 b, 使得

$$P\{a_1X_j + a_2X_k + b = 0\} = 1.$$

另外, 称

$$M(t_1, \cdots, t_n) = E \exp \left(\sum_{j=1}^{n} t_j X_j \right)$$

为随机向量 $\boldsymbol{X}$ 的**矩母函数**.

§3 特征函数及其性质

设 r.v. X 的 d.f. 是 $F(x)$, 称 $F(x)$ 的 Fourier-Stieltjes 变换

$$f(t) = E e^{itX} = \int_{-\infty}^{\infty} e^{itx} dF(x) \tag{3.1}$$

为 r.v. X 的**特征函数** (简记为 c.f.). 由定义可知 c.f. 具有下述基本性质:

1) $f(0) = 1, |f(t)| \leqslant 1, f(-t) = \overline{f(t)},$ $\qquad\qquad\qquad\qquad$ (3.2)
其中 $\bar{f}$ 表示 f 的复共轭.

2) $|f(t) - f(t+h)|^2 \leqslant 2(1 - \mathrm{Re} f(h)).$ $\qquad\qquad\qquad$ (3.3)

3) $f(t)$ 在 $\mathbf{R}^1$ 上是一致连续的.

4) $f(t)$ 具有非负定性, 即对任意实数 $t_1, \cdots, t_n$ 及复数 $\lambda_1, \cdots, \lambda_n$, 有

$$\sum_{k=1}^{n} \sum_{j=1}^{n} f(t_k - t_j) \lambda_k \overline{\lambda}_j \geqslant 0. \tag{3.4}$$

5) 设 $Y = aX + b, a$、b 是任意实数, 则

$$f_Y(t) = e^{ibt} f_X(at). \tag{3.5}$$

6) 独立 r.v. $X_k(k = 1, \cdots, n)$ 之和 $S_n = \sum_{k=1}^{n} X_k$ 的 c.f. $f_{S_n}(t)$ 等于 X_k 的 c.f. $f_k(t)$ 之积, 即

$$f_{S_n}(t) = \prod_{k=1}^{n} f_k(t)$$

(其逆不真).

7) 设 r.v. X 的 k 阶矩 $\alpha_k = EX^k$ 存在 (k 为正整数), 那么 $f(t)$ 是 k 次可微的, 且对 $m \leqslant k$, 有

$$f^{(m)}(0) = i^m \alpha_m. \tag{3.6}$$

反之, 若 X 的 c.f. $f(t)$ 是 k 次可微的, 当 k 为偶数时, 则 $E|X|^k < \infty$; 当 k 为奇数时, $E|X|^{k-1} < \infty$, 但 k 阶矩未必存在.

8) 设 r.v. X 的 k 阶矩存在, k 为正实数, 那么利用 Maclaurin 公式可证

$$f(t) = 1 + \sum_{r=1}^{[k]} \frac{\alpha_r}{r!}(\mathrm{i}t)^r + o(|t|^k) \quad (t \to 0). \tag{3.7}$$

在叙述性质 9) 之前先介绍复变函数论中的一个结果.

引理 3.1 设 $f(t)$ 是实变量复值连续函数, $f(t) \neq 0, t \in \mathbf{R}^1$. 那么存在连续函数 $g : \mathbf{R}^1 \to \mathbf{R}^1$ 使得 $f(t) = |f(t)| \exp(\mathrm{i}g(t))$, 或等价地, $\mathrm{Log}f(t) = \log|f(t)| + \mathrm{i}\arg f(t)$ 且 $g(t) = \arg f(t)$ 关于 t 连续.

这是 $\mathrm{Log}f$ 的一支且它与任何另一支的差是 $2k\pi\mathrm{i}$ (k 是整数). 我们可以通过对 g 规定一个特殊的值来选取唯一的一支.

9) 设 r.v. X 的 k 阶矩存在, k 为正整数, 那么

$$\mathrm{Log}f(t) = \sum_{l=1}^{k} \frac{\gamma_l}{l!}(\mathrm{i}t)^l + o(|t|^k) \quad (t \to 0), \tag{3.8}$$

其中 $\gamma_l = \dfrac{1}{\mathrm{i}^l}\left[\dfrac{\mathrm{d}^l}{\mathrm{d}t^l}\mathrm{Log}f(t)\right]_{t=0}$ 称为 r.v. X 的 l 阶**半不变量**. 易见 $\gamma_1 = \alpha_1, \gamma_2 = \alpha_2 - \alpha_1^2, \gamma_3 = E(X - \alpha_1)^3, \cdots$.

10) $1 - |f(2t)|^2 \leqslant 4(1 - |f(t)|^2)$. $\tag{3.9}$

证 记 $G(x)$ 是一 d.f., 其对应的 c.f. 为 $g(t)$. 则

$$\mathrm{Re}(1 - g(t)) = \int_{-\infty}^{\infty} (1 - \cos tx)\mathrm{d}G(x).$$

因为

$$1 - \cos tx = 2\sin^2\left(\frac{tx}{2}\right) \geqslant \frac{1}{4}(1 - \cos 2tx),$$

所以对每一 t,

$$\mathrm{Re}(1 - g(2t)) \leqslant 4\mathrm{Re}(1 - g(t)). \tag{3.10}$$

令 $g(t) = |f(t)|^2$, 即得 (3.9) 式.

11) 设 $f(t)$ 是非退化分布的 c.f., 则存在正常数 δ 和 ε, 使当 $|t| \leqslant \delta$ 时, 有

$$|f(t)| \leqslant 1 - \varepsilon t^2.$$

证 先设分布具有有限方差 σ^2, 由分布的非退化性知 $\sigma^2 > 0$. 记 a 为相应的数学期望, 那么 $f(t)\mathrm{e}^{-\mathrm{i}at}$ 是期望为 0, 方差为 σ^2 的 d.f. 所对应的 c.f., 所以由性质 8), 当 $t \to 0$ 时

$$f(t)\mathrm{e}^{-\mathrm{i}at} = 1 - \frac{\sigma^2 t^2}{2} + o(t^2).$$

对充分小的 t, 上式右边的模不超过 $1 - \dfrac{\sigma^2 t^2}{4}$. 由此可得待证的不等式.

对一般情形, 设 $f(t)$ 对应的 d.f. 为 $F(x)$. 令 $c = \displaystyle\int_{|x| \leqslant b} \mathrm{d}F(x)$. 选 b 使得 $c > 0$. 并定义函数

$$
G(x) = \begin{cases}
0, & \text{当 } x \leqslant -b, \\
\dfrac{1}{c}(F(x) - F(-b)), & \text{当 } -b < x \leqslant b, \\
1, & \text{当 } x > b.
\end{cases}
$$

显然 $G(x)$ 是有有限方差的非退化分布, 其 c.f. 为

$$
g(t) = \frac{1}{c} \int_{|x| \leqslant b} \mathrm{e}^{\mathrm{i}tx} \mathrm{d}F(x).
$$

从已证部分可得存在 δ 和 ε', 当 $|t| \leqslant \delta$ 时

$$
\frac{1}{c} \left| \int_{|x| \leqslant b} \mathrm{e}^{\mathrm{i}tx} \mathrm{d}F(x) \right| \leqslant 1 - \varepsilon' t^2.
$$

显然

$$
|f(t)| \leqslant \left| \int_{|x| \leqslant b} \mathrm{e}^{\mathrm{i}tx} \mathrm{d}F(x) \right| + \int_{|x| > b} \mathrm{d}F(x).
$$

所以, 当 $|t| \leqslant \delta$ 时, $|f(t)| \leqslant c(1 - \varepsilon' t^2) + 1 - c = 1 - c\varepsilon' t^2$. 令 $\varepsilon = c\varepsilon'$, 即得待证的不等式.

下面我们叙述逆转公式和唯一性定理, 其证明见 [7] 等.

定理 3.1 (逆转公式) 设 $F(x)$ 是 d.f., $f(t)$ 是对应的 c.f., 若 x_1 和 x_2 是 $F(x)$ 的连续点, 那么

$$
F(x_2) - F(x_1) = \frac{1}{2\pi} \lim_{T \to \infty} \int_{-T}^{T} \frac{\mathrm{e}^{-\mathrm{i}tx_2} - \mathrm{e}^{-\mathrm{i}tx_1}}{-\mathrm{i}t} f(t) \mathrm{d}t.
$$

作为这一定理的一个直接推论, 有

定理 3.2 具有相同 c.f. 的两个 d.f. 是恒等的.

由此还可推得下列事实: 一个 r.v. X 是对称的, 当且仅当它的 c.f. 是实的. 事实上, 由 X 的对称性知 X 和 $-X$ 有相同的 d.f., 据定义 $f(t) = E\mathrm{e}^{\mathrm{i}tX} = E\mathrm{e}^{-\mathrm{i}tX} = f(-t) = \overline{f(t)}$. 这就是说 $f(t)$ 是实的. 反之, 从

$$
f(t) = \overline{f(t)} = f(-t) = E\mathrm{e}^{-\mathrm{i}tX}
$$

知 X 和 $-X$ 的 c.f. 相等, 故它们的 d.f. 恒等. 这说明 r.v. X 是对称的.

定理 3.3 设 c.f. $f(t)$ 在 $\mathbf{R}^1$ 上绝对可积, 那么对应的 d.f. $F(x)$ 处处有连续的导数 $p(x) = \dfrac{\mathrm{d}}{\mathrm{d}x}F(x)$, 且对每一 x, 有

$$p(x) = \frac{1}{2\pi}\int_{-\infty}^{\infty} \mathrm{e}^{\mathrm{i}tx}f(t)\mathrm{d}t.$$

证明可参见 [33].

注 3.1 绝对连续的 d.f. 对应的 c.f. 未必绝对可积. 例如 $f(t) = \dfrac{1}{1+|t|}$ 是不绝对可积的 c.f., 但对应的 d.f. 是绝对连续的.

现在来给出定义在 $\mathbf{R}^1$ 上的复值函数 $f(t)$ 是 c.f. 的充要条件.

定理 3.4 (Bochner-Khinchin 定理) $\mathbf{R}^1$ 上复值函数 $f(t)$ 是 c.f. 的充要条件是 $f(0) = 1$, $f(t)$ 连续且非负定, 即对每一正整数 N, 任意实数 $t_1, \cdots, t_N$ 及任意复数 $\lambda_1, \cdots, \lambda_N$, 有

$$\sum_{j=1}^{N}\sum_{k=1}^{N}\lambda_j\overline{\lambda}_k f(t_j - t_k) \geqslant 0.$$

证明参见 [2].

注 3.2 在理论讨论中, Bochner-Khinchin 定理是有意义的. 但在具体验证一个函数是否为 c.f. 时常常无法运用它. 这时我们常用下一节的定理 4.2, 或者直接指明它对应的 d.f.

最后来讨论多维 r.v. $(X_1, \cdots, X_n)$ 的 c.f.

设 $(X_1, \cdots, X_n)$ 的 n 元 d.f. 为 $F(x_1, \cdots, x_n)$, 我们称

$$f(t_1, \cdots, t_n) = E\exp\left(\mathrm{i}\sum_{k=1}^{n} t_k X_k\right)$$

为 n 维 r.v. $(X_1, \cdots, X_n)$ 的 c.f. 因此

$$f(t_1, \cdots, t_n) = \int_{-\infty}^{\infty}\cdots\int_{-\infty}^{\infty}\exp\left(\mathrm{i}\sum_{k=1}^{n} t_k x_k\right)\mathrm{d}F(x_1, \cdots, x_n).$$

类似于一维情形, 也有相应的逆转公式和对应的唯一性定理.

利用多元 c.f., 可把 r.v. 的独立性用它们的 c.f. 来表达.

定理 3.5 r.v. $X_1, \cdots, X_n$ 相互独立的充要条件是它的 n 维 c.f. 等于各分量的 c.f. 之乘积, 即

$$f_{X_1, \cdots, X_n}(t_1, \cdots, t_n) = \prod_{j=1}^{n} f_{X_j}(t_j).$$

证明是直接的.

§4 分布函数列与特征函数列的收敛性

设 $F(x), F_n(x), n = 1, 2, \cdots$ 是有界不减函数. 若在 $F(x)$ 的每一连续点上有 $\lim\limits_{n\to\infty} F_n(x) = F(x)$, 则称序列 $\{F_n(x)\}$ **淡收敛**于 $F(x)$. 进一步, 若 $F_n(x)$ 淡收敛于 $F(x)$, 而且 $\lim\limits_{n\to\infty} F_n(\infty) = F(\infty)$, $\lim\limits_{n\to\infty} F_n(-\infty) = F(-\infty)$, 则称 $F_n(x)$ **弱收敛**于 $F(x)$, 记作 $F_n \xrightarrow{d} F$.

如果 r.v. 列 $\{X_n\}$ 的 d.f. $\{F_n(x)\}$ 弱收敛于 r.v. X 的 d.f. $F(x)$, 则称 X_n **依分布收敛**于 X, 记作 $X_n \xrightarrow{d} X$.

定理 4.1 (Helly-Bray 定理) 设 $\{F, F_n; n \geqslant 1\}$ 是有界不减函数列, $F_n \xrightarrow{d} F$; g 是 $\mathbf{R}^1$ 上有界连续函数, 那么

$$\lim_{n\to\infty} \int_{-\infty}^{\infty} g(x)\mathrm{d}F_n(x) = \int_{-\infty}^{\infty} g(x)\mathrm{d}F(x).$$

推论 4.1 设 $\{X, X_n; n \geqslant 1\}$ 为一列随机变量, 则 $X_n \xrightarrow{d} X$ 当且仅当对每一个有界连续函数 f,

$$Ef(X_n) \to Ef(X), \quad n \to \infty.$$

注 4.1 有界连续函数也可换成有界连续可微函数, 甚至有界无穷多次可微函数.

定理 4.2 (Lévy-Cramér 连续性定理) 设 $\{F_n; n \geqslant 1\}$ 是 d.f. 列, $\{f_n; n \geqslant 1\}$ 是对应的 c.f. 列, 若有 d.f. F 使 $F_n \xrightarrow{d} F$, 那么在 $|t| \leqslant T$ 中一致地有 $\lim\limits_{n\to\infty} f_n(t) = f(t)$, 其中 $T > 0$ 是任意实数, f 是 F 对应的 c.f.

反之, 若 c.f. $f_n(t)$ 收敛于某一极限函数 $f(t)$, 而 $f(t)$ 在 $t = 0$ 处连续, 那么 f 必是某一 d.f. F 对应的 c.f., 并且有 $F_n \xrightarrow{d} F$.

注 4.2 由定理 4.2 并结合引理 3.1 可知, 对于 c.f. $f_n(t), f(t)$, 当 $f_n(t) \to f(t)$ 时, 对任给 $T > 0$, 在 $|t| \leqslant T$ 中一致地有

$$\mathrm{Log}f_n(t) \to \mathrm{Log}f(t).$$

定理 4.3 设 $\{F, F_n; n \geqslant 1\}$ 是 d.f. 列, $F_n \xrightarrow{d} F$, 且在 F 的每一不连续点 x 上, $F_n(x) \to F(x), F_n(x+0) \to F(x+0)$, 那么在 $\mathbf{R}^1$ 上 F_n 一致地收敛于 F.

特别地, 当 $F(x)$ 是连续的 d.f. 时, F_n 一致地收敛于 F.

上述定理的证明可参见 [12, 13, 28, 33].

定理 4.4 设 $\{a_n\}$ 和 $\{b_n\}$ 是常数列, 其中 $a_n > 0$, 设 d.f. 列 $\{F_n(x)\}$ 弱收敛于非退化 d.f. $F(x)$, 那么

(i) 若 $F_n(a_n x + b_n) \xrightarrow{d} G(x)$, 其中 $G(x)$ 是非退化 d.f., 则 $G(x) = F(ax+b)$ 且 $a_n \to a, b_n \to b$. 特别地, 若 $F_n(a_n x + b_n) \xrightarrow{d} F(x)$, 则 $a_n \to 1, b_n \to 0$.

(ii) 若 $a_n \to a$ 且 $b_n \to b$, 则 $F_n(u_n x + b_n) \xrightarrow{d} F(ax + b)$.

证 (i) 以 $f_n(t), f(t)$ 和 $g(t)$ 分别记 d.f. $F_n(x), F(x)$ 和 $G(x)$ 的 c.f., 那么 $f_n(t) \to f(t)$ 且

$$\exp\{-itb_n/a_n\}f_n(t/a_n) \to g(t).$$

正常数列 $\{a_n\}$ 有一子列 $\{a_{n'}\}$ 使得 $a_{n'} \to a$. 若 $a = \infty$, 则对每一 t, 有

$$|g(t)| = \lim_{n' \to \infty} |f_{n'}(t/a_{n'})| = |f(0)| = 1,$$

即 $g(t)$ 是退化分布的 c.f., 这与假设矛盾. 若 $a = 0$, 那么写 $g_n(t) = \exp\{-itb_n/a_n\}f_n(t/a_n)$, 则对每一 t,

$$|f(t)| = \lim_{n' \to \infty} |f_{n'}(t)| = \lim_{n' \to \infty} |g_{n'}(a_{n'}t)| = |g(0)| = 1.$$

这与 $F(x)$ 是非退化分布的假设矛盾, 故必有 $0 < a < \infty$. 对所有充分小的 t, 函数 $g(t)$ 和 $f(t/a)$ 都异于 0, 所以当 $n' \to \infty$ 时,

$$\exp\{-itb_{n'}/a_{n'}\} = \frac{\exp\{-itb_{n'}/a_{n'}\}f_{n'}(t/a_{n'})}{f_{n'}(t/a_{n'})}$$

$$\to \frac{g(t)}{f(t/a)} \neq 0,$$

从而 $b_{n'} \to b = -\dfrac{a}{\mathrm{i}t}\mathrm{Log}\dfrac{g(t)}{f(t/a)}$, 且 $g(t) = \exp\{-itb/a\}f(t/a)$. 因此 $G(x) = F(ax+b)$. 假设存在 $\{a_n\}$ 的子列 $\{a_{n''}\}$ 满足 $a_{n''} \to a_0 \neq a$, 那么 $b_{n''} \to b_0$ 且

$$\exp\{-itb/a\}f(t/a) = \exp\{-itb_0/a_0\}f(t/a_0).$$

所以对每一 t 和某正数 $c < 1, |f(t)| = |f(ct)|$. 因此对每一 t,

$$|f(t)| = |f(ct)| = |f(c^2 t)| = \cdots = \lim_{n \to \infty} |f(c^n t)| = 1.$$

这与 $F(x)$ 的非退化性矛盾. 故 $a_n \to a$, 并由此得 $b_n \to b$.

下证 (ii). 设 $\varepsilon > 0$, 实数 x 使得函数 $F(x)$ 在点 $ax + b, ax + b - \varepsilon$ 和 $ax + b + \varepsilon$ 处连续. 由于 $a_n x + b_n \to ax + b$, 故对充分大的 n, 有 $ax + b - \varepsilon \leqslant a_n x + b_n \leqslant ax + b + \varepsilon$. 所以

$$F_n(ax + b - \varepsilon) \leqslant F_n(a_n x + b_n) \leqslant F_n(ax + b + \varepsilon)$$

且

$$F(ax + b - \varepsilon) \leqslant \liminf_{n \to \infty} F_n(a_n x + b_n)$$
$$\leqslant \limsup_{n \to \infty} F_n(a_n x + b_n) \leqslant F(ax + b + \varepsilon).$$

由 ε 的任意性即得

$$F_n(a_n x + b_n) \xrightarrow{d} F(ax + b).$$

定理证毕.

现在略述 k 元 d.f. 的收敛性. 设 $F(x_1, \cdots, x_k)$ 是 $\mathbf{R}^k$ 上的 d.f., 记

$$C(F) = \{x = (x_1, \cdots, x_k) : F_j(x_j) = F_j(x_j + 0), j = 1, \cdots, k\}.$$

定义 4.1 设 $\{F, F_n; n \geqslant 1\}$ 是 $\mathbf{R}^k$ 上的 d.f. 列, 若对每一 $x \in C(F)$, 有

$$\lim_{n \to \infty} F_n(x) = F(x),$$

就称 F_n **弱收敛**于 F, 记作 $F_n \xrightarrow{d} F$.

对于多元 d.f., 也成立着类似于定理 4.1 和 4.2 的结论. 这里不赘述了, 有兴趣的读者可参见 [2].

最后, 我们来给出多元 d.f. 收敛中的著名的 Cramér-Wold **方法**.

定理 4.5 设 $\{(X_{n1}, \cdots, X_{nk}); n \geqslant 1\}$ 是 k 维随机向量列, 若有 r.v. $X_1, \cdots, X_k$, 使对任给实数 $a_1, \cdots, a_k$ 都有

$$a_1 X_{n1} + \cdots + a_k X_{nk} \xrightarrow{d} a_1 X_1 + \cdots + a_k X_k,$$

那么

$$(X_{n1}, \cdots, X_{nk}) \xrightarrow{d} (X_1, \cdots, X_k).$$

证 记 $(X_{n1}, \cdots, X_{nk})$ 和 $(X_1, \cdots, X_k)$ 的 c.f. 为 $f_n(t_1, \cdots, t_k)$ 和 $f(t_1, \cdots, t_k)$. 由假设知 $a_1 X_{n1} + \cdots + a_k X_{nk}$ 的 c.f. 收敛于 $a_1 X_1 + \cdots + a_k X_k$ 的 c.f., 即

$$E\mathrm{e}^{\mathrm{i}s(a_1 X_{n1} + \cdots + a_k X_{nk})} \to E\mathrm{e}^{\mathrm{i}s(a_1 X_1 + \cdots + a_k X_k)}.$$

由 $a_1, \cdots, a_k$ 的任意性, 取 $s = 1$ 并记 $t_j = a_j$, 就有

$$f_n(t_1, \cdots, t_k) = E\mathrm{e}^{\mathrm{i}(t_1 X_{n1} + \cdots + t_k X_{nk})} \to E\mathrm{e}^{\mathrm{i}(t_1 X_1 + \cdots + t_k X_k)} = f(t_1, \cdots, t_k).$$

由连续性定理即得 $(X_{n1}, \cdots, X_{nk}) \xrightarrow{d} (X_1, \cdots, X_k).$

§5 随机变量列的收敛性

5.1 几乎必然 (a.s.) 收敛

定义 5.1 设 $\{X, X_n; n \geqslant 1\}$ 是概率空间 $(\Omega, \mathscr{A}, P)$ 上的 r.v., 如果存在集 $A \in \mathscr{A}, P(A) = 1$, 使当 $\omega \in A$ 时, 有 $\lim\limits_{n \to \infty} X_n(\omega) = X(\omega)$, 则称 $\{X_n\}$ **几乎必然收敛**于 X, 简称 $\{X_n\}$ a.s. 收敛于 X, 记为 $X_n \to X$ a.s.

如果存在集 $A \in \mathscr{A}, P(A) = 1$, 使当 $\omega \in A$ 时, 有

$$\lim_{m,n \to \infty} |X_n(\omega) - X_m(\omega)| = 0,$$

则称 $\{X_n\}$ 是 Cauchy **几乎必然收敛**的.

定理 5.1 设 $\{X, X_n; n \geqslant 1\}$ 是 r.v. 序列. $X_n \to X$ a.s. 的充要条件是 $\{X_n\}$ 是 Cauchy a.s. 收敛的.

证 记 A 是 a.s. 收敛定义中的测度为 1 的集.

条件必要. 设 $\omega \in A$, 则有

$$|X_m(\omega) - X_n(\omega)| \leqslant |X_m(\omega) - X(\omega)| + |X_n(\omega) - X(\omega)| \to 0.$$

条件充分. 记 $X(\omega) = \limsup\limits_{n \to \infty} X_n(\omega)$. 对每一 $\omega \in A$, 由于 $\{X_n(\omega)\}$ 是一实 Cauchy 序列, 所以 "$\limsup$" 可以换作 "$\lim$". 因为 $P(A) = 1$, 故有 $X_n \to X$ a.s. 由测度论可知, 可测函数 $X_n(\omega)$ 的极限函数 $X(\omega)$ 是可测的, 所以 X 是一个 r.v.

下面我们给出 a.s. 收敛的一个判别准则.

定理 5.2 $X_n \to X$ a.s. 的充要条件是对任一 $\varepsilon > 0$,

$$\lim_{n \to \infty} P \left\{ \bigcup_{m=n}^{\infty} (|X_m - X| \geqslant \varepsilon) \right\} = 0. \tag{5.1}$$

证 对于 $\varepsilon > 0$, 记

$$E_m(\varepsilon) = \{|X_m - X| \geqslant \varepsilon\}, m \geqslant 1.$$

因

$$\{X_n \nrightarrow X, n \to \infty\} = \bigcup_{\varepsilon > 0} \limsup_{n \to \infty} E_n(\varepsilon) = \bigcup_{\varepsilon > 0} \left\{ \bigcap_{n=1}^{\infty} \bigcup_{m=n}^{\infty} E_m(\varepsilon) \right\},$$

所以

$$X_n \to X \text{ a.s.} \Leftrightarrow \text{对任给 } \varepsilon > 0, P\{\limsup_{n \to \infty} E_n(\varepsilon)\} = 0.$$

而

$$P\left\{\limsup_{n\to\infty} E_n(\varepsilon)\right\} = \lim_{n\to\infty} P\left\{\bigcup_{m=n}^{\infty} E_m(\varepsilon)\right\},$$

于是

$$X_n \to X \text{ a.s.} \Leftrightarrow \lim_{n\to\infty} P\left\{\bigcup_{m=n}^{\infty} (|X_m - X| \geqslant \varepsilon)\right\} = 0.$$

推论 5.1 若对任一 $\varepsilon > 0$, 有

$$\sum_{n=1}^{\infty} P\{|X_n - X| \geqslant \varepsilon\} < \infty, \tag{5.2}$$

那么 $X_n \to X$ a.s.

注 5.1 我国著名数理统计学家许宝騄与 (美国) Robbins 在 1947 年引进如下的**完全收敛性**概念: 如果对每一 $\varepsilon > 0$, 成立 (5.2) 式, 就称 r.v. 序列 $\{X_n\}$ 完全收敛于 r.v. X. 推论 5.1 表明从完全收敛性可以推出 a.s. 收敛性.

由推论 5.1 易得

推论 5.2 设 $\{X, X_n; n \geqslant 1\}$ 是 r.v. 列, 若 $\sum_{n=1}^{\infty} E(X_n - X)^2 < \infty$, 则 $X_n \to X$ a.s.

例 5.1 设 $\{X_n\}$ 是 r.v. 列,

$$P(X_n = n) = P(X_n = -n) = \frac{1}{2 \cdot 2^n},$$

$$P\left(X_n = \frac{1}{n}\right) = P\left(X_n = -\frac{1}{n}\right) = \frac{1}{2}\left(1 - \frac{1}{2^n}\right).$$

对给定的 $\varepsilon > 0$, 考虑 $n > \frac{1}{\varepsilon}$, 有

$$P\left\{\bigcup_{m=n}^{\infty} (|X_m| \geqslant \varepsilon)\right\} \leqslant \sum_{m=n}^{\infty} \frac{1}{2^m} \to 0, n \to \infty.$$

由定理 5.2 可知 $X_n \to 0$ a.s.

5.2 依概率收敛

定义 5.2 设 $\{X, X_n; n \geqslant 1\}$ 是 $(\Omega, \mathscr{A}, P)$ 上的 r.v., 如果对每一 $\varepsilon > 0$, 成立

$$\lim_{n\to\infty} P\{|X_n - X| \geqslant \varepsilon\} = 0, \tag{5.3}$$

则称 $\{X_n\}$ **依概率收敛**于 r.v. X, 简记为 $X_n \xrightarrow{P} X$.

注 5.2 我们相应地可以定义依概率 Cauchy 收敛性, 而且也可以证明它等价于依概率收敛性.

注 5.3 若 $X_n \xrightarrow{P} X$, 那么极限 r.v. X 是 a.s. 唯一的. 即若 $X_n \xrightarrow{P} X$, 同时 $X_n \xrightarrow{P} Y$, 则 $X = Y$ a.s.

定理 5.3 若 $X_n \to X$ a.s., 则 $X_n \xrightarrow{P} X$.

这是定理 5.2 的一个推论.

注 5.4 定理 5.3 的逆一般不成立 (见例 5.2). 然而, 在下述特殊情形下它却成立: 设 $(\Omega, \mathscr{A}, P)$ 是一概率空间, $\mathscr{E}$ 是定义在其上的满足如下条件的 r.v. 集, 即若 X, Y 是 $\mathscr{E}$ 中两个不同的 r.v., 则 $P(X \neq Y) > 0$, 那么 $\mathscr{E}$ 中任一 r.v. 列的依概率收敛性蕴含着 a.s. 收敛性的充要条件是 Ω 为可列多个互不相交的原子之并.

例 5.2 设 $\Omega = [0, 1]$, $\mathscr{A}$ 是 Ω 中一切 Borel 集组成的 σ 域, P 是 Ω 上的 Lebesgue 测度. 对任意整数 k, 选整数 m 使 $2^m \leqslant k < 2^{m+1}$. 显然 k 与 m 同时趋于 ∞. 现在写 $k(\geqslant 1)$ 为

$$k = 2^m + n \quad (n = 0, 1, \cdots, 2^m - 1).$$

在 Ω 上定义

$$X_k(\omega) = \begin{cases} 1, & \text{当 } \omega \in \left[\dfrac{n}{2^m}, \dfrac{n+1}{2^m}\right), \\ 0, & \text{其他情形}. \end{cases}$$

那么 X_k 是 r.v. 且当 $0 < \varepsilon \leqslant 1$ 时, $P(|X_k| \geqslant \varepsilon) = \dfrac{1}{2^m}$; 当 $\varepsilon > 1$ 时, $P(|X_k| \geqslant \varepsilon) = 0$. 于是 $X_k \xrightarrow{P} 0$. 但 $X_k \nrightarrow 0$ a.s. 事实上, 对任何 $\omega \in [0, 1]$, 有无穷多个形为 $[n/2^m, (n+1)/2^m)$ 的区间包含着 ω. 我们将这样的区间记为

$$\{[n_m/2^m, (n_m + 1)/2^m); m = 1, 2, \cdots\}.$$

令 $k_m = 2^m + n_m$, 那么 $X_{k_m}(\omega) = 1$. 但当 $k \neq k_m$ 时, $X_k(\omega) = 0$. 由此可见 $\{X_k\}$ 在 ω 处不收敛. 故 X_k 的 a.s. 收敛的极限不存在.

定理 5.4 (i) 设 $X_n \xrightarrow{P} X$, 则必有子列 $X_{n_k} \to X$ a.s.;

(ii) 设 $X_n \xrightarrow{P} X$, 则 $X_n \xrightarrow{d} X$;

(iii) $X_n \xrightarrow{d} C$ (C 为常数) 等价于 $X_n \xrightarrow{P} C$.

证明参见 [7].

定理 5.5 (Slutsky 引理) 设 $\{X_n\}$ 和 $\{Y_n\}$ 是定义在同一概率空间上的两个 r.v. 序列. 若 $\{X_n\}$ 的 d.f. 列 $\{F_n(x)\}$ 弱收敛于 d.f. $F(x)$ 且 $Y_n \xrightarrow{P} 0$, 那么 $\{X_n + Y_n\}$ 的 d.f. 列也弱收敛于 $F(x)$.

证 设 x 是 F 的连续点, 易知定理的结论可由下列不等式得到:

$$P\{X_n < x - \varepsilon\} - F(x) - P\{|Y_n| \geqslant \varepsilon\}$$
$$\leqslant P\{X_n + Y_n < x\} - F(x)$$
$$\leqslant P\{X_n < x + \varepsilon\} - F(x) + P\{|Y_n| \geqslant \varepsilon\}.$$

5.3 平均收敛

对 $0 < p < \infty$, 令 $L_p = \{X : X \text{ 是 r.v. 且 } E|X|^p < \infty\}$.

定义 5.3 设 $\{X, X_n; n \geqslant 1\}$ 是 L_p 中的 r.v., 若

$$\lim_{n \to \infty} E|X_n - X|^p = 0, \tag{5.4}$$

则称 r.v. 列 $\{X_n\}$ p **阶平均收敛**于 r.v. X, 简记为 $X_n \xrightarrow{L_p} X$.

易知对任一 $X \in L_p$ 及任给的 $\varepsilon > 0$, 存在简单 r.v. $Y = \sum\limits_k a_k I_{A_k} \in L_p$ 使得 $E|X - Y|^p < \varepsilon$. 这就是说, 对任一 p 次可积的 r.v. X, 必有 p 次可积的简单 r.v. 列 $\{Y_n\}$ p 阶平均收敛于 X.

定理 5.6 若 $X_n \xrightarrow{L_p} X$, 则 $X_n \xrightarrow{P} X$.

证明是直接的, 从略.

注 5.5 $X_n \to X$ a.s. 与 $X_n \xrightarrow{L_1} X$ 不能互相推出. 在例 5.1 中, 对每一 $n, E|X_n| = \dfrac{n}{2^n} + \dfrac{1}{n}\left(1 - \dfrac{1}{2^n}\right) \to 0$, 即 $X_n \xrightarrow{L_1} 0$. 这时 $X_n \xrightarrow{L_1} 0$ 与 $X_n \to 0$ a.s. 同时成立. 但在例 5.2 中, $E|X_k| = 2^{-m} \to 0$ (当 $k = 2^m + n \to \infty$), 于是 $X_k \xrightarrow{L_1} 0$. 但是 $X_k \nrightarrow 0$ a.s. 下例说明 $X_n \to 0$ a.s. 时未必成立 $X_n \xrightarrow{L_p} 0$.

例 5.3 设概率空间 $(\Omega, \mathscr{A}, P)$ 如例 5.2, 令

$$X_k = k I_{[0,1/k)}.$$

易证此时 $X_k \to 0$ a.s., 但 $E|X_k| = 1$, 即 $X_k \xrightarrow{L_1} 0$.

应用测度论中关于极限号与积分号交换的有关定理, 可得下述三个重要结论:

Lebesgue 控制收敛定理 设 $X_n \xrightarrow{P} X$, r.v. $Y \in L_1$ 使得 $|X_n| \leqslant |Y|$ a.s. ($n \geqslant 1$), 那么 $X_n, X \in L_1$ 且 $X_n \xrightarrow{L_1} X$. 这时有 $EX_n \to EX$.

单调收敛定理 设 $X_n \geqslant 0$ 且 $X_n \uparrow X$ a.s.

(i) 我们有 $\lim\limits_{n\to\infty} EX_n = EX$. 因此, 如果 $\lim\limits_{n\to\infty} EX_n < \infty$, 则有 $X \in L_1$.

(ii) 反之, 若 $X \in L_1$, 则每一 $X_n \in L_1$ 且 $\lim\limits_{n\to\infty} EX_n = EX$.

Fatou 引理 设 $X_n \in L_1 (n \geqslant 1)$ 是非负 r.v., 使得 $\liminf\limits_{n\to\infty} EX_n < \infty$, 则 $X_* := \liminf\limits_{n\to\infty} X_n \in L_1$, 且

$$EX_* \leqslant \liminf_{n\to\infty} EX_n.$$

5.4 随机变量列的一致可积性

r.v. 序列的一致可积性概念与种种收敛性问题的讨论有着密切的关系.

定义 5.4 称 r.v. 序列 $\{X_n\}$ 是**一致可积**的, 如果

$$\lim_{a\to\infty} \sup_{n\geqslant 1} \int_{|X_n|\geqslant a} |X_n| \mathrm{d}P = 0. \tag{5.5}$$

定理 5.7 r.v. 列 $\{X_n\}$ 一致可积的充要条件是

(i) 对任给的 $\varepsilon > 0$, 存在 $\delta = \delta(\varepsilon)$, 使对任一 $A \in \mathscr{A}$, 当 $P(A) < \delta$ 时, 对一切 n, 有

$$\int_A |X_n| \mathrm{d}P < \varepsilon; \tag{5.6}$$

(ii) $\sup\limits_{n\geqslant 1} E|X_n| < \infty$. $\tag{5.7}$

证 **条件充分** 由 (5.7) 可知存在 $c < \infty$, 使得 $\sup\limits_n E|X_n| \leqslant c$. 选 $a > c/\delta$, 由 Markov 不等式得

$$P\{|X_n| \geqslant a\} \leqslant \frac{1}{a} E|X_n| \leqslant \frac{c}{a} < \delta \quad (n \geqslant 1).$$

从 (5.6) 式得

$$\sup_n \int_{|X_n|\geqslant a} |X_n| \mathrm{d}P < \varepsilon. \tag{5.8}$$

条件必要 此时对任给 $\varepsilon > 0$, 存在充分大的 a 使 (5.8) 成立. 由此可得

$$E|X_n| \leqslant a + \int_{|X_n|\geqslant a} |X_n| \mathrm{d}P < a + \varepsilon \quad (n \geqslant 1),$$

即 (5.7) 式成立. 其次, 令 $\delta = \varepsilon/a$, 对任给的集 A, 当 $P(A) < \delta$ 时, 对一切 $n \geqslant 1$, 有

$$\int_A |X_n| \mathrm{d}P = \int_{A \bigcap \{|X_n| \leqslant a\}} |X_n| \mathrm{d}P + \int_{A \bigcap \{|X_n| > a\}} |X_n| \mathrm{d}P$$

$$\leqslant aP(A) + \int_{|X_n| > a} |X_n| \mathrm{d}P < 2\varepsilon.$$

得证 (5.6) 式成立. 证毕.

关于一致可积性还有两个比较有用的充分条件.

推论 5.3 设有某个 $\theta > 0$, 使 $\sup_n E|X_n|^{1+\theta} < \infty$, 则 $\{X_n\}$ 是一致可积的.

证 由于

$$\int_{|X_n| \geqslant a} |X_n| \mathrm{d}P \leqslant a^{-\theta} E|X_n|^{1+\theta},$$

所以对任给 $\varepsilon > 0$, 由 $\sup_n E|X_n|^{1+\theta} = c < \infty$, 可选 a 充分大, 使得

$$\sup_n \int_{|X_n| \geqslant a} |X_n| \mathrm{d}P \leqslant ca^{-\theta} < \varepsilon.$$

推论 5.4 设有 r.v. $Y, E|Y| < \infty$, 且对任何正实数 a, 满足

$$P\{|X_n| \geqslant a\} \leqslant P\{|Y| \geqslant a\}, \tag{5.9}$$

则 r.v. 序列 $\{X_n\}$ 是一致可积的.

证 利用定理 2.2, 由假设的条件

$$\int_{|Y| \geqslant a} |Y| \mathrm{d}P = E|Y|I_{(|Y| \geqslant a)}$$

$$= \left(\int_0^a + \int_a^\infty \right) P\{|Y|I_{(|Y| \geqslant a)} \geqslant t\} \mathrm{d}t$$

$$= aP\{|Y| \geqslant a\} + \int_a^\infty P\{|Y| \geqslant t\} \mathrm{d}t$$

$$\geqslant aP\{|X_n| \geqslant a\} + \int_a^\infty P\{|X_n| \geqslant t\} \mathrm{d}t$$

$$= \int_{|X_n| \geqslant a} |X_n| \mathrm{d}P.$$

因为 $E|Y| < \infty$, 故对任给 $\varepsilon > 0$, 有 a 使 $\int_{|Y| \geqslant a} |Y| \mathrm{d}P < \varepsilon$. 由此即得 (5.5) 式成立.

注 5.6 推论 5.4 的逆不真. 如记 $A = [e, \infty]$, r.v. 族 $\{X_\lambda; \lambda \in A\}$ 的分布是

$$P(X_\lambda = \lambda) = (\lambda \ln \lambda)^{-1}, \quad P(X_\lambda = 0) = 1 - (\lambda \ln \lambda)^{-1}.$$

此时

$$\sup_{\lambda \geqslant e} \int_{|X_\lambda| \geqslant a} |X_\lambda| \mathrm{d}P - (\ln a)^{-1} \to 0 \quad (a \to \infty),$$

所以 $\{X_\lambda; \lambda \in A\}$ 是一致可积的. 如有 r.v. Y 使 (5.9) 式成立, 那么

$$P(|Y| \geqslant a) \geqslant P(|X_a| \geqslant a) = \frac{1}{a \ln a},$$

此时

$$E|Y| = \int_0^\infty P(|Y| \geqslant t)\mathrm{d}t \geqslant \int_e^\infty \frac{1}{t \ln t}\mathrm{d}t = \infty.$$

这就是说, 对一致可积 r.v. 族 $\{X_\lambda; \lambda \in A\}$, 不存在 r.v. $Y, E|Y| < \infty$ 且满足 (5.9) 式.

利用一致可积性可给出 L_p 收敛的一个判别准则.

定理 5.8 (平均收敛判别准则) 若对某 $p > 0$, r.v. 序列 $\{|X_n|^p; n \geqslant 1\}$ 一致可积, 且 $X_n \xrightarrow{P} X$, 则 $X \in L_p$ 且

$$X_n \xrightarrow{L_p} X.$$

反之, 若 $X_n \in L_p$, 且 $E|X_n - X|^p \to 0$, 则 $X \in L_p, X_n \xrightarrow{P} X$ 且 $\{|X_n|^p\}$ 一致可积.

证 条件充分 由 $X_n \xrightarrow{P} X$, 存在子列 $\{X_{k_n}\}$ 使 $X_{k_n} \to X$ a.s. 由 Fatou 引理及 $\{|X_n|^p\}$ 一致可积性有

$$E|X|^p = E(\liminf_{n \to \infty} |X_{k_n}|^p) \leqslant \liminf_{n \to \infty} E|X_{k_n}|^p$$
$$\leqslant \sup_{n \geqslant 1} E|X_n|^p < \infty.$$

下证 $X_n \xrightarrow{L_p} X$. 由于 $\{|X_n|^p\}$ 是一致可积的, 所以对任给的 $\varepsilon > 0$, 存在 $\delta = \delta(\varepsilon)$, 使当 $P(A) < \delta$ 时, 有

$$\sup_n E\{|X_n|^p I_A\} < \varepsilon, \quad E|X|^p I_A < \varepsilon. \tag{5.10}$$

又因 $X_n \xrightarrow{P} X$, 对上述 ε, δ 存在 N, 使当 $n \geqslant N$ 时

$$P\{|X_n - X| \geqslant \varepsilon\} \leqslant \delta. \tag{5.11}$$

从 (5.10) 和 (5.11), 运用 c_r 不等式, 就可推得

$$E|X_n - X|^p = E\{|X_n - X|^p(I(|X_n - X| \leqslant \varepsilon) + I(|X_n - X| > \varepsilon))\}$$
$$\leqslant \varepsilon^p + c_p E\{(|X_n|^p + |X|^p)I(|X_n - X| > \varepsilon)\}$$
$$\leqslant \varepsilon^p + 2c_p\varepsilon.$$

这就证得 $X_n \xrightarrow{L_p} X$.

条件必要　若 $X_n \xrightarrow{L_p} X$, 那么易知 $X_n \xrightarrow{P} X \in L_p$. 由 c_r 不等式有

$$\sup_n E|X_n|^p \leqslant c_p \sup_n \{E|X_n - X|^p + E|X|^p\} < \infty.$$

另一方面, 对任给的 $\varepsilon > 0$ 有 N, 使对一切 $n \geqslant N$ 成立 $E|X_n - X|^p < \varepsilon$. 又由 $X_n, X \in L_p$ 可得, 对给定的 $\varepsilon > 0$, 有 $\delta > 0$ 使当 $P(A) < \delta$ 时, 有

$$E|X|^p I_A < \varepsilon, \quad \max_{1 \leqslant k \leqslant N} E|X_k - X|^p I_A < \varepsilon.$$

这样当 $P(A) < \delta$ 时, 运用 c_r 不等式, 对一切 $n \geqslant 1$, 有

$$E|X_n|^p I_A \leqslant c_p\{E|X|^p I_A + E|X_n - X|^p I_A\} \leqslant 2c_p\varepsilon.$$

利用定理 5.7 即知 $\{|X_n|^p\}$ 是一致可积的.

推论 5.5　若 $X, X_n, n \geqslant 1$ 是非负可积 r.v., $X_n \xrightarrow{P} X$, 那么下列三命题等价:

(i) $\{X_n\}$ 一致可积;

(ii) $E|X_n - X| \to 0 \quad (n \to \infty)$;

(iii) $EX_n \to EX \quad (n \to \infty)$.

证　由定理 5.7 知 (i) $\Leftrightarrow$ (ii), 又由

$$|EX_n - EX| \leqslant E|X_n - X|$$

知 (ii) $\Rightarrow$ (iii). 因 X 非负, $0 \leqslant (X - X_n)^+ \leqslant X$, 且由 $X_n \xrightarrow{P} X$ 可知 $(X - X_n)^+ \xrightarrow{P} 0$. 这样由控制收敛定理有

$$E(X - X_n)^+ \to 0.$$

当 (iii) 成立时, $E(X - X_n) \to 0$. 由此可得 $E(X - X_n)^- \to 0$, 从而得证 $E|X_n - X| \to 0$. 即 (iii) $\Rightarrow$ (ii). 证毕.

作为推论 5.5 的进一步推广, 我们叙述下列定理:

定理 5.9 设 $\{X, X_n; n \geqslant 1\}$ 是 r.v. 序列, 若 $X_n \overset{d}{\longrightarrow} X$, 那么对 $\alpha > 0, E|X_n|^\alpha \to E|X|^\alpha$ 的充要条件为 $\{|X_n|^\alpha\}$ 是一致可积的.

特别, 当 $X, X_n, n \geqslant 1$ 都是非负 r.v. 时, 若 $X_n \overset{d}{\longrightarrow} X$, 那么 $EX_n \to EX$ 的充要条件为 r.v. 序列 $\{X_n\}$ 是一致可积的.

§6 鞅的基本概念

为了引进鞅的概念, 首先给出条件数学期望的定义. 设 $(\Omega, \mathscr{A}, P)$ 是一概率空间, X 是定义在它上面的一个 r.v., $E|X| < \infty$, $\mathscr{G}$ 是 $\mathscr{A}$ 的子 σ 域.

定义 6.1 可积 r.v. X 关于 $\mathscr{G}$ 的**条件数学期望**是满足下列条件的 r.v. Y:

(i) Y 是 $\mathscr{G}$ 可测的;

(ii) 对任意的 $A \in \mathscr{G}$,

$$\int_A Y \mathrm{d}P = \int_A X \mathrm{d}P.$$

通常记 Y 为 $E(X|\mathscr{G})$. 特别地, 如果 X 是某一事件 $C \in \mathscr{A}$ 的示性函数 $I(C)$, 则称 Y 为 C 关于 $\mathscr{G}$ 的**条件概率**, 记作 $P(C|\mathscr{G})$.

显然, 条件期望在 a.s. 意义下是唯一的, 以后所说的条件期望总只是指它的一个代表.

从条件期望的定义出发, 可以证明下列基本性质:

(i) 对任意的实数 c_1, c_2,

$$E(c_1 X_1 + c_2 X_2 | \mathscr{G}) = c_1 E(X_1 | \mathscr{G}) + c_2 E(X_2 | \mathscr{G}) \quad \text{a.s.};$$

(ii) 设 Y 关于 $\mathscr{G}$ 可测, $E|XY| < \infty, E|X| < \infty$, 则

$$E(XY | \mathscr{G}) = Y E(X | \mathscr{G}) \quad \text{a.s.};$$

(iii) 设 $\mathscr{G}_1 \subset \mathscr{G}_2 \subset \mathscr{A}$, 则

$$E[E(X|\mathscr{G}_2)|\mathscr{G}_1] = E(X|\mathscr{G}_1) = E[E(X|\mathscr{G}_1)|\mathscr{G}_2] \quad \text{a.s.}$$

设 $\{X_n; n \geqslant 1\}$ 是均值为零的独立 r.v. 序列, 那么它的部分和 $S_n = \sum_{j=1}^n X_j$ 满足

$$E(S_{n+1}|X_1, \cdots, X_n) = E(S_n + X_{n+1}|X_1, \cdots, X_n)$$
$$= S_n + EX_{n+1} = S_n \quad \text{a.s.}$$

这一性质刻画了一大类很重要的 r.v. 序列.

定义 6.2 设 $(\Omega,\mathscr{A},P)$ 是一概率空间, $\{\mathscr{A}_n;n\geqslant 1\}$ 是 $\mathscr{A}$ 的**子 σ 域的增序列**, 即 $\mathscr{A}_n\subseteq\mathscr{A}_{n+1}(n\geqslant 1)$. 若 r.v. 序列 $\{S_n;n\geqslant 1\}$ 满足

(i) S_n 关于 $\mathscr{A}_n$ 可测 (此时称 $\{S_n\}$ 关于 $\{\mathscr{A}_n\}$ 是**适应的**);

(ii) $E|S_n|<\infty$;

(iii) 对任意的 $m<n,E(S_n|\mathscr{A}_m)=S_m$ a.s.,

则称 $\{S_n,\mathscr{A}_n;n\geqslant 1\}$ 为**鞅**, 如果条件 (iii) 中的 "=" 换作 "$\geqslant$" (或 "$\leqslant$"), 则称 $\{S_n,\mathscr{A}_n;n\geqslant 1\}$ 为**下 (或上) 鞅**.

当 $\mathscr{A}_n$ 的意义明确时, 我们常简写 $\{S_n,\mathscr{A}_n\}$ 作 $\{S_n\}$.

例 6.1 设 $\{X_n;n\geqslant 1\}$ 是独立可积的 r.v. 列, $S_n=\sum_{j=1}^{n}X_j$. 那么, 如果 $EX_n=0,n\geqslant 1$, 则 $\{S_n,\mathscr{A}_n;n\geqslant 1\}$ 是鞅, 其中 $\mathscr{A}_n=\sigma(X_1,\cdots,X_n)$; 如果 $EX_n\geqslant 0(\leqslant 0),n\geqslant 1$, 则 $\{S_n,\mathscr{A}_n;n\geqslant 1\}$ 是下 (上) 鞅.

例 6.2 设 X 为 $(\Omega,\mathscr{A},P)$ 上的 r.v., $E|X|<\infty$; $\mathscr{A}_1\subset\mathscr{A}_2\subset\cdots\subset\mathscr{A}$. 定义 $S_n=E(X|\mathscr{A}_n),n\geqslant 1$, 则 $\{S_n,\mathscr{A}_n;n\geqslant 1\}$ 为鞅.

引理 6.1 (i) 设 $\{S_n,\mathscr{A}_n;n\geqslant 1\}$ 是下 (上) 鞅, Φ 是 $\mathbf{R}^1$ 上的不减凸 (凹) 函数, 满足条件 $E|\Phi(S_n)|<\infty,n\geqslant 1$, 则 $\{\Phi(S_n),\mathscr{A}_n;n\geqslant 1\}$ 也是下 (上) 鞅.

(ii) 设 $\{S_n,\mathscr{A}_n;n\geqslant 1\}$ 是鞅, Φ 是 $\mathbf{R}^1$ 上的凸函数, 满足条件 $E|\Phi(S_n)|<\infty,n\geqslant 1$, 则 $\{\Phi(S_n),\mathscr{A}_n;n\geqslant 1\}$ 是下鞅.

证 只对 (i) 中的下鞅情形给出证明, 其余的证明完全类似.

由关于**条件期望的** Jensen **不等式** (参见附录二, 四 8),

$$E[\Phi(S_n)|\mathscr{A}_{n-1}]\geqslant\Phi[E(S_n|\mathscr{A}_{n-1})]\text{ a.s.}$$

但 $E(S_n|\mathscr{A}_{n-1})\geqslant S_{n-1}$ a.s., 且 Φ 不减, 故

$$E[\Phi(S_n)|\mathscr{A}_{n-1}]\geqslant\Phi(S_{n-1})\quad\text{a.s.}$$

证毕.

引理的重要特例有: $\Phi(x)=x^+=xI(x>0)$ (情况 (i)) 和 $\Phi(x)=|x|^p,p\geqslant 1$ (情况 (ii)).

今后总记 $\{\mathscr{A}_n;n\geqslant 1\}$ 是 $\mathscr{A}$ 的子 σ 域的增序列, 又记 $N_\infty=\{1,2,\cdots,\infty\}$.

定义 6.3 取值于 N_∞ 中的可测函数 α 称为 (关于 $\{\mathscr{A}_n\}$ 的) **停时**或**可选时**, 如果

$$\{\alpha=n\}\in\mathscr{A}_n,\quad n\geqslant 1,$$

或者, 等价地

$$\{\alpha \leqslant n\} \in \mathscr{A}_n, \quad n \geqslant 1.$$

设 α 为一停时, 记 $\mathscr{A}_\infty = \bigvee\limits_{n=1}^{\infty} \mathscr{A}_n$, 它表示包含 $\{\mathscr{A}_n; n \geqslant 1\}$ 的最小 σ 域. 令

$$\mathscr{A}_\alpha = \{E : E \in \mathscr{A}_\infty, E \bigcap \{\alpha = n\} \in \mathscr{A}_n, n \geqslant 1\},$$

称 $\mathscr{A}_\alpha$ 为 α **前** σ **域**.

若 $\{S_n\}$ 关于 $\{\mathscr{A}_n\}$ 是适应的, 易知 $S_\infty \overset{\text{def}}{=\!=} \limsup\limits_{n\to\infty} S_n$ 关于 $\mathscr{A}_\infty$ 是可测的, 因此 S_α 关于 $\mathscr{A}_\alpha$ 可测. 事实上, 对于任一直线上的 Borel 集 B, 事件

$$\{S_\alpha \in B\} = \bigcup_{k \in N_\infty} (\{S_k \in B\} \bigcap \{\alpha = k\}) \in \mathscr{A}_\infty,$$

$$\{S_\alpha \in B\} \bigcap \{\alpha = n\} = \{S_n \in B\} \bigcap \{\alpha = n\} \in \mathscr{A}_n.$$

因此 $\{S_\alpha \in B\} \in \mathscr{A}_\alpha$.

引理 6.2 设 $\{S_n, \mathscr{A}_n\}$ 为鞅 (下鞅), α 和 β 是两个有界停时, 且 $\alpha \leqslant \beta$, 则有

$$E(S_\beta | \mathscr{A}_\alpha) = S_\alpha (\geqslant S_\alpha) \text{ a.s.}$$

证 只对下鞅情形给出证明. 令 $\Lambda \in \mathscr{A}_\alpha, \Lambda_n = \Lambda \bigcap \{\alpha = n\} \in \mathscr{A}_n$. 则对 $k \geqslant j$,

$$\Lambda_j \bigcap \{\beta > k\} \in \mathscr{A}_k.$$

由下鞅的定义可得

$$\int_{\Lambda_j \bigcap \{\beta > k\}} S_k \mathrm{d}P \leqslant \int_{\Lambda_j \bigcap \{\beta > k\}} S_{k+1} \mathrm{d}P.$$

因此

$$\int_{\Lambda_j \bigcap \{\beta \geqslant k\}} S_k \mathrm{d}P \leqslant \int_{\Lambda_j \bigcap \{\beta = k\}} S_k \mathrm{d}P + \int_{\Lambda_j \bigcap \{\beta > k\}} S_{k+1} \mathrm{d}P,$$

即

$$\int_{\Lambda_j \bigcap \{\beta \geqslant k\}} S_k \mathrm{d}P - \int_{\Lambda_j \bigcap \{\beta \geqslant k+1\}} S_{k+1} \mathrm{d}P \leqslant \int_{\Lambda_j \bigcap \{\beta = k\}} S_\beta \mathrm{d}P.$$

设 m (正整数) 是 β 的一个上界, 将上式对 k 从 j 到 m 求和并在 Λ_j 上用 S_α 代换 S_j, 得

$$\int_{\Lambda_j \bigcap \{\beta \geqslant j\}} S_\alpha \mathrm{d}P - \int_{\Lambda_j \bigcap \{\beta \geqslant m+1\}} S_{m+1} \mathrm{d}P \leqslant \int_{\Lambda_j \bigcap \{j \leqslant \beta \leqslant m\}} S_\beta \mathrm{d}P,$$

即

$$\int_{\Lambda_j} S_\alpha \mathrm{d}P \leqslant \int_{\Lambda_j} S_\beta \mathrm{d}P.$$

将它对 j 从 1 到 m 求和, 即得待证的结论.

上面介绍了参数为自然数集 N_∞ 的离散时间鞅的概念, 下面我们将鞅的概念推广到连续时间, 即参数集 $T = [0, a](a \leqslant \infty)$ 的情形.

定义 6.2′ 设 $(\Omega, \mathscr{A}, P)$ 是一概率空间, $\{\mathscr{A}_t; t \in T\}$ 是 $\mathscr{A}$ 的子 σ 域族, 对任意的 $t_1, t_2 \in T, t_1 < t_2$ 有 $\mathscr{A}_{t_1} \subset \mathscr{A}_{t_2}$, 如果 r.v. 族 $\{S_t; t \in T\}$ 满足

(i) S_t 关于 $\mathscr{A}_t$ 可测;

(ii) $E|S_t| < \infty$;

(iii) 对任意的 $t_1 < t_2, t_1 、 t_2 \in T, E(S_{t_2}|\mathscr{A}_{t_1}) = S_{t_1}$ a.s.,

则称 $\{S_t, \mathscr{A}_t; t \in T\}$ 为**鞅**. 如果条件 (iii) 中的 "=" 换作 "$\geqslant$" (或 "$\leqslant$"), 则称 $\{S_t, \mathscr{A}_t; t \in T\}$ 为**下** (或**上**) **鞅**.

取值于 T 的可测函数 α 称为关于 $\{\mathscr{A}_t; t \in T\}$ 的**停时**, 如果对一切 $t \in T$, 有

$$\{\alpha \leqslant t\} \in \mathscr{A}_t.$$

具有指标集 N_∞ 的鞅的基本性质一般都可推广到指标集为 $T = [0, a]\,(a \leqslant \infty)$ 的鞅上去.

习　题

1. 设 r.v. X 的 d.f. 为 $F(x)$, 试求 $Y = F(X)$ 的分布.

2. 试给出一个奇异型 d.f. $F(x)$, 并求其 c.f. $f(t)$.

3. 设 r.v. X, Y 独立且 X 与 Y 至少有一个具有概率密度函数, 试证 $X+Y$ 也有概率密度函数, 即 $X + Y$ 的 d.f. 是绝对连续的. 当 X 与 Y 不独立时又如何?

4. 设 $EX^2 < \infty, a$ 是实数, 令

$$Y = \begin{cases} X, & \text{当 } X \leqslant a, \\ a, & \text{当 } X > a, \end{cases}$$

试证: $\mathrm{Var}\, Y \leqslant \mathrm{Var}\, X$.

5. 试证: (i) $\sum_{n=1}^{\infty} P(|X| \geqslant n) \leqslant E|X| \leqslant 1 + \sum_{n=1}^{\infty} P(|X| \geqslant n)$. 由此, r.v. X 的数学期望存在当且仅当 $\sum_{n=1}^{\infty} P(|X| \geqslant n) < \infty$.

(ii) 若 r.v. X 只取正整数值, 那么 $EX = \sum_{n=1}^{\infty} P(X \geqslant n),$

$$\mathrm{Var}X = 2\sum_{n=1}^{\infty} nP(X \geqslant n) - EX(EX+1).$$

6. 设 $EX^2 = 1$ 且 $E|X| \geqslant a > 0$, 试证对 $0 \leqslant \lambda \leqslant 1$, 有

$$P(|X| \geqslant \lambda a) \geqslant (1-\lambda)^2 a^2.$$

7. 设 $\{X_n\}$ 是 i.i.d.r.v. 序列, $E|X_1| < \infty$, 试证

$$\lim_{n\to\infty} \frac{1}{n} E\left(\max_{1\leqslant j\leqslant n} |X_j|\right) = 0.$$

(提示: 对 $E(\max_{1\leqslant j\leqslant n} |X_j|)$ 利用定理 2.2.)

8. 试证: 若 r.v. X 满足 $|X| \leqslant 1$ a.s., 那么对任给的 $\varepsilon > 0$, 有

$$P(|X| \geqslant \varepsilon) \geqslant EX^2 - \varepsilon^2.$$

9. 设 (X,Y) 是二维正态随机变量, $EX = EY = 0, \mathrm{Var}X = \mathrm{Var}Y = 1, X$ 与 Y 的协方差 $\sigma_{XY} = \rho$. 试证 X^2 与 Y^2 独立的充要条件是 $\rho = 0$.

10. 设 $f(t)$ 是 r.v. X 的 c.f., 试证

$$\lim_{t\to 0} \frac{2 - f(t) - f(-t)}{t^2} = EX^2.$$

由此可得 $EX^2 < \infty$ 当且仅当 $f(t)$ 是二次可微的.

11. 设

$$f(t) = \begin{cases} 1 - \dfrac{t}{2\mathrm{e}}, & 0 \leqslant t \leqslant \mathrm{e}, \\ \dfrac{1}{2\ln t}, & t > \mathrm{e}, \end{cases}$$

且 $f(t) = f(-t)$, 试证 f 是绝对连续 d.f. 的 c.f.

12. 设 r.v. X, Y 的 d.f. 分别为 F 和 G, 且 $P\{|X-Y| \geqslant \varepsilon\} < c$, d.f F 和 G 的 Lévy 距离定义为

$$d(F,G) = \inf\{h : h \geqslant 0, F(x-h) - h \leqslant G(x) \leqslant F(x+h) + h\}.$$

试证 $d(F,G) \leqslant \varepsilon$.

13. 设 $\{F, F_n; n \geqslant 1\}$ 是 d.f. 列, 试证 $F_n \xrightarrow{d} F$ 当且仅当 $d(F_n, F) \to 0$.

14. 设 $\{p(x), p_n(x); n \geqslant 1\}$ 是概率密度函数列, 若除去一 Lebesgue 测度为 0 的集外, 对所有实数 x 成立 $p_n(x) \to p(x)$, 则对 $\mathbf{R}^1$ 上任何 Borel 集 A, 一致地有

$$\int_A p_n(x)\mathrm{d}x \to \int_A p(x)\mathrm{d}x.$$

15. 设 r.v. 序列 $\{X_n\}$ 满足 $X_1 > X_2 > \cdots > 0$ a.s., 那么由 $X_n \xrightarrow{P} 0$ 可推出 $X_n \to 0$ a.s.

16. 若对一切 $n, |X_n| \leqslant C$, 且 r.v. $X_n \xrightarrow{P} X$, 则对任一 $p > 0$, 有

$$X_n \xrightarrow{L_p} X.$$

17. 假设 F_n 是 k 维 r.v. $(X_{n1}, \cdots, X_{nk})$ $(n = 1, 2, \cdots)$ 的联合分布, $\lambda = (\lambda_1, \cdots, \lambda_k)$ 是 k 维实值向量, $F_{n\lambda}$ 是 $\lambda_1 X_{n1} + \cdots + \lambda_k X_{nk}$ 的分布. 那么 F_n 弱收敛于一 k 维 d.f. 的充要条件是对任一 k 维向量 $\lambda, F_{n\lambda}$ 都弱收敛.

18. 若 r.v. 序列 $\{X_n; n \geqslant 1\}$ 一致可积, 那么 $\{S_n/n; n \geqslant 1\}$ 也是一致可积的. 特别, 当 $\{X_n\}$ 是 i.i.d.r.v. 列时, 若 $E|X_1| < \infty$, 则 $\{S_n/n; n \geqslant 1\}$ 一致可积.

19. 设 $\{S_n; n \geqslant 1\}$ 是下鞅, $\sup\limits_{n\geqslant 1} ES_n^+ < \infty$. 证明

$$\sup_{n\geqslant 1} E|S_n| < \infty.$$

20. $\{S_n, \mathscr{F}_n\}$ 是一下鞅当且仅当存在一个鞅 $\{S_n', \mathscr{F}_n\}$ 和一个正的递增 r.v. 列 $\{S_n''\}$, 使得 $S_n = S_n' + S_n''$.

21. 设 $\{X_n\}$ 是一列 r.v., $X_n \to X$ a.s. 且存在可积 r.v. Y 使得对每个 $n \geqslant 1, |X_n| \leqslant Y$. 如果 $\{\mathscr{F}_n\}$ 是一列递增的 σ 域, 试证 $E(X_n|\mathscr{F}_n) \to E(X|\mathscr{F})$ a.s., 其中 $\mathscr{F} = \sigma\left(\bigcup\limits_{n=1}^{\infty} \mathscr{F}_n\right)$.

第二章 无穷可分分布与普适极限定理

正如 Kolmogorov 所说, 概率论的意义在于描述由大量随机因素影响所表现出来的规律性. 换句话说, 研究随机变量和的极限对于搞清楚随机现象的本质有着极其重要的价值. 从本章起我们将着重介绍关于独立随机变量和的极限理论的一些经典结果和最近的研究进展.

首先讨论极限理论的一般问题. 考察如下的 r.v. 组列

$$
\begin{array}{cccc}
X_{11}, & X_{12}, & \cdots, & X_{1k_1}, \\
X_{21}, & X_{22}, & \cdots, & X_{2k_2}, \\
\multicolumn{4}{c}{\cdots\cdots\cdots\cdots} \\
X_{n1}, & X_{n2}, & \cdots, & X_{nk_n}, \\
\multicolumn{4}{c}{\cdots\cdots\cdots\cdots}
\end{array}
$$

假设 $\{X_{nk}\}$ 的每一组内的 r.v. 是相互独立的 (今后简称这样的 r.v. 组列为**独立 r.v. 组列**), 且设 $k_n \to \infty$ (当 $n \to \infty$ 时). 我们要求讨论形如

$$
S_n = \sum_{k=1}^{k_n} X_{nk}
$$

的行和, 当 $n \to \infty$ 时的极限分布族是什么? 收敛于极限分布族中某一给定分布的条件是怎样的?

为回答第一个问题, 在 §1 中引入无穷可分分布函数与无穷可分特征函数的概念, 并给出无穷可分特征函数的典型表示.

另外, 为了使上述问题的讨论有意义, 我们需要引入无穷小条件, 这意味着当 $n \to \infty$ 时, S_n 中的每一项所起的作用都很微小, 没有作用特殊显著的项. 在 §2 中, 我们证明如果独立 r.v. 组列 $\{X_{nk}\}$ 满足无穷小条件, 那么 S_n 的所有可能的极限分布恰是无穷可分分布全体, 并给出 S_n 依分布收敛于一个给定的无穷可分分布的充要条件. §3 讨论由独立 r.v. 序列 $\{X_n\}$ 所产生的三角组列情形, 给出 L 族和稳定分布族的完整刻画.

§1 无穷可分分布函数

1.1 无穷可分分布函数的定义

定义 1.1 称 c.f. $f(t)$ 是**无穷可分的** (i.d.), 若对每一正整数 n, 存在 c.f. $f_n(t)$, 使得

$$f(t) = [f_n(t)]^n.$$

无穷可分 c.f. $f(t)$ 所对应的 d.f. $F(x)$ 称为无穷可分 d.f., 即对每一正整数 n, 存在 d.f. $F_n(x)$ 使得 $F = F_n^{*n}$, 其中 F_n^{*n} 表示 F_n 的 n 重卷积.

例 1.1 下述常见的分布是无穷可分的:

(i) 具有唯一跳跃点 c 的退化分布, 其对应的 c.f.

$$f(t) = \mathrm{e}^{\mathrm{i}ct} = (\mathrm{e}^{\mathrm{i}\frac{c}{n}t})^n;$$

(ii) 具有参数为 μ 及 σ^2 的正态分布 $N(\mu, \sigma^2)$, 其对应的 c.f.

$$f(t) = \exp\{\mathrm{i}\mu t - \sigma^2 t^2/2\} = \left[\exp\left\{\mathrm{i}t\frac{\mu}{n} - \frac{\sigma^2}{n} \cdot \frac{t^2}{2}\right\}\right]^n;$$

(iii) 参数为 $\lambda(> 0)$ 的 Poisson 分布, 其对应的 c.f.

$$f(t) = \exp\{\lambda(\mathrm{e}^{\mathrm{i}t} - 1)\} = \left[\exp\left\{\frac{\lambda}{n}(\mathrm{e}^{\mathrm{i}t} - 1)\right\}\right]^n;$$

(iv) Cauchy 分布, 它的密度函数 $p(x) = \dfrac{a}{\pi} \cdot \dfrac{1}{a^2 + y^2}(a > 0)$, 其对应的 c.f.

$$f(t) = \mathrm{e}^{-a|t|} = (\mathrm{e}^{-a|t|/n})^n;$$

(v) Γ 分布, 它的密度函数 $p(x) = \dfrac{\beta^\alpha}{\Gamma(\alpha)}x^{\alpha-1}\mathrm{e}^{-\beta x}, x \geqslant 0$, 其中参数 $\alpha > 0$, $\beta > 0$, 其对应的 c.f.

$$f(t) = \left(1 - \frac{\mathrm{i}t}{\beta}\right)^{-\alpha} = \left[\left(1 - \frac{\mathrm{i}t}{\beta}\right)^{-\alpha/n}\right]^n.$$

1.2 无穷可分特征函数的性质

定理 1.1 设 $f(t), g(t)$ 是两个 i.d.c.f., 则 $f(t)g(t)$ 也是 i.d.c.f.

证 显然 fg 是 c.f., 又对每一正整数 n, 存在 c.f. $f_n(t)$ 和 $g_n(t)$ 使得 $f(t) = (f_n(t))^n, g(t) = (g_n(t))^n$, 而 $f_n(t)g_n(t)$ 是 c.f. 且 $f(t)g(t) = (f_n(t)g_n(t))^n$, 得证 $f(t)g(t)$ 是 i.d. 的.

推论 1.1   (1) 有限多个 i.d.c.f. 的乘积是 i.d.c.f.

(2) 若 f 是 i.d.c.f., 则 $|f|$ 也是.

证   (1) 是显然的. 现证 (2), 当 f 是 i.d.c.f. 时, $f(-t) = \overline{f(t)}$ 也是 i.d.c.f., 所以 $|f(t)|^2$ 是 i.d. 的, 故对每一正整数 n, 有实的 c.f. $f_n(t)$ 使 $|f(t)|^2 = (f_n(t))^{2n}$. 由此 $|f(t)| = (f_n(t))^n$, 所以 $|f(t)|$ 是 i.d. 的.

定理 1.2   设 $f(t)$ 是 i.d.c.f., 则对每一 t, $f(t) \neq 0$.

证   对每一正整数 n 有 c.f. $f_n(t)$ 使 $f = f_n^n$. 而 $g = |f|^2$ 和 $g_n = |f_n|^2$ 都是实 c.f. 且 g 是 i.d. 的, 故 g 有唯一的 n 次正实根 $g^{1/n} = g_n$. 因为 $0 \leqslant g \leqslant 1$, 所以

$$h(t) \overset{\text{def}}{=} \lim_{n \to \infty} g_n(t) = \begin{cases} 1, & g(t) > 0 \text{ 时,} \\ 0, & g(t) = 0 \text{ 时.} \end{cases}$$

又 $g(0) = 1$, 故 $h(0) = 1$. 由于 $g(t)$ 连续, 所以在 $t = 0$ 的某邻域中 $h(t)$ 均为 1. 这样由第一章定理 4.2 知 $h(t)$ 是 c.f. 由 $h(t)$ 的连续性, 对任一 t, $h(t) = 1$. 由此得 g, 进而 f, 无处为 0.

定理 1.3   设 i.d.c.f. 列 $\{f^{(m)}(t); m = 1, 2, \cdots\}$ 收敛于某 c.f. $f(t)$, 则 $f(t)$ 是 i.d. 的.

证   记 $(f^{(m)}(t))^{1/n} = \exp\left\{\frac{1}{n}\mathrm{Log}f^{(m)}(t)\right\}$. 由 Log 的定义, $\mathrm{Log}f^{(m)}(0) = 0$. 对任一固定的 n, 当 $m \to \infty$ 时, 有 $(f^{(m)}(t))^{1/n} \to (f(t))^{1/n}$. 由于 $f^{(m)}(t)$ 是 i.d. 的, 所以对每一 n, $(f^{(m)}(t))^{1/n}$ 是 c.f., 而 $(f(t))^{1/n}$ 在 $t = 0$ 处连续, 由第一章定理 4.2 可知 $(f(t))^{1/n}$ 是 c.f., 所以 $f(t) = \{(f(t))^{1/n}\}^n$ 是 i.d.c.f.

定义 1.2   c.f. $f(t)$ 称为 Poisson **型**的, 若

$$f(t) = \exp\{\mathrm{i}\alpha t + \lambda(\mathrm{e}^{\mathrm{i}\beta t} - 1)\},$$

其中 $\lambda \geqslant 0, \alpha$、$\beta$ 是实数.

定理 1.4   c.f. $f(t)$ 是 i.d. 的当且仅当它是有限多个 Poisson 型 c.f. 的乘积的极限.

证   显然条件是充分的. 反之, 若 f 是 i.d.c.f., 此时在 $\mathbf{R}^1$ 上 $\mathrm{Log}\,f$ 存在且有限, 又有

$$f^{\frac{1}{n}} = \exp\left(\frac{1}{n}\mathrm{Log}\,f\right) = 1 + \frac{1}{n}\mathrm{Log}\,f + O\left(\frac{1}{n^2}\right).$$

于是

$$\mathrm{Log}\,f = \lim_{n \to \infty} n(f^{1/n} - 1) = \lim_{n \to \infty} n(f_n - 1),$$

其中 $f_n = f^{1/n}$ 是 c.f., 记其对应的 d.f. 为 F_n, 则

$$\text{Log} f = \lim_{n \to \infty} n \int_{-\infty}^{\infty} (e^{itx} - 1) dF_n(x) = \lim_{n \to \infty} \lim_{A \to \infty} n \int_{-A}^{A} (e^{itx} - 1) dF_n(x).$$

令 $-A = x_{0,N} < x_{1,N} < \cdots < x_{j_N,N} = A, \max\limits_{1 \leqslant j \leqslant j_N} (x_{j,N} - x_{j-1,N}) \to 0$ (当 $N \to \infty$ 时). 由 Riemann-Stieltjes 积分的定义

$$n \int_{-A}^{A} (e^{itx} - 1) dF_n(x) = \lim_{N \to \infty} n \sum_{j=1}^{j_N} (e^{itx_{j,N}} - 1) \Delta F_n(x_{j,N})$$

$$= \lim_{N \to \infty} n \sum_{j=1}^{j_N} \lambda_{n,j,N} (e^{it\beta_{j,N}} - 1),$$

其中 $\lambda_{n,j,N} = n\Delta F_n(x_{j,N}) = n[F_n(x_{j,N}) - F_n(x_{j-1,N})], \beta_{j,N} = x_{j,N}$. 这样就得

$$f(t) = \lim_{n \to \infty} \lim_{A \to \infty} \lim_{N \to \infty} \prod_{j=1}^{j_N} \exp\{\lambda_{n,j,N}(e^{it\beta_{j,N}} - 1)\}.$$

运用 i.d.c.f. 的上述性质, 我们可以来判定某些 c.f. 是不是 i.d. 的.

例 1.2 设 X 服从 $[-1, 1]$ 上的均匀分布, 它的 c.f. $f(t) = (\sin t)/t, t \in \mathbf{R}^1$. 易见当 $t = k\pi$ 时, $f(t) = 0$. 故由定理 1.1 知 $f(t)$ 不是 i.d. 的. 类似地, 如果 X 取 ± 1 的概率各为 $1/2$, 即 $P(X = 1) = P(X = -1) = 1/2$, 则它的 c.f. $f(t) = \cos t$ 也不是 i.d. 的.

例 1.3 设 $f(t)$ 是 Laplace 分布的 c.f., 即

$$f(t) = (1 + t^2)^{-1}.$$

于是

$$f(t) = (1 + it)^{-1}(1 - it)^{-1}$$
$$= [(1 + it)^{-1/n}(1 - it)^{-1/n}]^n.$$

由例 1.1(v) 及推论 1.1 可知 $f(t)$ 是 i.d.c.f.

例 1.4 设 $p > 1$, 考察 c.f.

$$f(t) = (p - 1)(p - e^{it})^{-1}, \quad t \in \mathbf{R}^1$$

的 i.d. 性.

注意到

$$\operatorname{Log} f(t) = \operatorname{Log}\left(1 - \frac{1}{p}\right) - \operatorname{Log}\left(1 - \frac{\mathrm{e}^{\mathrm{i}t}}{p}\right) = \sum_{k=1}^{\infty} \frac{1}{kp^k}(\mathrm{e}^{\mathrm{i}tk} - 1),$$

于是

$$f(t) = \prod_{k=1}^{\infty} \exp\left\{\frac{1}{kp^k}(\mathrm{e}^{\mathrm{i}tk} - 1)\right\}.$$

故从定理 1.4 即得 $f(t)$ 是 i.d.c.f.

1.3　无穷可分特征函数的 Lévy-Khinchin 表示

设 γ 是实的常数, $G(x)$ 是有界不减左连续函数. 我们记

$$\psi(t) = \mathrm{i}\gamma t + \int_{-\infty}^{\infty}\left(\mathrm{e}^{\mathrm{i}tx} - 1 - \frac{\mathrm{i}tx}{1+x^2}\right)\frac{1+x^2}{x^2}\mathrm{d}G(x). \tag{1.1}$$

为使积分号下函数 $g(t,x) = \left(\mathrm{e}^{\mathrm{i}tx} - 1 - \dfrac{\mathrm{i}tx}{1+x^2}\right)\dfrac{1+x^2}{x^2}$ 在点 $x=0$ 处连续, 定义它在 $x=0$ 上的值为

$$\lim_{x\to 0} g(t,x) = \lim_{x\to 0}\left(\mathrm{e}^{\mathrm{i}tx} - 1 - \frac{\mathrm{i}tx}{1+x^2}\right)\frac{1+x^2}{x^2} = -\frac{t^2}{2},$$

此时不难证明 $g(t,x)$ 在 $\mathbf{R}^2$ 上是有界连续的.

定理 1.5　函数 $\mathrm{e}^{\psi(t)}$ 是 i.d.c.f.

证　对每一 $0 < \varepsilon < 1$, 我们有

$$\int_{\varepsilon}^{1/\varepsilon}\left(\mathrm{e}^{\mathrm{i}tx} - 1 - \frac{\mathrm{i}tx}{1+x^2}\right)\frac{1+x^2}{x^2}\mathrm{d}G(x)$$

$$= \lim_{n\to\infty}\sum_{k=0}^{n-1}\left(\mathrm{e}^{\mathrm{i}t\xi_k} - 1 - \frac{\mathrm{i}t\xi_k}{1+\xi_k^2}\right)\frac{1+\xi_k^2}{\xi_k^2}[G(x_{k+1}) - G(x_k)], \tag{1.2}$$

其中 $\varepsilon = x_0 < x_1 < \cdots < x_n = 1/\varepsilon, x_k \leqslant \xi_k < x_{k+1}\ (k = 0, 1, \cdots, n-1)$ 且 $\max\limits_{k}(x_{k+1} - x_k) \to 0$. 上面和式中的每一项有形式 $\mathrm{i}a_{nk}t + \lambda_{nk}(\mathrm{e}^{\mathrm{i}tb_{nk}} - 1)$, 此处

$$\lambda_{nk} = \frac{1+\xi_k^2}{\xi_k^2}[G(x_{k+1}) - G(x_k)], \quad b_{nk} = \xi_k, \quad a_{nk} = -\frac{\lambda_{nk}\xi_k}{1+\xi_k^2}.$$

因此 (1.2) 式是 Poisson c.f. 乘积的对数的极限. 由定理 1.4 知它是 i.d.c.f. 的对数. 让 $\varepsilon \to 0$, 知

$$I_1 = \int_{x>0}\left(\mathrm{e}^{\mathrm{i}tx} - 1 - \frac{\mathrm{i}tx}{1+x^2}\right)\frac{1+x^2}{x^2}\mathrm{d}G(x)$$

是 i.d.c.f. 的对数. 同理

$$I_2 = \int_{x<0} \left(e^{itx} - 1 - \frac{itx}{1+x^2} \right) \frac{1+x^2}{x^2} dG(x)$$

也是 i.d.c.f. 的对数. 而

$$\psi(t) = I_1 + I_2 + i\gamma t - \frac{t^2}{2}[G(+0) - G(-0)]. \tag{1.3}$$

后两项分别是退化分布和正态分布的 c.f. 的对数, 这就得证 $\exp(\psi(t))$ 是 i.d.c.f., 证毕.

事实上, 每一 i.d.c.f. 的对数都可表示成 (1.1) 的形式. 为证这一结论, 不妨假设 $G(-\infty) = 0$, 并引入函数

$$\Lambda(x) = \int_{-\infty}^{x} \left(1 - \frac{\sin y}{y} \right) \frac{1+y^2}{y^2} dG(y) \tag{1.4}$$

和

$$\lambda(t) = \psi(t) - \int_0^1 \frac{\psi(t+h) - \psi(t-h)}{2} dh. \tag{1.5}$$

(1.4) 中的被积函数 $A(y) \stackrel{\text{def}}{=} \left(1 - \frac{\sin y}{y} \right) \frac{1+y^2}{y^2}$ 在 $y = 0$ 的值定义作 $\frac{1}{3!}$. 这样 $A(y)$ 是非负有界连续的, 因此积分 (1.4) 有意义, 而且对一切 y, 有常数 $c_1 > 0, c_2 > 0$, 使得

$$c_1 \leqslant A(y) \leqslant c_2. \tag{1.6}$$

函数 $\Lambda(x)$ 是有界不减的, $\Lambda(x)/\Lambda(+\infty)$ 是一个 d.f.

现在来讨论 $\lambda(t)$ 与 $\Lambda(x)$ 之间的关系. 我们有

$$\lambda(t) = \int_0^1 \left[\psi(t) - \frac{1}{2}(\psi(t+h) + \psi(t-h)) \right] dh$$

$$= \int_0^1 \int_{-\infty}^{\infty} e^{itx}(1 - \cos hx) \frac{1+x^2}{x^2} dG(x) dh.$$

由于被积函数在 $[0,1] \times (-\infty, \infty)$ 上有界连续, 故从 Fubini 定理可得

$$\lambda(t) = \int_{-\infty}^{\infty} \int_0^1 e^{itx}(1 - \cos hx) \frac{1+x^2}{x^2} dh dG(x)$$

$$= \int_{-\infty}^{\infty} e^{itx} \left(1 - \frac{\sin x}{x} \right) \frac{1+x^2}{x^2} dG(x)$$

$$= \int_{-\infty}^{\infty} e^{itx} d\Lambda(x). \tag{1.7}$$

这就是说 $\lambda(t)/\Lambda(+\infty)$ 是 d.f. $\Lambda(x)/\Lambda(+\infty)$ 所对应的 c.f.

引理 1.1 由 (1.1) 式定义的函数 $\psi(t)$ 和元素对 (γ, G) 之间存在着一一对应关系, 其中 γ 是实常数, $G(x)$ 是有界不减左连续函数, 且 $G(-\infty) = 0$.

证 由 (1.1), 任一对 (γ, G) 唯一地确定函数 $\psi(t)$. 又任一函数 $\psi(t)$ 唯一地确定函数 $\lambda(t)$, 它是一个 c.f. 的常数倍. 从 (1.7) 和逆转公式即知 $\lambda(t)$ 唯一地确定函数 $\Lambda(x)$. 最后, $\Lambda(x)$ 唯一地确定函数

$$G(x) = \int_{-\infty}^{x} \left(1 - \frac{\sin y}{y}\right)^{-1} \frac{y^2}{1+y^2} \mathrm{d}\Lambda(y), \tag{1.8}$$

常数 γ 由 ψ 和 G 唯一地确定.

利用引理 1.1, 我们将采用记号 $\psi = (\gamma, G)$.

引理 1.2 设

$$\psi_n(t) = \mathrm{i}\gamma_n t + \int_{-\infty}^{\infty} \left(\mathrm{e}^{\mathrm{i}tx} - 1 - \frac{\mathrm{i}tx}{1+x^2}\right) \frac{1+x^2}{x^2} \mathrm{d}G_n(x), \tag{1.9}$$

其中 γ_n 是正的常数, $G_n(x)$ 是有界不减左连续函数, $G_n(-\infty) = 0$ $(n = 1, 2, \cdots)$.

(i) 若 $\gamma_n \to \gamma$ 且 $G_n \xrightarrow{d} G$, 则

$$\psi_n(t) \to \psi(t) = (\gamma, G).$$

(ii) 若 $\psi_n(t) \to \psi(t)$, 其中 $\psi(t)$ 在 $t = 0$ 处连续, 那么存在常数 γ 和有界不减左连续函数 $G(x)$, 使得 $\gamma_n \to \gamma$, $G_n \xrightarrow{d} G$ 且 $\psi = (\gamma, G)$.

证 引理的第一个结论从第一章定理 4.2 即得. 下面来证第二个断言. 因 $\psi(t)$ 在 $t = 0$ 处连续, $\exp(\psi(t))$ 是 i.d.c.f. 的极限, 所以后者是 i.d.c.f. 从定理 1.2 即得对每一 $t, \exp(\psi(t)) \neq 0$, 故 $|\psi(t)|$ 是有限的, 且在任一有限区间上关于 t 一致地有 $\psi_n(t) \to \psi(t)$. 所以

$$\lambda_n(t) = \psi_n(t) - \int_0^1 \frac{1}{2}(\psi_n(t+h) + \psi_n(t-h))\mathrm{d}h \to \lambda(t),$$

其中 $\lambda(t)$ 由 (1.5) 确定. 注意到 (1.7) 中与 $\lambda(t)$ 和 $\lambda_n(t)$ 相联系的函数 $\Lambda(x)$ 和 $\Lambda_n(x)$, 利用 $\lambda(t)$ 的连续性和第一章定理 4.2, 便得 $\Lambda_n \to \Lambda$. 此外, $\lambda_n(-\infty) = \lambda(-\infty) = 0, \lambda_n(0) \to \lambda(0)$, 且

$$\lambda_n(0) = \int_{-\infty}^{\infty} \mathrm{d}\Lambda_n(x), \quad \lambda(0) = \int_{-\infty}^{\infty} \mathrm{d}\Lambda(x).$$

因此有 $\Lambda_n(\infty) \to \Lambda(\infty)$. 这就得证 $\Lambda_n \xrightarrow{d} \Lambda$. 从 (1.6)、(1.8) 和第一章定理 4.1, 即得 $G_n(x) \to G(x)$. 由同一定理, 对每一 t 有

$$\mathrm{i}\gamma_n t \to \psi(t) - \int_{-\infty}^{\infty} \left(\mathrm{e}^{\mathrm{i}tx} - 1 - \frac{\mathrm{i}tx}{1+x^2}\right) \frac{1+x^2}{x^2} \mathrm{d}G(x).$$

所以存在极限 $\lim\limits_{n\to\infty}\gamma_n=\gamma$, 并由引理的第一个结论可知 $\psi=(\gamma,G)$. 证毕.

定理 1.6 函数 $f(t)$ 是 i.d.c.f. 当且仅当它可表示为

$$f(t)=\exp\left\{\mathrm{i}\gamma t+\int_{-\infty}^{\infty}\left(\mathrm{e}^{\mathrm{i}tx}-1-\frac{\mathrm{i}tx}{1+x^2}\right)\mathrm{d}G(x)\right\},\qquad(1.10)$$

其中 γ 是实常数, $G(x)$ 是有界不减左连续函数, 且积分号下的函数在 $x=0$ 的值定义为 $-x^2/2$.

证 现在只需证明任一 i.d.c.f. 可以表示为 (1.10) 的形式就够了. 由定理 1.2, 对每一 $t,f(t)\neq0$. 考察 $\mathrm{Log}\,f(t)$. 由定理 1.4 的证明可知, 对每一 t 有

$$\begin{aligned}\mathrm{Log}\,f(t)&=\lim_{n\to\infty}\int_{-\infty}^{\infty}n(\mathrm{e}^{\mathrm{i}tx}-1)\mathrm{d}F_n(x)\\&=\lim_{n\to\infty}\left\{\mathrm{i}t\int_{-\infty}^{\infty}\frac{nx}{1+x^2}\mathrm{d}F_n(x)+\int_{-\infty}^{\infty}n\left(\mathrm{e}^{\mathrm{i}tx}-1-\frac{\mathrm{i}tx}{1+x^2}\right)\mathrm{d}F_n(x)\right\}\\&=\lim_{n\to\infty}\psi_n(t),\end{aligned}$$

其中 $\psi_n(t)$ 由 (1.9) 式定义, 且

$$\gamma_n=n\int_{-\infty}^{\infty}\frac{x}{1+x^2}\mathrm{d}F_n(x),\quad G_n(x)=n\int_{-\infty}^{x}\frac{y^2}{1+y^2}\mathrm{d}F_n(y).\qquad(1.11)$$

由引理 1.2, 从关系式 $\psi_n(t)\to\mathrm{Log}\,f(t)$ 和 $\mathrm{Log}\,f(t)$ 在 $t=0$ 处连续即得, 存在实数 γ 和有界不减左连续函数 $G(x)$, 使得 $\gamma_n\to\gamma,G_n\xrightarrow{d}G$, 且 $\mathrm{Log}\,f(t)=(\gamma,G)$. 证毕.

表示式 (1.10) 称为 Lévy-Khinchin **公式**. 由引理 1.1 和定理 1.6 即得: 若 $G(-\infty)=0$, 那么 i.d.c.f. $f(t)$ 表示成 (1.10) 形式时其 γ 和 $G(x)$ 是唯一的.

现在来看几个常见的 i.d.c.f., 它们的对数表示成 (1.1) 形式时, 其中的 γ 和 $G(x)$ 是怎样的. 从例 1.6 的求解过程将会看到, 如何运用定理 1.6 的证明来具体寻求 γ 和 $G(x)$.

例 1.5 (i) 设 r.v.X 服从正态分布 $N(\mu,\sigma^2)$, 试给出它的 c.f. 的 Lévy-Khinchin 表示.

(ii) 给出 Poisson 分布的 c.f. 的 Lévy-Khinchin 表示.

解 (i) 正态分布 $N(\mu,\sigma^2)$ 的 c.f.

$$f(t)=\exp\{\mathrm{i}\mu t-\sigma^2 t^2/2\}.$$

直接考察 (1.10) 右边的 Stieltjes 积分, 并注意到 $\lim\limits_{x\to0}g(t,x)=-t^2/2$, 就有

$\gamma = \mu$ 及

$$G(x) = \begin{cases} 0, & x \leqslant 0, \\ \sigma^2, & x > 0. \end{cases}$$

(ii) 设 $f(t)$ 是 Poisson 分布的 c.f., 则

$$\operatorname{Log} f(t) = \lambda(\mathrm{e}^{\mathrm{i}t} - 1) = \mathrm{i}\frac{\lambda}{2}t + \lambda\left(\mathrm{e}^{\mathrm{i}t} - 1 - \frac{\mathrm{i}t}{2}\right).$$

考察 (1.10) 右边的积分可得

$$\gamma = \frac{\lambda}{2}, \quad G(x) = \begin{cases} 0, & x \leqslant 1, \\ \dfrac{\lambda}{2}, & x > 1. \end{cases}$$

例 1.6 试给出 Cauchy 分布

$$F(x) = \int_{-\infty}^{x} \frac{a}{\pi} \cdot \frac{1}{a^2 + y^2} \mathrm{d}y$$

的 c.f. $f(t) = \exp(-a|t|)$ 的 Lévy-Khinchin 表示.

解 因为 $f_n(t) = \exp\left(-\dfrac{a}{n}|t|\right)$, 所以

$$F_n(x) = \frac{a}{n\pi} \int_{-\infty}^{x} \frac{\mathrm{d}y}{(a/n)^2 + y^2} = \frac{a}{\pi} \int_{-\infty}^{nx} \frac{\mathrm{d}y}{a^2 + y^2}.$$

由 (1.11) 知

$$\begin{aligned} G_n(x) &= n \int_{-\infty}^{x} \frac{y^2}{1 + y^2} \mathrm{d}F_n(y) \\ &= \int_{-\infty}^{x} \frac{a}{\pi} \frac{y^2}{(1 + y^2)((a/n)^2 + y^2)} \mathrm{d}y \\ &\to \frac{a}{\pi} \int_{-\infty}^{x} \frac{\mathrm{d}y}{1 + y^2} \stackrel{\text{def}}{=} G(x). \end{aligned}$$

把由上求得的 $G(x)$ 代入 (1.10), 并注意到 $\psi(t) = \operatorname{Log} f(t) = -a|t|$, 即有

$$\begin{aligned} -a|t| = \operatorname{Log} f(t) &= \mathrm{i}\gamma t + \int_{-\infty}^{\infty} \left(\mathrm{e}^{\mathrm{i}tx} - 1 - \frac{\mathrm{i}tx}{1+x^2}\right) \frac{1 + x^2}{x^2} \frac{a}{\pi} \frac{\mathrm{d}x}{1+x^2} \\ &= \mathrm{i}\gamma t - a|t|. \end{aligned}$$

从而得 $\gamma = 0$, 即 Cauchy 分布的 c.f. $f(t)$ 的对数 $\psi(t) = \operatorname{Log} f(t)$ 所对应的 $\gamma = 0$,

$$G(x) = \frac{a}{\pi} \int_{-\infty}^{x} \frac{\mathrm{d}y}{1 + y^2}.$$

1.4 无穷可分特征函数的 Lévy 表示及 Kolmogorov 表示

对于 i.d.c.f. $f(t)$, Lévy 给出了另一种表示. 令 $\sigma^2 = G(+0) - G(-0)$,

$$L(x) = \begin{cases} \displaystyle\int_{-\infty}^{x} \frac{1+y^2}{y^2}\mathrm{d}G(y), & x < 0, \\[2mm] \displaystyle -\int_{x}^{\infty} \frac{1+y^2}{y^2}\mathrm{d}G(y), & x > 0. \end{cases} \tag{1.12}$$

函数 $L(x)$ 除去 0 点外, 被定义在整个实直线上, 在 $(-\infty, 0)$ 和 $(0, \infty)$ 上是不减的, 且满足条件 $L(+\infty) = L(-\infty) = 0$. 又在 $\mathbf{R}^1 \setminus \{0\}$ 中, $G(x)$ 和 $L(x)$ 有相同的连续点. 对每一有限的 $\delta > 0$, 我们有 $\displaystyle\fint_{-\delta}^{\delta} x^2 \mathrm{d}L(x) < \infty$, 其中记号 $\fint$ 是指从积分区间中去掉 0 点. 反之, 对任一非负常数 σ^2 和任一满足所述条件的函数 $L(x)$, 借助 (1.12) 和 (1.10) 唯一地确定一个 i.d.c.f. 这样, 就得如下的

定理 1.7 函数 $f(t)$ 是 i.d.c.f. 当且仅当它可表示成

$$f(t) = \exp\left\{ \mathrm{i}\gamma t - \frac{\sigma^2 t^2}{2} + \fint_{-\infty}^{\infty} \left(\mathrm{e}^{\mathrm{i}tx} - 1 - \frac{\mathrm{i}tx}{1+x^2} \right) \mathrm{d}L(x) \right\}, \tag{1.13}$$

其中 γ 是实的常数, σ^2 是非负常数, $L(x)$ 在 $(-\infty, 0)$ 和 $(0, \infty)$ 上是不减的, 且 $L(\pm\infty) = 0$. 对每一 $0 < \delta < \infty$, $\displaystyle\fint_{-\delta}^{\delta} x^2 \mathrm{d}L(x) < \infty$.

(1.13) 称为 Lévy 公式. 一个 i.d.c.f. 按 (1.13) 的表示是唯一的.

我们回顾到, 当 r.v.X 具有有限方差时, 其对应的 c.f. $f(t)$ 的二阶导数存在; 反之也对. 从这一事实及定理 1.6, 即可得下述

定理 1.8 函数 $f(t)$ 是具有有限方差的 i.d.c.f. 当且仅当它可表示成

$$f(t) = \exp\left\{ \mathrm{i}\alpha t + \int_{-\infty}^{\infty} \frac{\mathrm{e}^{\mathrm{i}tx} - 1 - \mathrm{i}tx}{x^2} \mathrm{d}K(x) \right\}, \tag{1.14}$$

其中 α 是实的常数, $K(x)$ 是有界不减的, 且积分号下的函数在 $x = 0$ 处的值定义为 $-t^2/2$.

(1.14) 式称为 Kolmogorov **公式**. 出现在公式 (1.10)、(1.13) 和 (1.14) 中的函数 $G(x)$、$L(x)$ 和 $K(x)$ 分别称作 Lévy-Khinchin、Lévy 和 Kolmogorov **谱函数**.

例 1.7 (i) 设 r.v.X 服从正态分布 $N(\mu, \sigma^2)$, 对应的 c.f. 为

$$f(t) = \exp\{\mathrm{i}\mu t - \sigma^2 t^2/2\}.$$

取 $\gamma = \mu, L(x) \equiv 0$, 那么 $f(t)$ 就有 Lévy 表示式 (1.13). 若取 $\alpha = \mu$ 及 $K(x) = \sigma^2\delta(x)$, 其中 $\delta(x) = 0$ 当 $x \leqslant 0$; $\delta(x) = 1$ 当 $x > 0$, 那么 $f(t)$ 就有 Kolmogorov 表示式 (1.14).

(ii) Poisson 分布的 c.f.

$$f(t) = \exp\{\lambda(e^{it} - 1)\} = \exp\{it\lambda + \lambda(e^{it} - it - 1)\}.$$

取 $\alpha = \lambda$, $K(x) = \lambda\delta(x - 1)$, 那么 $f(t)$ 就有表示式 (1.14).

由例 1.5(ii) 及 (1.12) 式得

$$L(x) = \begin{cases} 0, & x \leqslant 1, \\ \lambda, & x > 1. \end{cases}$$

取 $\gamma = \lambda/2, \sigma^2 = 0$ 得 Poisson 分布的 c.f. 对数的 Lévy 表示式 (1.13). 此时 $L(x)$ 在 $x = 1$ 是不连续的.

§2 独立随机变量和的极限分布

2.1 无穷小条件

考察独立 r.v. 组列 $\{X_{nk}; k = 1, \cdots, k_n, n = 1, 2, \cdots\}$. 设 $k_n \to \infty$, 令

$$S_n = \sum_{k=1}^{k_n} X_{nk}. \tag{2.1}$$

本节的目的在于找出 S_n 的极限分布族. 如果对 $\{X_{nk}\}$ 不作任何限制, 那么任何 d.f.$F(x)$ 都可以作为 (2.1) 的极限分布. 事实上, 如对每一 n, 令 X_{n1} 具有 d.f. $F(x)$, 而 $X_{nk} = 0, k > 1$, 那么对所有 n, S_n 的 d.f. 都为 $F(x)$. 为避免由少数特殊项决定 S_n 的情形, 引入某些使和式中每一项在 $n \to \infty$ 时都变得 "无穷小" 的限制是合理的.

定义 2.1 称 r.v. 组列 $\{X_{nk}; k = 1, \cdots, k_n, n = 1, 2, \cdots\}$ 满足**无穷小条件**, 若对任给的 $\varepsilon > 0$,

$$\lim_{n\to\infty} \max_{1\leqslant k\leqslant k_n} P\{|X_{nk}| \geqslant \varepsilon\} = 0. \tag{2.2}$$

无穷小条件可用不同的概念来描述. 记 X_{nk} 的 d.f., c.f. 和中位数分别为 $F_{nk}(x), f_{nk}(t)$ 和 mX_{nk}. 为书写简便, 用 $\max_k$ 和 $\sum_k$ 代替 $\max_{1\leqslant k\leqslant k_n}$ 和 $\sum_{1\leqslant k\leqslant k_n}$.

引理 2.1 下列条件相互等价:

(i) $\{X_{nk}\}$ 满足无穷小条件;

(ii) $\max\limits_{k} \int_{-\infty}^{\infty} \dfrac{x^2}{1+x^2} \mathrm{d}F_{nk}(x) \to 0$;

(iii) 在任一有限区间中关于 t 一致地有

$$\max_{k} |f_{nk}(t) - 1| \to 0. \tag{2.3}$$

证 (ii)⇒(i) 函数 $(1+x^2)/x^2$ 在正半直线上递减, 故对每一 $\varepsilon > 0, n \geqslant 1$, 有

$$\max_{k} \int_{|x| \geqslant \varepsilon} \mathrm{d}F_{nk}(x) \leqslant \frac{1+\varepsilon^2}{\varepsilon^2} \max_{k} \int_{|x| \geqslant \varepsilon} \frac{x^2}{1+x^2} \mathrm{d}F_{nk}(x).$$

(i)⇒(iii) 对任何实数 x, $|\mathrm{e}^{\mathrm{i}x} - 1| \leqslant |x|$, 那么对每一 $b < \infty$, 当 $|t| \leqslant b$ 时

$$\max_{k} |f_{nk}(t) - 1| \leqslant \max_{k} \left| \left(\int_{|x| < \varepsilon} + \int_{|x| \geqslant \varepsilon} \right) (\mathrm{e}^{\mathrm{i}tx} - 1) \mathrm{d}F_{nk}(x) \right|$$

$$\leqslant b\varepsilon + 2 \max_{k} \int_{|x| \geqslant \varepsilon} \mathrm{d}F_{nk}(x).$$

(iii)⇒(ii) 对任何的 d.f. $F(x)$ 和相应的 c.f. $f(t)$, 有

$$\int_0^{\infty} \mathrm{e}^{-t}(1 - \mathrm{Re}f(t)) \mathrm{d}t = 1 - \int_{-\infty}^{\infty} \left\{ \int_0^{\infty} \mathrm{e}^{-t} \cos tx \mathrm{d}t \right\} \mathrm{d}F(x)$$

$$= \int_{-\infty}^{\infty} \frac{x^2}{1+x^2} \mathrm{d}F(x).$$

因此对任何 $T > 0$,

$$\int_{-\infty}^{\infty} \frac{x^2}{1+x^2} \mathrm{d}F_{nk}(x) \leqslant \int_0^{\infty} \mathrm{e}^{-t} |f_{nk}(t) - 1| \mathrm{d}t$$

$$\leqslant \int_0^T \max_{k} |f_{nk}(t) - 1| \mathrm{d}t + 2\int_T^{\infty} \mathrm{e}^{-t} \mathrm{d}t.$$

当 (iii) 成立时, 对任给 $\varepsilon > 0$, 可选适当大的 T 使当 n 充分大时上式不超过 ε. 证毕.

引理 2.2 如果 $\{X_{nk}\}$ 满足无穷小条件, 那么对每个 $\tau > 0, r > 0$, $\max\limits_{k} |mX_{nk}| \to 0$, $\max\limits_{k} \int_{|x| < \tau} |x|^r \mathrm{d}F_{nk}(x) \to 0$.

证 首先不难看出 r.v.X 的中位数 mX 必含于任一满足 $P(X \in I) > \dfrac{1}{2}$ 的区间 I 内. 令 $\varepsilon > 0$, 由无穷小条件 (2.2) 式推出对充分大的 n,

$$\min_{k} P(|X_{nk}| < \varepsilon) > \frac{1}{2}.$$

因此, 对充分大的 n, $\max_k |mX_{nk}| < \varepsilon$. 此外对 $0 < \varepsilon \leqslant \tau$,

$$\max_k \int_{|x|<\tau} |x|^r \mathrm{d}F_{nk}(x) \leqslant \varepsilon^r + \tau^r \max_k \int_{|x|\geqslant\varepsilon} \mathrm{d}F_{nk}(x).$$

由 $\varepsilon > 0$ 的任意性得证引理.

2.2 独立 r.v. 和的极限分布

下列 Khinchin 基本结果表明了无穷可分分布在概率极限理论中的作用.

定理 2.1 设独立 r.v. 组列 $\{X_{nk}\}$ 满足无穷小条件, 则 $\sum_{k=1}^{k_n} X_{nk}$ 的极限分布族与无穷可分分布族相重合.

为了证明定理, 我们需要一些引理. 设 $0 < \tau < \infty$. 令

$$a_{nk} = \int_{|x|<\tau} x\mathrm{d}F_{nk}(x), \quad \overline{F}_{nk}(x) = F_{nk}(x + a_{nk}), \quad \overline{f}_{nk}(t) = \int_{-\infty}^{\infty} \mathrm{e}^{itx}\mathrm{d}\overline{F}_{nk}(x). \tag{2.4}$$

显然

$$|a_{nk}| \leqslant \int_{|x|<\tau} |x|\mathrm{d}F_{nk}(x) < \tau. \tag{2.5}$$

引理 2.3 如果 $\{X_{nk}\}$ 满足无穷小条件, 那么 r.v. 组列 $\{\overline{X}_{nk}\}$, 其中 $\overline{X}_{nk} = X_{nk} - a_{nk}$, 也满足无穷小条件.

证 由引理 2.2,

$$\max_k |a_{nk}| \leqslant \max_k \int_{|x|<\tau} |x|\mathrm{d}F_{nk}(x) \to 0.$$

因此对任意 $\varepsilon > 0$ 和充分大的 n

$$\max_k P(|\overline{X}_{nk}| \geqslant \varepsilon) \leqslant \max_k P(|X_{nk}| + |a_{nk}| \geqslant \varepsilon) \leqslant \max_k P\left(|X_{nk}| \geqslant \frac{\varepsilon}{2}\right).$$

应用 (2.2), 引理证毕.

引理 2.4 设 $\{X_{nk}\}$ 满足无穷小条件, 那么对每个 $0 < b < \infty$, 当 n 充分大时, $\mathrm{Log}\, f_{nk}(t)$ 在区间 $[-b, b]$ 上有限且

$$\mathrm{Log}\, f_{nk}(t) = f_{nk}(t) - 1 + \theta_{nk}(f_{nk}(t) - 1)^2, \tag{2.6}$$

其中 $|\theta_{nk}| \leqslant 1$. 进而, 上述结论对 $\mathrm{Log}\,\overline{f}_{nk}(t)$ 也成立.

证 由 Taylor 展开式,

$$\log(1+Z) = Z - \frac{1}{2}Z^2 + o(|Z|^2) \quad (Z \to 0).$$

因此, 当 $|Z|$ 充分小时, $|\log(1+Z) - Z| \leqslant |Z|^2$. 令 $Z = Z_{nk}(t) = f_{nk}(t) - 1$. 由引理 2.1, $\max_k |Z_{nk}(t)| \to 0$ 对 $t \in [-b, b]$ 一致成立. 这样 (2.6) 成立. 引理 2.3 保证了 $\overline{f}_{nk}(t)$ 也满足同样的结论. 证毕.

在下列两个引理中, $F(x)$ 为任意 d.f., $f(t)$ 为它的 c.f. 记

$$a = \int_{|x| < \tau} x\mathrm{d}F(x), \quad \overline{F}(x) = F(x+a), \quad \overline{f}(t) = \int_{-\infty}^{\infty} \mathrm{e}^{\mathrm{i}tx}\mathrm{d}\overline{F}(x).$$

引理 2.5 对任何有限正数 b, 存在正数 $c_1 = c_1(a, b, \tau) > 0$ 满足

$$c_1 \max_{|t| \leqslant b} |\overline{f}(t) - 1| \leqslant \int_{-\infty}^{\infty} \frac{x^2}{1+x^2}\mathrm{d}\overline{F}(x). \tag{2.7}$$

证 利用不等式 $|\mathrm{e}^{\mathrm{i}x} - 1 - \mathrm{i}x| \leqslant x^2/2$, 我们有

$$\max_{|t| \leqslant b} |\overline{f}(t) - 1| = \max_{|t| \leqslant b} \left| \int_{-\infty}^{\infty} (\mathrm{e}^{\mathrm{i}t(x-a)} - 1)\mathrm{d}F(x) \right|$$

$$\leqslant 2 \int_{|x| \geqslant \tau} \mathrm{d}F(x) + b \left| \int_{|x| < \tau} (x-a)\mathrm{d}F(x) \right| + \frac{1}{2}b^2 \int_{|x| < \tau} (x-a)^2\mathrm{d}F(x)$$

$$\leqslant (2 + |a|b) \int_{|x| \geqslant \tau} \mathrm{d}F(x) + \frac{1}{2}b^2 \int_{|x| < \tau} (x-a)^2\mathrm{d}F(x).$$

考虑到 $|a| < \tau$ 且函数 $(x-a)^{-2}$ 当 $x \geqslant \tau$ 时不增,

$$\max_{|t| \leqslant b} |\overline{f}(t) - 1| \leqslant \left\{ \frac{2 + |a|b}{(\tau - |a|)^2} + \frac{b^2}{2} \right\} \cdot$$

$$\{1 + (\tau + |a|)^2\} \int_{-\infty}^{\infty} \frac{(x-a)^2}{1+(x-a)^2}\mathrm{d}F(x).$$

令

$$c_1 = \left\{ \frac{2 + |a|b}{(\tau - |a|)^2} + \frac{b^2}{2} \right\}^{-1} \{1 + (\tau + |a|)^2\}^{-1}, \tag{2.8}$$

不等式 (2.7) 成立, 证毕.

引理 2.6 设 $0 < b < \infty, m$ 是 d.f. $F(x)$ 的中位数, 如果 $|m| < \tau$, 那么存在 $c_2 = c_2(m, b, \tau) > 0$ 满足

$$\int_{-\infty}^{\infty} \frac{x^2}{1+x^2}\mathrm{d}\overline{F}(x) \leqslant c_2 \int_0^b (1 - |f(t)|^2)\mathrm{d}t. \tag{2.9}$$

如果 $f(t)$ 在 $[0, b]$ 上不为 0, 那么可以用 $2|\mathrm{Log}|f(t)||$ 代替 $1 - |f(t)|^2$.

证 令 X, Y 是两个独立 r.v., 具有相同的 d.f. $F(x)$, 记 $X^s = X - Y$. 用 $F^s(x)$ 表示 X^s 的 d.f., 这样 X^s 的 c.f. 为

$$|f(t)|^2 = \int_{-\infty}^{\infty} \cos tx \mathrm{d}F^s(x).$$

由于

$$\inf_x \left(1 - \frac{\sin bx}{bx}\right) \frac{1 + x^2}{x^2} \geqslant c(b) > 0,$$

所以

$$\int_0^b (1 - |f(t)|^2) \mathrm{d}t = \int_{-\infty}^{\infty} \left(\int_0^b (1 - \cos tx) \mathrm{d}t\right) \mathrm{d}F^s(x)$$

$$= b \int_{-\infty}^{\infty} \left(1 - \frac{\sin bx}{bx}\right) \mathrm{d}F^s(x)$$

$$\geqslant bc(b) \int_{-\infty}^{\infty} \frac{x^2}{1 + x^2} \mathrm{d}F^s(x). \tag{2.10}$$

对 $t \geqslant 0$, 令 $F_m(x) = P(X - m < x), q_m(t) = P(|X - m| \geqslant t), q^s(t) = P(|X^s| \geqslant t)$, 则

$$q_m(t) \leqslant 2q^s(t), \quad t \geqslant 0. \tag{2.11}$$

事实上, 如果 $X - m \geqslant t$ 且 $Y - m \leqslant 0$, 那么 $X^s \geqslant t$. 由于 X, Y 相互独立, 利用中位数的定义,

$$P(X^s \geqslant t) \geqslant P(X - m \geqslant t, Y - m \leqslant 0)$$

$$= P(X - m \geqslant t)P(Y \leqslant m) \geqslant \frac{1}{2}P(X - m \geqslant t),$$

类似地 $P(X^s \leqslant -t) \geqslant \frac{1}{2}P(X - m \leqslant -t)$. 这样 (2.11) 成立.

如果 $-t$ 是 F_m 的连续点, 那么 $q_m(t) = 1 - F_m(t) + F_m(-t)$. 由分部积分并利用 (2.11),

$$\int_{-\infty}^{\infty} \frac{x^2}{1 + x^2} \mathrm{d}F_m(x) = -\int_0^{\infty} \frac{x^2}{1 + x^2} \mathrm{d}q_m(x) = \int_0^{\infty} q_m(x) \mathrm{d}\frac{x^2}{1 + x^2}$$

$$\leqslant 2 \int_0^{\infty} q^s(x) \mathrm{d}\frac{x^2}{1 + x^2} = 2 \int_{-\infty}^{\infty} \frac{x^2}{1 + x^2} \mathrm{d}F^s(x). \tag{2.12}$$

此外, 显然

$$\int_{-\infty}^{\infty} \frac{x^2}{1 + x^2} \mathrm{d}\overline{F}_m(x) = \int_{-\infty}^{\infty} \frac{(x - a)^2}{1 + (x - a)^2} \mathrm{d}F(x)$$

$$\leqslant \int_{|x| < \tau} (x - a)^2 \mathrm{d}F(x) + \int_{|x| \geqslant \tau} \mathrm{d}F(x).$$

对每个实数 x, a 和 $m, (x-a)^2 \leqslant (x-m)^2 + 2(m-a)(x-a)$, 由此得

$$\int_{|x|<\tau} (x-a)^2 \mathrm{d}F(x) \leqslant \int_{|x|<\tau} (x-m)^2 \mathrm{d}F(x)$$

$$+ 2(\tau+|m|) \left| \int_{|x|<\tau} (x-a)\mathrm{d}F(x) \right|$$

$$\leqslant \int_{|x|<\tau} (x-m)^2 \mathrm{d}F(x) + 2|a|(\tau+|m|) \int_{|x|\geqslant\tau} \mathrm{d}F(x),$$

$$\int_{-\infty}^{\infty} \frac{x^2}{1+x^2} \mathrm{d}\overline{F}(x) \leqslant \int_{|x|<\tau} (x-m)^2 \mathrm{d}F(x)$$

$$+ \{1 + 2\tau(\tau+|m|)\} \int_{|x|\geqslant\tau} \mathrm{d}F(x).$$

但是我们有

$$\int_{|x|<\tau} (x-m)^2 \mathrm{d}F(x) \leqslant \{1 + (\tau+|m|)^2\} \int_{|x|<\tau} \frac{(x-m)^2}{1+(x-m)^2} \mathrm{d}F(x)$$

$$\leqslant \{1 + (\tau+|m|)^2\} \int_{-\infty}^{\infty} \frac{x^2}{1+x^2} \mathrm{d}F_m(x),$$

$$\int_{|x|\geqslant\tau} \mathrm{d}F(x) \leqslant \frac{1+(\tau+|m|)^2}{(\tau-|m|)^2} \int_{|x|\geqslant\tau} \frac{(x-m)^2}{1+(x-m)^2} \mathrm{d}F(x)$$

$$\leqslant \frac{1+(\tau+|m|)^2}{(\tau-|m|)^2} \int_{-\infty}^{\infty} \frac{x^2}{1+x^2} \mathrm{d}F_m(x).$$

因此

$$\int_{-\infty}^{\infty} \frac{x^2}{1+x^2} \mathrm{d}\overline{F}(x) \leqslant c \int_{-\infty}^{\infty} \frac{x^2}{1+x^2} \mathrm{d}F_m(x), \tag{2.13}$$

其中

$$c = c(m, \tau) = \{1 + (\tau+|m|)^2\} \left\{ 1 + \frac{1 + 2\tau(\tau+|m|)}{(\tau-|m|)^2} \right\}. \tag{2.14}$$

综合上述, 令 $c_2 = \dfrac{2c}{bc(b)}$, (2.9) 式成立.

引理的第二个结论由下式即可得到:

$$1 - |f(t)|^2 \leqslant -\mathrm{Log}|f(t)|^2 = 2|\mathrm{Log}|f(t)||.$$

证毕.

引理 2.7 设 $0 < b < \infty$, 如果 $\{X_{nk}\}$ 满足无穷小条件, 那么存在正数 $C_* = C_*(b, \tau)$ 和 $C^* = C^*(b, \tau)$, 使得对所有 k 和充分大的 n,

$$C_* \max_{|t|\leqslant b} |\overline{f}_{nk}(t) - 1| \leqslant \int_{-\infty}^{\infty} \frac{x^2}{1+x^2} \mathrm{d}\overline{F}_{nk}(x) \leqslant C^* \int_0^b |\mathrm{Log}|f_{nk}(t)|| \mathrm{d}t.$$

证 由引理 2.2, 我们有

$$\max_k |a_{nk}| \leqslant \max_k \int_{|x|<\tau} |x| \mathrm{d}F_{nk}(x) \to 0. \qquad (2.15)$$

因此当 n 充分大时, $\max_k |a_{nk}| < \tau/2$. 应用引理 2.5 于 d.f. $F_{nk}(x)$, 在 (2.8) 式中令 $|a| = \tau/2$ 得到 C_*.

另一方面, 对 $\tau > 0$, 由引理 2.2 推出当 n 充分大时, $\max_k |mX_{nk}| < \tau/2$, 应用引理 2.6 于 d.f. $F_{nk}(x)$, 在 (2.14) 和 (2.15) 式中用 $\tau/2$ 代替 $|m|$ 得到 C^*.

引理 2.8 设独立 r.v. 组列 $\{X_{nk}\}$ 满足无穷小条件. 如果对每一个 t,

$$\prod_k |f_{nk}(t)| \to |f(t)|,$$

其中 $f(t)$ 是 c.f., 那么存在一个正数 c, 使得当 n 充分大时

$$\sum_k \int_{-\infty}^{\infty} \frac{x^2}{1+x^2} \mathrm{d}\overline{F}_{nk}(x) \leqslant c. \qquad (2.16)$$

证 由引理 2.7 可得

$$\sum_{k=1}^{k_n} \int_{-\infty}^{\infty} \frac{x^2}{1+x^2} \mathrm{d}\overline{F}_{nk}(x) \leqslant C^* \sum_{k=1}^{k_n} \int_0^b |\mathrm{Log}|f_{nk}(t)||\mathrm{d}t.$$

若能证 $\int_0^b \left| \mathrm{Log} \prod_k |f_{nk}(t)| \right| \mathrm{d}t \to \int_0^b |\mathrm{Log}|f(t)||\mathrm{d}t$ 且右边积分有限, 就得引理的结论. 由于 $f(t)$ 是 c.f., 故对 $0 < \varepsilon < 1$, 有 $b > 0$ 使当 $|t| < b$ 时, $|f(t)| > 1 - \varepsilon > 0$. 由此得 $0 \leqslant |\mathrm{Log}|f(t)|| \leqslant |\mathrm{Log}(1-\varepsilon)| < \infty$. 所以右边积分有限. 而由假设可推出

$$\prod_k |f_{nk}(t)|^2 \to |f(t)|^2,$$

且 $|f_{nk}(t)|^2$, $|f(t)|^2$ 都是 c.f., 因此在 $|t| \leqslant b$ 中上述收敛性一致地成立, 因 $\{X_{nk}\}$ 满足无穷小条件, 所以由引理 2.1, 当 $|t| \leqslant b$ 且 n 充分大时, $\mathrm{Log}|f_{nk}(t)|$ 有意义, 而且在 $|t| \leqslant b$ 中一致地有

$$\sum_k |\mathrm{Log}|f_{nk}(t)|| \to |\mathrm{Log}|f(t)||.$$

由此即可推得引理的结论.

引理 2.9 设独立 r.v. 组列 $\{X_{nk}\}$ 满足无穷小条件, 且 (2.16) 成立, 则对任一 t, 有

$$\sum_k \{\text{Log}\,\overline{f}_{nk}(t) - (\overline{f}_{nk}(t) - 1)\} \to 0. \tag{2.17}$$

证 首先由引理 2.4, 对充分大的 n, 有

$$\text{Log}\,\overline{f}_{nk}(t) = \overline{f}_{nk}(t) - 1 + \theta_{nk}(\overline{f}_{nk}(t) - 1)^2,$$

其中 $|\theta_{nk}| \leqslant 1$. 这样由引理 2.7 及 (2.16) 式, 我们有

$$
\begin{aligned}
\left|\sum_k \{\text{Log}\,\overline{f}_{nk}(t) - (\overline{f}_{nk}(t) - 1)\}\right| &\leqslant \sum_k |\overline{f}_{nk}(t) - 1|^2 \\
&\leqslant \max_k |\overline{f}_{nk}(t) - 1| \cdot \sum_k C_*^{-1} \int_{-\infty}^{\infty} \frac{x^2}{1+x^2} \mathrm{d}\overline{F}_{nk}(x) \\
&\leqslant (c/C_*) \max_k |\overline{f}_{nk}(t) - 1| \to 0.
\end{aligned}
$$

证毕.

定理 2.1 的证明 首先来证任一 i.d.c.f. $F(x)$ 是某一满足无穷小条件独立 r.v. 组列 $\{X_{nk}\}$ 的和 $\sum\limits_k X_{nk}$ 的极限分布. 设 $f(t)$ 是对应的 i.d.c.f., 对每一 n, 有 c.f. $f_n(t)$ 使 $f(t) = (f_n(t))^n$. 对 $k = 1, \cdots, n$, 令 $f_{nk}(t) = f_n(t)$. 那么有 $f(t) = \lim\limits_n \prod\limits_{k=1}^{n} f_{nk}(t)$. 这样, c.f. 为 $f_{nk}(t)$ 的独立 r.v. 组列 $\{X_{nk}\}$ 之和的 d.f. 列依分布收敛于 $F(x)$. 由于对任一有限区间中的 t 一致地有 $f_n(t) \to 1$, 由引理 2.1 得 $\{X_{nk}\}$ 满足无穷小条件.

其次, 设独立 r.v. 组列 $\{X_{nk}\}$ 满足无穷小条件, 且和 $\sum\limits_k X_{nk}$ 依分布收敛于 d.f. $F(x)$. 下证 $F(x)$ 是无穷可分的. 由第一章定理 4.2,

$$\prod_k f_{nk}(t) \to f(t) = \int_{-\infty}^{\infty} \mathrm{e}^{\mathrm{i}tx} \mathrm{d}F(x). \tag{2.18}$$

再由引理 2.8 和 2.9 知此时 (2.17) 成立. 而

$$
\begin{aligned}
\text{Log}\,\overline{f}_{nk}(t) - (\overline{f}_{nk}(t) - 1) &= \text{Log}\,f_{nk}(t) - \left\{ \mathrm{i}ta_{nk} + \int_{-\infty}^{\infty} (\mathrm{e}^{\mathrm{i}tx} - 1)\mathrm{d}\overline{F}_{nk}(x) \right\} \\
&= \text{Log}\,f_{nk}(t) - \mathrm{i}ta_{nk} - \mathrm{i}t \int_{-\infty}^{\infty} \frac{x}{1+x^2} \mathrm{d}\overline{F}_{nk}(x) \\
&\quad - \int_{-\infty}^{\infty} \left(\mathrm{e}^{\mathrm{i}tx} - 1 - \frac{\mathrm{i}tx}{1+x^2} \right) \mathrm{d}\overline{F}_{nk}(x),
\end{aligned}
$$

所以我们有

$$\sum_k \{\mathrm{Log}\,\overline{f}_{nk}(t) - (\overline{f}_{nk}(t) - 1)\}$$

$$= \mathrm{Log}\prod_k f_{nk}(t) - \left\{ \mathrm{i}t\gamma_n + \int_{-\infty}^{\infty}\left(\mathrm{e}^{\mathrm{i}tx} - 1 - \frac{\mathrm{i}tx}{1 + x^2}\right)\frac{1 + x^2}{x^2}\mathrm{d}G_n(x)\right\}, \quad (2.19)$$

其中

$$\gamma_n = \sum_k\left\{a_{nk} + \int_{-\infty}^{\infty}\frac{x}{1 + x^2}\mathrm{d}\overline{F}_{nk}(x)\right\},$$

$$G_n(x) = \sum_k\int_{-\infty}^{x}\frac{y^2}{1 + y^2}\mathrm{d}\overline{F}_{nk}(y).$$

由引理 2.8 知当 n 充分大时 $G_n(x)$ 是有界不减左连续函数, 所以 $\psi_n = (\gamma_n, G_n)$ 是 i.d.c.f. 的对数. 由 (2.17)、(2.18) 及 (2.19) 即得 $\mathrm{e}^{\psi_n(t)} \to f(t)$. 由定理 1.3 知 $f(t)$ 是 i.d.c.f. 证毕.

注 2.1 定理的结论可改为: 对常数 b_n, $\sum_k X_{nk} - b_n$ 的极限 d.f. 族与 i.d.d.f. 族重合.

2.3 收敛于无穷可分分布函数的条件

现在来考察满足无穷小条件的独立 r.v. 组列 $\{X_{nk}\}$ 收敛于某给定的 i.d.d.f. 的充要条件.

假设 $F(x)$ 是 i.d.d.f., 其对应的 c.f. $f(t)$ 具有表示 (1.10). 又设独立 r.v. 组列 $\{X_{nk}\}$ 满足无穷小条件,

$$G_n(x) = \sum_k\int_{-\infty}^{x}\frac{y^2}{1 + y^2}\mathrm{d}\overline{F}_{nk}(y), \quad (2.20)$$

$$\gamma_n = \sum_k\left\{a_{nk} + \int_{-\infty}^{\infty}\frac{x}{1 + x^2}\mathrm{d}\overline{F}_{nk}(x)\right\}, \quad (2.21)$$

其中 a_{nk} 和 $F_{nk}(x)$ 由 (2.4) 式定义.

定理 2.2 S_n 依分布收敛于 $F(x)$ 的充要条件是

$$G_n \xrightarrow{d} G, \quad \gamma_n \to \gamma. \quad (2.22)$$

证 条件必要 由定理 2.1 的证明知此时

$$\mathrm{e}^{\psi_n(t)} \to f(t).$$

因此 $\psi_n(t) \to \mathrm{Log}\, f(t)$. 由引理 1.2 得 (2.22) 成立.

条件充分 若 (2.22) 成立, 由引理 1.2(i) 知 $\psi_n \to \psi = (\gamma, G)$. 因为 $G_n \xrightarrow{d} G$, 所以

$$\sum_k \int_{-\infty}^{\infty} \frac{x^2}{1+x^2} \mathrm{d}\overline{F}_{nk}(x) \to G(\infty) < \infty.$$

由引理 2.9 及 (2.19) 式, 可以推得对任一 t, 有

$$\mathrm{Log} \prod_k f_{nk}(t) - \psi_n(t) \to 0.$$

这就得证

$$\prod_k f_{nk}(t) \to \mathrm{e}^{\psi(t)} = f(t),$$

即和 $\sum_k X_{nk}$ 的分布函数收敛于 d.f. $F(x)$. 证毕.

现在我们来给出一组收敛于 i.d.d.f. $F(x)$ 的充要条件. 由于它们是通过 X_{nk} 的分布函数直接表达的, 所以更便于验证.

定理 2.3 S_n 依分布收敛于 i.d.d.f. $F(x)$ 的充要条件是:

(A) 在 $G(x)$ 的任一连续点 x 上,

$$\sum_k F_{nk}(x) \to \int_{-\infty}^{x} \frac{1+y^2}{y^2} \mathrm{d}G(y), \quad \text{当 } x < 0,$$

$$\sum_k [1 - F_{nk}(x)] \to \int_{x}^{\infty} \frac{1+y^2}{y^2} \mathrm{d}G(y), \quad \text{当 } x > 0;$$

(B) $\displaystyle\lim_{\varepsilon \to 0} \limsup_{n \to \infty} \sum_k \left\{ \int_{|x|<\varepsilon} x^2 \mathrm{d}F_{nk}(x) - \left(\int_{|x|<\varepsilon} x \mathrm{d}F_{nk}(x) \right)^2 \right\}$

$$= \lim_{\varepsilon \to 0} \liminf_{n \to \infty} \sum_k \left\{ \int_{|x|<\varepsilon} x^2 \mathrm{d}F_{nk}(x) - \left(\int_{|x|<\varepsilon} x \mathrm{d}F_{nk}(x) \right)^2 \right\}$$

$$= G(+0) - G(-0);$$

(C) 对给定的 $\tau > 0$ 且 $\pm\tau$ 是 $G(x)$ 的连续点,

$$\sum_k \int_{|x|<\tau} x \mathrm{d}F_{nk}(x) \to \gamma + \int_{|x|<\tau} x \mathrm{d}G(x) - \int_{|x|<\tau} \frac{\mathrm{d}G(x)}{x}.$$

证 我们来证在无穷小条件下 (A)、(B)、(C) 与 (2.20) 等价.
首先来证条件 (A)、(B) 等价于条件

(D) $G_n(x) = \sum_k \int_{-\infty}^x \dfrac{y^2}{1+y^2} \mathrm{d}\overline{F}_{nk}(y) \stackrel{d}{\longrightarrow} G(x).$

由第一章定理 4.1 可推得 (D) 等价于下面两条件:

(D_1) 在 $G(x)$ 的连续点上

$$\sum_k \overline{F}_{nk}(y) \to \int_{-\infty}^x \frac{1+y^2}{y^2} \mathrm{d}G(y), \quad \text{当 } x < 0,$$

$$\sum_k (1 - \overline{F}_{nk}(x)) \to \int_x^\infty \frac{1+y^2}{y^2} \mathrm{d}G(y), \quad \text{当 } x > 0;$$

(D_2)

$$\lim_{\varepsilon \to 0} \limsup_{n \to \infty} \sum_k \int_{|x|<\varepsilon} \frac{x^2}{1+x^2} \mathrm{d}\overline{F}_{nk}(x)$$

$$= \lim_{\varepsilon \to 0} \liminf_{n \to \infty} \sum_k \int_{|x|<\varepsilon} \frac{x^2}{1+x^2} \mathrm{d}\overline{F}_{nk}(x)$$

$$= G(+0) - G(-0).$$

又 (D_1)、(D_2) 等价于 (A)、(D_2). 事实上, 若记 $a_n = \max_k |a_{nk}|$, 由引理 2.2 可知在无穷小条件下, 对任给的 $\delta > 0$ 有 N, 当 $n \geqslant N$ 时 $|a_n| < \delta$. 所以

$$F_{nk}(x - \delta) \leqslant F_{nk}(x + a_{nk}) = \overline{F}_{nk}(x) \leqslant F_{nk}(x + \delta).$$

这样, 当 (A) 成立时

$$\left| \sum_k F_{nk}(x) - \sum_k \overline{F}_{nk}(x) \right| \leqslant \sum_k F_{nk}(x+\delta) - \sum_k F_{nk}(x-\delta)$$

$$\to \int_{x-\delta}^{x+\delta} \frac{1+y^2}{y^2} \mathrm{d}G(y).$$

让 $\delta \downarrow 0$ 就得 (D_1). 同样可由 (D_1) 推得 (A).

现在来证 (A)、(D_2) 等价于 (A)、(B). 设 $0 < \varepsilon < \tau$, 引入变量

$$T_n = \sum_k \int_{|x|<\varepsilon} (x - a_{nk})^2 \mathrm{d}F_{nk}(x)$$

$$- \sum_k \left\{ \int_{|x|<\varepsilon} x^2 \mathrm{d}F_{nk}(x) - \left(\int_{|x|<\varepsilon} x \mathrm{d}F_{nk}(x) \right)^2 \right\}$$

和

$$U_n = \sum_k \int_{|x|<\varepsilon} (x - a_{nk})^2 \mathrm{d}F_{nk}(x) - \sum_k \int_{|x|<\varepsilon} x^2 \mathrm{d}\overline{F}_{nk}(x).$$

我们有

$$T_n = \sum_k a_{nk}^2 \int_{|x|<\varepsilon} \mathrm{d}F_{nk}(x) - 2\sum_k a_{nk}\int_{|x|<\varepsilon} x\mathrm{d}F_{nk}(x) + \sum_k \left(\int_{|x|<\varepsilon} x\mathrm{d}F_{nk}(x)\right)^2$$

$$= \sum_k \left(\int_{|x|<\tau} x\mathrm{d}F_{nk}(x) - \int_{|x|<\varepsilon} x\mathrm{d}F_{nk}(x)\right)^2 - \sum_k a_{nk}^2 P(|X_{nk}| \geqslant \varepsilon)$$

$$= \sum_k \left(\int_{\varepsilon\leqslant|x|<\tau} x\mathrm{d}F_{nk}(x)\right)^2 - \sum_k a_{nk}^2 P(|X_{nk}| \geqslant \varepsilon),$$

$$|T_n| \leqslant (a_n\tau + a_n^2)\sum_k P(|X_{nk}| \geqslant \varepsilon).$$

当 (A) 成立时,

$$\sum_k P(|X_{nk}| \geqslant \varepsilon) \to \int_{|x|\geqslant\varepsilon} \frac{1+y^2}{y^2}\mathrm{d}G(y) \leqslant \frac{1+\varepsilon^2}{\varepsilon^2}G(\infty).$$

所以 $T_n \to 0$. 此外, 设 $0 < \delta < \varepsilon$, 那么当 $n \to \infty$ 时

$$|U_n| = \left|\sum_k \left\{\int_{|x|<\varepsilon} - \int_{|x-a_{nk}|<\varepsilon}\right\}(x-a_{nk})^2\mathrm{d}F_{nk}(x)\right|$$

$$\leqslant \sum_k \left\{\int_{\varepsilon-\delta\leqslant|x|\leqslant\varepsilon} + \int_{\varepsilon\leqslant|x|\leqslant\varepsilon+\delta}\right\}(x-a_{nk})^2\mathrm{d}F_{nk}(x)$$

$$\leqslant 9\varepsilon^2 \sum_k \int_{\varepsilon-\delta\leqslant|x|\leqslant\varepsilon+\delta} \mathrm{d}F_{nk}(x)$$

$$\to 9\varepsilon^2 \int_{\varepsilon-\delta\leqslant|x|\leqslant\varepsilon+\delta} \frac{1+y^2}{y^2}\mathrm{d}G(y) \to 0 \quad (\delta\downarrow 0).$$

这样就得 $T_n - U_n \to 0$, 即

$$\sum_k \int_{|x|<\varepsilon} x^2\mathrm{d}\overline{F}_{nk}(x) - \sum_k \left\{\int_{|x|<\varepsilon} x^2\mathrm{d}F_{nk}(x) - \left(\int_{|x|<\varepsilon} x\mathrm{d}F_{nk}(x)\right)^2\right\} \to 0.$$

又由

$$\frac{1}{1+\varepsilon^2}\sum_k \int_{|x|<\varepsilon} x^2\mathrm{d}\overline{F}_{nk}(x) \leqslant \sum_k \int_{|x|<\varepsilon} \frac{x^2}{1+x^2}\mathrm{d}\overline{F}_{nk}(x)$$

$$\leqslant \sum_k \int_{|x|<\varepsilon} x^2\mathrm{d}\overline{F}_{nk}(x) \leqslant (1+\varepsilon^2)\sum_k \int_{|x|<\varepsilon} \frac{x^2}{1+x^2}\mathrm{d}\overline{F}_{nk}(x),$$

我们得到 (A)、(B) 与 (A)、(D_2) 等价. 这也就证明了 (A)、(B) 与 (D) 等价.

最后, 只需证明在 (A)、(B) (或 (D)) 下, (C) 与 (2.22) 中的 $\gamma_n \to \gamma$ 等价. 即只需证

$$\sum_k \int_{-\infty}^{\infty} \frac{x}{1+x^2} \mathrm{d}\overline{F}_{nk}(x) \to \int_{|x| \geqslant \tau} \frac{\mathrm{d}G(x)}{x} - \int_{|x| < \tau} x \mathrm{d}G(x).$$

因为

$$\sum_k \int_{-\infty}^{\infty} \frac{x}{1+x^2} \mathrm{d}\overline{F}_{nk}(x) = \sum_k \int_{|x| < \tau} x \mathrm{d}\overline{F}_{nk}(x) - \sum_k \int_{|x| < \tau} \frac{x^3}{1+x^2} \mathrm{d}\overline{F}_{nk}(x)$$
$$+ \sum_k \int_{|x| \geqslant \tau} \frac{x}{1+x^2} \mathrm{d}\overline{F}_{nk}(x),$$

由 (D) 只需证 $\displaystyle\sum_k \int_{|x| < \tau} x \mathrm{d}\overline{F}_{nk}(x) \to 0$. 而

$$\left| \sum_k \int_{|x| < \tau} x \mathrm{d}\overline{F}_{nk}(x) \right| \leqslant \left| \sum_k \int_{|x| < \tau} (x - a_{nk}) \mathrm{d}F_{nk}(x) \right|$$
$$+ \left| \sum_k \left\{ \int_{|x-a_{nk}| < \tau} - \int_{|x| < \tau} \right\} (x - a_{nk}) \mathrm{d}F_{nk}(x) \right|$$
$$\leqslant \left| \sum_k a_{nk} P(|X_{nk}| \geqslant \tau) \right|$$
$$+ \left| \sum_k \left\{ \int_{\substack{|x| \geqslant \tau \\ |x-a_{nk}| < \tau}} - \int_{\substack{|x| < \tau \\ |x-a_{nk}| \geqslant \tau}} \right\} (x - a_{nk}) \mathrm{d}F_{nk}(x) \right|$$
$$\leqslant a_n \sum_k P\{|X_{nk}| \geqslant \tau\} + \tau \sum_k P\{\tau \leqslant |X_{nk}| < \tau + a_n\}$$
$$+ (\tau + a_n) \sum_k P\{\tau - a_n \leqslant |X_{nk}| < \tau\}.$$

在无穷小条件下由引理 2.2 知 $a_n \to 0$. 又由 (A) 知和数 $\displaystyle\sum_k P\{X_{nk} \geqslant \tau\}$ 是有界的. 由于 $\pm\tau$ 是 $G(x)$ 的连续点, 得证上式右边趋于 0. 证毕.

注 2.2 定理 2.2 的结论可以改为: 存在常数列 $\{b_n\}$, 使 $S_n - b_n - \displaystyle\sum_k X_{nk} - b_n$ 依分布收敛于 $F(x)$ 的充要条件是 $G_n \xrightarrow{d} G$ 及 $\gamma_n - b \to \gamma$.

同样, 定理 2.3 的结论可改为: $S_n - b_n$ 依分布收敛于 $F(x)$ 的充要条件是 (A)、(B) 及

$$\sum_k \int_{|x| < \tau} x \mathrm{d}F_{nk}(x) - b_n \to \gamma + \int_{|x| < \tau} x \mathrm{d}G(x) - \int_{|x| \geqslant \tau} \frac{\mathrm{d}G(x)}{x}.$$

最后, 利用 i.d.c.f. 的 Lévy 表示式 (1.13), 可以给出收敛于某给定的 i.d.d.f. 的另一组充要条件.

定理 2.4 对满足无穷小条件的独立 r.v. 组列 $\{X_{nk}\}$, 存在常数 b_n, 使得和 $\sum\limits_k X_{nk} - b_n$ 依分布收敛于 i.d.d.f. $F(x)$ 的充要条件是:

(i)
$$\sum_k F_{nk}(x) \to L(x), \quad \text{当 } x < 0,$$
$$\sum_k (F_{nk}(x) - 1) \to L(x), \quad \text{当 } x > 0$$

在 $L(x)$ 的任一连续点上成立;

(ii) $\lim\limits_{\varepsilon \to 0} \limsup\limits_{n \to \infty} \sum\limits_k \left\{ \int_{|x| < \varepsilon} x^2 \mathrm{d}F_{nk}(x) - \left(\int_{|x| < \varepsilon} x \mathrm{d}F_{nk}(x) \right)^2 \right\}$

$\qquad = \lim\limits_{\varepsilon \to 0} \liminf\limits_{n \to \infty} \sum\limits_k \left\{ \int_{|x| < \varepsilon} x^2 \mathrm{d}F_{nk}(x) - \left(\int_{|x| < \varepsilon} x \mathrm{d}F_{nk}(x) \right)^2 \right\}$

$\qquad = \sigma^2.$

§3 L 族和稳定分布族

现在来考察独立 r.v. 序列 $\{X_n; n \geqslant 1\}$ 的正则化部分和

$$\frac{1}{a_n} S_n - b_n = \frac{1}{a_n} \sum_{k=1}^n X_k - b_n, \quad a_n > 0 \tag{3.1}$$

的极限分布族. 本节将给出这一极限分布族的一个具体刻画, 特别对 $\{X_n; n \geqslant 1\}$ 是 i.i.d. 情形, 我们将给出极限分布族的 c.f. 的具体表示形式.

3.1 L 族

对于独立 r.v. 序列 $\{X_n; n \geqslant 1\}$ 的正则化和 (3.1), 如记 $X_{nk} = X_k / a_n$, 那么它就可看作独立 r.v. 组列的特殊情形. 此时无穷小条件就是: 对任给的 $\varepsilon > 0$,

$$\max_{1 \leqslant k \leqslant n} P\{|X_k| \geqslant \varepsilon a_n\} \to 0. \tag{3.2}$$

用 L **族**记满足无穷小条件 (3.2) 的独立 r.v. 序列 $\{X_n; n \geqslant 1\}$ 的正则化和 (3.1) 的极限分布族, 其中 $\{a_n\}, \{b_n\}$ 是常数列. 由 §2 知 L 族是 i.d.d.f. 族的子集.

首先来看一下正则化和 (3.1) 弱收敛时, 正则化常数 a_n 所具有的性质.

引理 3.1 设满足无穷小条件 (3.2) 的独立 r.v. 序列的正则化和 (3.1) 弱收敛于非退化分布 $F(x)$, 那么 $a_n \to \infty$ 且 $a_{n+1}/a_n \to 1$.

证 记 X_k 的 c.f. 为 $\nu_k(t)$, 那么和 (3.1) 的 c.f.

$$g_n(t) = \mathrm{e}^{-\mathrm{i}tb_n} \prod_{k=1}^{n} \nu_k(t/a_n) \to f(t) \quad (\text{非退化}).$$

若 $a_n \not\to \infty$, 那么 $\{a_n\}$ 有一有界子列, 而此子列有一进一步的子列 $a_{n'} \to a(n' \to \infty)$. 记 $t_{n'} = a_{n'}t$. 由无穷小条件及引理 2.1 可知, 对每一 k, $\nu_k(t) = \nu_k(t_{n'}/a_{n'}) \to 1$. 因此得 $|\nu_k(t)| \equiv 1$, 从而 $|f(t)| \equiv 1$. 这与非退化的假设矛盾, 所以必有 $a_n \to \infty$.

由条件 (3.2) 知 $X_{n+1}/a_{n+1} \xrightarrow{P} 0$, 所以和

$$\frac{1}{a_{n+1}} \sum_{k=1}^{n} X_k - b_{n+1}$$

也弱收敛于 $F(x)$. 如用 $F_n(x)$ 记和 (3.1) 的 d.f., 即有

$$P\left\{ \frac{1}{a_{n+1}} \sum_{k=1}^{n} X_k - b_{n+1} < x \right\} = F_n(\alpha_n x + \beta_n) \to F(x),$$

其中 $\alpha_n = a_{n+1}/a_n$, $\beta_n = a_{n+1}b_{n+1}/a_n - b_n$. 由第一章定理 4.5($A$) 就知 $\alpha_n = a_{n+1}/a_n \to 1$. 证毕.

现在来讨论 L 族分布的 c.f. 的性质.

定理 3.1 c.f. $f(t)$ 是 L 族分布的 c.f. 当且仅当对每一 $c, 0 < c < 1$, 存在 c.f. $f_c(t)$, 使得

$$f(t) = f_c(t)f(ct). \tag{3.3}$$

证 首先来证, 若 (3.3) 成立, 则对任一 t, $f(t) \neq 0$. 若不然, 有 $f(2a) = 0$, 而当 $0 \leqslant t < 2a$ 时, $f(t) \neq 0$. 由 (3.3) 得 $f_c(2a) = 0$. 但由第一章 (3.9) 式知

$$1 = 1 - |f_c(2a)|^2 \leqslant 4(1 - |f_c(a)|^2).$$

而另一方面, 由 $f(t)$ 的连续性可推得当 $c \to 1$ 时, $f_c(a) = f(a)/f(ca) \to 1$, 矛盾.

条件充分 只需证明存在满足无穷小条件 (3.2) 的独立 r.v. 序列 $\{X_n; n \geqslant 1\}$, 使 $S_n = \frac{1}{n} \sum_{k=1}^{n} X_k$ 弱收敛于 $F(x)$. 事实上, 若令独立 r.v. 序列 $\{X_n; n \geqslant 1\}$ 有 c.f.

$$\nu_k(t) = f_{(k-1)/k}(kt) = f(kt)/f((k-1)t),$$

那么 $S_n = \dfrac{1}{n} \sum\limits_{k=1}^{n} X_k$ 的 c.f. 是 $\prod\limits_{k=1}^{n} \nu_k\left(\dfrac{t}{n}\right) = f(t)$, 且

$$\max_{1 \leqslant k \leqslant n} |\nu_k(t/n) - 1| = \max_{1 \leqslant k \leqslant n} \left| \left[f\left(\dfrac{kt}{n}\right) - f\left(\dfrac{k-1}{n}t\right) \right] \Big/ f\left(\dfrac{k-1}{n}t\right) \right|.$$

由于此时 $f(t)$ 无处为 0, 在任一有限区间 $|t| \leqslant b$ 中一致连续, 所以对任给的 $\varepsilon > 0$, 有 N, 使当 $n \geqslant N$ 时, 成立

$$\max_{1 \leqslant k \leqslant n} |\nu_k(t/n) - 1| < \varepsilon.$$

由引理 2.1 就得 $\{X_n; n \geqslant 1\}$ 满足无穷小条件 (3.2), 充分性得证.

条件必要 由于退化分布的 c.f. e^{iat} 显然满足 (3.3), 故可设 $f(t)$ 是非退化的, 且

$$g_n(t) = \mathrm{e}^{-itb_n} \prod_{k=1}^{n} \nu_k(t/a_n) \to f(t). \tag{3.4}$$

由引理 3.1 知 $a_n \to \infty$, $a_{n+1}/a_n \to 1$. 因此对任一正数 $c (< 1)$, 如令 $m_n = \max\{j : j \leqslant n, a_j \leqslant ca_n\}$, 那么

$$m_n \to \infty, \quad n - m_n \to \infty, \quad a_{m_n}/a_n \to c.$$

记 $g_n(t) = g_n^{(1)}(t) g_n^{(2)}(t)$, 其中

$$g_n^{(1)}(t) = \exp\{-icb_{m_n}t\} \prod_{k=1}^{m_n} \nu_k\left(\dfrac{a_{m_n}}{a_n} \dfrac{t}{a_{m_n}}\right),$$

$$g_n^{(2)}(t) = \exp\{-i(b_n - cb_{m_n})t\} \prod_{k=m_n+1}^{n} \nu_k\left(\dfrac{t}{a_n}\right).$$

注意到 $g_n(t) \to f(t)$ 及整数列 $\{m_n\}$ 的性质, 我们有 $g_n^{(1)}(t) \to f(ct)$. 因此 c.f. $g_n^{(2)}(t)$ 也收敛于连续函数 $f_c(t) = f(t)/f(ct)$. 由第一章定理 4.2 知 $f_c(t)$ 为 c.f. 证毕.

注 3.1 从条件必要性的证明可见 c.f. $f_c(t)$ 是满足无穷小条件 (3.2) 的独立 r.v. 序列和的极限, 所以 $f_c(t)$ 是 i.d. 的.

由于 L 分布族是 i.d.d.f. 族的子集, 所以它的 c.f. 有 Lévy 表示

$$f(t) = \exp\left\{i\gamma t - \dfrac{\sigma^2 t^2}{2} + \int_{-\infty}^{\infty} \left(\mathrm{e}^{itx} - 1 - \dfrac{itx}{1+x^2}\right) \mathrm{d}L(x)\right\}. \tag{3.5}$$

我们也可以通过 Lévy 谱 $L(x)$ 来给出 L 族 c.f. 的一个刻画.

定理 3.2 i.d.d.f. $F(x)$ 属于 L 族的充要条件是它对应的 Lévy 谱函数 $L(x)$ 在 $(-\infty, 0)$ 及 $(0, \infty)$ 上绝对连续, 有左、右导数且函数 $xL'(x)$ 是不增的, 其中 $L'(x)$ 表示左或右导数.

证明从略, 读者可参看 [18, 28].

从该定理知, Poisson 分布不属于 L 族, 因为它的谱函数 $L(x)$ 在 $x = 1$ 处不连续.

3.2   稳定分布族

记 i.i.d.r.v. 序列 $\{X_n; n \geqslant 1\}$ 的正则化和

$$\frac{1}{a_n} S_n - b_n = \frac{1}{a_n} \sum_{k=1}^{n} X_k - b_n, \quad a_n \to \infty \quad (n \to \infty) \tag{3.6}$$

的极限分布族为 S. 这时, 序列 $\{X_k/a_n; 1 \leqslant k \leqslant n, n \geqslant 1\}$ 满足无穷小条件, 因此 S 是 L 族的子集.

为刻画 S 族的 c.f., 我们引入如下的定义.

定义 3.1 称 d.f. $F(x)$ 或其对应的 c.f. $f(t)$ 是**稳定的**, 若对任给 $a_1 > 0$, $a_2 > 0$, 存在 $a > 0$ 及 b, 使得

$$f(a_1 t) f(a_2 t) = \mathrm{e}^{\mathrm{i}bt} f(at), \tag{3.7}$$

即对任给 $a_1 > 0, a_2 > 0, b_1, b_2$, 存在 $a > 0$ 及 b 使得,

$$F(a_1 x + b_1) * F(a_2 x + b_2) = F(ax + b).$$

我们有

定理 3.3 d.f. $F(x)$ 属于 S 的充要条件是 $F(x)$ 是稳定的.

证 条件充分 对于稳定分布 $F(x)$, 记它的 c.f. 为 $f(t)$. 作 i.i.d.r.v. 序列 $\{X_n; n \geqslant 1\}$, 使每一 X_n 具有 d.f. $F(x)$. 此时 $S_n = \sum_{k=1}^{n} X_k$ 的 c.f. 是 $f^n(t)$. 由于 (3.7) 成立, 故有 $a_n > 0$ 和 b_n 使,

$$[f(t)]^n = \mathrm{e}^{\mathrm{i}b_n t} f(a_n t).$$

这样, 和 $a_n^{-1} S_n - b_n$ 的 c.f. 为 $f(t)$, 从而得证 $F(x) \in S$.

条件必要 设 $F(x) \in S$. 因为退化分布是稳定的, 所以可设 $F(x)$ 是非退化的. 记 X_1 的 c.f. 为 $\nu(t)$, 那么存在 $a_n > 0$ 及 b_n 使对一切 t

$$\mathrm{e}^{-\mathrm{i}t b_n} [\nu(t/a_n)]^n \to f(t). \tag{3.8}$$

由引理 3.1 知当 $n \to \infty$ 时 $a_n \to \infty$ 且 $a_{n+1}/a_n \to 1$. 设 $0 < c_1 < c_2$, d_1、d_2 是给定实数, 令

$$m_n = \max\{j; j \leqslant n, a_j \leqslant c_1 a_n/c_2\}.$$

那么当 $n \to \infty$ 时有

$$a_{m_n}/a_n \to c_1/c_2.$$

记 $\alpha_n = a_n c_1, \beta_n = (a_n b_n + a_{m_n} b_{m_n} + a_n d_1 + a_{m_n} d_2)/\alpha_n$. 考察和

$$\frac{a_n}{\alpha_n}\left(\frac{1}{a_n}\sum_{k=1}^{n} X_k - b_n - d_1\right) + \frac{a_{m_n}}{\alpha_n}\left(\frac{1}{a_{m_n}}\sum_{k=n+1}^{n+m_n} X_k - b_{m_n} - d_2\right)$$

$$= \frac{1}{\alpha_n}\sum_{k=1}^{n+m_n} X_k - \beta_n. \tag{3.9}$$

由第一章定理 4.5(B) 知左边两项分别弱收敛于分布 $F(c_1 x + d_1)$ 和 $F(c_2 x + d_2)$. 所以 (3.9) 的极限分布为 $F(c_1 x + d_1) * F(c_2 x + d_2)$. 而由第一章定理 4.5(A) 知右边的极限分布必为 $F(ax + b)$ 的形式. 这就证得 $F(x)$ 是稳定的.

进一步, 我们可以写出稳定 c.f. 的具体表示形式.

定理 3.4 i.d.c.f. $f(t) \in S$ 当且仅当它的 Lévy 谱函数 $L(x)$ 及 σ^2 满足
(i) $L(x) \equiv 0$ 或
(ii) $\sigma^2 = 0$ 且

$$L(x) = \begin{cases} c_1/|x|^\alpha, & \text{当 } x < 0, \\ -c_2/x^\alpha, & \text{当 } x > 0, \end{cases}$$

其中 $0 < \alpha < 2, c_1 \geqslant 0, c_2 \geqslant 0, c_1 + c_2 > 0$.

定理 3.5 c.f. $f(t) \in S$ 当且仅当

$$f(t) = \exp\left\{i\gamma t - c|t|^\alpha\left(1 + i\beta\frac{t}{|t|}\omega(t,\alpha)\right)\right\}, \tag{3.10}$$

其中 c,α,β 和 γ 是实数, $c \geqslant 0, 0 < \alpha \leqslant 2, -1 \leqslant \beta \leqslant 1$, 并且

$$\omega(t,\alpha) = \begin{cases} \tan\frac{\pi\alpha}{2}, & \alpha \neq 1, \\ \frac{2}{\pi}\text{Log}|t|, & \alpha = 1. \end{cases}$$

称 (3.10) 中的 α 为稳定分布的特征指数. $c = 0$ 时对应的 $f(t) = e^{i\gamma t}$ 是退化分布 c.f.; $\alpha = 2, \beta = 0$ 时对应的 $f(t) = e^{i\gamma t - ct^2}$ 是正态分布 c.f.; $\alpha = 1, \beta = 0$

时对应的 $f(t) = e^{i\gamma t - c|t|}$ 是 Cauchy 分布的 c.f., 此时对应的密度函数

$$p(x) = \frac{1}{\pi} \frac{c}{c^2 + (x-\gamma)^2}, \quad c > 0;$$

$\beta = 0, \gamma = 0$ 时对应的 $f(t) = e^{-c|t|^\alpha}$ 是对称稳定分布的 c.f.

最后我们介绍吸引域的概念及其有关结果. 令 $\{X_n\}$ 是 i.i.d.r.v. 序列, 它的 d.f. 为 $V(x)$. 若存在 $\{a_n\}$ 和 $\{b_n\}$, $a_n > 0$, 使得

$$Z_n = \frac{1}{a_n} \sum_{k=1}^{n} X_k - b_n$$

依分布收敛于某个 d.f. $G(x)$, 则称 $V(x)$ 被吸引到 $G(x)$. 被吸引到 $G(x)$ 的 d.f. 的全体称为 $G(x)$ 的**吸引域**. 从定理 3.3 知道, 只有稳定分布才有吸引域.

定理 3.6　d.f. $V(x)$ 属于正态分布吸引域的充要条件是

$$\int_{|x| \geqslant z} dV(x) = o\left(\frac{1}{z^2} \int_{|x| < z} x^2 dV(x)\right) \quad (z \to +\infty).$$

定理 3.7　d.f. $V(x)$ 属于特征指数 $\alpha < 2$ 的稳定分布的吸引域的充要条件是

$$V(x) = (c_1 + o(1))|x|^{-\alpha} h(|x|) \quad (x \to -\infty),$$

$$1 - V(x) = (c_2 + o(1)) x^{-\alpha} h(x) \quad (x \to +\infty),$$

其中 $h(x)$ 是缓变函数, c_1, c_2 由定理 3.4 确定.

定理的证明参见 [28, 35].

习　题

1. 下列分布是 i.d. 的吗? 为什么?

(i) $P(\zeta = k) = a^k(1+a)^{-(k+1)}, a > 0, k = 0, 1, 2, \cdots$;

(ii) $p_0 = \Gamma(\zeta = 0) = (1 + \alpha\lambda)^{-1/\alpha}, \alpha > 0, \lambda > 0,$

$$P(\zeta = k) = \left(\frac{\alpha\lambda}{1+\alpha\lambda}\right)^k \frac{(1+\alpha)\cdots(1+(k-1)\alpha)}{k!} p_0, k = 1, 2, \cdots;$$

(iii) 密度函数 $p(x) = \dfrac{1}{\pi(1+x^2)}$.

2. 设 f 是 c.f., 若存在一列趋于无穷的正整数列 $\{n_k\}$ 及 c.f. 列 $\{\varphi_k\}$ 使得 $f = (\varphi_k)^{n_k}$, 证明 f 是 i.d. 的.

3. 试举例说明一个 i.d.c.f. 写成某有限个 c.f. 的乘积时, 乘积中的 c.f. 不必都是 i.d. 的.

(提示: 考察如下 r.v. 的 c.f.: $P(X=-1)=p(1-p)/(1+p)$, $P(X=k)=(1-p)(1+p^2)p^k/(1+p), k=0,1,2,\cdots$, 其中 $0<p<1$. 证明它不是 i.d. 的, 而 $|f|^2$ 是 i.d. 的.)

4. 设 $\{X_n, n\geqslant 1\}$ 是 i.i.d.r.v. 序列, X_1 的 d.f. 为 $G(x)$; 又设 Y 是参数为 λ 的 Poisson r.v., Y 与 $\{X_n\}$ 独立. 试计算 $\sum_{i=1}^{Y} X_i$ 的 c.f., 它是 i.d. 的吗?

$\left(\text{提示: 所求 c.f. 为 } \exp\left\{\lambda\int(e^{itu}-1)dG(u)\right\}.\right)$

5. (1) 令 $r>0, \lambda>0$ 是参数, 密度函数 $p(x;r,\lambda)$ 为

$$p(x;r,\lambda)=\begin{cases} \dfrac{\lambda^r}{\Gamma(r)}x^{r-1}e^{-\lambda x}, & x>0, \\ 0, & x\leqslant 0.\end{cases}$$

验证: $p(x;r,\lambda)$ 是 i.d. 密度函数.

(2) 令 $r>0$ 是参数, 密度函数 $p(x;r)$ 为

$$p(x;r)=\frac{\Gamma\left(\dfrac{r+1}{2}\right)}{\sqrt{r\pi}\Gamma\left(\dfrac{r}{2}\right)}\left(1+\frac{x^2}{r}\right)^{-\frac{1}{2}(r+1)}, \quad -\infty<x<\infty.$$

验证: $p(x;r)$ 是 i.d. 密度函数.

(3) 令 $r>0$ 是参数, 密度函数 $p_+(x;r)$ 为

$$p_+(x;r)=\begin{cases} 2\dfrac{\Gamma\left(\dfrac{r+1}{2}\right)}{\sqrt{r\pi}\Gamma\left(\dfrac{r}{2}\right)}\left(1+\dfrac{x^2}{r}\right)^{-\frac{1}{2}(r+1)}, & x>0, \\ 0, & x\leqslant 0.\end{cases}$$

验证: $p_+(x;1)$ 是 i.d. 密度函数, 但 $p_+(x;r)(r\geqslant 16)$ 不是 i.d. 密度函数.

(提示: $p(x;r)$ 是 Student t 分布; $p_+(x;r)$ 是半-Student t 分布. 人们猜想存在 $r_0>0$ 使得当 $r\leqslant r_0$ 时, $p_+(x;r)$ 是 i.d. 密度函数, 当 $r\leqslant r_0$ 时, $p_+(x;r)$ 不是 i.d. 密度函数. 参见 F. W. Steutel and K. Van Harn, Infinite divisibility of probability distributions on the real line, Marcel-Dekker, New York, 2004.)

6. 令 $0<\alpha\leqslant\beta<1, X$ 和 Y 为独立 r.v., 分布分别为

$$P(X=n)=(1-\beta)\beta^n, \quad n=0,1,2,\cdots$$

和

$$P(Y = 0) = \frac{1}{1+\alpha}, \quad P(Y = -1) = \frac{\alpha}{1+\alpha}.$$

令 $Z = X + Y$.

(1) 证明: X 是 i.d r v., Y 和 Z 不是 i.d.r.v.;

(2) 假设 $\tilde{Z}$ 是与 Z 独立同分布随机变量, 令 $V = Z - \tilde{Z}$. 证明: V 是 i.d.r.v.

7. 试求下列 i.d.c.f. 的 Lévy-Khinchin 及 Kolmogorov 表示式:

(i) Γ 分布的 c.f. $f(t) = (1 - \mathrm{i}t/\beta)^{-\alpha}, \alpha > 0, \beta > 0$;

(ii) Cauchy 分布的 c.f. $f(t) = \mathrm{e}^{-\theta|t|}, \theta > 0$;

(iii) 负二项分布的 c.f.

$$f(t) = \{p[1 - (1-p)\mathrm{e}^{\mathrm{i}t}]^{-1}\}^r, \quad 0 < p < 1, \quad r \text{ 是正整数};$$

(iv) Laplace 分布的 c.f. $f(t) = (1 + t^2)^{-1}$.

8. 试证 $f(t) = (1 - b)/(1 - b\mathrm{e}^{\mathrm{i}t}), 0 < b < 1$, 是 i.d.c.f. (提示: 利用 Lévy-Khinchin 表示式.)

9. 设 X_1, X_2 是具有 i.d.c.f. 的独立 r.v., 若 $X_1 + X_2$ 服从正态分布 (Poisson 分布), 证明 X_1 和 X_2 也服从正态分布 (Poisson 分布).

10. 设 $\{X_{nk}, 1 \leqslant k \leqslant k_n, n \geqslant 1\}$ 是独立 r.v. 组列, 试证

$$P\{\max_{1 \leqslant k \leqslant k_n} |X_{nk}| \geqslant \varepsilon\} \to 0 \quad \text{等价于} \quad \sum_{k=1}^{k_n} P\{|X_{nk}| \geqslant \varepsilon\} \to 0.$$

11. 设 $\{X_{nk}\}$ 是独立 r.v. 组列, 证明: $\sum_{k=1}^{k_n} X_{nk} \xrightarrow{P} \gamma$ 且 $\{X_{nk}\}$ 是无穷小的充要条件是对每一 $\varepsilon > 0$, 有

(i) $\displaystyle\sum_{k=1}^{k_n} \int_{|x| \geqslant \varepsilon} \mathrm{d}F_{nk}(x) \to 0$;

(ii) $\displaystyle\sum_{k=1}^{k_n} \int_{|x| < \varepsilon} \mathrm{d}F_{nk}(x) \to \gamma$;

(iii) $\displaystyle\sum_{k=1}^{k_n} \left\{ \int_{|x| < \varepsilon} x^2 \mathrm{d}F_{nk}(x) - \left(\int_{|x| < \varepsilon} x \mathrm{d}F_{nk}(x) \right)^2 \right\} \to 0$.

12. 设 $\{X_{nk}\}$ 是具有有限方差的独立 r.v. 组列, $\sum_{k=1}^{k_n} E(X_{nk} - EX_{nk})^2 = 1$, $\{X_{nk} - EX_{nk}\}$ 是无穷小的, 证明 $\sum_{k=1}^{k_n} (X_{nk} - EX_{nk})$ 依分布收敛于标准正态

变量的充要条件是 $\sum\limits_{k=1}^{k_n}(X_{nk}-EX_{nk})^2 \xrightarrow{P} 1$.

13. 试给出独立且无穷小的 r.v. 组列 $\{X_{nk}\}$ 的和 $\sum\limits_{k=1}^{k_n} X_{nk}$ 的极限分布为 Poisson 分布的充要条件.

14. 令 $\{X_n, n \geqslant 1\}$ 是独立 r.v. 序列, $\{a_n\}$ 是正数列, 若 S_n/a_n 依分布收敛于某非退化分布, 试证 a_n 收敛于一个有限值或者 "差不多" 单调地发散于 $+\infty$ (即存在单调增加趋向于 $+\infty$ 的数列 b_n 使得 $b_n \geqslant a_n, b_n/a_n \to 1$).

15. 试证 L 类中非退化的 i.d.d.f. 是绝对连续的.

16. 如果稳定 d.f. $F(x)$ 的特征指数 $\alpha < 2$, 试证对任何 $p < \alpha$, $\int_{-\infty}^{\infty} |x|^p \mathrm{d}F(x) < \infty$.

17. 若 d.f. $V(x)$ 属于特征指数 $\alpha \leqslant 2$ 的稳定分布的吸引域, 试证对任何 $p < \alpha$, $\int_{-\infty}^{\infty} |x|^p \mathrm{d}F(x) < \infty$.

18. 令 $\{X_{n,k}; 1 \leqslant k \leqslant n, n \geqslant 1\}$ 为独立随机变量组列, 分布如下: 对 $1 \leqslant k \leqslant n$

$$P\left(X_{n,k} = \frac{k}{n}\right) = \frac{1}{n}, \quad P\left(X_{n,k} = -\frac{k}{n}\right) = \frac{1}{n},$$

并且

$$P(X_{n,k} = 0) = 1 - \frac{2}{n}.$$

令 $S_n = \sum\limits_{k=1}^{n} X_{n,k}$. 证明:

(1) 对任何 $n \geqslant 1, S_n$ 不是 i.d. 随机变量;

(2) 存在一个非正态 i.d. 随机变量 S, 使得 $S_n \xrightarrow{d} S$.

第三章　中心极限定理

在前一章, 我们介绍了无穷可分分布和普适性极限定理, 并给出一个无穷小三角组列收敛到某无穷可分分布的充分必要条件. 这一章, 我们讨论极限分布为正态分布情形, 即中心极限定理. 纵观历史, 中心极限定理在概率统计学科发展中起着主导作用. 本章将介绍独立随机变量部分和满足中心极限定理的充分必要条件, 并给出详细证明. 为适应读者需要, 在独立同分布情形下, 我们给出了几种不同的证明方法, 如: 特征函数方法, Lindeberg 替换原则和 Stein 方法等. 我们还将进一步讨论中心极限定理的收敛速度, 包括 Berry-Esseen 上界, Chernoff 和 Cramér 型大偏差等.

§1　独立同分布情形

我们从 De Moivre-Laplace 中心极限定理开始.

定理 1.1 (De Moivre-Laplace)　假设 $\{X_n; n \geqslant 1\}$ 是一列 i.i.d.r.v.,

$$P(X_1 = 1) = p, \quad P(X_1 = 0) = 1 - p, \quad 0 < p < 1.$$

令 $S_n = \sum\limits_{k=1}^{n} X_k$, 那么

$$\frac{S_n - np}{\sqrt{np(1-p)}} \xrightarrow{d} N(0,1) \quad (n \to \infty).$$

这里 $N(0,1)$ 表示标准正态 r.v. 该定理是继 Bernoulli 大数定律之后又一个里程碑性的工作. 事实上, 概率论早期的主要工作之一在于推广和应用 De Moivre-Laplace 中心极限定理. 它的证明基于二项分布和 Stirling 公式, 有兴趣的读者可参考 [16, 32]. 下面的 Lévy-Feller 中心极限定理是它的推广和深化.

定理 1.2 (Lévy-Feller)　假设 $\{X_n; n \geqslant 1\}$ 是一列 i.i.d.r.v.,

$$EX_1 = \mu, \quad \text{Var}(X_1) = \sigma^2, \quad \sigma > 0.$$

令 $S_n = \sum_{k=1}^{n} X_k$, 那么

$$\frac{S_n - n\mu}{\sqrt{n}\sigma} \xrightarrow{d} N(0,1) \quad (n \to \infty). \tag{1.1}$$

为拓展思路, 我们将给出三种不同形式的证明. 首先介绍 c.f. 方法.

证一　不失一般性, 假设 $\mu = 0, \sigma^2 = 1$. 否则, 考虑 $(X_k - \mu)/\sigma$ 即可. 令 $g(t)$ 是 X_1 的 c.f., 即 $g(t) = Ee^{itX_1}$. 由 Taylor 展开得,

$$g(t) = 1 - \frac{t^2}{2} + o(t) \quad (t \to 0).$$

由于 $X_1, X_2, \cdots, X_n$ 是 i.i.d.r.v., 所以对任意 $t \in \mathbf{R}^1$,

$$\begin{aligned}
Ee^{it\frac{S_n}{\sqrt{n}}} &= \prod_{k=1}^{n} Ee^{i\frac{t}{\sqrt{n}}X_k} \\
&= \left[g\left(\frac{t}{\sqrt{n}}\right) \right]^n \\
&= \left[1 - \frac{t^2}{2n} + o\left(\frac{1}{n}\right) \right]^n \\
&\to e^{-\frac{t^2}{2}} \quad (n \to \infty).
\end{aligned}$$

由 Lévy 连续性定理得证 $S_n/\sqrt{n} \xrightarrow{d} N(0,1)$.

下面运用 Lindeberg 替换技巧来证明. 仍然假设 $\mu = 0, \sigma^2 = 1$. 对给定常数 $c > 0$, 定义

$$\overline{X}_k(c) = X_k I_{(|X_k| \leqslant c)}, \quad 1 \leqslant k \leqslant n.$$

显然 $|\overline{X}_k(c)| \leqslant c$, 并且 $\overline{X}_1(c), \overline{X}_2(c), \cdots, \overline{X}_n(c)$ 为 i.i.d.r.v. 记 $\overline{S}_n(c) = \sum_{k=1}^{n} \overline{X}_k(c)$.

引理 1.1　如果对任意常数 $c > 0$,

$$\frac{\overline{S}_n(c) - nE\overline{X}_1(c)}{\sqrt{n\mathrm{Var}(\overline{X}_1(c))}} \xrightarrow{d} N(0,1) \quad (n \to \infty), \tag{1.2}$$

那么 (1.1) 成立.

证　假设 (1.2) 成立, 那么根据对角线原理, 存在一列正常数 $c_n \to \infty$, 使得

$$\frac{\overline{S}_n(c_n) - nE\overline{X}_1(c_n)}{\sqrt{n\mathrm{Var}(\overline{X}_1(c_n))}} \xrightarrow{d} N(0,1) \quad (n \to \infty).$$

注意到 $\mathrm{Var}(\overline{X}_1(c_n)) \to 1$, 所以

$$\frac{\overline{S}_n(c_n) - nE\overline{X}_1(c_n)}{\sqrt{n}} \xrightarrow{d} N(0,1) \quad (n \to \infty). \tag{1.3}$$

另一方面, 由 $EX_1 = 0$, $EX_1^2 = 1$ 和 Markov 不等式,

$$\frac{S_n - (\overline{S}_n(c_n) - nE\overline{X}_1(c_n))}{\sqrt{n}} = \frac{1}{\sqrt{n}}\sum_{k=1}^{n}(X_k I_{(|X_k|>c_n)} - EX_k I_{(|X_k|>c_n)})$$

$$\xrightarrow{P} 0 \quad (n \to \infty). \tag{1.4}$$

综合 (1.3) 和 (1.4) 可以得到 (1.1) 成立.

证二 根据引理 1.1, 不妨假设 X_n 为有界 r.v. 令 η 是标准正态 r.v., 根据第一章推论 4.1, $S_n/\sqrt{n} \xrightarrow{d} \eta$ 当且仅当对任意有界无穷次可微函数 f,

$$Ef\left(\frac{S_n}{\sqrt{n}}\right) \to Ef(\eta) \quad (n \to \infty).$$

令 $Y, Y_1, Y_2, \cdots$ 是一列 i.i.d. 标准正态 r.v., 并且与 $X_1, X_2, \cdots$ 独立. 记 $T_n = \sum_{k=1}^{n} Y_k$. 显然,

$$Ef\left(\frac{T_n}{\sqrt{n}}\right) = Ef(Y).$$

我们将证明: 对任意连续三次可微且有界函数 f,

$$Ef\left(\frac{S_n}{\sqrt{n}}\right) - Ef\left(\frac{T_n}{\sqrt{n}}\right) \to 0 \quad (n \to \infty). \tag{1.5}$$

记

$$R_n^{(k)} = \frac{1}{\sqrt{n}}(Y_1 + \cdots + Y_{k-1} + X_{k+1} + \cdots + X_n).$$

那么

$$Ef\left(\frac{S_n}{\sqrt{n}}\right) - Ef\left(\frac{T_n}{\sqrt{n}}\right) = \sum_{k=1}^{n} E\left[f\left(R_n^{(k)} + \frac{X_k}{\sqrt{n}}\right) - f\left(R_n^{(k)} + \frac{Y_k}{\sqrt{n}}\right)\right]$$

$$= \sum_{k=1}^{n}\left[E\left(f\left(R_n^{(k)} + \frac{X_k}{\sqrt{n}}\right) - f(R_n^{(k)})\right)\right.$$

$$\left. - E\left(f\left(R_n^{(k)} + \frac{Y_k}{\sqrt{n}}\right) - f(R_n^{(k)})\right)\right]. \tag{1.6}$$

利用 Taylor 展开得

$$f\left(R_n^{(k)} + \frac{X_k}{\sqrt{n}}\right) = f(R_n^{(k)}) + \frac{f'(R_n^{(k)})}{\sqrt{n}}X_k + \frac{f''(R_n^{(k)})}{2n}X_k^2 + \frac{f^{(3)}(x_1)}{3!n^{3/2}}X_k^3, \tag{1.7}$$

其中 x_1 介于 $R_n^{(k)}$ 和 $R_n^{(k)} + X_k/\sqrt{n}$ 之间. 类似地,

$$f\left(R_n^{(k)} + \frac{Y_k}{\sqrt{n}}\right) = f(R_n^{(k)}) + \frac{f'(R_n^{(k)})}{\sqrt{n}}Y_k + \frac{f''(R_n^{(k)})}{2n}Y_k^2 + \frac{f^{(3)}(x_2)}{3!n^{3/2}}Y_k^3, \quad (1.8)$$

其中 x_2 介于 $R_n^{(k)}$ 和 $R_n^{(k)} + Y_k/\sqrt{n}$ 之间.

注意到 X_k 和 Y_k 相互独立, 三阶矩存在有限, 并且 $f^{(3)}(x)$ 有界. 这样对 (1.7) 和 (1.8) 两边取期望, 得

$$E\left[f\left(R_n^{(k)} + \frac{X_k}{\sqrt{n}}\right) - f\left(R_n^{(k)} + \frac{Y_k}{\sqrt{n}}\right)\right] = O(n^{-3/2}). \quad (1.9)$$

将 (1.9) 代入 (1.6) 得,

$$Ef\left(\frac{S_n}{\sqrt{n}}\right) - Ef\left(\frac{T_n}{\sqrt{n}}\right) = O(n^{-1/2}).$$

故 (1.5) 成立.

最后, 运用 Stein 方法来证明. Stein 方法自 1970 年以来, 已成为研究随机变量序列依分布收敛及其收敛速度的一种有效工具, 有兴趣的读者可参考 [10].

引理 1.2 (Stein) $X \sim N(0,1)$ 当且仅当对任意二次连续可微有界函数 $f(f, f', f''$ 均有界), 都有

$$EXf(X) = Ef'(X). \quad (1.10)$$

证   假设 $X \sim N(0,1)$, 那么利用分部积分公式可得

$$\begin{aligned}
EXf(X) &= \frac{1}{\sqrt{2\pi}} \int_{-\infty}^{\infty} xf(x)\mathrm{e}^{-\frac{x^2}{2}}\mathrm{d}x \\
&= \frac{1}{\sqrt{2\pi}} \int_{-\infty}^{\infty} f'(x)\mathrm{e}^{-\frac{x^2}{2}}\mathrm{d}x. \\
&= Ef'(X).
\end{aligned}$$

反过来, 假设 (1.10) 成立. 令 $Y \sim N(0,1)$, 我们将证明: 对任意有界连续函数 ϕ,

$$E\phi(X) = E\phi(Y). \quad (1.11)$$

给定 ϕ, 考虑非齐次常微分方程

$$f'(x) = xf(x) + \phi(x) - E\phi(Y). \quad (1.12)$$

不难看出, 一个解为

$$f(x) = e^{\frac{x^2}{2}} \int_{-\infty}^{x} e^{-\frac{y^2}{2}}(\phi(y) - E\phi(Y))\mathrm{d}y.$$

显然, f 任意次连续可微, 并且 f, f', f'' 均有界. 这样由 (1.12) 和 (1.10),

$$E\phi(X) - E\phi(Y) = Ef'(X) - EXf(X)$$
$$= 0.$$

这意味着 X 和 Y 分布相同, 即 $X \sim N(0,1)$.

引理 1.3 (Stein 连续性) 假设 $\{X_n; n \geqslant 1\}$ 是一列 r.v., $EX_n = 0$, $\sup\limits_{n \geqslant 1} EX_n^2 < \infty$. 那么 $X_n \xrightarrow{d} N(0,1)$ 当且仅当对任意二次连续可微有界函数 $f(f, f', f''$ 均有界), 都有

$$EX_n f(X_n) - Ef'(X_n) \to 0 \quad (n \to \infty). \tag{1.13}$$

证 基本思想类似于 Stein 引理. 假设 $X \sim N(0,1)$ 并且 $X_n \xrightarrow{d} X$, 那么对任意二次连续可微有界函数 f, 都有

$$X_n f(X_n) \xrightarrow{d} Xf(X), \quad f'(X_n) \xrightarrow{d} f'(X) \quad (n \to \infty).$$

既然 $\sup\limits_{n \geqslant 1} EX_n^2 < \infty$, 那么 X_n 一致可积. 由于 f, f' 均有界, 所以

$$EX_n f(X_n) \longrightarrow EXf(X), \quad Ef'(X_n) \longrightarrow Ef'(X) \quad (n \to \infty).$$

由 Stein 引理, 知

$$EXf(X) = Ef'(X).$$

所以

$$EX_n f(X_n) - Ef'(X_n) \longrightarrow 0 \quad (n \to \infty).$$

反过来, 假设 (1.13) 成立. 我们将证明: 对任意有界连续函数 ϕ,

$$E\phi(X_n) \to E\phi(X) \quad (n \to \infty). \tag{1.14}$$

给定 ϕ, 令 f 是满足方程 (1.12) 的解. 那么由 (1.13),

$$E\phi(X_n) - E\phi(X) = Ef'(X_n) - EX_n f(X_n)$$
$$\to 0 \quad (n \to \infty), \tag{1.15}$$

(1.14) 得证. 由第一章推论 4.1, $X_n \xrightarrow{d} X$.

证三　由引理 1.1, 不妨假设 X_k 为有界随机变量. 令

$$S_n^{(k)} = X_1 + \cdots + X_{k-1} + X_{k+1} + \cdots + X_n.$$

对任意二次连续可微有界函数 f, 利用 X_k 和 $S_n^{(k)}$ 的独立性, 得

$$
\begin{aligned}
E\frac{S_n}{\sqrt{n}}f\left(\frac{S_n}{\sqrt{n}}\right) &= \sum_{k=1}^n E\frac{X_k}{\sqrt{n}}f\left(\frac{S_n^{(k)}}{\sqrt{n}} + \frac{X_k}{\sqrt{n}}\right) \\
&= \sum_{k=1}^n E\frac{X_k}{\sqrt{n}}\left[f\left(\frac{S_n^{(k)}}{\sqrt{n}} + \frac{X_k}{\sqrt{n}}\right) - f\left(\frac{S_n^{(k)}}{\sqrt{n}}\right)\right] \\
&= \sum_{k=1}^n E\frac{X_k^2}{n}\int_0^1 f'\left(\frac{S_n^{(k)}}{\sqrt{n}} + \frac{X_k}{\sqrt{n}}t\right)\mathrm{d}t,
\end{aligned}
$$

其中第二个等式利用了 $EX_k = 0$. 这样

$$E\frac{S_n}{\sqrt{n}}f\left(\frac{S_n}{\sqrt{n}}\right) - Ef'\left(\frac{S_n}{\sqrt{n}}\right) = \sum_{k=1}^n E\frac{X_k^2}{n}\int_0^1\left[f'\left(\frac{S_n^{(k)}}{\sqrt{n}} + \frac{X_k}{\sqrt{n}}t\right) - f'\left(\frac{S_n}{\sqrt{n}}\right)\right]\mathrm{d}t.$$

因为 f'' 有界, 并且 $E|X_1|^3 < \infty$, 所以

$$E\frac{S_n}{\sqrt{n}}f\left(\frac{S_n}{\sqrt{n}}\right) - Ef'\left(\frac{S_n}{\sqrt{n}}\right) = O(n^{-\frac{1}{2}}). \tag{1.16}$$

由引理 1.3 得, 当 $n \to \infty$ 时, $S_n/\sqrt{n} \xrightarrow{d} N(0,1)$.

下面给出 (1.1) 成立的必要条件.

定理 1.3　假设 $\{X_n; n \geqslant 1\}$ 是一列 i.i.d.r.v., 令 $S_n = \sum_{k=1}^n X_k$. 如果

$$\frac{S_n}{\sqrt{n}} \xrightarrow{d} N(0,1) \quad (n \to \infty), \tag{1.17}$$

那么 $EX_1 = 0, EX_1^2 = 1$.

为证明上述定理, 我们需要下列两个引理, 其证明可参考 [26].

引理 1.4 (压缩原理)　假设 $X_1, X_2, \cdots, X_n$ 是独立对称 r.v., $a_1, a_2, \cdots, a_n$ 是一列实数, 满足 $\max_{1\leqslant k\leqslant n}|a_k| \leqslant 1$. 那么对任意 $x > 0$,

$$P\left(\left|\sum_{k=1}^n a_k X_k\right| > x\right) \leqslant 2P\left(\left|\sum_{k=1}^n X_k\right| > x\right). \tag{1.18}$$

引理 1.5 (Hoffman-Jøgensen) 假设 $X_1, X_2, \cdots, X_n$ 是独立 r.v., 令 $S_n = \sum_{k=1}^{n} X_k$, 并且

$$t_0 = \inf \left\{ t > 0; P(|S_n| > t) \leqslant \frac{1}{72} \right\}, \tag{1.19}$$

那么对任意 $p > 0$,

$$E|S_n|^p \leqslant E \max_{1 \leqslant k \leqslant n} |X_k|^p + t_0^p. \tag{1.20}$$

定理 1.3 的证明 首先证明 $EX_1^2 < \infty$. 显然,

$$EX_1^2 = \lim_{c \to \infty} EX_1^2 I_{(|X_1| \leqslant c)}. \tag{1.21}$$

假设 X_k 是对称 r.v., 那么由引理 1.4, 对任意 $c > 0$ 和 $x > 0$

$$P \left(\frac{1}{\sqrt{n}} \left| \sum_{k=1}^{n} X_k I_{(|X_k| \leqslant c)} \right| > x \right) \leqslant 2P \left(\frac{1}{\sqrt{n}} \left| \sum_{k=1}^{n} X_k \right| > x \right).$$

因为 $S_n / \sqrt{n} \xrightarrow{d} N(0, 1)$, 那么存在 $t_0 > 0$, 使得当 n 足够大时

$$P \left(\frac{1}{\sqrt{n}} \left| \sum_{k=1}^{n} X_k \right| > t_0 \right) \leqslant \frac{1}{144}.$$

这样,

$$P \left(\frac{1}{\sqrt{n}} \left| \sum_{k=1}^{n} X_k I_{(|X_k| \leqslant c)} \right| > x \right) \leqslant \frac{1}{72}.$$

由引理 1.5 知, 当 n 足够大时

$$EX_1^2 I_{(|X_1| \leqslant c)} = E \left(\frac{1}{\sqrt{n}} \sum_{k=1}^{n} X_k I_{(|X_k| \leqslant c)} \right)^2$$

$$\leqslant \frac{c^2}{n} + t_0^2.$$

令 $n \to \infty$, 得

$$EX_1^2 I_{(|X_1| \leqslant c)} \leqslant t_0^2.$$

代入 (1.21) 得证 $EX_1^2 < \infty$.

假设 X_k 不对称. 令 $\{X_n'; n \geqslant 1\}$ 是与 $\{X_n; n \geqslant 1\}$ i.i.d.r.v. 序列, 定义

$$\tilde{X}_n = X_n - X_n'.$$

那么 $\{\tilde{X}_n; n \geqslant 1\}$ 是一列 i.i.d. 对称 r.v., 记 $\tilde{S}_n = \sum_{k=1}^{n} \tilde{X}_k$, 由 (1.17) 易知

$$\frac{\tilde{S}_n}{\sqrt{2n}} \xrightarrow{d} N(0,1) \quad (n \to \infty).$$

应用前面关于对称 r.v. 已证明的结论, 得 $E\tilde{X}_1^2 < \infty$. 由于 X_1 和 X_1' 相互独立, 根据 Fubini 定理可以证明 $EX_1^2 < \infty$.

余下证明 $EX_1 = 0$ 和 $EX_1^2 = 1$. 不妨假设 $EX_1 = \mu, \mathrm{Var}(X_1) = \sigma^2$. 那么根据定理 1.2 得

$$\frac{S_n - n\mu}{\sqrt{n}\sigma} \xrightarrow{d} N(0,1) \quad (n \to \infty). \tag{1.22}$$

将 (1.22) 和 (1.17) 作比较, 知 $EX_1 = 0$ 和 $EX_1^2 = 1$.

§2 独立不同分布情形

本节考虑独立但不一定同分布 r.v. 序列的中心极限定理. 假设 $\{X_n; n \geqslant 1\}$ 是一列独立 r.v., 并且 X_k 具有分布函数 $F_k(x), EX_k = \mu_k, \mathrm{Var}(X_k) = \sigma_k^2 < \infty$. 令

$$S_n = \sum_{k=1}^{n} X_k, \quad B_n = \sum_{k=1}^{n} \sigma_k^2.$$

假设当 $n \to \infty$ 时, $B_n \to \infty$. 下面引入 Feller 条件和 Lindeberg 条件.

Feller 条件:

$$\max_{1 \leqslant k \leqslant n} \frac{\sigma_k^2}{B_n} \to 0 \quad (n \to \infty). \tag{2.1}$$

Lindeberg 条件: 对任意 $\varepsilon > 0$,

$$\frac{1}{B_n} \sum_{k=1}^{n} \int_{|x-\mu_k| > \varepsilon\sqrt{B_n}} (x - \mu_k)^2 \mathrm{d}F_k(x) \to 0 \quad (n \to \infty). \tag{2.2}$$

定理 2.1 (Lindeberg-Feller) 下列两陈述等价

(1) Feller 条件 (2.1) 成立, 并且

$$\frac{S_n - ES_n}{\sqrt{B_n}} \xrightarrow{d} N(0,1) \quad (n \to \infty). \tag{2.3}$$

(2) Lindeberg 条件 (2.2) 成立.

证 不妨假设 $\mu_k = 0$, 否则考虑 $X_k - \mu_k$. 首先, 假设 Lindeberg 条件 (2.2) 成立. 对任意 $\varepsilon > 0$,

$$\sigma_k^2 = EX_k^2 I_{(|X_k| \leqslant \varepsilon\sqrt{B_n})} + EX_k^2 I_{(|X_k| > \varepsilon\sqrt{B_n})}$$
$$\leqslant \varepsilon^2 B_n + \sum_{k=1}^{n} EX_k^2 I_{(|X_k| > \varepsilon\sqrt{B_n})}.$$

因此

$$\max_{1 \leqslant k \leqslant n} \frac{\sigma_k^2}{B_n} \leqslant \varepsilon^2 + \frac{1}{B_n} \sum_{k=1}^{n} EX_k^2 I_{(|X_k| > \varepsilon\sqrt{B_n})}.$$

令 $n \to \infty$, 再令 $\varepsilon \to 0$, 得证 Feller 条件 (2.1) 成立.

为证 (2.3), 只要证明: 对任意 $t \in \mathbf{R}^1$,

$$E e^{it \frac{S_n}{\sqrt{B_n}}} \to e^{-\frac{t^2}{2}} \quad (n \to \infty). \tag{2.4}$$

令 $g_k(t)$ 是 X_k 的 c.f., 在 0 处对它进行 Taylor 展开得

$$g_k\left(\frac{t}{\sqrt{B_n}}\right) = 1 - \frac{\sigma_k^2 t^2}{2B_n} + a_{nk}, \tag{2.5}$$

其中余项 a_{nk} 满足

$$\lim_{n \to \infty} \sum_{k=1}^{n} |a_{nk}| = 0. \tag{2.6}$$

事实上, 对任意 $x \in \mathbf{R}^1$

$$|e^{itx} - 1 - itx| \leqslant \frac{x^2}{2},$$

并且

$$\left| e^{itx} - 1 - itx + \frac{x^2}{2} \right| \leqslant \frac{|x|^3}{6}.$$

因此, 对任意 $\varepsilon > 0$

$$|a_{nk}| = \left| g_k\left(\frac{t}{\sqrt{B_n}}\right) - 1 + \frac{t^2 \sigma_k^2}{2B_n} \right|$$
$$\leqslant \left| \int_{|x| \leqslant \varepsilon\sqrt{B_n}} \left(e^{i\frac{t}{\sqrt{B_n}}x} - 1 - i\frac{t}{\sqrt{D_n}}x + \frac{t^2 x^2}{2B_n} \right) dF_k(x) \right|$$
$$+ \left| \int_{|x| > \varepsilon\sqrt{B_n}} \left(e^{i\frac{t}{\sqrt{B_n}}x} - 1 - i\frac{t}{\sqrt{B_n}}x + \frac{t^2 x^2}{2B_n} \right) dF_k(x) \right|$$
$$\leqslant \frac{|t|^3}{6B_n^{3/2}} \int_{|x| \leqslant \varepsilon\sqrt{B_n}} |x|^3 dF_k(x) + \frac{t^2}{B_n} \int_{|x| > \varepsilon\sqrt{B_n}} x^2 dF_k(x)$$
$$\leqslant \frac{\varepsilon|t|^3 \sigma_k^2}{6B_n} + \frac{t^2}{B_n} \int_{|x| > \varepsilon\sqrt{B_n}} x^2 dF_k(x). \tag{2.7}$$

关于 k 求和得

$$\sum_{k=1}^{n} |a_{nk}| \leqslant \frac{\varepsilon|t|^3}{6} + \frac{t^2}{B_n} \sum_{k=1}^{n} \int_{|x|>\varepsilon\sqrt{B_n}} x^2 \mathrm{d}F_k(x). \qquad (2.8)$$

令 $n \to \infty$, 再令 $\varepsilon \to 0$, 得 (2.6).

另一方面, 由对数函数 Taylor 展开式知

$$\log(1+z) = z + \theta(z)z^2, \quad |z| \leqslant \frac{1}{4},$$

其中 $|\theta(z)| \leqslant 1$. 所以, 当 n 充分大时, 对每个 $1 \leqslant k \leqslant n$

$$\begin{aligned}
\log g_k\left(\frac{t}{\sqrt{B_n}}\right) &= \log\left(1 - \frac{t^2\sigma_k^2}{2B_n} + a_{nk}\right) \\
&= -\frac{t^2\sigma_k^2}{2B_n} + a_{nk} + \theta_k\left(-\frac{t^2\sigma_k^2}{2B_n} + a_{nk}\right)^2,
\end{aligned} \qquad (2.9)$$

其中 $|\theta_k| \leqslant 1$. 对上式求和, 并利用 (2.6) 得

$$\sum_{k=1}^{n} \log g_k\left(\frac{t}{\sqrt{B_n}}\right) \to -\frac{t^2}{2} \quad (n \to \infty). \qquad (2.10)$$

这样, (2.4) 成立, 并由此得证 (2.3).

反过来, 假设 Feller 条件 (2.1) 和中心极限定理 (2.3) 成立. 由 (2.7) 和 (2.8) 不难看出, (2.5) 仍然成立, 其中余项 a_{nk} 满足:

$$\max_{1 \leqslant k \leqslant n} |a_{nk}| \to 0, \quad \sup_{n \geqslant 1} \sum_{k=1}^{n} |a_{nk}| < \infty. \qquad (2.11)$$

(2.3) 推出 (2.10) 成立, 由 (2.9) 得

$$\sum_{k=1}^{n} a_{nk} \to 0 \quad (n \to \infty). \qquad (2.12)$$

即

$$\sum_{k=1}^{n} \int_{-\infty}^{\infty} \left(\mathrm{e}^{\mathrm{i}\frac{t}{\sqrt{B_n}}x} - 1 - \mathrm{i}\frac{t}{\sqrt{B_n}}x + \frac{t^2x^2}{2B_n}\right) \mathrm{d}F_k(x) \to 0 \quad (n \to \infty). \qquad (2.13)$$

特别, (2.13) 式左边的实部趋向于 0, 即

$$\sum_{k=1}^{n} \int_{-\infty}^{\infty} \left(\cos\frac{tx}{\sqrt{B_n}} - 1 + \frac{t^2x^2}{2B_n}\right) \mathrm{d}F_k(x) \to 0 \quad (n \to \infty).$$

由于对任意实数 $z, \cos z \geqslant 1 - z^2/2$, 所以

$$\sum_{k=1}^{n} \int_{|x| \geqslant \varepsilon \sqrt{B_n}} \left(\cos \frac{tx}{\sqrt{B_n}} - 1 + \frac{t^2 x^2}{2B_n} \right) \mathrm{d}F_k(x) \to 0 \quad (n \to \infty).$$

任意给定 $\varepsilon > 0$, 选择 $t > 0$ 使得 $t\varepsilon > 4$. 那么由 $\cos z \geqslant -1$, 得

$$\frac{1}{B_n} \sum_{k=1}^{n} \int_{|x| \geqslant \varepsilon \sqrt{B_n}} x^2 \mathrm{d}F_k(x) \leqslant \frac{4}{t^2} \sum_{k=1}^{n} \int_{|x| \geqslant \varepsilon \sqrt{B_n}} \left(-2 + \frac{t^2 x^2}{2B_n} \right) \mathrm{d}F_k(x)$$

$$\leqslant \frac{4}{t^2} \sum_{k=1}^{n} \int_{|x| \geqslant \varepsilon \sqrt{B_n}} \left(\cos \frac{tx}{\sqrt{B_n}} - 1 + \frac{t^2 x^2}{2B_n} \right) \mathrm{d}F_k(x)$$

$$\to 0 \quad (n \to \infty).$$

从而, Lindeberg 条件 (2.2) 成立.

注 2.1 如果 $\{X_n; n \geqslant 1\}$ 是一列 i.i.d.r.v., $EX_k^2 < \infty$, 那么 Lindeberg 条件 (2.2) 成立. 这样, 定理 2.1 可看作定理 1.2 的推广.

定理 2.2 (Lyapunov) 假设存在 $\delta > 0$, 使得 $E|X_k|^{2+\delta} < \infty, k = 1, 2, \cdots$. 如果

$$\frac{1}{B_n^{1+\delta/2}} \sum_{k=1}^{n} E|X_k|^{2+\delta} \to 0 \quad (n \to \infty), \tag{2.14}$$

那么

$$\frac{S_n - ES_n}{\sqrt{B_n}} \xrightarrow{d} N(0,1) \quad (n \to \infty). \tag{2.15}$$

证 利用 Markov 不等式, 可证 Lindeberg 条件 (2.2) 成立, 从而得证定理.

注 2.2 (2.14) 通常被称作 Lyapunov 条件.

作为 Lyapunov 定理的一个直接结果, 我们有

推论 2.1 假设 $\{X_n, n \geqslant 1\}$ 是一列独立 r.v., $P(X_k = 1) = p_k, P(X_k = 0) = 1 - p_k$, 其中 $0 < p_k < 1$. 如果

$$\sum_{k=1}^{n} p_k(1 - p_k) \to \infty \quad (n \to \infty),$$

那么

$$\frac{\sum_{k=1}^{n} (X_k - p_k)}{\sqrt{\sum_{k=1}^{n} p_k(1 - p_k)}} \xrightarrow{d} N(0,1) \quad (n \to \infty).$$

以上我们讨论了独立不同分布 r.v. 序列部分和满足中心极限定理的条件. 实际上, 我们可以进一步讨论独立 r.v. 组列情形. 在第二章 §2 中, 我们给出了满足无穷小条件的独立 r.v. 组列 $\{X_{nk}\}$ 的和依分布收敛于一个给定的 i.d.d.f 的充要条件. 这些条件形式上显得复杂, 但在某些特殊情形下, 如极限分布为正态分布、退化分布或 Poisson 分布的组列, 可以导出一些简单有用的结果. 以下给出两个独立 r.v. 组列满足中心极限定理的结果, 其详细证明可参考 [6].

定理 2.3　假设 $\{X_{nk}; k = 1, \cdots, k_n, n = 1, 2, \cdots\}$ 是组内独立的 r.v. 三角组列, 记 X_{nk} 的分布函数为 $F_{nk}(x)$. 那么 $\{X_{nk}\}$ 满足无穷小条件 (第二章 (2.2)) 且 $S_n = \sum\limits_{k=1}^{k_n} X_{nk}$ 依分布收敛于正态分布 $N(a, \sigma^2)$ 的充要条件是对于任给的 $\varepsilon > 0$, 当 $n \to \infty$ 时,

$$\sum_{k=1}^{k_n} P(|X_{nk}| > \varepsilon) \to 0,$$

$$\sum_{k=1}^{k_n} \left[\int_{|x| \leqslant \varepsilon} x^2 \mathrm{d}F_{nk}(x) - \left(\int_{|x| \leqslant \varepsilon} x \mathrm{d}F_{nk}(x) \right)^2 \right] \to \sigma^2,$$

$$\sum_{k=1}^{k_n} \int_{|x| \leqslant \varepsilon} x \mathrm{d}F_{nk}(x) \to a.$$

定理 2.4　假设组内独立 r.v. 组列 $\{X_{nk}; k = 1, \cdots, k_n, n = 1, 2, \cdots\}$ 的和 $S_n = \sum\limits_{k=1}^{k_n} X_{nk}$ 依分布收敛于 d.f. $F(x)$. 那么 $F(x)$ 为正态分布且满足无穷小条件 (第二章 (2.2)) 的充要条件是对任意给定的 $\varepsilon > 0$

$$\sum_{k=1}^{k_n} P(|X_{nk}| > \varepsilon) \to 0 \quad (n \to \infty).$$

§3　中心极限定理的收敛速度

3.1　用特征函数的接近度来估计分布函数的差

设 $\{X_n; n \geqslant 1\}$ 是独立 r.v. 序列, $EX_n = 0, \sigma_n^2 = EX_n^2 < \infty$, 记 $B_n = \sum\limits_{k=1}^{n} \sigma_k^2$. 上节中, 讨论了正则化和 $B_n^{-1/2} \sum\limits_{k=1}^{n} X_k$ 的 d.f. $F_n(x)$ 收敛于标准正态

分布 $\Phi(x)$ 的条件, 这一节我们来考察

$$\sup_{-\infty < x < \infty} |F_n(x) - \Phi(x)| \tag{3.1}$$

趋于零的速度. 由于 d.f. 与 c.f. 相互唯一确定, 自然地, 当 c.f. 彼此接近时, 我们期望 d.f. 也很接近. 下面的 Esseen **定理**是关于这方面最为有用的一个结果.

定理 3.1 设 $F(x)$ 和 $G(x)$ 分别是 $\mathbf{R}^1$ 上的有界不减和有界变差函数, 且 $F(-\infty) = G(-\infty)$. 又记

$$f(t) = \int_{-\infty}^{\infty} \mathrm{e}^{\mathrm{i}tx} \mathrm{d}F(x), \quad g(t) = \int_{-\infty}^{\infty} \mathrm{e}^{\mathrm{i}tx} \mathrm{d}G(x).$$

那么对任意正数 T, 当 $b > \dfrac{1}{2\pi}$ 时有

$$\sup_{-\infty < x < \infty} |F(x) - G(x)| \leqslant b \int_{-T}^{T} \left| \frac{f(t) - g(t)}{t} \right| \mathrm{d}t$$

$$+ bT \sup_{-\infty < x < \infty} \int_{|y| \leqslant c(b)/T} |G(x+y) - G(x)| \mathrm{d}y, \tag{3.2}$$

其中 $c(b)$ 是仅与 b 有关的正常数, 可取它为方程

$$\int_0^{c(b)/4} \frac{\sin^2 u}{u^2} \mathrm{d}u = \frac{\pi}{4} + \frac{1}{8b}$$

的根.

定理 3.1 的证明从略 (参见 [28]).

推论 3.1 设 $\mathbf{R}^1$ 上的函数 $F(x)$ 是有界不减的, 且 $G(x)$ 是有界变差的可微函数. 记其导函数为 $G'(x)$. 假设 $f(t)$、$g(t)$ 如定理 3.1, $F(-\infty) = G(-\infty)$, $F(+\infty) = G(+\infty)$ 且设 $\sup_{x} |G'(x)| \leqslant C$, 则对任意正常数 T, 当 $b > \dfrac{1}{2\pi}$ 时, 有

$$\sup_{-\infty < x < \infty} |F(x) - G(x)| \leqslant b \int_{-T}^{T} \left| \frac{f(t) - g(t)}{t} \right| \mathrm{d}t + \gamma(b) \frac{C}{T}, \tag{3.3}$$

其中 $\gamma(b)$ 是仅与 b 有关的正常数.

事实上, 此时 (3.2) 中右边第二项不超过

$$bT \sup_{x} \int_{|y| \leqslant c(b)/T} |G(x+y) - G(x)| \mathrm{d}y$$

$$\leqslant bT \int_{|y| \leqslant c(b)/T} C|y| \mathrm{d}y = \gamma(b) C/T,$$

其中 $\gamma(b) = b(c(b))^2$. 因此 (3.3) 式成立.

推论 3.1 在中心极限定理收敛速度的研究中起着关键作用. 事实上我们将选取 $G(x)$ 为标准正态 d.f. $\Phi(x)$, $F(x)$ 为 r.v. 规范化和的 d.f.

3.2　Esseen 与 Berry-Esseen 不等式

为给出 (3.1) 的估计, 需要下述引理:

引理 3.1　设 $\{X_n; n \geqslant 1\}$ 是独立 r.v. 序列, $EX_n = 0$, 又记

$$\sigma_k^2 = EX_k^2, \quad B_n = \sum_{k=1}^n \sigma_k^2, \quad L_n = B_n^{-3/2} \sum_{k=1}^n E|X_k|^3,$$

$S_n = B_n^{-1/2} \sum_{k=1}^n X_k$ 的 c.f. 记为 $f_n(t)$, 则当 $|t| \leqslant 1/(4L_n)$ 时有

$$|f_n(t) - e^{-t^2/2}| \leqslant 16 L_n |t|^3 e^{-t^2/3}. \tag{3.4}$$

证　不妨假设 $E|X_k|^3 < \infty (k = 1, 2, \cdots, n)$. 否则, (3.4) 自然成立.

1° 当 $\frac{1}{2} L_n^{-1/3} \leqslant |t| \leqslant \frac{1}{4L_n}$ 时, 只需证

$$|f_n(t)|^2 \leqslant e^{-2t^2/3}. \tag{3.5}$$

事实上, 此时 $8L_n |t|^3 \geqslant 1$, 故由 (3.5) 式就可推出

$$|f_n(t) - e^{-t^2/2}| \leqslant |f_n(t)| + e^{-t^2/2} \leqslant 2e^{-t^2/3} \leqslant 16 L_n |t|^3 e^{-t^2/3}.$$

为证 (3.5) 式成立, 记 $\nu_k(t) = Ee^{itX_k} (k = 1, \cdots, n)$, 并设 Y_k 是与 X_k 独立同分布的 r.v., 那么 $\tilde{X}_k = X_k - Y_k$ 的 c.f. 是 $|\nu_k(t)|^2$, 均值为 0, 方差为 $2\sigma_k^2$ 且 $E|\tilde{X}_k|^3 \leqslant 8E|X_k|^3$. 所以有展开式

$$|\nu_k(t)|^2 = 1 + itE\tilde{X}_k + \frac{(it)^2}{2} E\tilde{X}_k^2 + \frac{(it)^3}{3!} E\tilde{X}_k^3 e^{it\theta\tilde{X}_k},$$

其中 $|\theta| \leqslant 1$. 由此即得

$$|\nu_k(t)|^2 \leqslant 1 - \sigma_k^2 t^2 + \frac{4}{3} |t|^3 E|X_k|^3 \leqslant \exp\left\{-\sigma_k^2 t^2 + \frac{4}{3} |t|^3 E|X_k|^3\right\}.$$

因此当 $\frac{1}{2} L_n^{-1/3} \leqslant |t| \leqslant \frac{1}{4L_n}$ 时, 就有

$$|f_n(t)|^2 = \prod_{k=1}^n \left|\nu_k\left(\frac{t}{\sqrt{B_n}}\right)\right|^2 \leqslant \exp\left\{-t^2 + \frac{4}{3} L_n |t|^3\right\}$$
$$\leqslant e^{-2t^2/3}.$$

得证 (3.5) 式成立.

$2°$ 当 $|t| \leqslant \dfrac{1}{4L_n}$ 且 $|t| \leqslant \dfrac{1}{2}L_n^{-1/3}$ 时, 对于 $k = 1, \cdots, n$,

$$\frac{\sigma_k}{\sqrt{B_n}}|t| \leqslant \frac{(E|X_k|^3)^{1/3}}{\sqrt{B_n}}|t| \leqslant L_n^{1/3}|t| \leqslant \frac{1}{2}.$$

对于 c.f. $\nu_k(t)$, 在 $E|X_k|^3 < \infty$ 时, 由 Taylor 展开式可推得

$$\nu_k\left(\frac{t}{\sqrt{B_n}}\right) = 1 - \gamma_k, \quad \gamma_k = \frac{\sigma_k^2 t^2}{2B_n} + \theta_k'\frac{E|X_k|^3}{6B_n^{3/2}}|t|^3,$$

其中 $|\theta_k'| \leqslant 1$. 由此 $|\gamma_k| \leqslant \dfrac{1}{2}\left(\dfrac{1}{2}\right)^2 + \dfrac{1}{6}\left(\dfrac{1}{2}\right)^3 < \dfrac{1}{6}$, 且

$$\gamma_k^2 \leqslant 2\left(\frac{\sigma_k^2 t^2}{2B_n}\right)^2 + 2\left(\frac{E|X_k|^3}{6B_n^{3/2}}|t|^3\right)^2 \leqslant \frac{E|X_k|^3}{3B_n^{3/2}}|t|^3.$$

所以

$$\text{Log}\,\nu_k\left(\frac{t}{\sqrt{B_n}}\right) = -\gamma_k + \theta_k''\gamma_k^2 = -\frac{\sigma_k^2 t^2}{2B_n} + \theta_k''\frac{E|X_k|^3}{2B_n^{3/2}}|t|^3,$$

其中 $|\theta_k''| \leqslant 1$. 因此得

$$\text{Log}\,f_n(t) = -\frac{t^2}{2} + \theta\frac{L_n}{2}|t|^3, \quad |\theta| \leqslant 1.$$

由假设 $L_n|t|^3 < \dfrac{1}{8}$ 可推得 $\exp\left\{\dfrac{1}{2}L_n|t|^3\right\} < 2$. 利用它即有

$$\begin{aligned}
|f_n(t) - \mathrm{e}^{-t^2/2}| &\leqslant \mathrm{e}^{-t^2/2}|\mathrm{e}^{\theta L_n|t|^3/2} - 1| \\
&\leqslant \frac{L_n}{2}|t|^3\exp\left\{-\frac{t^2}{2} + \frac{L_n}{2}|t|^3\right\} \\
&\leqslant L_n|t|^3\mathrm{e}^{-t^2/2} \leqslant L_n|t|^3\mathrm{e}^{-t^2/3}.
\end{aligned}$$

引理证毕.

定理 3.2 (Esseen 不等式) 在引理 3.1 的条件下, 若记

$$F_n(x) = P\left\{\frac{1}{\sqrt{B_n}}\sum_{k=1}^{n} X_k < x\right\},$$

则有

$$\sup_{-\infty < x < \infty}|F_n(x) - \Phi(x)| \leqslant A_1 L_n, \tag{3.6}$$

其中 A_1 是正的常数.

证　d.f. $F_n(x)$ 和正态分布 $\Phi(x)$ 显然满足推论 3.1 的条件, 且 $\sup\limits_x |\Phi'(x)| = 1/\sqrt{2\pi}$. 若取 $b = 1/\pi, T = 1/(4L_n)$, 由 (3.3) 式及引理 3.1 就有

$$\sup_x |F_n(x) - \Phi(x)| \leqslant \frac{1}{\pi} \int_{|t| \leqslant 1/(4L_n)} \left| \frac{f_n(t) - \mathrm{e}^{-t^2/2}}{t} \right| \mathrm{d}t + A_0 L_n$$

$$\leqslant \frac{32}{\pi} L_n \int_{0 \leqslant t \leqslant 1/(4L_n)} t^2 \mathrm{e}^{-t^2/3} \mathrm{d}t + A_0 L_n \leqslant A_1 L_n.$$

特别, 对独立同分布情形, 我们有

定理 3.3 (Berry-Esseen 不等式)　设 $\{X_n; n \geqslant 1\}$ 是 i.i.d.r.v. 序列, $EX_n = 0, EX_n^2 = \sigma^2 > 0, E|X_n|^3 < \infty$. 记 $\rho = E|X_1|^3/\sigma^3$, 则有

$$\sup_{-\infty < x < \infty} \left| P\left\{ \frac{1}{\sigma\sqrt{n}} \sum_{k=1}^n X_k < x \right\} - \Phi(x) \right| \leqslant A_2 \frac{\rho}{\sqrt{n}}, \tag{3.7}$$

其中 A_2 是正的常数.

注 3.1　估计 (3.6) 和 (3.7) 的阶 $\dfrac{1}{\sqrt{n}}$ 是不能改进的. 考察 i.i.d.r.v. 序列 $\{X_n; n \geqslant 1\}$, 其中 $P\{X_n = 1\} = P\{X_n = -1\} = \dfrac{1}{2}$. 此时 $EX_n = 0, EX_n^2 = E|X_n|^3 = 1$. 利用 Stirling 公式 $n! = \sqrt{2\pi n}\, n^n \mathrm{e}^{-n} \mathrm{e}^{\theta} \left(|\theta| \leqslant \dfrac{1}{12n} \right)$, 可以求得, 当 n 为偶数时

$$P\left\{ \sum_{k=1}^n X_k = 0 \right\} = \binom{n}{\frac{n}{2}} \left(\frac{1}{2} \right)^n = \frac{2}{\sqrt{2\pi n}}(1 + o(1)),$$

这就是说, d.f. $F_n(x) = P\left\{ \dfrac{1}{\sqrt{n}} \sum\limits_{k=1}^n X_k \leqslant x \right\}$ 在点 $x = 0$ 处有一跳跃, 其跃度等于 $\dfrac{2}{\sqrt{2\pi n}}(1 + o(1))$, 即在点 $x = 0$ 的邻域中, d.f. $F_n(x)$ 用连续函数逼近时, 其精度不可能超过 $\dfrac{1}{\sqrt{2\pi n}}(1 + o(1))$, 其中 $\dfrac{1}{\sqrt{2\pi}} = 0.398\,9\cdots$.

注 3.2　给出 (3.7) 式中常数 A_2 的最佳上界是一个有趣而富挑战性的问题. Esseen (1942) 给出的上界是 7.5, Berry (1941) 认为上界是 1.88, 但后来发现他的计算是错误的. Kolmogorov (1953) 猜测 $A_2 = 1/\sqrt{2\pi}$. 三年后, Esseen 在解决其他问题时指出, A_2 不能小于 0.4097. Shiganov (1982) 获得上界 0.7655, Shevtsova (2006) 改进到 0.7056, 直到 2011 年将其改进到 0.4748, 参考 [31].

3.3 Esseen 不等式的推广

Esseen 不等式是在三阶矩存在的假设下建立起来的, 实际上在更弱的矩条件下, Esseen 不等式仍然成立.

令 G 是满足下列两个条件的函数 $g(x)$ 的集合:

(1) $g(x)$ 是在 $(0, \infty)$ 上非负单调不减的偶函数;

(2) $x/g(x)$ 在 $(0, \infty)$ 上单调不减.

定理 3.4 设 $X_1, X_2, \cdots, X_n$ 是独立 r.v., $EX_j = 0$, 且对某个 $g \in G$, $EX_j^2 g(X_j) < \infty, j = 1, 2, \cdots, n$. 令

$$\sigma_j^2 = \operatorname{Var} X_j, \quad B_n = \sum_{j=1}^n \sigma_j^2, \quad F_n(x) = P\left\{ \frac{1}{B_n^{1/2}} \sum_{j=1}^n X_j < x \right\},$$

那么存在正常数 A,

$$\sup_x |F_n(x) - \Phi(x)| \leqslant \frac{A}{B_n g(B_n^{1/2})} \sum_{j=1}^n EX_j^2 g(X_j). \tag{3.8}$$

证 引进截尾 r.v.

$$\overline{X}_j = \begin{cases} X_j, & |X_j| < B_n^{1/2}, \\ 0, & |X_j| \geqslant B_n^{1/2}, \end{cases} \quad j = 1, 2, \cdots, n.$$

它们是有界 r.v., 因此 $\overline{X}_j$ 的所有阶矩存在有限. 记

$$\overline{m}_j = E\overline{X}_j, \quad \overline{\sigma}_j^2 = \operatorname{Var} \overline{X}_j,$$

$$\overline{B}_n = \sum_{j=1}^n \overline{\sigma}_j^2, \quad V_j(x) = P(X_j < x).$$

已知 $EX_j = 0$, 我们有

$$\begin{aligned} 0 \leqslant \sigma_j^2 - \overline{\sigma}_j^2 &= \int_{|x| \geqslant B_n^{1/2}} x^2 dV_j(x) + \left(\int_{|x| < B_n^{1/2}} x dV_j(x) \right)^2 \\ &\leqslant 2 \int_{|x| \geqslant B_n^{1/2}} x^2 dV_j(x) \leqslant \frac{2}{g(B_n^{1/2})} \int_{|x| \geqslant B_n^{1/2}} x^2 g(x) dV_j(x) \\ &\leqslant \frac{2}{g(B_n^{1/2})} EX_j^2 g(X_j). \end{aligned} \tag{3.9}$$

如果 $\overline{B}_n \leqslant B_n/4$, 那么 $B_n - \overline{B}_n \geqslant 3B_n/4$ 且由 (3.9)

$$1 \leqslant \frac{8}{3B_n g(B_n^{1/2})} \sum_{j=1}^n EX_j^2 g(X_j).$$

令 $A = 8/3$, (3.8) 成立. 下面假设 $\overline{B}_n > B_n/4$. 记

$$Z_n = \frac{1}{B_n^{1/2}} \sum_{j=1}^n X_j, \quad Y_n = \frac{1}{B_n^{1/2}} \sum_{j=1}^n \overline{X}_j, \quad \overline{Z}_n = \frac{1}{\overline{B}_n^{1/2}} \sum_{j=1}^n (\overline{X}_j - \overline{m}_j).$$

由于对任何实数 x

$$(Z_n < x) \subseteq (Y_n < x) \bigcup (|X_1| \geqslant B_n^{1/2}) \bigcup \cdots \bigcup (|X_n| \geqslant B_n^{1/2}),$$
$$(Y_n < x) \subseteq (Z_n < x) \bigcup (|X_1| \geqslant B_n^{1/2}) \bigcup \cdots \bigcup (|X_n| \geqslant B_n^{1/2}),$$

因此

$$P(Z_n < x) \leqslant P(Y_n < x) + \sum_{j=1}^n P(|X_j| \geqslant B_n^{1/2}),$$
$$P(Y_n < x) \leqslant P(Z_n < x) + \sum_{j=1}^n P(|X_j| \geqslant B_n^{1/2}).$$

于是

$$\sup_x |F_n(x) - P(Y_n < x)| \leqslant \sum_{j=1}^n P(|X_j| \geqslant B_n^{1/2}).$$

此外, 对任何实数 $x, p > 0$ 和 q,

$$|F_n(x) - \Phi(x)| \leqslant |F_n(x) - P(Y_n < x)|$$
$$+ |P(pY_n + q < px + q) - \Phi(px + q)|$$
$$+ |\Phi(px + q) - \Phi(x)|.$$

令 $p = (B_n/\overline{B}_n)^{1/2}, q = -\sum_{j=1}^n \overline{m}_j/B_n^{1/2}$. 那么 $pY_n + q = \overline{Z}_n$ 且

$$|F_n(x) - \Phi(x)| \leqslant T_1 + T_2 + T_3, \tag{3.10}$$

其中

$$T_1 = \sum_{j-1}^n P(|X_j| \geqslant B_n^{1/2}),$$

$$T_2 = \sup_x \left| P(\overline{Z}_n < px + q) - \Phi\left(\left(\frac{B_n}{\overline{B}_n}\right)^{1/2} x - \sum_{j=1}^n \overline{m}_j/\overline{B}_n^{1/2} \right) \right|,$$

$$T_3 = \sup_x \left| \Phi\left(\left(\frac{B_n}{\overline{B}_n}\right)^{1/2} x - \sum_{j=1}^n \overline{m}_j/\overline{B}_n^{1/2} \right) - \Phi(x) \right|.$$

由 Chebyshev 不等式得

$$T_1 \leqslant \frac{1}{B_n g(B_n^{1/2})} \sum_{j=1}^n E X_j^2 g(X_j). \tag{3.11}$$

应用定理 3.2 于 $\overline{Z}_n$,

$$T_2 \leqslant \frac{A_1}{\overline{B}_n^{3/2}} \sum_{j=1}^n E|\overline{X}_j - \overline{m}_j|^3.$$

由假设 $x/g(x)$ 在 $(0,\infty)$ 上单调不减, 所以

$$E|\overline{X}_j - \overline{m}_j|^3 \leqslant 4(E|\overline{X}_j|^3 + |\overline{m}_j|^3) \leqslant 8E|\overline{X}_j|^3$$
$$= 8 \int_{|x|<B_n^{1/2}} \frac{|x|}{g(x)} x^2 g(x) \mathrm{d}V_j(x) \leqslant \frac{8B_n^{1/2}}{g(B_n^{1/2})} E X_j^2 g(X_j).$$

注意到 $\overline{B}_n > B_n/4$, 我们有

$$T_2 \leqslant \frac{A_2}{B_n g(B_n^{1/2})} \sum_{j=1}^n E X_j^2 g(X_j). \tag{3.12}$$

最后证明

$$T_3 \leqslant \frac{A_3}{B_n g(B_n^{1/2})} \sum_{j=1}^n E X_j^2 g(X_j). \tag{3.13}$$

为此需要下列初等结果.

引理 3.2

$$\sup_x |\Phi(px) - \Phi(x)| \leqslant \begin{cases} (p-1)/(2\pi\mathrm{e})^{1/2}, & p \geqslant 1, \\ (p^{-1}-1)/(2\pi\mathrm{e})^{1/2}, & 0 < p < 1, \end{cases}$$

$$\sup_x |\Phi(x+q) - \Phi(x)| \leqslant \frac{|q|}{(2\pi)^{1/2}}, \quad \text{对每个 } q.$$

应用上述引理,

$$T_3 \leqslant \frac{1}{2\pi} \left((B_n/\overline{B}_n)^{1/2} - 1 + \left| \sum_{j=1}^n \overline{m}_j \right| \Big/ \overline{B}_n^{1/2} \right).$$

由于 $g(x)$ 在 $(0,\infty)$ 上单调不减,

$$|\overline{m}_j| = \left| \int_{|x|<B_n^{1/2}} x \mathrm{d}V_j(x) \right| \leqslant \int_{|x| \geqslant B_n^{1/2}} |x| \mathrm{d}V_j(x) \leqslant \frac{1}{B_n^{1/2} g(B_n^{1/2})} E X_j^2 g(X_j).$$

此外由 (3.9) 和 $\overline{B}_n > B_n/4$, 我们有

$$\left(\frac{B_n}{\overline{B}_n}\right)^{1/2} - 1 = \frac{B_n - \overline{B}_n}{(B_n^{1/2} + \overline{B}_n^{1/2})\overline{B}_n^{1/2}} \leqslant \frac{A_4}{B_n g(B_n^{1/2})} \sum_{j=1}^n EX_j^2 g(X_j).$$

这样 (3.13) 成立. 证毕.

推论 3.2　设 $X_1, \cdots, X_n$ 是独立 r.v., $EX_j = 0, E|X_j|^{2+\delta} < \infty, 0 < \delta \leqslant 1, j = 1, 2, \cdots, n.$ 那么存在正常数 A,

$$\sup_x |F_n(x) - \Phi(x)| \leqslant \frac{A}{B_n^{1+\delta/2}} \sum_{j=1}^n E|X_j|^{2+\delta}. \tag{3.14}$$

定理 3.5　设 $X_1, \cdots, X_n$ 是独立、具有零均值和有限方差的 r.v., X_j 的 d.f. 为 $V_j(x)$. 令 $\varepsilon > 0$,

$$\Lambda_n(\varepsilon) = \frac{1}{B_n} \sum_{j=1}^n \int_{|x| \geqslant \varepsilon B_n^{1/2}} x^2 \mathrm{d}V_j(x),$$

$$l_n(\varepsilon) = \frac{1}{B_n^{3/2}} \sum_{j=1}^n \int_{|x| < \varepsilon B_n^{1/2}} |x|^3 \mathrm{d}V_j(x),$$

那么存在正常数 A,

$$\sup_x |F_n(x) - \Phi(x)| \leqslant A(\Lambda_n(\varepsilon) + l_n(\varepsilon)). \tag{3.15}$$

证　定义 $g(x) = |x| \wedge B_n^{1/2}$, 则 $g \in G$ 且由定理 3.4 知

$$\sup_x |F_n(x) - \Phi(x)| \leqslant A(\Lambda_n(1) + l_n(1)).$$

此外, 如果 $0 < \varepsilon \leqslant 1$, 那么 $\Lambda_n(1) \leqslant \Lambda_n(\varepsilon), l_n(1) \leqslant l_n(\varepsilon) + \Lambda_n(\varepsilon)$; 如果 $\varepsilon > 1$, 那么 $l_n(1) \leqslant l_n(\varepsilon), \Lambda_n(1) \leqslant l_n(\varepsilon) + \Lambda_n(\varepsilon)$. 因此对任何 $\varepsilon > 0, \Lambda_n(1) + l_n(1) \leqslant 2(\Lambda_n(\varepsilon) + l_n(\varepsilon))$. 证毕.

注 3.3　Lindeberg-Feller 中心极限定理可以由定理 3.5 推出. 以上定理尽管对三阶矩的存在性没有作要求, 但总设方差存在. 实际上, 我们可以对矩的存在性不作任何假设而将 Esseen 不等式加以推广 (参见 [28]).

3.4　非一致估计

考虑两个 d.f. $F(x)$ 和 $G(x)$, 记 $\Delta(x) = F(x) - G(x)$. 显然当 $x \to +\infty$ 或 $x \to -\infty$ 时 $\Delta(x) \to 0$. 如果 $F(x)$ 和 $G(x)$ 的均值为 0, 方差为 1, 则由 Chebyshev 不等式

$$|\Delta(x)| \leqslant x^{-2}, \quad x \neq 0.$$

这表明 $\Delta(x) = O(x^{-2})$ $(|x| \to \infty)$. 进而, 如果 $G(x)$ 是标准正态 d.f., 我们有如下更具体的结果.

引理 3.3 假设 $\Phi(x)$ 是标准正态 d.f., $p > 0$, d.f. $F(x)$ 满足 $\int_{-\infty}^{\infty} |x|^p \mathrm{d}F(x) < \infty$. 如果 $0 < \Delta = \sup_x |F_n(x) - \Phi(x)| \leqslant \mathrm{e}^{-1/2}$, 那么对任何 x,

$$|F(x) - \Phi(x)| \leqslant \frac{c(p)\Delta \left(\log \frac{1}{\Delta}\right)^{p/2} + \lambda_p}{1 + |x|^p}, \tag{3.16}$$

其中 $c(p)$ 是依赖于 p 的正常数,

$$\lambda_p = \left| \int_{-\infty}^{\infty} |x|^p \mathrm{d}F(x) - \int_{-\infty}^{\infty} |x|^p \mathrm{d}\Phi(x) \right|. \tag{3.17}$$

证 令 $a \geqslant 1$ 使得 $\pm a$ 是 $F(x)$ 的连续点, 那么

$$\int_{-a}^{a} |x|^p \mathrm{d}F(x) = \int_{-a}^{a} |x|^p \mathrm{d}(F(x) - \Phi(x)) + \int_{-a}^{a} |x|^p \mathrm{d}\Phi(x)$$

$$\geqslant -4a^p \Delta + \int_{-a}^{a} |x|^p \mathrm{d}\Phi(x),$$

$$\int_{|x| \geqslant a} |x|^p \mathrm{d}F(x) \leqslant \lambda_p + 4a^p \Delta + \int_{|x| \geqslant a} |x|^p \mathrm{d}\Phi(x).$$

如果 $x \geqslant a$, 则

$$x^p(\Phi(x) - F(x)) \leqslant \int_{|y| \geqslant a} |y|^p \mathrm{d}F(y)$$

$$\leqslant \lambda_p + 4a^p \Delta + \int_{|y| \geqslant a} |y|^p \mathrm{d}\Phi(y),$$

$$x^p(F(x) - \Phi(x)) \leqslant \int_{|y| \geqslant a} |y|^p \mathrm{d}\Phi(y).$$

因此, 对 $x \geqslant a$,

$$|x|^p |F(x) - \Phi(x)| \leqslant \lambda_p + 4a^p \Delta + \int_{|y| \geqslant a} |y|^p \mathrm{d}\Phi(y). \tag{3.18}$$

类似地, 当 $x \leqslant -a$ 时, (3.18) 也成立, 从而 (3.18) 对 $|x| \geqslant a$ 成立. 另外, 当 $|x| < a$ 时, (3.18) 显然成立. 考虑到 $a \geqslant 1$, 我们对所有 x 得到

$$(1 + |x|^p)|F(x) - \Phi(x)| \leqslant \lambda_p + 5a^p \Delta + \int_{|y| \geqslant a} |y|^p \mathrm{d}\Phi(y). \tag{3.19}$$

由于 (3.19) 的右边是 a 的连续函数, 因此 (3.19) 对所有 $a \geqslant 1$ 都成立.

令

$$I_p(a) = a^{1-p}e^{a^2/2}\int_a^\infty y^p e^{-y^2/2}\mathrm{d}y, \quad K_p = \sup_{a\geqslant 1} I_p(a).$$

不难看出, $K_p < \infty$ 且

$$\int_{|y|\geqslant a}|y|^p\mathrm{d}\Phi(y) = 2^{1/2}\pi^{-1/2}\int_a^\infty y^p e^{-y^2/2}\mathrm{d}y \leqslant K_p 2^{1/2}\pi^{-1/2}a^p e^{-a^2/2}.$$

令 $a = \left(2\log\dfrac{1}{\Delta}\right)^{1/2}$. 因为 $0 < \Delta \leqslant \mathrm{e}^{-1/2}$, 那么 $a \geqslant 1$. 从而由 (3.19) 得对所有 x,

$$(1+|x|^p)|F(x)-\Phi(x)| \leqslant c(p)\Delta\left(\log\frac{1}{\Delta}\right)^{p/2} + \lambda_p,$$

其中 $c(p) = 2^{p/2}(5 + K_p 2^{1/2}\pi^{-1/2})$. 证毕.

特别, 当 $p = 2$ 时有

引理 3.4 设 d.f. $F(x)$ 满足 $\int_{-\infty}^\infty x^2\mathrm{d}F(x) = 1$. 如果 $0 < \Delta \leqslant \mathrm{e}^{-1/2}$, 那么对所有 x,

$$|F(x) - \Phi(x)| \leqslant \frac{A\Delta\left(\log\dfrac{1}{\Delta}\right)}{1+x^2}, \tag{3.20}$$

其中 $A = 2(5 + 2\mathrm{e}^{1/2}\pi^{-1/2}\Gamma(3/2)) < 16.5$.

将上述引理应用到独立 r.v. 正则化和的 d.f. 上, 可以得到

定理 3.6 设 $\{X_n; n \geqslant 1\}$ 是一列独立 r.v., 具有零均值和有限方差. 记

$$B_n = \sum_{j=1}^n \mathrm{Var}\, X_j, \quad F_n(x) = P\left(B_n^{-1/2}\sum_{j=1}^n X_j < x\right),$$
$$\Delta_n = \sup_x |F_n(x) - \Phi(x)|.$$

如果存在 n_0, 当 $n \geqslant n_0$ 时 $0 < \Delta_n \leqslant \mathrm{e}^{-1/2}$, 那么对所有 x 和 $n \geqslant n_0$

$$|F(x) - \Phi(x)| \leqslant \frac{A\Delta_n\left(\log\dfrac{1}{\Delta_n}\right)}{1+x^2}. \tag{3.21}$$

定理 3.6 给出了中心极限定理中余项 $F_n(x) - \Phi(x)$ 的非一致估计, 它可以用来建立中心极限定理的整体形式.

定理 3.7 设 $\{X_n; n \geqslant 1\}$ 满足定理 3.6 中的条件, 如果 $\Delta_n \to 0$, 那么对每个 $p > \dfrac{1}{2}$,

$$\int_{-\infty}^{\infty} |F_n(x) - \Phi(x)|^p \mathrm{d}x \to 0. \tag{3.22}$$

最后, 作为定理 3.2 和 3.3 的推广和改进, 我们可以证明

定理 3.8 设 $X_1, \cdots, X_n$ 是独立 r.v., $EX_j = 0, E|X_j|^3 < \infty, j = 1, 2, \cdots, n$. 记

$$\sigma_j^2 = \operatorname{Var} X_j, \quad B_n = \sum_{j=1}^n \sigma_j^2, \quad F_n(x) = P\left(B_n^{-1/2} \sum_{j=1}^n X_j < x\right),$$

$$L_n = B_n^{-3/2} \sum_{j=1}^n E|X_j|^3,$$

那么对所有 x,

$$|F_n(x) - \Phi(x)| \leqslant \frac{AL_n}{(1 + |x|)^3}. \tag{3.23}$$

定理 3.9 设 $X_1, \cdots, X_n$ 是 i.i.d.r.v., $EX_1 = 0, \operatorname{Var} X_1 = \sigma^2 > 0, E|X_1|^3 < \infty$. 那么对所有 x,

$$\left| P\left(\frac{1}{\sigma\sqrt{n}} \sum_{j=1}^n X_j < x\right) - \Phi(x) \right| \leqslant \frac{AE|X_1|^3}{\sqrt{n}\sigma^3(1 + |x|)^3}. \tag{3.24}$$

以上定理的证明可参见 [28].

§4 大 偏 差

定理 4.1 (Chernoff) 假设 $\{X_n; n \geqslant 1\}$ 是一列 i.i.d.r.v., $EX_1 = 0$, 并且存在 $t_0 > 0$ 使得

$$Ee^{t|X_1|} < \infty, \quad 0 < t < t_0. \tag{4.1}$$

记 $S_n = \sum_{k=1}^n X_k$, 那么对任意 $x > 0$,

$$\lim_{n \to \infty} P(S_n > nx)^{1/n} = \inf_{t > 0} e^{-tx} Ee^{tX_1}. \tag{4.2}$$

注 4.1 (4.2) 式左边极限存在可以由次可加定理 (Subadditive theorem) 容易证得. 事实上, 对任意正整数 n, m,

$$P(S_{n+m} > (n+m)x) \geqslant P(S_n \geqslant nx)P(S_m \geqslant mx).$$

等价地,

$$\log P(S_{n+m} > (n+m)x) \geqslant \log P(S_n \geqslant nx) + \log P(S_m \geqslant mx).$$

这表明数列 $\{\log P(S_n \geqslant nx); n \geqslant 1\}$ 满足次可加条件, 因此 $\lim\limits_{n\to\infty} \dfrac{1}{n} \log P(S_n \geqslant nx)$ 存在, 可能为 $-\infty$. 一般情况下, 次可加定理并不能给出具体的极限值, 计算极限需要借助其他方法.

定理 4.1 的证明　首先证明: 对任意 $x > 0$

$$\limsup_{n\to\infty} P(S_n > nx)^{1/n} \leqslant \inf_{t>0} e^{-tx} E e^{tX_1}. \tag{4.3}$$

对任意 $t > 0$, 由 Markov 不等式

$$P(S_n > nx) \leqslant e^{-ntx} E e^{tS_n}.$$

因为 $X_1, X_2, \cdots, X_n$ 是 i.i.d. 的, 所以

$$E e^{tS_n} = (E e^{tX_1})^n.$$

因此, (4.3) 式成立.
　　往下证明

$$\liminf_{n\to\infty} P(S_n > nx)^{1/n} \geqslant \inf_{t>0} e^{-tx} E e^{tX_1}. \tag{4.4}$$

令 t^* 使得

$$e^{-t^*x} E e^{t^* X_1} = \inf_{t>0} e^{-tx} E e^{tX_1}. \tag{4.5}$$

显然, 对任意 $\delta > 0$

$$P(S_n > nx) \geqslant P(nx < S_n \leqslant n(x+\delta)).$$

为方便起见, 不妨假设 X_1 具有密度函数 $p(x)$. 那么

$$P(nx < S_n \leqslant n(x+\delta))$$

$$= \int_{nx < \sum_{k=1}^{n} x_k \leqslant n(x+\delta)} \prod_{k-1}^{n} p(x_k) \mathrm{d}x_1 \cdots \mathrm{d}x_n$$

$$\geqslant \left(\frac{E e^{t^* X_1}}{e^{t^*(x+\delta)}} \right)^n \int_{nx < \sum_{k=1}^{n} x_k \leqslant n(x+\delta)} \prod_{k=1}^{n} \frac{e^{t^* x_k}}{E e^{t^* X_1}} p(x_k) \mathrm{d}x_1 \cdots \mathrm{d}x_n. \tag{4.6}$$

定义

$$q(y) = \frac{e^{t^* y}}{E e^{t^* X_1}} p(y), \quad -\infty < y < \infty.$$

容易看出

$$q(y) \geqslant 0, \quad \int_{-\infty}^{\infty} q(y)\mathrm{d}y = 1.$$

这样, $q(y)$ 定义了一个新的概率密度函数. 令 $Y_1, Y_2, \cdots$ 是一列 i.i.d.r.v., 具有密度函数 $q(y)$. 因为 t^* 满足 (4.5), 所以

$$\begin{aligned}
EY_1 &= \int_{-\infty}^{\infty} yq(y)\mathrm{d}y \\
&= \int_{-\infty}^{\infty} y\frac{\mathrm{e}^{t^* y}}{E\mathrm{e}^{t^* X_1}}p(y)\mathrm{d}y \\
&= \frac{EX_1\mathrm{e}^{t^* X_1}}{E\mathrm{e}^{t^* X_1}} = x.
\end{aligned}$$

进而, $EY_1^2 < \infty$. 令 $\mathrm{Var}(Y_1) = \tau$. 根据定理 1.2

$$P\left(nx < \sum_{k=1}^{n} Y_k \leqslant n(x+\delta)\right) = P\left(0 < \frac{1}{\sqrt{n\tau}} \sum_{k=1}^{n}(Y_k - x) \leqslant \sqrt{n}\frac{\delta}{\tau}\right)$$
$$\to \frac{1}{2} \quad (n \to \infty).$$

另一方面, 由 (4.6) 得

$$P(nx < S_n \leqslant n(x+\delta)) \geqslant \left(\frac{E\mathrm{e}^{t^* X_1}}{\mathrm{e}^{t^*(x+\delta)}}\right)^n P\left(nx < \sum_{k=1}^{n} Y_k \leqslant n(x+\delta)\right).$$

两边开 n 次方, 并令 $n \to \infty$, 知

$$\liminf_{n\to\infty} P(nx < S_n \leqslant n(x+\delta))^{1/n} \geqslant \frac{E\mathrm{e}^{t^* X_1}}{\mathrm{e}^{t^*(x+\delta)}} \lim_{n\to\infty} P\left(nx < \sum_{k=1}^{n} Y_k \leqslant n(x+\delta)\right)^{1/n}$$
$$= \frac{E\mathrm{e}^{t^* X_1}}{\mathrm{e}^{t^*(x+\delta)}}.$$

因此

$$\liminf_{n\to\infty} P(S_n > nx)^{1/n} \geqslant \frac{E\mathrm{e}^{t^* X_1}}{\mathrm{e}^{t^*(x+\delta)}}.$$

令 $\delta \to 0$, (4.4) 得证. 定理证毕.

定理 4.2 (Cramér) 假设 $\{X_n; n \geqslant 1\}$ 是一列 i.i.d.r.v., $EX_1 = 0, \mathrm{Var}(X_1) = 1$, 并且存在 $t_0 > 0$ 使得

$$E\mathrm{e}^{t|X_1|} < \infty, \quad 0 < t < t_0.$$

记 $S_n = \sum_{k=1}^{n} X_k$. 那么对任意满足 $x = o(n^{1/2})$ 的 $x > 0$, 一致地成立

$$\frac{P(S_n > \sqrt{n}x)}{1 - \Phi(x)} = \mathrm{e}^{\frac{x^3}{\sqrt{n}}\lambda\left(\frac{x}{\sqrt{n}}\right)} \left(1 + O\left(\frac{1+x}{\sqrt{n}}\right)\right), \tag{4.7}$$

其中 $\lambda(\cdot)$ 为 Cramér 级数, 定义如下:

$$\lambda(z) = \sum_{k=0}^{\infty} a_k z^k,$$

这里系数 a_k 可以由 X_1 的前 $k+3$ 阶累积量表示. 特别

$$a_0 = \frac{\gamma_3}{6}, \quad a_1 = \frac{\gamma_4 - 3\gamma_3^2}{24}, \tag{4.8}$$

其中 γ_k 为 k 阶累积量, $\gamma_1 = 0, \gamma_2 = 1$.

证 分 $0 \leqslant x \leqslant 1$ 和 $x > 1$ 两种情况讨论.

如果 $0 \leqslant x \leqslant 1$, 那么 (4.7) 可以由 Berry-Esseen 不等式推出.

以下假设 $x > 1$. 为方便起见, 不妨设 X_1 具有密度函数 $p(y)$. 令 $\psi(t) = \log E\mathrm{e}^{tX_1}$, 并在 $0 < t < t_0$ 区间内进行 Taylor 展开:

$$\psi(t) = \sum_{k=1}^{\infty} \frac{\gamma_k}{k!} t^k. \tag{4.9}$$

令 $Y_1, Y_2, \cdots$ 为 i.i.d.r.v., 具有密度函数

$$q(y) = \mathrm{e}^{-\psi(t)}\mathrm{e}^{ty}p(y), \quad -\infty < y < \infty. \tag{4.10}$$

注意, 该 r.v. 序列依赖于 t, 其中 t 将由后面的 (4.11) 确定. 我们有

$$EY_1 = \psi'(t), \quad \mathrm{Var}(Y_1) = \psi''(t).$$

令 $T_n = \sum_{k=1}^{n} Y_k$, 并记

$$G_n(y) = P(T_n - n\psi'(t) < y\sqrt{n\psi''(t)}).$$

不难验证

$$P(S_n < y) = \mathrm{e}^{n\psi(t)} \int_{-\infty}^{y} \mathrm{e}^{-tu}\mathrm{d}P(T_n < u).$$

因此, 对任意 x

$$1 - F_n(x) = 1 - P(S_n < x\sqrt{n})$$

$$= 1 - e^{n\psi(t)} \int_{-\infty}^{x\sqrt{n}} e^{-tu} dP(T_n < u)$$

$$= e^{n\psi(t)} \int_{x\sqrt{n}}^{\infty} e^{-tu} dP(T_n < u)$$

$$= e^{n(\psi(t)-t\psi'(t))} \int_{\frac{x-\sqrt{n}\psi'(t)}{\sqrt{\psi''(t)}}}^{\infty} e^{-tu\sqrt{n\psi''(t)}} dG_n(u).$$

给定 x, 选择 t 是下列方程

$$\psi'(t) = \frac{x}{\sqrt{n}} \tag{4.11}$$

的解. 由 (4.9) 得

$$\psi'(t) = \sum_{k=2}^{\infty} \frac{\gamma_k}{(k-1)!} t^{k-1}.$$

所以, 对 $x = o(\sqrt{n})$, 当 n 充分大时

$$t = \frac{x}{\sqrt{n}} - \frac{\gamma_3}{2} \cdot \frac{x^2}{n} - \frac{\gamma_4 - 3\gamma_3^2}{6} \cdot \frac{x^3}{n^{3/2}} + \cdots. \tag{4.12}$$

对于 (4.11) 所确定的 t, 有

$$1 - F_n(x) = e^{n(\psi(t)-t\psi'(t))} \int_0^{\infty} e^{-tu\sqrt{n\psi''(t)}} dG_n(u). \tag{4.13}$$

令

$$\Delta_n(y) = G_n(y) - \Phi(y).$$

由 Berry-Esseen 界, 得

$$\sup_{-\infty < y < \infty} |\Delta_n(y)| \leqslant \frac{C}{\sqrt{n}}, \tag{4.14}$$

其中 C 为常数. 写

$$\int_0^{\infty} e^{-ty\sqrt{n\psi''(t)}} dG_n(y) = \int_0^{\infty} e^{-ty\sqrt{n\psi''(t)}} d\Phi(y)$$

$$+ \int_0^{\infty} e^{-ty\sqrt{n\psi''(t)}} d(G_n(y) - \Phi(y)). \tag{4.15}$$

利用分部积分, 并注意到 (4.12)

$$\int_0^{\infty} e^{-ty\sqrt{n\psi''(t)}} d(G_n(y) - \Phi(y)) = \Delta_n(0) + t\sqrt{n\psi''(t)} \int_0^{\infty} \Delta_n(y) e^{-ty\sqrt{n\psi''(t)}} dy$$

$$= O\left(\frac{1}{\sqrt{n}}\right).$$

代入 (4.15) 得

$$\int_0^\infty \mathrm{e}^{-ty\sqrt{n\psi''(t)}}\mathrm{d}G_n(y) = \frac{1}{\sqrt{2\pi}}\int_0^\infty \mathrm{e}^{-ty\sqrt{n\psi''(t)}-\frac{y^2}{2}}\mathrm{d}y + O\left(\frac{1}{\sqrt{n}}\right). \quad (4.16)$$

令

$$I_1 = \int_0^\infty \mathrm{e}^{-ty\sqrt{n\psi''(t)}-\frac{y^2}{2}}\mathrm{d}y, \quad I_2 = \int_0^\infty \mathrm{e}^{-\sqrt{n}\psi'(t)y-\frac{y^2}{2}}\mathrm{d}y.$$

作变量替换得

$$I_1 = \int_0^\infty \mathrm{e}^{-ty\sqrt{n\psi''(t)}-\frac{y^2}{2}}\mathrm{d}y$$

$$= \frac{1}{t\sqrt{n\psi''(t)}}\int_0^\infty \mathrm{e}^{-y-\frac{y^2}{2nt^2\psi''(t)}}\mathrm{d}y.$$

由于 (4.12), 当 n 充分大时, $nt^2\psi''(t) > x/2 > 0$. 因此, 存在一个常数 $c > 0$

$$c \leqslant t\sqrt{n\psi''(t)}I_1 \leqslant 1.$$

往下比较 I_1 和 I_2. 记

$$g(z) = \mathrm{e}^{z^2/2}\int_z^\infty \mathrm{e}^{-y^2/2}\mathrm{d}y.$$

那么

$$I_1 = g\left(t\sqrt{n\psi''(t)}\right), \quad I_2 = g\left(\sqrt{n}\psi'(t)\right).$$

由中值定理知, 存在介于 $t\sqrt{n\psi''(t)}$ 和 $\sqrt{n}\psi'(t)$ 之间的 s, 使得

$$|I_1 - I_2| = |g'(s)| \cdot |t\sqrt{n\psi''(t)} - \sqrt{n}\psi'(t)|$$

$$= O\left(\frac{x}{\sqrt{n}}\right).$$

综合上述

$$\int_0^\infty \mathrm{e}^{-ty\sqrt{n\psi''(t)}}\mathrm{d}G_n(y) = \frac{1}{\sqrt{2\pi}}I_1 + O\left(\frac{1}{\sqrt{n}}\right)$$

$$= \frac{1}{\sqrt{2\pi}}I_1\left(1 + O\left(\frac{x}{\sqrt{n}}\right)\right)$$

$$= \frac{1}{\sqrt{2\pi}}I_2\left(1 + O\left(\frac{x}{\sqrt{n}}\right)\right)$$

$$= \mathrm{e}^{\frac{n\psi'(t)^2}{2}}(1 - \Phi(x))\left(1 + O\left(\frac{x}{\sqrt{n}}\right)\right).$$

代入到 (4.13) 得

$$\frac{1 - F_n(x)}{1 - \Phi(x)} = \mathrm{e}^{n\left(\psi(t) - t\psi'(t) + \frac{\psi'(t)^2}{2}\right)} \left(1 + O\left(\frac{x}{\sqrt{n}}\right)\right). \tag{4.17}$$

最后, 注意到

$$\psi(t) - t\psi'(t) + \frac{\psi'(t)^2}{2} = t^3\left(\frac{\gamma_3}{6} + \frac{\gamma_4 + 3\gamma_3^2}{24}t + \cdots\right).$$

将 (4.12) 代入上式得

$$\psi(t) - t\psi'(t) + \frac{\psi'(t)^2}{2} = \frac{x^3}{n^{3/2}}\left(\frac{\gamma_3}{6} + \frac{\gamma_4 - 3\gamma_3^2}{24} \cdot \frac{x}{\sqrt{n}} + \cdots\right).$$

定理证毕.

注 4.2 关于 $P(S_n < -x)$, 类似的结果成立. 另外, 如果 $X_1, X_2, \cdots$ 是一列独立不一定同分布的 r.v., $EX_k = \mu_k$, $\mathrm{Var}(X_k) = \sigma_k^2 < \infty$, 并且存在 $t_0 > 0$ 使得

$$\sup_{k \geqslant 1} E\mathrm{e}^{t|X_k|} < \infty, \quad 0 < t < t_0.$$

令 $S_n = \sum_{k=1}^n X_k, B_n = \sum_{k=1}^n \sigma_k^2$. 那么对任意 $x > 0$ 并且 $x = o(B_n^{1/2})$, 一致地成立

$$\frac{P(S_n - ES_n > \sqrt{B_n}x)}{1 - \Phi(x)} = \mathrm{e}^{\frac{x^3}{\sqrt{B_n}}\lambda\left(\frac{x}{\sqrt{B_n}}\right)}\left(1 + O\left(\frac{1 + x}{\sqrt{B_n}}\right)\right).$$

在上述有关部分和的大偏差定理中, 一个基本假设都是矩母函数在 0 点的某邻域内存在有限. 作为推广, 我们给出自正则化部分和的 Chernoff 型大偏差 [20], 其中没有关于矩母函数存在的条件, 对矩的要求也非常弱.

定理 4.3 假设 $\{X_n; n \geqslant 1\}$ 是一列 i.i.d.r.v., $EX_1 = 0$ 或者 $EX_1^2 = \infty$. 令 $S_n = \sum_{k=1}^n X_k, V_n^2 = \sum_{k=1}^n X_k^2$. 那么对任意 $x > 0$

$$\lim_{n \to \infty} P(S_n > x\sqrt{n}V_n)^{1/n} = \sup_{b \geqslant 0} \inf_{t \geqslant 0} E\mathrm{e}^{t(bX_1 - x(X_1^2 + b^2)/2)}. \tag{4.18}$$

为证明该定理, 我们需要两个初等引理, 其证明可参看 [20].

引理 4.1 假设 $\varepsilon_1, \varepsilon_2, \cdots, \varepsilon_n$ 是 i.i.d.r.v., 分布为 $P(\varepsilon_1 = 1) = p, P(\varepsilon_1 = 0) = 1 - p, 0 < p < 1$. 那么对 $x > 0$

$$P\left(\sum_{k=1}^n \varepsilon_k \geqslant nx\right) \leqslant \left(\frac{pe}{x}\right)^{nx}.$$

引理 4.2 假设 $g_n : [a, b] \mapsto \mathbf{R}^1, n \geqslant 1$ 是一列单调不减的连续函数, 并且具有极限函数 g. 那么

$$\lim_{n \to \infty} \sup_{a \leqslant t \leqslant b} g_n(t) = \sup_{a \leqslant t \leqslant b} g(t).$$

定理 4.3 的证明　首先证明

$$\liminf_{n \to \infty} P(S_n > x\sqrt{n}V_n)^{1/n} \geqslant \sup_{b \geqslant 0} \inf_{t \geqslant 0} E e^{t(bX_1 - x(X_1^2 + b^2)/2)}. \tag{4.19}$$

对任意 $b \geqslant 0$

$$\begin{aligned}
P(S_n \geqslant x\sqrt{n}V_n) &= P(2bS_n \geqslant 2bx\sqrt{n}V_n) \\
&\geqslant P(2bS_n \geqslant x(V_n^2 + nb^2)) \\
&= P\left(\sum_{k=1}^{n} \left(bX_k - \frac{x}{2}(X_k^2 + b^2) \right) \geqslant 0 \right).
\end{aligned}$$

由于

$$E\left(bX_1 - \frac{x}{2}(X_1^2 + b^2) \right) = \begin{cases} -\infty, & EX_1^2 = \infty, \\ -\dfrac{x}{2}(b^2 + EX_1^2), & EX_1^2 < \infty, \end{cases}$$

因此, 根据 Chernoff 定理

$$\liminf_{n \to \infty} P\left(\sum_{k=1}^{n} \left(bX_k - \frac{x}{2}(X_k^2 + b^2) \right) \geqslant 0 \right)^{1/n} \geqslant \inf_{t \geqslant 0} E e^{t(bX_1 - x(X_1^2 + b^2)/2)}.$$

由 b 的任意性, 可得 (4.19) 成立.

余下证明

$$\limsup_{n \to \infty} P(S_n > x\sqrt{n}V_n)^{1/n} \leqslant \sup_{b \geqslant 0} \inf_{t \geqslant 0} E e^{t(bX_1 - x(X_1^2 + b^2)/2)}. \tag{4.20}$$

令 $a \geqslant 1, m = \left[\dfrac{2a}{x} \right] + 1$, 这里 $[x]$ 表示 x 的整数部分. 写

$$P(S_n > x\sqrt{n}V_n) = I_1 + I_2,$$

其中

$$I_1 = P(S_n > x\sqrt{n}V_n, V_n > m\sqrt{n}), \quad I_2 = P(S_n > x\sqrt{n}V_n, V_n \leqslant m\sqrt{n}).$$

当 $V_n > m\sqrt{n}$ 时, $na \leqslant x\sqrt{n}V_n/2$. 因此

$$I_1 \leqslant P\left(\sum_{k=1}^n X_k I_{(|X_k|>a)} + na > x\sqrt{n}V_n, V_n > m\sqrt{n}\right)$$

$$\leqslant P\left(\sum_{k=1}^n X_k I_{(|X_k|>a)} > \frac{x}{2}\sqrt{n}V_n\right)$$

$$\leqslant P\left(\sum_{k=1}^n I_{(|X_k|>a)} > \frac{x^2}{4}n\right).$$

利用引理 4.1, 得

$$I_1 \leqslant \left(\frac{12P(|X_1|>a)}{x^2}\right)^{x^2 n/4}.$$

从而

$$\limsup_{n\to\infty} I_1^{1/n} \leqslant \left(\frac{12P(|X_1|>a)}{x^2}\right)^{x^2/4}. \tag{4.21}$$

为估计 I_2, 利用下列等式

$$\sqrt{n}V_n = \inf_{0\leqslant b\leqslant V_n/\sqrt{n}} \frac{1}{2b}(b^2 n + V_n^2).$$

我们有

$$I_2 \leqslant P\left(\sup_{0\leqslant b\leqslant m}\left(bS_n - \frac{x}{2}(V_n^2 + nb^2)\right) \geqslant 0\right)$$

$$\leqslant \sum_{k=1}^{nm} P\left(\sup_{(k-1)/n\leqslant b\leqslant k/n}\left(bS_n - \frac{x}{2}(V_n^2 + nb^2)\right) \geqslant 0\right)$$

$$\leqslant \sum_{k=1}^{nm} P\left(\frac{k}{n}S_n - \frac{x}{2}\left(V_n^2 + n\left(\frac{k-1}{n}\right)^2\right) \geqslant 0\right)$$

$$\leqslant \sum_{k=1}^{nm} P\left(\frac{k}{n}S_n - \frac{x}{2}\left(V_n^2 + n\left(\frac{k}{n}\right)^2\right) \geqslant -xm\right). \tag{4.22}$$

进而, 利用 Markov 不等式, 对任意 $l \geqslant 1$,

$$P\left(\frac{k}{n}S_n - \frac{x}{2}\left(V_n^2 + n\left(\frac{k}{n}\right)^2\right) \geqslant -xm\right) \leqslant \inf_{0\leqslant t\leqslant l} e^{xmt}[Ee^{t\left(\frac{k}{n}X_1 - \frac{x}{2}\left(X_1^2 + \left(\frac{k}{n}\right)^2\right)\right)}]^n.$$

代入 (4.22), 得

$$I_2 \leqslant nm \sup_{0\leqslant b\leqslant m} \inf_{0\leqslant t\leqslant l} e^{xmt}[Ee^{t(bX_1 - x(X_1^2+b^2)/2)}]^n.$$

因此

$$\limsup_{n\to\infty} I_2^{1/n} \leqslant \sup_{0\leqslant b\leqslant m} \inf_{0\leqslant t\leqslant l} E\mathrm{e}^{t(bX_1-x(X_1^2+b^2)/2)}. \qquad (4.23)$$

利用引理 4.2, 知

$$\lim_{l\to\infty} \sup_{0\leqslant b\leqslant m} \inf_{0\leqslant t\leqslant l} E\mathrm{e}^{t\left(bX_1-\frac{x}{2}(X_1^2+b^2)\right)} = \sup_{0\leqslant b\leqslant m} \inf_{t\geqslant 0} E\mathrm{e}^{t(bX_1-x(X_1^2+b^2)/2)}.$$

从而

$$\limsup_{n\to\infty} I_2^{1/n} \leqslant \sup_{b\geqslant 0} \inf_{t\geqslant 0} E\mathrm{e}^{t(bX_1-x(X_1^2+b^2)/2)}.$$

由 (4.21) 和 (4.23) 有

$$\limsup_{n\to\infty} P(S_n > x\sqrt{n}V_n)^{1/n} \leqslant \limsup_{n\to\infty} I_1^{1/n} + \limsup_{n\to\infty} I_2^{1/n}$$

$$\leqslant \left(\frac{12P(|X_1|>a)}{x^2}\right)^{x^2/4} + \sup_{b\geqslant 0} \inf_{t\geqslant 0} E\mathrm{e}^{t(bX_1-x(X_1^2+b^2)/2)}.$$

令 $a \to \infty$, 得 (4.20). 进而, 结合 (4.19) 得证 (4.18).

注 4.3 自正则化部分和的 Cramér 型大偏差可以类似得到, 详细结果可参看 [20].

以上我们介绍了独立 r.v. 部分和的经典大偏差结果. 下面给出一般大偏差的基本概念.

定义 4.1 令 $(\mathcal{X}, d)$ 是一个 Polish 空间, d 为 $\mathcal{X}$ 上的度量. 称 $f : \mathcal{X} \mapsto [-\infty, \infty]$ 为下半连续函数 (lower semi-continuous) 函数, 如果下列条件满足:

(i) 对 $\mathcal{X}$ 中所有序列 x_n 和 x, 如果 $x_n \to x$, 那么

$$\liminf_{n\to\infty} f(x_n) \geqslant f(x);$$

(ii)

$$\lim_{\varepsilon\downarrow 0} \inf_{y\in B_\varepsilon(x)} f(y) = f(x),$$

其中 $B_\varepsilon(x) = \{y \in \mathcal{X} : d(x,y) < \varepsilon\}$;

(iii) f 的水平集是闭集, 即对每个实数 c, $f^{-1}([-\infty, c]) = \{x \in \mathcal{X} : f(x) \leqslant c\}$ 是闭集.

注 4.4 下半连续函数在每一个非空紧致子集上达到最小值.

定义 4.2 称 $I : \mathcal{X} \mapsto [0, \infty]$ 为速率函数 (rate function), 如果下列条件满足:

(i) I 不恒等于 ∞;

(ii) I 为下半连续函数;

(iii) I 的水平集是紧致的.

定义 4.3　假设 $(\Omega, \mathscr{A}, P)$ 为概率空间, $\{X_n; n \geqslant 1\}$ 为一列 $\mathcal{X}$-值 r.v., 如果成立:

(i) $I(x)$ 为速率函数;

(ii) 对每个闭集 $C \subseteq \mathcal{X}$

$$\limsup_{n \to \infty} \frac{1}{n} \log P(X_n \in C) \leqslant -I(C),$$

对每个开集 $O \subseteq \mathcal{X}$

$$\liminf_{n \to \infty} \frac{1}{n} \log P(X_n \in O) \geqslant -I(O),$$

其中

$$I(S) = \inf_{x \in S} I(x), \quad S \subseteq \mathcal{X},$$

则称 $\{X_n; n \geqslant 1\}$ 满足具有速率函数 $I(x)$ 的**大偏差原理**.

注 4.5　如果 $\{X_n; n \geqslant 1\}$ 满足大偏差原理, 那么相应的速率函数是唯一的.

定理 4.4 (Varadhan)　假设 $(\mathcal{X}, d)$ 是 Polish 空间, $\{X_n; n \geqslant 1\}$ 是一列 $\mathcal{X}$-值 r.v., 并满足大偏差原理, 速率函数为 I. 令 $F: \mathcal{X} \mapsto \mathbf{R}^1$ 为上有界连续函数. 那么

$$\lim_{n \to \infty} \frac{1}{n} \log E \mathrm{e}^{nF(X_n)} = \sup_{x \in \mathcal{X}} (F(x) - I(x)).$$

注 4.6　参见 [24].

大偏差原理已成为现代概率论的一部分, 有兴趣的读者可进一步阅读 [24, 15].

习　　题

1. 令 $\{X_{n,k}; 1 \leqslant k \leqslant n, n \geqslant 1\}$ 为独立随机变量组列, 分布如下: 对 $1 \leqslant k \leqslant n$

$$P\left(X_{n,k} = \frac{k}{n}\right) = \frac{1}{n}, \quad P\left(X_{n,k} = -\frac{k}{n}\right) = \frac{1}{n}$$

并且

$$P(X_{n,k} = 0) = 1 - \frac{2}{n}.$$

令 $S_n = \sum\limits_{k=1}^{n} X_{n,k}$. 证明:

(1) 对任何 $n \geqslant 1$, S_n 不是 i.d. 随机变量;

(2) 存在一个非正态 i.d. 随机变量 S, 使得 $S_n \xrightarrow{d} S$.

2. 设 $\{\xi_k; 1 \leqslant k \leqslant n\}$ i.i.d., 都服从 $N(0,1)$ 分布, $\eta_n = n\xi_{n+1} / \sum\limits_{k=1}^{n} \xi_k^2$. 求证: η_n 依分布收敛于标准正态随机变量.

3. 设 $\{\xi_k; 1 \leqslant k \leqslant n\}$ i.i.d., 都服从 $N(0,1)$ 分布. 求证:

$$\eta_n = \frac{\xi_1 + \cdots + \xi_n}{\sqrt{\xi_1^2 + \cdots + \xi_n^2}}$$

渐近标准正态分布.

4. 设 $\{\xi_k; 1 \leqslant k \leqslant n\}$ i.i.d., 都服从 $[-1,1]$ 上的均匀分布. 求证:

(1) $\{\xi_k^2\}$ 服从大数定律;

(2) $U_n = \sum\limits_{k=1}^{n} \xi_k / \sqrt{\sum\limits_{k=1}^{n} \xi_k^2}$ 的分布函数收敛于标准正态分布.

5. 设 $\{\xi_n; n \geqslant 1\}$ 是 i.i.d.r.v. 序列, 服从中心极限定理, 则它服从大数定律的充要条件是 $\mathrm{Var}\left(\sum\limits_{k=1}^{n} \xi_k\right) = o(n^2)$.

6. 假设 $\{\xi_n; n \geqslant 1\}$ 是 i.i.d.r.v. 序列, $E\xi_1 = 0$, $\mathrm{Var}(\xi_1) = 1$.

(1) 运用中心极限定理和 Kolmogorov 0-1 律 (第四章定理 2.7), 证明:

$$\limsup_{n \to \infty} \frac{S_n}{\sqrt{n}} = \infty \quad \text{a.s.}$$

(2) 运用反证法, 证明:

$$\frac{S_n}{\sqrt{n}} \xrightarrow{P} 0, \quad n \to \infty.$$

7. 假设 $\{\xi_n; n \geqslant 1\}$ 是 i.i.d.r.v. 序列, $E\xi_1 = 0$, $\mathrm{Var}(\xi_1) = 1$. 假设 $\{N_n, n \geqslant 1\}$ 是一列非负整数值 r.v., a_n 为一列正整数, 满足

$$a_n \to \infty, \quad \frac{N_n}{a_n} \xrightarrow{P} 1, \quad n \to \infty.$$

证明:

$$\frac{S_{N_n}}{\sqrt{a_n}} \xrightarrow{d} N(0,1), \quad n \to \infty.$$

$\Big($提示: 令 $Y_n = \frac{S_{N_n}}{\sqrt{a_n}}$, $Z_n = \frac{S_{a_n}}{\sqrt{a_n}}$. 运用 Kolmogorov 不等式 (第四章引理 2.1) 证明 $Y_n - Z_n \xrightarrow{P} 0$.$\Big)$

8. 假设 $\{\xi_n, n \geqslant 1\}$ 是 i.i.d.r.v. 序列, $E\xi_1 = \mu$, $\text{Var}(\xi_1) = \sigma^2$. 令

$$N_t = \sup\{n : S_n \leqslant t\}, \quad t > 0.$$

证明:

$$\frac{\mu^{3/2}\left(N_t - \dfrac{t}{\mu}\right)}{\sigma\sqrt{t}} \xrightarrow{d} N(0, 1), \quad t \to \infty.$$

9. 求证: 当 $n \to \infty$ 时

$$e^{-n} \sum_{k=0}^{n} \frac{n^k}{k!} \to \frac{1}{2}.$$

(提示: 利用中心极限定理.)

10. 设独立 r.v. 序列 $\{X_n; n \geqslant 1\}$ 有分布: 对某 $\alpha > 1$,

$$P(X_n = n) = P(X_n = -n) = \frac{1}{6n^{2(\alpha-1)}}, \quad P(X_n = 0) = 1 - \frac{1}{3n^{2(\alpha-1)}}.$$

试证当且仅当 $\alpha < 3/2$ 时, Lindeberg 条件被满足.

11. 设 $\{X_{nk}; 1 \leqslant k \leqslant k_n, n \geqslant 1\}$ 是独立 r.v. 组列, $EX_{nk} = 0$, $EX_{nk}^2 = \sigma_{nk}^2 < \infty$, $b_n^2 = \sum_{k=1}^{k_n} \sigma_{nk}^2 \to \infty$. 记 $S_n = \sum_{k=1}^{k_n} X_{nk}$. 若对任给的 $\varepsilon > 0$,

$$\sum_{k=1}^{k_n} EX_{nk}^2 I(|X_{nk}| > \varepsilon b_n) = o(b_n^2),$$

则 $S_n/b_n \xrightarrow{d} N(0, 1)$.

12. 设 $\{Y_n; n \geqslant 1\}$ 是方差为 1 的 i.i.d.r.v. 序列, $\{\sigma_n^2; n \geqslant 1\}$ 是非零常数列, $b_n^2 = \sum_{k=1}^{n} \sigma_k^2 \to \infty$. 若 $\sigma_n = o(b_n)$ 且 $EY_1 = 0$, 那么加权 r.v. 序列 $\{\sigma_n Y_n; n \geqslant 1\}$ 服从中心极限定理, 即 $\dfrac{1}{b_n} \sum_{k=1}^{n} \sigma_k Y_k \xrightarrow{d} N(0, 1)$.

13. 设 $\{X_n; n \geqslant 1\}$ 是独立 r.v. 序列, $P\{X_n = 2^n\} = P\{X_n = -2^n\} = 2^{-(n+1)}$, $P\{X_n = 1\} = P\{X_n = -1\} = \dfrac{1}{2}(1 - 2^{-n})$. 证明 $\{X_n; n \geqslant 1\}$ 不满足 Lindeberg 条件, 但服从中心极限定理.

14. 设 $\{X_n; n \geqslant 1\}$ 是 i.i.d.r.v. 列, 存在常数 A_n 和 B_n 使

$$Z_n = \frac{1}{B_n} \sum_{k=1}^{n} X_k - A_n$$

依分布收敛于指数为 α $(0 < \alpha < 2)$ 的稳定分布. 试证 B_n 必有形式 $B_n = n^{1/2}L(n)$, 其中 $L(n)$ 是缓变函数 ($[0, \infty]$ 上的正值函数 $L(x)$ 称为缓变的, 若对一切 $c > 0$, $\lim\limits_{x \to \infty} L(cx)/L(x) = 1$).

15. 定义在 $[0, \infty)$ 上的正值函数 $l(x)$ 说是具有指数 α 正则变化的, 若对一切 $c > 0$, $\lim\limits_{x \to \infty} l(cx)/l(x) = c^{\alpha}$. 试证:

(i) $L(x) = l(x)/x^{\alpha}$ 是缓变函数;

(ii) $\lim\limits_{x \to \infty} \int_0^x L(u)\mathrm{d}u = \infty$;

(iii) $\lim\limits_{x \to \infty} \int_0^1 [L(cx)/L(x)]\mathrm{d}c = \int_0^1 \lim\limits_{x \to \infty} [L(cx)/L(x)]\mathrm{d}c = 1$;

(iv) 若 $L(x)$ 在任一有限区间上可积, 那么它有表示:

$$L(x) = b(x) \exp\left\{ \int_{\beta}^x [a(u)/u]\mathrm{d}u \right\},$$

其中 $\lim\limits_{x \to \infty} b(x) = b \neq 0$, $\lim\limits_{x \to \infty} a(x) = 1$, $\beta > 0$.

16. 设函数 $L(x)$ 有 15(iv) 中表示, 试证此时有

(i) 对任何 $c > 0$, $\lim\limits_{x \to \infty} L(x + c)/L(x) = 1$;

(ii) 对一切 $\delta > 0$ 有

$$\lim\limits_{x \to \infty} x^{\delta}L(x) = \infty, \quad \lim\limits_{x \to \infty} x^{-\delta}L(x) = 0;$$

(iii) $\lim\limits_{k \to \infty} \sup\limits_{2^k \leqslant c < 2^{k+1}} L(c)/L(2^k) = 1$.

17. 设 $F(x)$ 和 $G(x)$ 是取整数值 r.v. 的 d.f., 其相应的 c.f. 分别为 $f(t)$ 和 $g(t)$, 试证

$$\sup\limits_x |F(x) - G(x)| \leqslant \frac{1}{4} \int_{-\pi}^{\pi} \frac{|f(t) - g(t)|}{t}\mathrm{d}t.$$

18. 设 $X_1, X_2, \cdots, X_n$ 是独立 r.v., 均值为 0, 方差有限. 记 $V_j(x) = P(X_j < x)$, $\sigma_j^2 = \mathrm{Var}\, X_j$, $B_n = \sum\limits_{j=1}^n \sigma_j^2$,

$$F_n(x) = P\left\{ \frac{1}{\sqrt{B_n}} \sum_{j=1}^n X_j < x \right\}, \quad \Delta_n(x) = |F_n(x) - \Phi(x)|,$$

那么

$$\sup\limits_x \Delta_n(x) \leqslant CB_n^{-3/2}\left\{ \left| \sum_{j=1}^n \int_{|x| \leqslant \sqrt{B_n}} x^3\mathrm{d}V_j(x) + \sup\limits_{0 < z \leqslant \sqrt{B_n}} 2\sum_{j=1}^n \int_{|x| > z} x^2\mathrm{d}V_j(x) \right| \right\}.$$

19. 设 $\{X_n; n \geqslant 1\}$ 是 i.i.d.r.v. 序列，$EX_1 = 0$, $\text{Var}\, X_1 = 1$. 记

$$F_n(x) = P\left\{\frac{1}{\sqrt{n}}\sum_{j=1}^{n} X_j < x\right\}, \quad \Delta_n = \sup_x |F_n(x) - \Phi(x)|.$$

试证级数 $\sum_{n=1}^{\infty} n^{-1}\Delta_n$ 收敛当且仅当 $EX_1^2 \log(1 + |X_1|) < \infty$. 又对 $0 < \delta < 1$,

$\sum_{n=1}^{\infty} n^{-1+\delta/2}\Delta_n$ 收敛等价于 $E|X_1|^{2+\delta} < \infty$.

20. 设 $\{X_n; n \geqslant 1\}$ 是 i.i.d.r.v. 序列，$EX_1 = 0$, $EX_1^2 = 1$, 记

$$\sigma_n^2 = \int_{|x|<\sqrt{n}} x^2 \mathrm{d}F(x) - \left(\int_{|x|<\sqrt{n}} x\mathrm{d}F(x)\right)^2,$$

其中 $F(x)$ 为 X_1 的 d.f. 试证

$$\sum_{n=1}^{\infty} \frac{1}{n} \sup_x \left| P\left\{\frac{1}{\sigma_n\sqrt{n}}\sum_{k=1}^{n} X_k < x\right\} - \Phi(x)\right| < \infty.$$

21. 设 $\{X_n; n \geqslant 1\}$ 是独立 r.v. 序列，$EX_n = 0$, $EX_n^2 = \sigma_n^2$, $B_n = \sum_{k=1}^{n} \sigma_k^2$, 对某 $0 < \delta \leqslant 1$, $E|X_n|^{2+\delta} < \infty$, 那么对任意 x, 有

$$\left| P\left\{\frac{1}{\sqrt{B_n}}\sum_{k=1}^{n} X_k < x\right\} - \Phi(x)\right| \leqslant \frac{A}{B_n^{1+\delta/2}(1 + |x|)^{2+\delta}}\sum_{k=1}^{n} E|X_k|^{2+\delta}.$$

22. 证明: 正态分布尾概率估计: 对 $x > 0$, 有

$$\frac{1}{\sqrt{2\pi}}\left(\frac{1}{x} - \frac{1}{x^3}\right)\mathrm{e}^{-x^2/2} \leqslant \frac{1}{\sqrt{2\pi}}\int_x^{\infty} \mathrm{e}^{-t^2/2}\mathrm{d}t \leqslant \frac{1}{x\sqrt{2\pi}}\mathrm{e}^{-x^2/2}.$$

进一步还有如下的下限:

$$\frac{1}{\sqrt{2\pi}}\frac{x}{1 + x^2}\mathrm{e}^{-x^2/2} \leqslant \frac{1}{\sqrt{2\pi}}\int_x^{\infty} \mathrm{e}^{-t^2/2}\mathrm{d}t.$$

23. 关于 U 统计量的中心极限定理: 设 $\{X_n; n \geqslant 1\}$ 是 i.i.d.r.v. 列，$\varphi(x_1, \cdots,$ $x_m)$ 是 m 元对称函数. 若 $E\varphi^2(X_1, \cdots, X_m) < \infty$ 且 $E\varphi(X_1, \cdots, X_m) = \theta$, 试证

$$\sqrt{n}(U_n - \theta) \xrightarrow{d} N(0, \sigma^2),$$

其中 $U_n = \binom{m}{n}^{-1} \sum\limits_{1 \leqslant i_1 < \cdots < i_m \leqslant n} \varphi(X_{i_l}, \cdots, X_{i_m})$, $\sigma^2 = m^2 E(E^2\{\varphi(X_1, \cdots, X_m)|X_1\} - \theta^2)$. (提示: 记 $h(x) = E(\varphi(X_1, \cdots, X_m)|X_1 = x) - \theta$, 对

$$V_n = mn^{-1/2} \sum_{k=1}^{n} h(X_k)$$

应用中心极限定理, 并验证 $U_n - V_n \xrightarrow{P} 0$.)

24. 假设 $\{\xi_n, n \geqslant 1\}$ 是一列 i.i.d.r.v., $E\xi_1 = 0$, 并且存在 $t > 0$, 使得 $Ee^{t\xi_1} = \infty$. 令 $S_n = \sum\limits_{k=1}^{n} \xi_k$. 证明: 对任何 $x > 0$,

$$\lim_{n \to \infty} \frac{1}{n} \log P(S_n \geqslant nx) = 0.$$

25. 假设 $\{\xi_n, n \geqslant 1\}$ 是一列 i.i.d. Poisson r.v., 参数为 1. 令 $S_n = \sum\limits_{k=1}^{n} \xi_k$, 证明: 对任何 $x > 1$,

$$\lim_{n \to \infty} \frac{1}{n} \log P(S_n \geqslant nx) = x - 1 - x \log x.$$

26. 假设 $\{\xi_n, n \geqslant 1\}$ 是一列 i.i.d.r.v., $E\xi_1 = \mu$. 令 $S_n = \sum\limits_{k=1}^{n} \xi_k$, 证明

(1) 对任何 $x > \mu$,

$$\gamma(x) = \lim_{n \to \infty} \frac{1}{n} \log P(S_n \geqslant nx)$$

存在;

(2) 下列结论等价: (a) $P(\xi_1 \geqslant x) = 0$; (b) 对所有 $n \geqslant 1$, $P(S_n \geqslant nx) = 0$; (c) $\gamma(x) = -\infty$.

第四章　大数定律和重对数律

这一章, 我们首先介绍 Chebyshev 和 Khinchin 弱大数律, 并给出独立同分布随机变量序列满足弱大数律的充分必要条件. 接着, 讨论几乎处处收敛性. 特别, 我们将着重介绍 Kolmogorov 三级数定理和 Kolmogorov 强大数律. 作为大数律收敛速度的一种刻画, 我们介绍由许宝騄和 Robbins 提出的完全收敛性. 最后, 我们讨论精致而深刻的重对数律, 其中包括 Kolmogorov 有界重对数律和 Hartman-Wintner 关于独立同分布随机变量序列的重对数律. 结合上述内容, 我们还介绍了对称化技巧和 Borel-Cantelli 引理等一些基本方法.

§1　弱大数定律

在 1713 年出版的 Bernoulli 著作中, 包含着下列定理.

定理 1.1 (Bernoulli)　假设 $\{X_n; n \geqslant 1\}$ 是一列 i.i.d.r.v.,

$$P(X_1 = 1) = p, \quad P(X_1 = 0) = 1 - p, \quad 0 < p < 1.$$

令 $S_n = \sum_{k=1}^n X_k$, 那么

$$\frac{S_n}{n} \xrightarrow{P} p \quad (n \to \infty). \tag{1.1}$$

该定理可看成是概率论学科的第一个极限定理, 现在称为 Bernoulli 大数定律. 它严格地解释了 "频率收敛于概率" 的数学含义, 其证明依赖于二项分布和组合数的近似计算. 下面介绍它的各种推广.

定理 1.2 (Chebyshev)　假设 $\{X_n; n \geqslant 1\}$ 是一列独立 r.v., $EX_k = \mu_k, \mathrm{Var}(X_k) = \sigma_k^2$. 令 $S_n = \sum_{k=1}^n X_k, B_n = \sum_{k=1}^n \sigma_k^2$. 如果

$$\frac{B_n}{n^2} \to 0 \quad (n \to \infty), \tag{1.2}$$

那么

$$\frac{S_n}{n} - \frac{1}{n} \sum_{k=1}^n \mu_k \xrightarrow{P} 0 \quad (n \to \infty). \tag{1.3}$$

证 任意给定 $\varepsilon > 0$, 运用 Chebyshev 不等式得

$$P\left(\left|\frac{S_n}{n} - \frac{1}{n}\sum_{i=1}^{n}\mu_i\right| > \varepsilon\right) \leqslant \frac{B_n}{n^2\varepsilon^2}.$$

根据条件 (1.2), 可得 (1.3) 成立.

注 1.1 Chebyshev 大数律的统计意义是很明显的: 在一定条件 (即 (1.2)) 下, 总体均值的平均值可以用样本观测值的平均值来估计. 在 i.i.d. 情形下, 可以去掉条件 (1.2).

定理 1.3 (Khinchin) 假设 $\{X_n; n \geqslant 1\}$ 是一列 i.i.d.r.v., $EX_1 = \mu$. 令 $S_n = \sum_{k=1}^{n} X_k$, 那么

$$\frac{S_n}{n} \xrightarrow{P} \mu \quad (n \to \infty). \tag{1.4}$$

证 令 $g(t)$ 为 X_1 的 c.f., 那么由 i.i.d. 性质可得

$$Ee^{\mathrm{i}t\frac{S_n}{n}} = \left(g\left(\frac{t}{n}\right)\right)^n. \tag{1.5}$$

将 g 在 0 点处进行 Taylor 展开, 得

$$g\left(\frac{t}{n}\right) = 1 + \frac{\mathrm{i}\mu t}{n} + o\left(\frac{1}{n}\right). \tag{1.6}$$

将 (1.6) 代入 (1.5), 并令 $n \to \infty$ 可知

$$Ee^{\mathrm{i}t\frac{S_n}{n}} \to e^{\mathrm{i}\mu t}.$$

这样, 由 Lévy 连续性定理知 $S_n/n \xrightarrow{d} \mu$. 它等价于 (1.4).

注 1.2 数学期望存在有限并不是弱大数律成立的必要条件.

定理 1.4 假设 $\{X_n; n \geqslant 1\}$ 是 i.i.d.r.v., 令 $S_n = \sum_{k=1}^{n} X_k$. 那么

$$\frac{S_n}{n} \xrightarrow{P} 0 \quad (n \to \infty) \tag{1.7}$$

当且仅当

(i)

$$nP(|X_1| > n) \to 0 \quad (n \to \infty); \tag{1.8}$$

(ii)

$$EX_1\boldsymbol{I}_{(|X_1| \leqslant n)} \to 0 \quad (n \to \infty). \tag{1.9}$$

为证明定理 1.4, 我们需要以下几个引理.

引理 1.1 (Kronecker) 假设 $\{x_n; n \geqslant 1\}$ 是一列实数. 如果当 $n \to \infty$ 时, $x_n \to x$, 那么

$$\frac{1}{n}\sum_{k=1}^{n} x_k \to x \quad (n \to \infty). \tag{1.10}$$

证 请读者自行证明.

引理 1.2 (对称化不等式) 假设 X, X' 是 i.i.d.r.v., 中位数为 mX. 那么对任何实数 $x > 0$,

(i)
$$P(|X - X'| > x) \leqslant 2P\left(|X - mX| > \frac{x}{2}\right); \tag{1.11}$$

(ii)
$$P(|X - mX| > x) \leqslant 2P(|X - X'| > x). \tag{1.12}$$

证 对任意实数 a,

$$\begin{aligned}
P(|X - X'| > x) &\leqslant P(|X - a| + |X' - a| > x) \\
&\leqslant P\left(|X - a| > \frac{x}{2}\right) + P\left(|X' - a| > \frac{x}{2}\right) \\
&= 2P\left(|X - a| > \frac{x}{2}\right).
\end{aligned}$$

令 $a = mX$ 可得 (1.11).

往证 (1.12). 由于 X' 和 X 同分布, $P(X' \leqslant mX) \geqslant 1/2$. 因此

$$\begin{aligned}
\frac{1}{2}P(X - mX > x) &\leqslant P(X' \leqslant mX)P(X - mX > x) \\
&\leqslant P(X - X' > x).
\end{aligned} \tag{1.13}$$

类似地, 有

$$\begin{aligned}
\frac{1}{2}P(X - mX < -x) &\leqslant P(X' \geqslant mX)P(X - mX < -x) \\
&\leqslant P(X - X' < -x).
\end{aligned} \tag{1.14}$$

综合 (1.13) 和 (1.14), 得证 (1.12).

引理 1.3 (Lévy 最大值不等式) 假设 $X_1, X_2, \cdots, X_n$ 是独立 r.v., 令 $S_k = \sum_{i=1}^{k} X_i, 1 \leqslant k \leqslant n$. 那么对任意 $x > 0$

$$P(\max_{1 \leqslant k \leqslant n} |S_k - m(S_k - S_n)| > x) \leqslant 2P(|S_n| > x). \tag{1.15}$$

特别, 如果 $X_1, X_2, \cdots, X_n$ 是独立对称 r.v., 那么

$$P(\max_{1\leqslant k\leqslant n}|S_k|>x)\leqslant 2P(|S_n|>x). \tag{1.16}$$

证 只需证明

$$P(\max_{1\leqslant k\leqslant n}(S_k-m(S_k-S_n))>x)\leqslant 2P(S_n>x). \tag{1.17}$$

令

$$A_k=\{\max_{1\leqslant l\leqslant k-1}(S_l-m(S_l-S_n))\leqslant x, S_k-m(S_k-S_n)>x\},\quad 1\leqslant k\leqslant n.$$

那么

$$P(\max_{1\leqslant k\leqslant n}(S_k-m(S_k-S_n))>x)=\sum_{k=1}^{n}P(A_k). \tag{1.18}$$

由于 X_k 相互独立

$$\frac{1}{2}P(A_k)\leqslant P(S_k-S_n\leqslant m(S_k-S_n))P(A_k)$$
$$=P(A_k,S_k-S_n\leqslant m(S_k-S_n))$$
$$\leqslant P(A_k,S_n>x),\quad 1\leqslant k\leqslant n.$$

关于 k 求和得

$$\frac{1}{2}\sum_{k=1}^{n}P(A_k)\leqslant\sum_{k=1}^{n}P(A_k,S_n>x)$$
$$=P(S_n>x).$$

(1.17) 得证.

注 1.3 如果 $X_1, X_2, \cdots, X_n$ 是独立 r.v., $EX_k=\mu_k$, $\mathrm{Var}(X_k)=\sigma_k^2<\infty$. 令 $B_n=\sum_{k=1}^{n}\sigma_k^2$, 那么对任意 $x>0$

$$P(\max_{1\leqslant k\leqslant n}|S_k|>x)\leqslant 2P(|S_n|>x-\sqrt{2B_n}). \tag{1.19}$$

类似地, 如果 $X_1, X_2, \cdots, X_n$ 是独立对称 r.v., 那么

$$P(\max_{1\leqslant k\leqslant n}|X_k|>x)\leqslant 2P(|S_n|>x). \tag{1.20}$$

引理 1.4 假设 $X_1, \cdots, X_n$ 是独立非负 r.v., 如果对某 $x > 0$ 和 $\alpha < 1$

$$P(\max_{1 \leqslant k \leqslant n} X_k > x) \leqslant \alpha, \tag{1.21}$$

那么

$$\sum_{k=1}^{n} P(X_k > x) \leqslant \frac{1}{1-\alpha} P(\max_{1 \leqslant k \leqslant n} X_k > x). \tag{1.22}$$

证 根据独立性得

$$P(\max_{1 \leqslant k \leqslant n} X_k > x) = 1 - P(\max_{1 \leqslant k \leqslant n} X_k \leqslant x)$$

$$= 1 - \prod_{k=1}^{n} (1 - P(X_k > x)).$$

利用初等不等式 $1 - x \leqslant \mathrm{e}^{-x}$ 和 $1 - \mathrm{e}^{-x} \geqslant x/(1+x)$, 得

$$P(\max_{1 \leqslant k \leqslant n} X_k > x) \geqslant 1 - \mathrm{e}^{-\sum\limits_{k=1}^{n} P(X_k > x)}$$

$$\geqslant \frac{\sum\limits_{k=1}^{n} P(X_k > x)}{1 + \sum\limits_{k=1}^{n} P(X_k > x)}.$$

这样

$$\sum_{k=1}^{n} P(X_k > x) \leqslant \frac{P(\max_{1 \leqslant k \leqslant n} X_k > x)}{1 - P(\max_{1 \leqslant k \leqslant n} X_k > x)}$$

$$\leqslant \frac{1}{1-\alpha} P(\max_{1 \leqslant k \leqslant n} X_k > x).$$

引理证毕.

定理 1.4 的证明 先证充分性. 假设 (1.8), (1.9) 成立, 我们将采用截尾方法证明 (1.7). 令

$$\overline{X}_k = X_k I_{(|X_k| \leqslant n)}, \quad 1 \leqslant k \leqslant n,$$

并记 $\overline{S}_n = \sum\limits_{k=1}^{n} \overline{X}_k$. 显然,

$$\frac{S_n}{n} = \frac{\overline{S}_n - E\overline{S}_n}{n} + \frac{S_n - \overline{S}_n}{n} + \frac{E\overline{S}_n}{n}. \tag{1.23}$$

根据 (1.9),

$$\frac{E\overline{S}_n}{n} = EX_1 I_{(|X_1|\leqslant n)} \to 0. \tag{1.24}$$

另外, 由 (1.8) 得

$$
\begin{aligned}
P\left(\left|\frac{S_n - \overline{S}_n}{n}\right| > \varepsilon\right) &\leqslant P(S_n \neq \overline{S}_n) \\
&\leqslant P\left(\bigcup_{k=1}^{n}\{X_k \neq \overline{X}_k\}\right) \\
&\leqslant nP(|X_1| > n) \\
&\to 0.
\end{aligned} \tag{1.25}
$$

余下证明

$$\frac{\overline{S}_n - E\overline{S}_n}{n} \xrightarrow{P} 0. \tag{1.26}$$

对任意 $\varepsilon > 0$, 由 Chebyshev 不等式得

$$
\begin{aligned}
P\left(\left|\frac{\overline{S}_n - E\overline{S}_n}{n}\right| > \varepsilon\right) &\leqslant \frac{\mathrm{Var}(\overline{S}_n)}{n^2\varepsilon^2} \\
&\leqslant \frac{E\overline{X}_1^2}{n\varepsilon^2}.
\end{aligned}
$$

注意到

$$
\begin{aligned}
E\overline{X}_1^2 &= EX_1^2 I_{(|X_1|\leqslant n)} \\
&= \sum_{m=1}^{n} EX_1^2 I_{(m-1<|X_1|\leqslant m)} \\
&\leqslant \sum_{m=1}^{n} m^2 P(m-1 < |X_1| \leqslant m) \\
&\leqslant 2\sum_{m=1}^{n}\sum_{l=1}^{m} lP(m-1 < |X_1| \leqslant m) \\
&\leqslant 2\sum_{l=1}^{n} l \sum_{m=l}^{n} P(m-1 < |X_1| \leqslant m) \\
&\leqslant 2\sum_{l=1}^{n} lP(|X_1| > l-1).
\end{aligned}
$$

由 (1.8), 并利用 (1.10) 得

$$\frac{E\overline{X}_1^2}{n} \to 0, \quad (n \to \infty). \tag{1.27}$$

因此, (1.26) 成立. 综合 (1.23)–(1.27), 可得 (1.7).

往证必要性. 首先, 假设 $X_1, \cdots, X_n$ 是独立对称 r.v. 由 (1.7)

$$P(|S_n| > n) \to 0 \quad (n \to \infty).$$

特别, 当 n 充分大时,

$$P(|S_n| > n) < \frac{1}{4}.$$

由 (1.20)

$$P(\max_{1 \leqslant k \leqslant n} |X_k| > n) \leqslant 2P(|S_n| > n) < \frac{1}{2}.$$

应用不等式 (1.22) ($\alpha = 1/2$) 和 (1.20), 得

$$
\begin{aligned}
nP(|X_1| > n) &\leqslant 2P(\max_{1 \leqslant k \leqslant n} |X_k| > n) \\
&\leqslant 4P(|S_n| > n) \\
&\to 0 \quad (n \to \infty).
\end{aligned}
$$

(1.8) 得证.

对于一般情况, 采用对称化技巧. 令 $\{X_1', \cdots, X_n'\}$ 是 r.v. 序列 $\{X_1, \cdots, X_n\}$ 的独立复制, 记 $\tilde{X}_k = X_k - X_k'$, $\tilde{S}_n = \sum_{k=1}^{n} \tilde{X}_k$. 那么 $\tilde{X}_k, 1 \leqslant k \leqslant n$ 是 i.i.d. 的对称 r.v., 并且

$$\frac{\tilde{S}_n}{n} \xrightarrow{P} 0 \quad (n \to \infty).$$

所以, 由已证明的结论

$$nP(|\tilde{X}_1| > 2n) \to 0 \quad (n \to \infty),$$

根据对称化不等式 (1.12)

$$nP(|X_1 - m(X_1)| > 2n) \to 0 \quad (n \to \infty).$$

注意到, 对充分大的 n, $|m(X_1)| \leqslant n$. 因此

$$nP(|X_1| > n) \to 0 \quad (n \to \infty). \tag{1.28}$$

根据充分性的证明, 从 (1.28) 推出

$$\frac{1}{n}(S_n - nEX_1 I_{(|X_1| \leqslant n)}) \xrightarrow{P} 0 \quad (n \to \infty).$$

结合 (1.7), 得到 (1.9). 定理证毕.

§2 独立随机变量和的收敛性

2.1 独立 r.v. 和的 a.s. 收敛的条件

本段讨论独立 r.v. 和 a.s. 收敛的条件, 为此先证明一个概率论中的重要不等式.

引理 2.1 (Kolmogorov 不等式) 设 $\{X_k; 1 \leqslant k \leqslant n\}$ 是独立 r.v., $EX_k = 0, EX_k^2 < \infty$, 记 $S_k = \sum\limits_{j=1}^{k} X_j$, 那么对任给的 $\varepsilon > 0$,

$$P\{\max_{1 \leqslant k \leqslant n} |S_k| \geqslant \varepsilon\} \leqslant \frac{1}{\varepsilon^2} \sum_{k=1}^{n} EX_k^2. \tag{2.1}$$

如果进一步假设 $|X_k| \leqslant c < \infty (1 \leqslant k \leqslant n)$, 又有

$$P\{\max_{1 \leqslant k \leqslant n} |S_k| \geqslant \varepsilon\} \geqslant 1 - (\varepsilon + c)^2 \Big/ \sum_{k=1}^{n} EX_k^2. \tag{2.2}$$

证 记事件 $A_0 = \Omega, A_k = \{\max\limits_{1 \leqslant j \leqslant k} |S_j| < \varepsilon\}, k = 1, \cdots, n, B_1 = \{|S_1| \geqslant \varepsilon\}$, $B_k = A_{k-1} - A_k = \{|S_j| < \varepsilon, 1 \leqslant j \leqslant k-1; |S_k| \geqslant \varepsilon\}, k = 2, \cdots, n$. 则因 $B_k \in \sigma(X_1, \cdots, X_k)$, 所以 $S_k I_{B_k}$ 与 $S_n - S_k$ 独立. 由此我们有

$$\begin{aligned} ES_n^2 I_{B_k} &= ES_k^2 I_{B_k} + E(S_n - S_k)^2 I_{B_k} \\ &\geqslant ES_k^2 I_{B_k} \geqslant \varepsilon^2 P(B_k). \end{aligned} \tag{2.3}$$

注意到 $A_n^c = \bigcup\limits_{k=1}^{n} B_k$, 由上式即得

$$ES_n^2 I_{A_n^c} \geqslant \varepsilon^2 P(A_n^c).$$

故

$$\sum_{k=1}^{n} EX_k^2 = ES_n^2 \geqslant ES_n^2 I_{A_n^c} \geqslant \varepsilon^2 P(A_n^c).$$

从而得证 (2.1).

对于 (2.2), 因为在 B_k 上, $|S_k| \leqslant |S_{k-1}| + |X_k| \leqslant \varepsilon + c$, 从 (2.3) 中的第一

个等式,

$$ES_n^2 I_{A_n^c} = \sum_{k=1}^{n} ES_k^2 I_{B_k} + \sum_{k=1}^{n} E(S_n - S_k)^2 I_{B_k}$$

$$\leqslant (\varepsilon + c)^2 \sum_{k=1}^{n} P(B_k) + \sum_{k=1}^{n} \sum_{j=k+1}^{n} EX_j^2 P(B_k)$$

$$\leqslant \left[(\varepsilon + c)^2 + \sum_{k=1}^{n} EX_k^2 \right] P(A_n^c). \tag{2.4}$$

另一方面, 又有

$$ES_n^2 I_{A_n^c} = ES_n^2 - ES_n^2 I_{A_n} \geqslant \sum_{k=1}^{n} EX_k^2 - \varepsilon^2 P(A_n)$$

$$= \sum_{k=1}^{n} EX_k^2 - \varepsilon^2 + \varepsilon^2 P(A_n^c). \tag{2.5}$$

结合 (2.4) 和 (2.5), 得证

$$P(A_n^c) \geqslant \frac{\sum\limits_{k=1}^{n} EX_k^2 - \varepsilon^2}{(\varepsilon + c)^2 + \sum\limits_{k=1}^{n} EX_k^2 - \varepsilon^2} \geqslant 1 - \frac{(\varepsilon + c)^2}{\sum\limits_{k=1}^{n} EX_k^2}.$$

下列引理在讨论 r.v. 序列的 a.s. 收敛性时具有特殊的重要性, 是经常被引用的. 我们先引入一些记号, 事件序列 $\{A_n\}$ 的**上极限** $\limsup\limits_{n\to\infty} A_n$ 和**下极限** $\liminf\limits_{n\to\infty} A_n$ 分别定义作

$$\limsup_{n\to\infty} A_n = \bigcap_{n=1}^{\infty} \bigcup_{k=n}^{\infty} A_k, \quad \liminf_{n\to\infty} A_n = \bigcup_{n=1}^{\infty} \bigcap_{k=n}^{\infty} A_k.$$

因此 $\limsup\limits_{n\to\infty} A_n$ 是属于无穷多个 A_n 的点的集合, 我们常把它记作 $\{A_n, \text{i.o.}\}$; $\liminf\limits_{n\to\infty} A_n$ 是除去 $\{A_n\}$ 中有限多个外, 属于其余所有的 A_n 的点的集合. 显然 $\liminf\limits_{n\to\infty} A_n \subset \limsup\limits_{n\to\infty} A_n$. 如果这两个集合相等, 我们把它们记作 $\lim\limits_{n\to\infty} A_n$, 并称它是集合序列 $\{A_n\}$ 的极限.

引理 2.2 (Borel-Cantelli 引理)

(i) 若 $\sum\limits_{n=1}^{\infty} P(A_n) < \infty$, 则 $P\{A_n, \text{i.o.}\} = 0$.

(ii) 若 $\{A_n\}$ 相互独立, $\sum\limits_{n=1}^{\infty} P(A_n) = \infty$, 则 $P\{A_n, \text{i.o.}\} = 1$.

证 (i) $0 \leqslant P\{A_n, \text{i.o.}\} = P\left\{\bigcap_{n=1}^{\infty} \bigcup_{k=n}^{\infty} A_k\right\}$

$$\leqslant P\left\{\bigcup_{k=n}^{\infty} A_k\right\} \leqslant \sum_{k=n}^{\infty} P(A_k) \to 0 \quad (n \to \infty).$$

(ii) 如果 $\{A_n\}$ 独立, 则对任意的正整数 $n < N$,

$$1 - P\left\{\bigcup_{k=n}^{N} A_k\right\} = P\left\{\bigcap_{k=n}^{N} A_k^c\right\} = \prod_{k=n}^{N} P(A_k^c)$$

$$= \prod_{k=n}^{N} \{1 - P(A_k)\} \leqslant \prod_{k=n}^{N} e^{-P(A_k)}$$

$$= \exp\left\{-\sum_{k=n}^{N} P(A_k)\right\} \to 0 \quad (N \to \infty).$$

因此对每一 $n, P\left(\bigcup_{k=n}^{\infty} A_k\right) = 1.$ 故

$$P\{A_n, \text{i.o.}\} = 1.$$

证毕.

我们称**独立 r.v. 的级数** $\sum_{n=1}^{\infty} X_n$ 是 a.s. **收敛的**, 若独立 r.v. 的部分和 $S_n = \sum_{k=1}^{n} X_k$ a.s. 收敛. 先来给出级数 a.s. 收敛的一个充分条件.

定理 2.1 设 $\{X_n; n \geqslant 1\}$ 是均值为零的独立 r.v. 序列, 满足

$$\sum_{n=1}^{\infty} EX_n^2 < \infty, \tag{2.6}$$

那么级数 $\sum_{n=1}^{\infty} X_n$ a.s. 收敛.

证 记 $S_n = \sum_{k=1}^{n} X_k.$ 易知对任给的 $\varepsilon > 0$, 当正整数 $m \geqslant n \to \infty$ 时,

$$P\{|S_m - S_n| \geqslant \varepsilon\} \leqslant \frac{1}{\varepsilon^2} \sum_{k=n+1}^{m} EX_k^2 \to 0.$$

因此 $\{S_n; n \geqslant 1\}$ 是依概率基本序列, 故存在 r.v. S, 使得 $S_n \xrightarrow{P} S$ (见第一章注 5.2). 进而存在子序列 $\{S_{n_k}\}$, 使

$$S_{n_k} \to S \quad \text{a.s.} \tag{2.7}$$

又由 Kolmogorov 不等式

$$\sum_{k=1}^{\infty} P\{\max_{n_k < j \leqslant n_{k+1}} |S_j - S_{n_k}| \geqslant \varepsilon\}$$

$$\leqslant \frac{1}{\varepsilon^2} \sum_{k=1}^{\infty} \sum_{j=n_{k+1}}^{n_{k+1}} EX_j^2 = \frac{1}{\varepsilon^2} \sum_{j=1}^{\infty} EX_j^2 < \infty.$$

因此由 Borel-Cantelli 引理, 当 $k \to \infty$ 时

$$\max_{n_k < j \leqslant n_{k+1}} |S_j - S_{n_k}| \to 0 \quad \text{a.s.} \tag{2.8}$$

结合 (2.7) 和 (2.8) 即得

$$S_n \to S \quad \text{a.s.}$$

注 2.1 本定理的证明方法很有用, 常称此方法为**子序列方法**.

下列定理是关于一致有界的 r.v. 和的 a.s. 收敛性.

定理 2.2 设 $\{X_n; n \geqslant 1\}$ 是独立 r.v. 序列, 对一切 n, $|X_n| \leqslant c < \infty$ a.s.

(i) 若 $\displaystyle\sum_{n=1}^{\infty} X_n$ a.s. 收敛, 则 $\displaystyle\sum_{n=1}^{\infty} EX_n$ 和 $\displaystyle\sum_{n=1}^{\infty} \text{Var}\, X_n$ 都收敛.

(ii) 若 $EX_n = 0 (n \geqslant 1)$ 且 $\displaystyle\sum_{n=1}^{\infty} EX_n^2 = \infty$, 则 $\displaystyle\sum_{n=1}^{\infty} X_n$ a.s. 发散.

证 先证 (ii). 若对一切 n, $|X_n| \leqslant c < \infty$, $EX_n = 0$, 且 $\displaystyle\sum_{n=1}^{\infty} EX_n^2 = \infty$, 则由引理 2.1 的 (2.2) 式,

$$P\{\max_{1 \leqslant k \leqslant m} |X_{n+1} + \cdots + X_{n+k}| \geqslant \varepsilon\}$$

$$\geqslant 1 - \frac{(\varepsilon + c)^2}{\displaystyle\sum_{k=n+1}^{n+m} EX_k^2} \to 1 \quad (m \to \infty).$$

故对任意的正整数 n,

$$P\{\sup_{k \geqslant 1} |X_{n+1} + \cdots + X_{n+k}| \geqslant \varepsilon\} = 1,$$

因此 $\displaystyle\sum_{n=1}^{\infty} X_n$ a.s. 发散.

再证 (i). 作 r.v. 序列 $\{X'_n\}$, 使 $X_n, X'_n, n = 1, 2, \cdots$, 相互独立, 且 X_n 与 X'_n 有相同分布. 记 $X''_n = X_n - X'_n$, 则 $\{X''_n\}$ 是独立 r.v. 序列, $|X''_n| \leqslant 2c, EX''_n = 0, \mathrm{Var}\, X''_n = 2\mathrm{Var}\, X_n$.

因 $\sum\limits_{n=1}^{\infty} X_n$ a.s. 收敛, 所以 $\sum\limits_{n=1}^{\infty} X'_n$ 也 a.s. 收敛. 因此 $\sum\limits_{n=1}^{\infty} X''_n$ a.s. 收敛. 由已证的 (ii), 必有 $\sum\limits_{n=1}^{\infty} \mathrm{Var}\, X''_n < \infty$, 故 $\sum\limits_{n=1}^{\infty} \mathrm{Var}\, X_n < \infty$. 由定理 2.1, $\sum\limits_{n=1}^{\infty} (X_n - EX_n)$ a.s. 收敛, 从而 $\sum\limits_{n=1}^{\infty} EX_n$ 收敛. 证毕.

对任意的 r.v. X, 记 $X^c = XI(|X| \leqslant c)$.

定理 2.3 (三级数定理) 设 $\{X_n; n \geqslant 1\}$ 是独立 r.v. 序列, 那么使得级数 $\sum\limits_{n=1}^{\infty} X_n$ a.s. 收敛的必要条件是对每一 $c \in (0, \infty)$

(i) $\sum\limits_{n=1}^{\infty} P(|X_n| > c) < \infty$;

(ii) $\sum\limits_{n=1}^{\infty} EX_n^c$ 收敛;

(iii) $\sum\limits_{n=1}^{\infty} \mathrm{Var}\, X_n^c < \infty$.

充分条件是对某一 $c \in (0, +\infty)$, 上述三级数收敛.

证 条件必要 若 $\sum\limits_{n=1}^{\infty} X_n$ a.s. 收敛, 则 $X_n \to 0$ a.s. 因此对任一 $c > 0$, 若记 $A_n = \{|X_n| \geqslant c\}$, 有 $P\{A_n, \mathrm{i.o.}\} = 0$. 由 Borel-Cantelli 引理得知条件 (i) 满足. 因此

$$\sum_{n=1}^{\infty} P(X_n \neq X_n^c) = \sum_{n=1}^{\infty} P(|X_n| > c) < \infty,$$

即 $P(\{X_n \neq X_n^c\}, \mathrm{i.o.}) = 0$. 所以从 $\sum\limits_{n=1}^{\infty} X_n$ a.s. 收敛可知 $\sum\limits_{n=1}^{\infty} X_n^c$ 也 a.s. 收敛. 再由定理 2.2(i), 得证条件 (ii) 和 (iii).

条件充分 由条件 (i), $P(\{X_n \neq X_n^c\}, \mathrm{i.o.}) = 0$, 所以除去概率为 0 的 ω 集外, $\sum\limits_{n=1}^{\infty} X_n$ 与 $\sum\limits_{n=1}^{\infty} X_n^c$ 同时收敛或发散. 但由定理 2.1 及条件 (ii)、(iii), $\sum\limits_{n=1}^{\infty} X_n^c$ a.s. 收敛, 所以 $\sum\limits_{n=1}^{\infty} X_n$ a.s. 收敛. 证毕.

2.2　独立和的几种收敛性的等价性

设 $\{X_n; n \geqslant 1\}$ 是独立 r.v. 序列, 记 $S_n = \sum\limits_{k=1}^{n} X_k$, 我们将证明 $\{S_n; n \geqslant 1\}$ 的 a.s. 收敛性、依概率收敛性和依分布收敛性是等价的.

定理 2.4　对 $\{S_n; n \geqslant 1\}$, 依概率收敛等价于 a.s. 收敛.

证　显然只需证明: 若 S_n 依概率收敛, 则必 a.s. 收敛. 若 $S_n \xrightarrow{P} S$, 则存在增的正整数序列 $\{n_k\}$ 使得

$$\sum_{k=1}^{\infty} P\{|S_{n_k} - S| > 2^{-k-1}\} < \infty.$$

由 Borel-Cantelli 引理, $S_{n_k} \to S$ a.s. 此外

$$\sum_{k=1}^{\infty} P\{|S_{n_k} - S_{n_{k-1}}| > 2^{-k}\} < \infty. \tag{2.9}$$

由 Lévy 不等式, 对任给的 $\varepsilon > 0$,

$$\begin{aligned}
&P\{\max_{n_{k-1} \leqslant n \leqslant n_k} |S_n - S_{n_{k-1}} + m(S_{n_k} - S_n)| \geqslant \varepsilon\} \\
&= P\{\max_{n_{k-1} \leqslant n \leqslant n_k} |S_n - S_{n_{k-1}} + m((S_{n_k} - S_{n_{k-1}}) - (S_n - S_{n_{k-1}}))| \geqslant \varepsilon\} \\
&\leqslant 2P\{|S_{n_k} - S_{n_{k-1}}| \geqslant \varepsilon\}.
\end{aligned}$$

因此由 (2.9) 和 Borel-Cantelli 引理

$$\max_{n_{k-1} < n \leqslant n_k} |S_n - S_{n_{k-1}} + m(S_{n_k} - S_n)| \to 0 \ \text{a.s.} \tag{2.10}$$

但对 $n_{k-1} < n \leqslant n_k$ 有

$$|S_n - S + m(S_{n_k} - S_n)| \leqslant |S_n - S_{n_{k-1}} + m(S_{n_k} - S_n)| + |S_{n_{k-1}} - S|,$$

故由 (2.10) 和 $S_{n_{k-1}} \to S$ a.s. 可知

$$\max_{n_{k-1} < n \leqslant n_k} |S_n - S + m(S_{n_k} - S_n)| \to 0 \ \text{a.s.}$$

由 $S_{n_k} - S_n \xrightarrow{P} 0$ $(n_k \geqslant n \to \infty)$, 易知 $m(S_{n_k} - S_n) \to 0$, 故 $S_n \to S$ a.s. 证毕.

进一步我们来证明独立 r.v. 和的依分布收敛等价于 a.s. 收敛.

定理 2.5　对 $\{S_n; n \geqslant 1\}$, 依分布收敛等价于 a.s. 收敛.

证 因为 r.v. 序列的依概率收敛性可推出依分布收敛性, 故由定理 2.4, 我们只需证明: 由 S_n 的依分布收敛性可推出它的依概率收敛性.

记 X_n 的 c.f. 为 f_n, 则 $g_n = \prod\limits_{k=1}^{n} f_k$ 和 $g_{nm} = \prod\limits_{k=n+1}^{m} f_k \ (n < m)$ 分别表示 S_n 和 $S_m - S_n$ 的 c.f. 因 $S_n \xrightarrow{d} S$, 故对任意实数 $t, g_n(t) \to g(t)$, 这里 $g(t)$ 是 S 的 c.f. 注意到

$$g_n g_{nm} = g_m,$$

对使 $g(t) \neq 0$ 的 t, 有

$$g_{nm}(t) \to 1, \quad m > n \to \infty. \tag{2.11}$$

因 g 是 c.f., 所以在 $t = 0$ 的某个邻域 $|t| < h$ 内, $g(t) \neq 0$, 因此 (2.11) 成立. 对一般的 t, 取正整数 N, 使 $|t|/N < h$, 并记 $t_k = kt/N, u = t/N$, 与 g_{nm} 对应的 d.f. 为 F_{nm}. 由

$$|g_{nm}(t_k) - g_{nm}(t_{k-1})| \leqslant \int |e^{iux} - 1| \mathrm{d} F_{nm}(x)$$

$$\leqslant \left\{ \int |e^{iux} - 1|^2 \mathrm{d} F_{nm}(x) \right\}^{1/2} = \left\{ 2 \int (1 - \cos ux) \mathrm{d} F_{nm}(x) \right\}^{1/2}$$

$$= \{ 2\mathrm{Re}(1 - g_{nm}(u)) \}^{1/2} \leqslant \left(2 \left| 1 - g_{nm}\left(\frac{t}{N} \right) \right| \right)^{1/2},$$

得

$$|g_{nm}(t) - 1| \leqslant \sum_{k=1}^{N} |g_{nm}(t_k) - g_{nm}(t_{k-1})|$$

$$\leqslant N \left(2 \left| 1 - g_{nm}\left(\frac{t}{N} \right) \right| \right)^{1/2} \to 0, \quad m > n \to \infty.$$

这就是说 (2.11) 对所有的 t 都成立. 因此有

$$S_m - S_n \xrightarrow{P} 0, \quad m > n \to \infty, \tag{2.12}$$

也即 $\{S_n; n \geqslant 1\}$ 是依概率柯西序列的, 所以它依概率收敛.

2.3　0-1 律

r.v. 序列 $\{X_n; n \geqslant 1\}$ 的**尾 σ 域**定义作

$$\bigcap_{n=1}^{\infty} \sigma(X_k; k \geqslant n),$$

尾 σ 域中的事件称为**尾事件**.

如果 $\{A_n\}$ 是独立事件序列, 那么 $X_n = I_{A_n}$ 是独立 r.v., 且有

$$\{A_n, \text{i.o.}\} = \bigcap_{n-1}^{\infty} \bigcup_{k-n}^{\infty} A_k.$$

下列定理是 Borel-Cantelli 引理的直接推论.

定理 2.6 (Borel 0-1 律) 设 $\{A_n\}$ 是独立事件序列, 那么根据级数 $\sum_{n=1}^{\infty} P(A_n)$ 收敛或发散, $P\{A_n, \text{i.o.}\}$ 分别取 0 或 1.

对于一般的独立 r.v. 序列, 成立着如下的 0-1 律.

定理 2.7 (Kolmogorov 0-1 律) 设 A 是独立 r.v. 序列 $\{X_n; n \geqslant 1\}$ 的尾事件, 则

$$P(A) = 0 \text{ 或 } 1. \tag{2.13}$$

证 记 $\mathscr{T} = \bigcap_{n=1}^{\infty} \sigma(X_k; k \geqslant n)$, 对每一 $n \geqslant 1, \sigma(X_n)$ 与 $\sigma(X_k; k \geqslant n+1)$ 是相互独立的 σ 域, 而 $\mathscr{T} \subset \sigma(X_k; k \geqslant n+1)$. 所以, 对每一 n, $\sigma(X_n)$ 与 $\mathscr{T}$ 独立. 因此 $\mathscr{T}$ 与 $\sigma(X_n; n \geqslant 1)$ 独立. 但是 $\mathscr{T} \subset \sigma(X_n; n \geqslant 1)$, 从而得知 $\mathscr{T}$ 与自身独立. 于是对 $A \in \mathscr{T}$,

$$P(A) = P(A \bigcap A) = P(A)^2,$$

此即 (2.13) 式.

推论 2.1 设 $\{X_n; n \geqslant 1\}$ 是独立 r.v. 序列, 则

$$\frac{1}{n} \sum_{k=1}^{n} X_k \to 0, \quad n \to \infty$$

的概率为 0 或 1.

证 对任意固定的正整数 N, 事件

$$\left\{\lim_{n \to \infty} \frac{1}{n} \sum_{k=1}^{n} X_k = 0\right\} = \left\{\lim_{n \to \infty} \frac{1}{n} \sum_{k=1}^{n} X_{N+k} = 0\right\}.$$

因此 $\left\{\frac{1}{n} \sum_{k=1}^{n} X_k \to 0, n \to \infty\right\}$ 是一尾事件. 由定理 2.7, 它的概率必为 0 或 1.

关于尾 σ 域可测的函数称为**尾函数**.

推论 2.2 独立 r.v. 序列的尾函数是退化的, 也即 a.s. 等于常数.

证 设 Y 是任一尾函数. 由 0-1 律, 对任一 $C \in (-\infty, \infty), P(Y < C) = 0$ 或 1. 若对一切 $C, P(Y < C) = 0$, 则 $P(Y = \infty) = 1$; 若对一切 $C, P(Y < C) = 1$, 则 $P(Y = -\infty) = 1$. 不然的话, 存在有限的 $C_0 = \inf\{C : P(Y < C) = 1\}$. 从而有 $Y = C_0$ a.s.

§3 强大数定律

定义 3.1 称 r.v. 序列 $\{Y_n; n \geqslant 1\}$ 是**强稳定的**, 如果存在常数序列 $\{a_n\}$ 和 $\{b_n\}, 0 < a_n \uparrow \infty$ 使得

$$\frac{1}{a_n} Y_n - b_n \to 0 \quad \text{a.s.} \tag{3.1}$$

定义 3.2 称 r.v. 序列 $\{X_n; n \geqslant 1\}$ 服从**强大数定律**, 如果 $\{S_n; n \geqslant 1\}$ 是强稳定的, 这里 $S_n = \sum_{k=1}^{n} X_k$.

为了讨论独立 r.v. 序列服从强大数定律的条件, 先给出一个初等引理.

引理 3.1 (Kronecker 引理) 设 $\{a_n\}$ 和 $\{x_n\}$ 是两实数序列, $0 < a_n \uparrow \infty, \sum_{n=1}^{\infty} x_n/a_n$ 收敛, 那么 $\sum_{i=1}^{n} x_i/a_n \to 0$.

证 记 $a_0 = 0$, 定义 $y_1 = 0, y_n = \sum_{i=1}^{n-1} x_i/a_i, n \geqslant 2$. 则

$$y_n \to y = \sum_{i=1}^{\infty} x_i/a_i. \tag{3.2}$$

记

$$\sum_{i=1}^{n} x_i/a_n = \sum_{i=1}^{n} a_i(y_{i+1} - y_i)/a_n$$

$$= y_{n+1} - \sum_{i=1}^{n} (a_i - a_{i-1}) y_i/a_n. \tag{3.3}$$

对任给的 $\varepsilon > 0$, 存在 n_0, 当 $n \geqslant n_0$ 时 $|y_n - y| < \varepsilon$, 故

$$\left| \frac{1}{a_n} \sum_{i=1}^{n} (a_i - a_{i-1}) y_i - y \right| = \left| \frac{1}{a_n} \sum_{i=1}^{n} (a_i - a_{i-1})(y_i - y) \right|$$

$$\leqslant \frac{1}{a_n} \left| \sum_{i=1}^{n_0} (a_i - a_{i-1})(y_i - y) \right| + \frac{a_n + a_{n_0-1}}{a_n} \varepsilon.$$

由此式易知

$$\frac{1}{a_n}\sum_{i=1}^{n}(a_i-a_{i-1})y_i \to y. \tag{3.4}$$

将 (3.2) 和 (3.4) 代入 (3.3), 即得引理的结论.

定理 3.1 设 $\{X_n; n \geqslant 1\}$ 是独立 r.v. 序列, $\{g_n(x); n \geqslant 1\}$ 是偶函数序列, 它们在区间 $x > 0$ 中取正值、不减, 而且对每一 n, 满足下列条件之一:

(i) 在区间 $x > 0$ 中, $x/g_n(x)$ 不减;

(ii) 在同一区间中, $x/g_n(x)$ 和 $g_n(x)/x^2$ 都是不增的, 且 $EX_n = 0$. 此外 $\{a_n\}$ 是常数列, 满足 $0 < a_n \uparrow \infty$ 和

$$\sum_{n=1}^{\infty} \frac{Eg_n(X_n)}{g_n(a_n)} < \infty, \tag{3.5}$$

那么

$$\frac{1}{a_n}\sum_{k=1}^{n} X_k \to 0 \text{ a.s.} \tag{3.6}$$

证 由 Kronecker 引理, 为证 (3.6), 只需证明

$$\sum_{n=1}^{\infty} \frac{X_n}{a_n} \quad \text{a.s. 收敛.} \tag{3.7}$$

因 $g_n(x)$ 当 $x > 0$ 时是不减的, 故

$$P\{|X_n| \geqslant a_n\} \leqslant \int_{\{|X_n| \geqslant a_n\}} \frac{g_n(X_n)}{g_n(a_n)} \mathrm{d}P \leqslant \frac{Eg_n(X_n)}{g_n(a_n)}.$$

所以由 (3.5),

$$\sum_{n=1}^{\infty} P\left\{\left|\frac{X_n}{a_n}\right| \geqslant 1\right\} < \infty. \tag{3.8}$$

假设对某个 n, 函数 $g_n(x)$ 满足条件 (i), 那么在区间 $|x| < a_n$ 中

$$\frac{x^2}{a_n^2} \leqslant \frac{g_n^2(x)}{g_n^2(a_n)} \leqslant \frac{g_n(x)}{g_n(a_n)}.$$

对于满足条件 (ii) 的 n, 在同一区间中我们有 $\dfrac{x^2}{g_n(x)} \leqslant \dfrac{a_n^2}{g_n(a_n)}$. 因此也有 $\dfrac{x^2}{a_n^2} \leqslant \dfrac{g_n(x)}{g_n(a_n)}$. 记 $Z_n = X_n I\{|X_n| < a_n\}$, 则对任一 n,

$$
\begin{aligned}
EZ_n^2 &= \int_{\{|X_n| < a_n\}} X_n^2 \mathrm{d}P \\
&\leqslant \frac{a_n^2}{g_n(a_n)} \int_{\{|X_n| < a_n\}} g_n(X_n) \mathrm{d}P \\
&\leqslant \frac{a_n^2}{g_n(a_n)} Eg_n(X_n).
\end{aligned}
$$

由 (3.5) 我们得到

$$
\sum_{n=1}^{\infty} \frac{1}{a_n^2} EZ_n^2 < \infty. \tag{3.9}
$$

此外, 若条件 (i) 被满足,

$$
\begin{aligned}
|EZ_n| &= \left| \int_{\{|X_n| < a_n\}} X_n \mathrm{d}P \right| \\
&\leqslant \frac{a_n}{g_n(a_n)} \int_{\{|X| < a_n\}} g_n(X_n) \mathrm{d}P \\
&\leqslant \frac{a_n}{g_n(a_n)} Eg_n(X_n);
\end{aligned}
$$

另一方面, 若条件 (ii) 被满足,

$$
\begin{aligned}
|EZ_n| &= \left| \int_{\{|X_n| \geqslant a_n\}} X_n \mathrm{d}P \right| \\
&\leqslant \frac{a_n}{g_n(a_n)} \int_{\{|X_n| \geqslant a_n\}} g_n(X_n) \mathrm{d}P \\
&\leqslant \frac{a_n}{g_n(a_n)} Eg_n(X_n).
\end{aligned}
$$

所以都有

$$
\sum_{n=1}^{\infty} \left| E\frac{Z_n}{a_n} \right| < \infty. \tag{3.10}
$$

这样从 (3.8)–(3.10) 和三级数定理即知 (3.7) 成立. 证毕.

在这一定理中, 令 $g_n(x) = |x|^p, p > 0$, 可以导出若干重要的特例.

推论 3.1 设 $\{X_n; n \geqslant 1\}$ 是独立 r.v. 序列, $EX_n = 0$. 正数序列 $a_n \uparrow \infty$, 且对某 $1 \leqslant p \leqslant 2$

$$
\sum_{n=1}^{\infty} \frac{E|X_n|^p}{a_n^p} < \infty, \tag{3.11}
$$

那么 $\dfrac{1}{a_n}\displaystyle\sum_{k=1}^{n} X_k \to 0$ a.s.

推论 3.2 设 $\{X_n; n \geqslant 1\}$ 是独立 r.v. 序列. 正数序列 $a_n \uparrow \infty$, 且对某 $0 < p < 1$, (3.11) 成立, 那么 $\dfrac{1}{a_n}\displaystyle\sum_{k=1}^{n} X_k \to 0$ a.s.

对于 i.i.d.r.v. 序列, 我们有更深入的结果.

定理 3.2 (Kolmogorov 强大数定律) 设 $\{X_n; n \geqslant 1\}$ 是 i.i.d.r.v. 序列, 则

$$\frac{1}{n}\sum_{k=1}^{n} X_k \to a \quad \text{a.s.} \tag{3.12}$$

(a 是有限常数) 的充要条件是 EX_1 存在且等于 a.

证 因为

$$\sum_{n=1}^{\infty} P(|X_1| \geqslant n) = \sum_{n=1}^{\infty} (n-1)P(n-1 \leqslant |X_1| < n)$$

$$\leqslant \sum_{n=1}^{\infty} E\{|X_1|I(n-1 \leqslant |X_1| < n)\}$$

$$\leqslant \sum_{n=1}^{\infty} nP(n-1 \leqslant |X_1| < n)$$

$$= 1 + \sum_{n=1}^{\infty} P(|X_1| \geqslant n),$$

所以

$$\sum_{n=1}^{\infty} P(|X_1| \geqslant n) \leqslant E|X_1| \leqslant 1 + \sum_{n=1}^{\infty} P(|X_1| \geqslant n). \tag{3.13}$$

如果 $\dfrac{1}{n}\displaystyle\sum_{k=1}^{n} X_k \to a$ a.s., 那么

$$\frac{X_n}{n} = \frac{1}{n}\sum_{k=1}^{n} X_k - \frac{n-1}{n} \cdot \frac{1}{n-1}\sum_{k=1}^{n-1} X_k \to 0 \text{ a.s.}$$

因此事件 $\{|X_n| \geqslant n\}$ 发生无穷多次的概率为 0. 由 Borel-Cantelli 引理

$$\sum_{n=1}^{\infty} P(|X_n| \geqslant n) < \infty.$$

从 (3.13) 及 $\{X_n\}$ 同分布即得 $E|X_1| < \infty$.

再来证明: 如果 $E|X_1| < \infty$, 则 $\frac{1}{n}\sum_{k=1}^{n} X_k \to EX_1$. 记 $X'_n = X_n I(|X_n| < n)$. 因为由 (3.13) 及 $\{X_n\}$ 同分布

$$\sum_{n=1}^{\infty} P(X_n \neq X'_n) = \sum_{n=1}^{\infty} P(|X_n| \geqslant n) \leqslant E|X_1| < \infty.$$

再次利用 Borel-Cantelli 引理可知除去概率为 0 的 ω 集外, $\frac{1}{n}\sum_{k=1}^{n} X_k$ 与 $\frac{1}{n}\sum_{k=1}^{n} X'_n$ 同为收敛或发散, 且在收敛时有相同的极限. 显然 $EX'_n = E\{X_1 I(|X_1| < n)\} \to EX_1$. 因此我们只需证明

$$\frac{1}{n}\sum_{k=1}^{n}(X'_k - EX'_k) \to 0 \text{ a.s.} \tag{3.14}$$

就够了. 但

$$\sum_{n=1}^{\infty} \frac{\operatorname{Var} X'_n}{n^2} \leqslant \sum_{n=1}^{\infty} \frac{EX'^2_n}{n^2}$$
$$\leqslant \sum_{n=1}^{\infty}\sum_{k=1}^{n} \frac{k^2}{n^2} P(k-1 \leqslant |X_n| < k)$$
$$= \sum_{k=1}^{\infty}\sum_{n=k}^{\infty} \frac{k^2}{n^2} P(k-1 \leqslant |X_1| < k)$$
$$\leqslant 2\sum_{k=1}^{\infty} k P(k-1 \leqslant |X_1| < k)$$
$$\leqslant 2(1 + E|X_1|) < \infty,$$

由推论 3.1, (3.14) 成立. 证毕.

下面我们把 Kolmogorov 强大数定律推广到 p $(0 < p < 2)$ 阶矩存在的情况.

定理 3.3 (Marcinkiewicz 强大数定律) 设 $\{X_n; n \geqslant 2\}$ 是 i.i.d.r.v. 序列, 则对某个有限常数 a 以及 $p \in (0,2)$,

$$n^{-\frac{1}{p}}\sum_{k=1}^{n}(X_k - a) \to 0 \quad \text{a.s.} \tag{3.15}$$

的充要条件是 $E|X_1|^p < \infty$. 这时, 当 $1 \leqslant p < 2$ 时, $a = EX_1$; 当 $0 < p < 1$ 时, a 可取任意值 (因此常取 $a = 0$).

证 注意到 $E|X_1|^p < \infty$ 等价于 $\sum_{n=1}^{\infty} P(|X_1| \geqslant n^{1/p}) < \infty$, 从 (3.15) 推出 $E|X_1|^p < \infty$ 的过程与定理 3.2 证明中的相应部分类似.

我们来证明相反的结论. 由定理 3.2, 只需考虑 $p \neq 1$ 的情形. 而对 $1 < p < 2$, 不失一般性, 可设 $EX_1 = 0$. 因此我们的目的是要求证明

$$n^{-\frac{1}{p}} \sum_{k=1}^{n} X_k \to 0 \quad \text{a.s.} \tag{3.16}$$

记 $X_n' = X_n I(|X_n| < n^{1/p})$. 利用 $E|X_1|^p < \infty$ 可证 (3.16) 等价于

$$n^{-\frac{1}{p}} \sum_{k=1}^{n} X_k' \to 0 \quad \text{a.s.} \tag{3.17}$$

我们先来证明

$$\sum_{n=1}^{\infty} \frac{EX_n'}{n^{1/p}} \tag{3.18}$$

收敛. 记 $C_j = P(j-1 < |X_1|^p \leqslant j)$. 首先考虑 $0 < p < 1$ 情形. 这时

$$\sum_{n=1}^{\infty} \frac{E|X_n'|}{n^{1/p}} \leqslant \sum_{n=1}^{\infty} n^{-\frac{1}{p}} \sum_{j=1}^{n} j^{\frac{1}{p}} C_j = \sum_{j=1}^{\infty} j^{\frac{1}{p}} C_j \sum_{n=j}^{\infty} n^{-\frac{1}{p}}$$

$$\leqslant c \sum_{j=1}^{\infty} j^{\frac{1}{p}} C_j j^{-\frac{1}{p}+1} = c \sum_{j=1}^{\infty} j C_j$$

$$\leqslant c(1 + E|X_1|^p) < \infty.$$

此处 c 表示正常数. 对 $1 \leqslant p < 2$ 情形, 注意到这时已假设 $EX_1 = 0$, 故有

$$\left| \sum_{n=1}^{\infty} \frac{EX_n'}{n^{1/p}} \right| = \left| \sum_{n=1}^{\infty} \frac{E(X_n - X_n')}{n^{1/p}} \right| \leqslant \sum_{n=1}^{\infty} n^{-\frac{1}{p}} \sum_{j=n}^{\infty} j^{\frac{1}{p}} C_j$$

$$= \sum_{j=1}^{\infty} j^{\frac{1}{p}} C_j \sum_{n=1}^{j} n^{-\frac{1}{p}} \leqslant c \sum_{j=1}^{\infty} j C_j < \infty.$$

这就证明了 (3.18). 由 Kronecker 引理又有

$$n^{-\frac{1}{p}} \sum_{k=1}^{n} EX_k' \to 0.$$

所以欲证 (3.17), 只需证

$$n^{-\frac{1}{p}} \sum_{k=1}^{n} (X_k' - EX_k) \to 0 \quad \text{a.s.} \tag{3.19}$$

这与 (3.14) 的证明类似, 从略. 定理证毕.

§4 完全收敛性

在前几节, 我们讨论了弱大数律和强大数律. 特别, 假设 $\{X_n; n \geqslant 1\}$ 为一列 i.i.d.r.v., 那么 $EX_1 = \mu$ 当且仅当

$$\frac{S_n}{n} \longrightarrow \mu \quad \text{a.s.} \quad (n \to \infty).$$

即对任意 $\varepsilon > 0$

$$\lim_{n \to \infty} P\left(\sup_{k \geqslant n} \left|\frac{S_k}{k} - \mu\right| > \varepsilon\right) = 0.$$

人们自然要问, 上式收敛到零的速度如何? 许宝騄和 Robbins 1947 年提出了下列完全收敛性的概念. 假设 $\{T_n; n \geqslant 1\}$ 是一列 r.v., C 为常数, 如果对任意 $\varepsilon > 0$,

$$\sum_{n=1}^{\infty} P(|T_n - C| > \varepsilon) < \infty, \tag{4.1}$$

那么称序列 T_n 完全收敛于常数 C.

下面我们研究独立 r.v. 部分和的完全收敛性, 它可用来刻画大数律的收敛速度.

定理 4.1 (Robbins-Hsu) 假设 $\{X_n; n \geqslant 1\}$ 是一列 i.i.d.r.v., $EX_1 = \mu, EX_1^2 < \infty$. 令 $S_n = \sum_{k=1}^{n} X_k$. 那么对任意 $\varepsilon > 0$

$$\sum_{n=1}^{\infty} P\left(\left|\frac{S_n}{n} - \mu\right| > \varepsilon\right) < \infty. \tag{4.2}$$

证 不妨假设 $\mu = 0, EX_1^2 = 1$. 对任意 $n \geqslant 1$, 令

$$\overline{X}_k = X_k I_{(|X_k| \leqslant n)}, \quad 1 \leqslant k \leqslant n,$$

并记 $\overline{S}_n = \sum_{k=1}^{n} \overline{X}_k$. 那么

$$P(|S_n| > n\varepsilon) \leqslant P(|\overline{S}_n| > n\varepsilon) + P(\max_{1 \leqslant k \leqslant n} |X_k| > n). \tag{4.3}$$

因为 X_k 同分布, 得

$$\sum_{n=1}^{\infty} P(\max_{1 \leqslant k \leqslant n} |X_k| > n) \leqslant \sum_{n=1}^{\infty} nP(|X_1| > n)$$
$$\leqslant AEX_1^2 < \infty, \tag{4.4}$$

其中 A 为常数.

另一方面, 由于 $EX_k = 0$,

$$\frac{1}{n}E\overline{S}_n = EX_1 I_{(|X_1|>n)} \to 0 \quad (n \to \infty).$$

因此对给定的 $\varepsilon > 0$, 存在 n_0, 使得当 $n \geqslant n_0$ 时

$$P(|\overline{S}_n| > n\varepsilon) \leqslant P\left(|\overline{S}_n - E\overline{S}_n| > \frac{n}{2}\varepsilon\right). \tag{4.5}$$

根据 Markov 不等式得

$$P\left(|\overline{S}_n - E\overline{S}_n| > \frac{n}{2}\varepsilon\right) \leqslant \frac{2^4}{\varepsilon^4 n^4}E|\overline{S}_n - E\overline{S}_n|^4$$

$$\leqslant \frac{2^8}{\varepsilon^4 n^3}EX_1^4 I_{(|X_1|\leqslant n)} + \frac{2^4}{\varepsilon^4 n^2}EX_1^2. \tag{4.6}$$

容易看出

$$\sum_{n=1}^{\infty}\frac{1}{n^3}EX_1^4 I_{(|X_1|\leqslant n)} \leqslant \sum_{n=1}^{\infty}\frac{1}{n^3}\sum_{k=1}^{n}k^4 P(k-1 \leqslant |X_1| \leqslant k)$$

$$= \sum_{k=1}^{\infty}k^4 P(k-1 \leqslant |X_1| \leqslant k)\sum_{n=k}^{\infty}\frac{1}{n^3}$$

$$\leqslant AEX_1^2 < \infty. \tag{4.7}$$

其中 A 为常数. 因此, 我们有

$$\sum_{n=1}^{\infty}P\left(|\overline{S}_n - E\overline{S}_n| > \frac{n}{2}\varepsilon\right) < \infty. \tag{4.8}$$

结合 (4.3)–(4.5) 和 (4.8), 得证 (4.2).

注 4.1 定理 4.1 表明, $EX_1^2 < \infty$ 是 (4.2) 成立的充分条件. 一个自然的问题是: 它是必要的吗?

定理 4.2 (Erdös) 假设 $\{X_n; n \geqslant 1\}$ 是一列 i.i.d.r.v., 令 $S_n - \sum_{k=1}^{n}X_k$. 如果对某常数 μ 和任意 $\varepsilon > 0$,

$$\sum_{n=1}^{\infty}P\left(\left|\frac{S_n}{n} - \mu\right| > \varepsilon\right) < \infty, \tag{4.9}$$

那么 $EX_1^2 < \infty$ 并且 $EX_1 = \mu$.

证 首先, 由 Borel-Cantelli 引理知, $\dfrac{S_n}{n} \to \mu$ a.s. 所以, 由 Kolmogorov 强大数律得 $EX_1 = \mu$. 余下证明 $EX_1^2 < \infty$.

令 $\{X_n'; n \geqslant 1\}$ 是一列与 $\{X_n; n \geqslant 1\}$ 独立同分布的 r.v., 记 $\tilde{X}_n = X_n - X_n', \tilde{S}_n = \sum\limits_{k=1}^{n} \tilde{X}_k$. 那么, 由 (4.9)

$$\sum_{n=1}^{\infty} P\left(\left|\frac{\tilde{S}_n}{n}\right| > \varepsilon\right) < \infty. \tag{4.10}$$

因此

$$\lim_{n \to \infty} P(|\tilde{S}_n| > n\varepsilon) = 0. \tag{4.11}$$

由 (1.20) 得

$$P(\max_{1 \leqslant k \leqslant n} |\tilde{X}_k| > n\varepsilon) \leqslant 2P(|\tilde{S}_n| > n\varepsilon).$$

这样, 当 n 足够大时

$$P(\max_{1 \leqslant k \leqslant n} |\tilde{X}_k| > n\varepsilon) \leqslant \frac{1}{2}.$$

应用引理 1.4, 当 n 足够大时

$$nP(|\tilde{X}_1| > n\varepsilon) \leqslant 2P(\max_{1 \leqslant k \leqslant n} |\tilde{X}_k| > n\varepsilon)$$
$$\leqslant 4P(|\tilde{S}_n| > n\varepsilon).$$

因此, 由 (4.10) 得

$$\sum_{n=1}^{\infty} nP(|\tilde{X}_1| > n\varepsilon) \leqslant 4\sum_{n=1}^{\infty} P(|\tilde{S}_n| > n\varepsilon)$$
$$< \infty. \tag{4.12}$$

它等价于 $E\tilde{X}_1^2 < \infty$. 利用 Fubini 定理可得 $EX_1^2 < \infty$. 定理证毕.

下面讨论完全收敛性的其他形式.

定理 4.3 (Baum-Katz) 假设 $\{X_n; n \geqslant 1\}$ 是一列 i.i.d.r.v., 令 $S_n = \sum\limits_{k=1}^{n} X_k$. 那么下列两条等价

(i) $E|X_1| < \infty, EX_1 = \mu$;

(ii) 对任意 $\varepsilon > 0$

$$\sum_{n=1}^{\infty} \frac{1}{n} P\left(\left|\frac{S_n}{n} - \mu\right| > \varepsilon\right) < \infty. \tag{4.13}$$

证 先证 (i)⇒(ii). 不妨假设 $\mu = 0$. 令 $\overline{X}_k = X_k I_{(|X_k| \leqslant n)}, 1 \leqslant k \leqslant n$, 并定义 $\overline{S}_n = \sum_{k=1}^{n} \overline{X}_k$. 对任意 $\varepsilon > 0$

$$P\left(\left|\frac{S_n}{n}\right| > 2\varepsilon\right) = P\left(\left|\frac{S_n}{n}\right| > 2\varepsilon, \bigcap_{k=1}^{n}\{X_k = \overline{X}_k\}\right)$$

$$+ P\left(\left|\frac{S_n}{n}\right| > 2\varepsilon, \bigcup_{k=1}^{n}\{X_k \neq \overline{X}_k\}\right)$$

$$\leqslant P(|\overline{S}_n| > 2n\varepsilon) + nP(|X_1| > n). \tag{4.14}$$

因为 $E|X_1| < \infty$, 我们有

$$\sum_{n=1}^{\infty} P(|X_1| > n) < \infty. \tag{4.15}$$

另一方面, 由 $EX_1 = 0$ 得

$$E\overline{X}_1 = -EX_1 I_{(|X_1|>n)} \to 0 \quad (n \to \infty).$$

所以, 当 n 充分大时

$$P(|\overline{S}_n| > 2n\varepsilon) \leqslant P(|\overline{S}_n - E\overline{S}_n| > n\varepsilon). \tag{4.16}$$

由 Markov 不等式得

$$\sum_{n=1}^{\infty} \frac{1}{n} P(|\overline{S}_n - E\overline{S}_n| > n\varepsilon) \leqslant \frac{1}{\varepsilon^2} \sum_{n=1}^{\infty} \frac{E\overline{X}_1^2}{n^2}$$

$$= \frac{1}{\varepsilon^2} \sum_{n=1}^{\infty} \frac{1}{n^2} \sum_{k=1}^{n} EX_1^2 I_{(k-1<|X_1|\leqslant k)}$$

$$\leqslant \frac{1}{\varepsilon^2} \sum_{n=1}^{\infty} \frac{1}{n^2} \sum_{k=1}^{n} k^2 P(k-1 < |X_1| \leqslant k)$$

$$= \frac{1}{\varepsilon^2} \sum_{k=1}^{\infty} k^2 P(k-1 < |X_1| \leqslant k) \sum_{n=k}^{\infty} \frac{1}{n^2}$$

$$\leqslant \frac{A}{\varepsilon^2} \sum_{k=1}^{\infty} k P(k-1 < |X_1| \leqslant k)$$

$$\leqslant \frac{A}{\varepsilon^2} E|X_1| < \infty. \tag{4.17}$$

综合 (4.14)–(4.17) 知

$$\sum_{n=1}^{\infty} \frac{1}{n} P\left(\left|\frac{S_n}{n}\right| > 2\varepsilon\right) < \infty.$$

由于 ε 是任意的, (4.13) 式成立.

下面证明 (ii)$\Rightarrow$(i). 不妨假设 $\{X_n; n \geqslant 1\}$ 是一列独立对称同分布 r.v., 否则, 利用对称化技巧进行转化 (参见定理 4.2 的证明). 这样 (4.13) 可写成: 对任意 $\varepsilon > 0$

$$\sum_{n=1}^{\infty} \frac{1}{n} P\left(\left| \frac{S_n}{n} \right| > \varepsilon \right) < \infty. \tag{4.18}$$

由此可以推出

$$\lim_{n \to \infty} P\left(\left| \frac{S_n}{n} \right| > \varepsilon \right) = 0. \tag{4.19}$$

事实上, 假设 (4.19) 式不成立, 那么存在 $\delta > 0$ 和一列正整数 $n_1, n_2, \cdots$, 使得

$$n_{k+1} \geqslant 2n_k$$

并且

$$P(|S_{n_k}| > n_k \varepsilon) \geqslant \delta, \quad k \geqslant 1.$$

应用 Lévy 最大值不等式 (1.16), 知

$$\min_{n_k \leqslant n \leqslant 2n_k} P(|S_n| > n\varepsilon) \geqslant \frac{1}{2} P(|S_{n_k}| > n_k \varepsilon) \geqslant \frac{\delta}{2}.$$

从而, 我们有

$$\sum_{n=1}^{\infty} \frac{1}{n} P\left(\left| \frac{S_n}{n} \right| > \varepsilon \right) \geqslant \sum_{k=1}^{\infty} \sum_{n=n_{k+1}}^{2n_k} \frac{1}{n} P\left(\left| \frac{S_n}{n} \right| > \varepsilon \right)$$
$$\geqslant \sum_{k=1}^{\infty} \frac{1}{2n_k} \sum_{n=n_{k+1}}^{2n_k} P(|S_n| > n\varepsilon)$$
$$= \infty.$$

这与 (4.18) 式矛盾. 从而, (4.19) 成立.

一旦 (4.19) 式成立, 可以证明 (参见定理 4.2): 存在足够大的 n_0, 当 $n \geqslant n_0$ 时

$$P(|X_1| > n\varepsilon) \leqslant \frac{2}{n} P(|S_n| > n\varepsilon).$$

两边求和, 得

$$\sum_{n=n_0}^{\infty} P(|X_1| > n\varepsilon) \leqslant 2 \sum_{n=n_0}^{\infty} \frac{1}{n} P(|S_n| > n\varepsilon) < \infty.$$

它等价于 $E|X_1| < \infty$. 定理证毕.

定理 4.4 (Baum-Katz) 假设 $\{X_n; n \geqslant 1\}$ 是一列 i.i.d.r.v., 令 $S_n = \sum_{k=1}^{n} X_k$. 那么下列三条等价

(i) $E|X_1 \log |X_1|| < \infty$, $EX_1 = \mu$;

(ii) 对任意 $\varepsilon > 0$,

$$\sum_{n=1}^{\infty} \frac{\log n}{n} P\left(\left| \frac{S_n}{n} - \mu \right| > \varepsilon \right) < \infty; \tag{4.20}$$

(iii) 对任意 $\varepsilon > 0$,

$$\sum_{n=1}^{\infty} \frac{1}{n} P\left(\sup_{k \geqslant n} \left| \frac{S_k}{k} - \mu \right| > \varepsilon \right) < \infty. \tag{4.21}$$

证 先证 (i)⇒(ii). 注意到, $E|X_1 \log |X_1|| < \infty$ 当且仅当

$$\sum_{n=1}^{\infty} \log n P(|X_1| > n) < \infty. \tag{4.22}$$

其余证明类似于定理 4.3 中 (i)⇒(ii) 的证明.

下面证明 (ii)⇒(iii). 如果 $\{X_n; n \geqslant 1\}$ 是一列 i.i.d. 对称 r.v., 由 (1.16)

$$\begin{aligned}
\sum_{n=2}^{\infty} \frac{1}{n} P\left(\sup_{k \geqslant n} \left| \frac{S_k}{k} \right| > 2\varepsilon \right) &= \sum_{l=0}^{\infty} \sum_{n=2^l+1}^{2^{l+1}} \frac{1}{n} P\left(\sup_{k \geqslant n} \left| \frac{S_k}{k} \right| > 2\varepsilon \right) \\
&\leqslant \sum_{l=0}^{\infty} P\left(\sup_{k \geqslant 2^l} \left| \frac{S_k}{k} \right| > 2\varepsilon \right) \\
&\leqslant \sum_{l=0}^{\infty} \sum_{m=l}^{\infty} P\left(\sup_{2^m \leqslant k \leqslant 2^{m+1}} |S_k| > 2^{m+1}\varepsilon \right) \\
&\leqslant \sum_{m=0}^{\infty} (m+1) P\left(\sup_{2^m \leqslant k \leqslant 2^{m+1}} |S_k| > 2^{m+1}\varepsilon \right) \\
&\leqslant 2 \sum_{m=1}^{\infty} m P(|S_{2^m}| > 2^m \varepsilon). \tag{4.23}
\end{aligned}$$

另一方面, 容易看出

$$\begin{aligned}
\sum_{m=1}^{\infty} m P(|S_{2^m}| > 2^m \varepsilon) &\leqslant \frac{2}{\log 2} \sum_{m=1}^{\infty} \sum_{n=2^m+1}^{2^{m+1}} \frac{\log n}{n} P\left(|S_n| > \frac{1}{2} n \varepsilon \right) \\
&\leqslant \frac{2}{\log 2} \sum_{n=1}^{\infty} \frac{\log n}{n} P\left(\left| \frac{S_n}{n} \right| > \frac{\varepsilon}{2} \right) < \infty. \tag{4.24}
\end{aligned}$$

结合 (4.23), 得到 (4.21).

如果 $\{X_n; n \geqslant 1\}$ 不是对称的, 可利用对称化技巧进行转化. 不妨假设 $\mu = 0$. 构造一列独立对称 r.v. 序列 $\{\tilde{X}_n; n \geqslant 1\}$, 定义 $\tilde{S}_n = \sum_{k=1}^{n} \tilde{X}_k$. 那么对任意 $\varepsilon > 0$

$$\sum_{n=1}^{\infty} \frac{\log n}{n} P\left(\left|\frac{\tilde{S}_n}{n}\right| > \varepsilon\right) < \infty.$$

根据上述已证明的结果, 得

$$\sum_{n=1}^{\infty} \frac{1}{n} P\left(\sup_{k \geqslant n}\left|\frac{\tilde{S}_k}{k}\right| > \varepsilon\right) < \infty.$$

进而, 我们有

$$\sum_{n=1}^{\infty} \frac{1}{n} P\left(\sup_{k \geqslant n}\left|\frac{S_k}{k}\right| > 2\varepsilon\right) \leqslant 2 \sum_{n=1}^{\infty} \frac{1}{n} P\left(\sup_{k \geqslant n}\left|\frac{\tilde{S}_k}{k}\right| > \varepsilon\right) < \infty.$$

因为 ε 是任意的, 得证 (4.21) 成立.

最后证明 (iii)$\Rightarrow$(i). 显然, 对任意 $\varepsilon > 0, P(\sup_{k \geqslant n}|S_k/k - \mu| > \varepsilon), n \geqslant 1$ 是单调递减序列. 因此, 它一定趋向于 0. 由此可得 $S_n/n \to \mu$ a.s. 并且 $EX_1 = \mu$. 不妨设 $\mu = 0$, 那么

$$\sum_{n=1}^{\infty} \frac{1}{n} P\left(\sup_{k \geqslant n}\left|\frac{X_k}{k}\right| > \varepsilon\right) < \infty. \tag{4.25}$$

由于 $X_1, X_2, \cdots$ 是 i.i.d., 我们有

$$P\left(\sup_{k \geqslant n}\left|\frac{X_k}{k}\right| > \varepsilon\right) \geqslant \sum_{k=n}^{\infty} P(|X_1| > k\varepsilon) - \sum_{k=n}^{\infty} P(|X_1| > k\varepsilon) \sum_{l=k+1}^{\infty} P(|X_1| > l\varepsilon). \tag{4.26}$$

另一方面, 由于 $E|X_1| < \infty$, 所以存在 $n_0 \geqslant 1$, 使得当 $n \geqslant n_0$ 时

$$\sum_{l=n}^{\infty} P(|X_1| > l\varepsilon) < \frac{1}{2}.$$

这样, 当 $n \geqslant n_0$ 时

$$P\left(\sup_{k \geqslant n}\left|\frac{X_k}{k}\right| > \varepsilon\right) \geqslant \frac{1}{2} \sum_{k=n}^{\infty} P(|X_1| > k\varepsilon).$$

因此

$$\sum_{n=n_0}^{\infty} \frac{1}{n} \sum_{k=n}^{\infty} P(|X_1| > k\varepsilon) \leqslant 2 \sum_{n=n_0}^{\infty} \frac{1}{n} P\left(\sup_{k \geqslant n}\left|\frac{X_k}{k}\right| > \varepsilon\right) < \infty.$$

由此不难证明 $E|X_1 \log |X_1|| < \infty$. 定理证毕.

以上所讨论的完全收敛性可看成是 Kolmogorov 大数律的收敛速度. 类似地, 我们可以给出 Marcinkiewicz 大数律的收敛速度.

定理 4.5 假设 $\{X_n; n \geqslant 1\}$ 是一列 i.i.d.r.v., 令 $S_n - \sum\limits_{k=1}^{n} X_k$. 假设 $0 < t < 2$, 那么下列两条等价

(i) $E|X_1|^t < \infty$;

(ii) 对任意 $\varepsilon > 0$

$$\sum_{n=1}^{\infty} \frac{1}{n} P(|S_n - n\mu| > n^{1/t}\varepsilon) < \infty,$$

其中, 如果 $0 < t < 1$, 那么 $\mu = 0$; 如果 $1 \leqslant t < 2$, 那么 $\mu = EX_1$.

进一步, 我们还有

定理 4.6 假设 $\{X_n; n \geqslant 1\}$ 是一列 i.i.d.r.v., 令 $S_n = \sum\limits_{k=1}^{n} X_k$. 假设 $r > 1, 0 < t < 2r$, 那么下列三条等价

(i) $E|X_1|^t < \infty$;

(ii) 对任意 $\varepsilon > 0$

$$\sum_{n=1}^{\infty} n^{r-2} P(|S_n - n\mu| > n^{r/t}\varepsilon) < \infty;$$

(iii) 对任意 $\varepsilon > 0$

$$\sum_{n=1}^{\infty} n^{r-2} P\left(\sup_{k \geqslant n} \left| \frac{S_k - k\mu}{k^{r/t}} \right| > \varepsilon \right) < \infty,$$

其中, 如果 $0 < t < r$, 那么 $\mu = 0$; 如果 $r \leqslant t < 2r$, 那么 $\mu = EX_1$.

定理 4.5 和 4.6 的证明可参见 [6].

注 4.2 定理 4.1 表明, 如果 $EX_1^2 < \infty$, 那么对任意 $\varepsilon > 0$

$$\sum_{n=1}^{\infty} P\left(\left| \frac{S_n}{n} - \mu \right| > \varepsilon \right) < \infty.$$

但上述级数明显依赖于 ε. ε 越小, 级数值越大; 随着 $\varepsilon \to 0$, 它会趋于无穷大. 一个有趣的问题是: 该级数究竟是如何依赖于 ε 的?

定理 4.7 (Heyde) 假设 $\{X_n; n \geqslant 1\}$ 是一列 i.i.d.r.v., $EX_1 = \mu, \mathrm{Var}(X_1) = \sigma^2$. 令 $S_n = \sum\limits_{k=1}^{n} X_k$, 那么

$$\lim_{\varepsilon \to 0} \varepsilon^2 \sum_{n=1}^{\infty} P\left(\left| \frac{S_n}{n} - \mu \right| > \varepsilon \right) = \sigma^2. \tag{4.27}$$

证 令 ξ 是正态 r.v., $E\xi = 0, \mathrm{Var}(\xi) = \sigma^2$. 那么

$$\lim_{\varepsilon \to 0} \varepsilon^2 \sum_{n=1}^{\infty} P(|\xi| > \sqrt{n}\varepsilon) = \sigma^2. \tag{4.28}$$

事实上, 不难看出

$$\sum_{n=1}^{\infty} P(|\xi| > \sqrt{n}\varepsilon) \leqslant \frac{E\xi^2}{\varepsilon^2} \leqslant 1 + \sum_{n=1}^{\infty} P(|\xi| > \sqrt{n}\varepsilon).$$

两边乘以 ε^2, 并令 $\varepsilon \to 0$, 得 (4.28). 因此, 为证 (4.27), 只要证明

$$\lim_{\varepsilon \to 0} \varepsilon^2 \left(\sum_{n=1}^{\infty} P\left(\left| \frac{S_n}{n} - \mu \right| > \varepsilon \right) - \sum_{n=1}^{\infty} P(|\xi| > \sqrt{n}\varepsilon) \right) = 0. \tag{4.29}$$

令

$$\Delta_n = \sup_{-\infty < x < \infty} \left| P\left(\left| \frac{S_n - n\mu}{\sqrt{n}} \right| > x \right) - P(|\xi| > x) \right|.$$

由 Lévy-Feller 中心极限定理和正态分布函数的连续性,

$$\lim_{n \to \infty} \Delta_n = 0.$$

所以, 对任意正实数 M, 由 (1.10) 得

$$\lim_{\varepsilon \to 0} \varepsilon^2 \left(\sum_{n=1}^{[M\varepsilon^{-2}]} P\left(\left| \frac{S_n}{n} - \mu \right| > \varepsilon \right) - \sum_{n=1}^{[M\varepsilon^{-2}]} P(|\xi| > \sqrt{n}\varepsilon) \right) = 0. \tag{4.30}$$

另一方面, 由 Markov 不等式

$$P(|\xi| > \sqrt{n}\varepsilon) \leqslant \frac{E\xi^4}{n^2 \varepsilon^4} = \frac{3\sigma^4}{n^2 \varepsilon^4}.$$

因此, 对任意 $\varepsilon > 0$ 和 $M > 0$

$$\varepsilon^2 \sum_{n=[M\varepsilon^{-2}]+1}^{\infty} P(|\xi| > \sqrt{n}\varepsilon) \leqslant \frac{3\sigma^4}{\varepsilon^2} \sum_{n=[M\varepsilon^{-2}]+1}^{\infty} \frac{1}{n^2}$$

$$\leqslant \frac{3\sigma^4}{M}. \tag{4.31}$$

在 (4.31) 式两边取极限, 得

$$\lim_{M\to\infty}\lim_{\varepsilon\to0}\varepsilon^2\sum_{n=[M\varepsilon^{-2}]+1}^{\infty}P(|\xi|>\sqrt{n}\varepsilon)=0. \qquad (4.32)$$

为了讨论部分和 S_n 的相应级数, 我们需要 Fuk-Nagaev 不等式 (参见 [8]):

$$P(|S_n-n\mu|>n\varepsilon)\leqslant nP\left(|X_1-\mu|\geqslant\frac{1}{4}n\varepsilon\right)+128(1+2e^4)\frac{\sigma^4}{n^2\varepsilon^4}. \qquad (4.33)$$

不难看出

$$\sum_{n=[M\varepsilon^{-2}]+1}^{\infty}nP\left(|X_1-\mu|\geqslant\frac{1}{4}n\varepsilon\right)\leqslant\frac{32}{\varepsilon^2}E|X_1-\mu|^2I_{(|X_1-\mu|\geqslant\frac{1}{4}\varepsilon[M\varepsilon^{-2}])}.$$

所以

$$\lim_{\varepsilon\to0}\varepsilon^2\sum_{n=[M\varepsilon^{-2}]+1}^{\infty}nP\left(|X_1-\mu|\geqslant\frac{1}{4}n\varepsilon\right)\leqslant\lim_{\varepsilon\to0}32E|X_1-\mu|^2I_{(|X_1-\mu|\geqslant\frac{1}{4}\varepsilon[M\varepsilon^{-2}])}$$
$$=0. \qquad (4.34)$$

另外, 容易看出

$$\lim_{M\to\infty}\lim_{\varepsilon\to0}\varepsilon^2\sum_{n=[M\varepsilon^{-2}]+1}^{\infty}\frac{1}{n^2\varepsilon^4}=0. \qquad (4.35)$$

将 (4.34) 和 (4.35) 代入 (4.33), 得

$$\lim_{M\to\infty}\lim_{\varepsilon\to0}\varepsilon^2\sum_{n=[M\varepsilon^{-2}]+1}^{\infty}P\left(\left|\frac{S_n}{n}-\mu\right|>\varepsilon\right)=0. \qquad (4.36)$$

综合 (4.31), (4.32) 和 (4.36) 可得 (4.29). 定理证毕.

注 4.3 (4.27) 式表明级数 $\sum\limits_{n=1}^{\infty}P(|S_n/n-\mu|>\varepsilon)$ 以 ε^{-2} 的速度渐近趋于无穷大. 这种形式的结果通常被称为完全收敛性的精确渐近性. 除定理 4.7 外, 还有许多其他形式的精确渐近性. 文献中有不少这方面的研究.

§5 重 对 数 律

我们来给出概率极限理论中的一类极为深刻的结果 —— 重对数律, 它们是强大数律的精确化. 这里只讨论两个重要情形. 首先是

定理 5.1 (Kolmogorov 重对数律)　设 $\{X_n; n \geqslant 1\}$ 是独立 r.v. 序列, $EX_n = 0, EX_n^2 = \sigma_n^2, B_n = \sum\limits_{k=1}^{n} \sigma_k^2 \to \infty$, 且存在常数序列 $\{M_n\}$ 满足

$$M_n = o((B_n/\log\log B_n)^{1/2}), \quad |X_n| \leqslant M_n \quad \text{a.s.} \tag{5.1}$$

那么若记 $S_n = \sum\limits_{k=1}^{n} X_k$, 则

$$\limsup_{n\to\infty} \frac{S_n}{(2B_n \log\log B_n)^{1/2}} = 1 \quad \text{a.s.} \tag{5.2}$$

注 5.1　我们称满足上式的 r.v. 序列 $\{X_n\}$ 服从**重对数律**. 显然, 若 $\{X_n\}$ 满足定理的条件, $\{-X_n\}$ 也同样满足, 由 (5.2) 立即可得

$$\liminf_{n\to\infty} \frac{S_n}{(2B_n \log\log B_n)^{1/2}} = -1 \quad \text{a.s.} \tag{5.3}$$

因此, 我们有

$$\limsup_{n\to\infty} \frac{|S_n|}{(2B_n \log\log B_n)^{1/2}} = 1 \quad \text{a.s.} \tag{5.4}$$

定理的证明需要下列关于独立有界 r.v. 和的指数不等式. 不失一般性, 我们可以假设 $\{M_n\}$ 是不减的. 记 $q_n(x) = P(S_n \geqslant x)$.

引理 5.1　若 $0 \leqslant xM_n \leqslant B_n$, 则

$$q_n(x) \leqslant \exp\left\{-\frac{x^2}{2B_n}\left(1 - \frac{xM_n}{2B_n}\right)\right\}. \tag{5.5}$$

若 $xM_n > B_n$, 则

$$q_n(x) \leqslant \exp\{-x/(4M_n)\}. \tag{5.6}$$

证　设 $0 < t \leqslant M_n^{-1}$. 因为对任何 $k \geqslant 2$, $E|X_n|^k \leqslant M_n^{k-2}\sigma_n^2$, 那么对每一 n 有

$$\begin{aligned}
Ee^{tX_n} &= 1 + \sum_{k=2}^{\infty} \frac{t^k}{k!} EX_n^k \\
&\leqslant 1 + \frac{t^2}{2}\sigma_n^2\left(1 + \frac{t}{3}M_n + \frac{t^2}{12}M_n^2 + \cdots\right) \\
&\leqslant 1 + \frac{t^2}{2}\sigma_n^2\left(1 + \frac{t}{2}M_n\right) \leqslant \exp\left\{\frac{t^2\sigma_n^2}{2}\left(1 + \frac{tM_n}{2}\right)\right\},
\end{aligned}$$

故

$$Ee^{tS_n} \leqslant \exp\left\{\frac{t^2B_n}{2}\left(1 + \frac{t}{2}M_n\right)\right\}.$$

因此

$$q_n(x) \leqslant \mathrm{e}^{-tx} E\mathrm{e}^{tS_n} \leqslant \exp\left\{-tx + \frac{t^2 B_n}{2}\left(1 + \frac{t}{2}M_n\right)\right\}.$$

当 $xM_n \leqslant B_n$ 时, 取 $t = x/B_n$; 当 $xM_n > B_n$ 时, 取 $t = 1/M_n$, 我们就分别得到不等式 (5.5) 和 (5.6).

引理 5.2 设 $x_n > 0, x_n M_n/B_n \to 0$ 而 $x_n^2/B_n \to \infty$, 则对每个 $\mu > 0$ 和所有充分大的 n, 有

$$q_n(x_n) \geqslant \exp\left\{-\frac{x_n^2}{2B_n}(1+\mu)\right\}. \tag{5.7}$$

证 对 $x \geqslant 0$, 有 $\mathrm{e}^{-x(1-x)} \geqslant 1 - x(1-x) \geqslant 1/(1+x)$. 若 $0 \leqslant tM_n \leqslant 1$, 则

$$E\mathrm{e}^{tX_n} \geqslant 1 + \frac{t^2}{2}\sigma_n^2\left(1 - \frac{t}{3}M_n - \frac{t^2}{12}M_n^2 - \cdots\right)$$

$$\geqslant 1 + \frac{t^2}{2}\sigma_n^2\left(1 - \frac{t}{2}M_n\right)$$

$$\geqslant \exp\left\{\frac{t^2}{2}\sigma_n^2\left(1 - \frac{t}{2}M_n - \frac{t^2}{2}\sigma_n^2\right)\right\}$$

$$\geqslant \exp\left\{\frac{t^2}{2}\sigma_n^2(1 - tM_n)\right\}.$$

故

$$E\mathrm{e}^{tS_n} \geqslant \exp\left\{\frac{t^2}{2}B_n(1 - tM_n)\right\}.$$

记 $t = x_n/((1-\delta)B_n)$, 其中 $\delta > 0$ 将在后面选定, 则 $tM_n \to 0$. 所以对任一固定的 $\alpha > 0$, 当 n 充分大时, 我们有

$$E\mathrm{e}^{tS_n} \geqslant \exp\left\{\frac{t^2}{2}B_n(1 - \alpha)\right\}. \tag{5.8}$$

利用分部积分法,

$$E\mathrm{e}^{tS_n} = -\int_{-\infty}^{\infty}\mathrm{e}^{ty}\mathrm{d}q_n(y) = t\int_{-\infty}^{\infty}\mathrm{e}^{ty}q_n(y)\mathrm{d}y = t\sum_{k=1}^{5}I_k, \tag{5.9}$$

这里 $I_1, I_2, \cdots, I_5$ 分别为 $\mathrm{e}^{ty}q_n(y)$ 在区间 $(-\infty, 0], (0, t(1-\delta)B_n], (t(1-\delta)B_n, t(1+\delta)B_n], (t(1+\delta)B_n, 8tB_n], (8tB_n, \infty)$ 上的积分. 显然

$$tI_1 \leqslant t\int_{-\infty}^{0}\mathrm{e}^{ty}\mathrm{d}y = 1.$$

对 I_5, 若 $y \geqslant B_n/M_n$, 则由引理 5.1 知 $q_n(y) \leqslant \exp\{-y/(4M_n)\} \leqslant \exp(-2ty)$. 后一不等号是因为 $tM_n \to 0$, 所以对一切充分大的 n 成立. 在区间 $8tB_n \leqslant y \leqslant B_n/M_n$ 中, 同一引理推出 $q_n(y) \leqslant \exp(-y^2/(4B_n)) \leqslant \exp(-2ty)$. 因此 $tI_5 \leqslant t\int_{8tB_n}^{\infty} e^{-ty}\mathrm{d}y < 1$. 回顾 t 的定义和条件 $x_n^2/B_n \to \infty$, 由 (5.8) 可知对充分大的 n, $E e^{tS_n} > 8$, 所以有

$$tI_1 + tI_5 < 2 < E e^{tS_n}/4. \tag{5.10}$$

再来估计 I_2 和 I_4. 因对 $0 \leqslant y \leqslant 8tB_n$, 当 n 充分大时, $yM_n \leqslant 8tM_nB_n \leqslant B_n$, 所以可利用 (5.5). 再注意到 $yM_n/B_n \leqslant 8tM_n = 8x_nM_n/((1-\delta)B_n) \to 0$, 对任一固定的 $\beta > 0$ 和充分大的 n, 有

$$q_n(y) \leqslant \exp\left\{-\frac{y^2}{2B_n}(1-\beta)\right\}.$$

因此

$$tI_2 + tI_4 \leqslant t\int_D \exp\{\psi(y)\}\mathrm{d}y,$$

其中 $D = (0, t(1-\delta)B_n) \bigcup (t(1+\delta)B_n, 8tB_n]$, 而 $\psi(y) = ty - y^2(1-\beta)/(2B_n)$, 它在点 $y_0 = tB_n/(1-\beta)$ 处有最大值. 若 β 选得足够小, 点 y_0 含于区间 $(t(1-\delta)B_n, t(1+\delta)B_n]$ 中. 因此

$$\sup_D \psi(y) = \max\{\psi(t(1-\delta)B_n), \psi(t(1+\delta)B_n)\}.$$

若取 $\beta < \delta^2/(2(1+\delta)^2)$, 就有

$$\begin{aligned}\psi(t(1\pm\delta)B_n) &= \frac{t^2B_n}{2}(1-\delta^2+\beta(1\pm\delta)^2) \\ &\leqslant \frac{t^2B_n}{2}\left(1-\frac{\delta^2}{2}\right).\end{aligned}$$

所以

$$tI_2 + tI_4 \leqslant 8t^2B_n \exp\left\{\frac{t^2B_n}{2}\left(1-\frac{\delta^2}{2}\right)\right\}.$$

注意到 $t^2B_n \to \infty$, 当 n 充分大时, 成立 $32t^2B_n \leqslant \exp\{t^2B_n\delta^2/8\}$. 由此并利用 (5.8), 得

$$tI_2 + tI_4 \leqslant \frac{1}{4}\exp\left\{\frac{t^2B_n}{2}\left(1-\frac{\delta^2}{4}\right)\right\} \leqslant \frac{1}{4}E e^{tS_n}. \tag{5.11}$$

函数 $q_n(y)$ 是不增的, 由 $x_n = (1-\delta)tB_n$, 我们可得

$$tI_3 \leqslant 2\delta t^2B_n \exp\{t^2B_n(1+\delta)\}q_n(x_n).$$

而由 (5.9)–(5.11), 又有 $tI_3 > \dfrac{1}{2}Ee^{tS_n}$. 与上式结合, 再利用 (5.8), 并取 $\delta < 1/2$, 则对充分大的 n 有

$$
\begin{aligned}
q_n(x_n) &\geqslant (tI_3\exp\{-t^2 B_n(1+\delta)\})/(2\delta t^2 B_n) \\
&\geqslant \frac{1}{2t^2 B_n}\exp\left\{-\frac{t^2 B_n}{2}(1+\alpha+2\delta)\right\} \\
&\geqslant \exp\left\{-\frac{x_n^2}{2B_n(1-\delta)^2}\left(1+\alpha+2\delta+\frac{\delta^2}{4}\right)\right\}.
\end{aligned}
$$

对于任意给定的 $\mu > 0$, 只要取 $\alpha > 0$ 和 $\delta > 0$ 充分小, 总能使

$$
(1+\alpha+2\delta+\delta^2/4)/(1-\delta)^2 < 1+\mu.
$$

因此对充分大的 n, (5.7) 成立. 证毕.

定理 5.1 的证明 考虑充分大的 n. 简记 $h(n) = (2B_n\log\log B_n)^{1/2}$.
首先我们来证明, 对任给的 $\varepsilon > 0$

$$
P\{S_n > (1+\varepsilon)h(n), \text{i.o.}\} = 0. \tag{5.12}
$$

由 (5.1) 和 $B_n \to \infty$ 得

$$
\frac{B_n}{B_{n+1}} = 1 - \frac{\sigma_{n+1}^2}{B_{n+1}} = 1 + o\left(\frac{1}{\log\log B_{n+1}}\right) \to 1.
$$

对任给的 $\tau > 0$, 存在一个不减的整数列 $\{n_k\}$, 使当 $k \to \infty$ 时 $n_k \to \infty$ 且

$$
B_{n_k-1} \leqslant (1+\tau)^k < B_{n_k} \quad (k = 1, 2, \cdots) \tag{5.13}
$$

($B_0 = 0$). 故

$$
1 > (1+\tau)^k/B_{n_k} \geqslant (B_{n_k} - \sigma_{n_k}^2)/B_{n_k} \to 1. \tag{5.14}
$$

由此又有

$$
B_{n_k} - B_{n_k-1} = B_{n_k}(1 - B_{n_k-1}/B_{n_k}) \sim B_{n_k}\tau/(1+\tau) \tag{5.15}
$$

($A \sim B$ 是指 $A/B \to 1$).

记 $\overline{S}_{n_k} = \max\limits_{n\leqslant n_k} S_n$. 我们来证明: 对每一 $r > 0$

$$
\sum_{k=1}^{\infty} P\{\overline{S}_{n_k} > (1+r)h(n_k)\} < \infty. \tag{5.16}
$$

我们先指出: 对任何均值为 0 的 r.v. X 成立 $|m(X)| \leqslant \sqrt{2\operatorname{Var} X}$. 这一点易从下列不等式看出:

$$P\{|X| \geqslant \sqrt{(2+\varepsilon)\operatorname{Var} X}\} \leqslant (2+\varepsilon)^{-1} < 1/2.$$

将这一事实应用于 Lévy 不等式便得

$$P\{\overline{S}_{n_k} > (1+r)h(n_k)\} \leqslant 2P\{S_{n_k} > (1+r)h(n_k) - \sqrt{2B_{n_k}}\}$$
$$\leqslant 2P\{S_{n_k} > (1+r_1)h(n_k)\},$$

其中第二个不等式对任意给定的 $r_1 \in (0,r)$ 和充分大的 n 成立. 由引理 5.1 和 (5.13) 式, 对任意的 $\mu > 0$ 和充分大的 k,

$$P\{S_{n_k} > (1+r_1)h(n_k)\} \leqslant (\log B_{n_k})^{-(1-\mu)(1+r_1)^2}$$
$$\leqslant \{k\log(1+\tau)\}^{-(1-\mu)(1+r_1)^2}.$$

选 μ 足够小, 使得 $(1-\mu)(1+r_1)^2 > 1$, 因此 (5.16) 成立.

对任给的 $\varepsilon > 0$, 有

$$P\{S_n > (1+\varepsilon)h(n), \text{i.o.}\} \leqslant P\{\max_{n_{k-1} \leqslant n < n_k} S_n > (1+\varepsilon)h(n_{k-1}), \text{i.o.}\}$$
$$\leqslant P\{\overline{S}_{n_k} > (1+\varepsilon)h(n_{k-1}), \text{i.o.}\}.$$

由 (5.14) 知, 对充分大的 k, $h(n_k)/h(n_{k-1}) < \sqrt{1+2\tau}$. 所以

$$P\{S_n > (1+\varepsilon)h(n), \text{i.o.}\} \leqslant P\{\overline{S}_{n_k} > \frac{1+\varepsilon}{\sqrt{1+2\tau}}h(n_k), \text{i.o.}\}.$$

取 r 和 τ 使其满足 $(1+\varepsilon)/\sqrt{1+2\tau} > 1+r$, 得

$$P\{S_n > (1+\varepsilon)h(n), \text{i.o.}\} \leqslant P\{\overline{S}_{n_k} > (1+r)h(n_k), \text{i.o.}\}.$$

由 (5.16) 和 Borel-Cantelli 引理, 我们即得 (5.12) 成立.

用 $-S_n$ 代替 S_n, 又有

$$P\{-S_n > (1+\varepsilon)h(n), \text{i.o.}\} = 0.$$

因此

$$P\{|S_n| > (1+\varepsilon)h(n), \text{i.o.}\} = 0. \tag{5.17}$$

为完成定理的证明, 我们只需证: 对任给的 $\varepsilon > 0$,

$$P\{S_n > (1-\varepsilon)h(n), \text{i.o.}\} = 1. \tag{5.18}$$

记

$$\psi(n_k) = [2(B_{n_k} - B_{n_{k-1}}) \log\log(B_{n_k} - B_{n_{k-1}})]^{1/2}.$$

利用事件关系式 $P(A \bigcap B) \geqslant P(A) - P(B^c)$, 我们有

$$P[S_{n_k} - S_{n_{k-1}} > (1-r)\psi(n_k)]$$
$$\geqslant P\{[S_{n_k} > (1-r/2)\psi(n_k)] \bigcap [S_{n_{k-1}} < (r/2)\psi(n_k)]\}$$
$$\geqslant P\{S_{n_k} > (1-r/2)\psi(n_k)\} - P\{S_{n_{k-1}} \geqslant (r/2)\psi(n_k)\}. \quad (5.19)$$

从 (5.15) 可以求得 $\psi(n_k)/h(n_{k-1}) \sim \tau^{1/2}$. 由此并应用引理 5.1 对充分大的 k, 有

$$P\{S_{n_{k-1}} \geqslant (r/2)\psi(n_k)\} \leqslant P\{S_{n_{k-1}} \geqslant (r\sqrt{\tau}/3)h(n_{k-1})\}$$
$$\leqslant (\log B_{n_{k-1}})^{-r^2\tau/5}. \quad (5.20)$$

应用引理 5.2, 对任给的 $\mu > 0$, 当 k 充分大时,

$$P\{S_{n_k} > (1-r/2)\psi(n_k)\} \geqslant P\{S_{n_k} > (1-r/2)h(n_k)\}$$
$$\geqslant (\log B_{n_k})^{-(1+\mu)(1-r/2)^2}. \quad (5.21)$$

将 (5.20)、(5.21) 代入 (5.19), 注意到 $\log B_{n_k} \sim k\log(1+\tau)$, 并取 τ 足够大就有

$$P\{S_{n_k} - S_{n_{k-1}} > (1-r)\psi(n_k)\} > c(k^{-(1+\mu)(1-r/2)^2} - k^{-r^2\tau/5})$$
$$> (c/2)k^{-(1+\mu)(1-r/2)^2}. \quad (5.22)$$

因此若取 $\mu > 0$ 足够小, 使 $(1+\mu)(1-r/2)^2 < 1$, 则有

$$\sum_{k=1}^{\infty} P\{S_{n_k} - S_{n_{k-1}} > (1-r)\psi(n_k)\} = \infty.$$

再次利用 Borel-Cantelli 引理, 我们证得对于任意的 $0 < r < 1$,

$$P\{S_{n_k} - S_{n_{k-1}} > (1-r)\psi(n_k), \text{i.o.}\} = 1. \quad (5.23)$$

此外, 当 $k \to \infty$ 时

$$(1-r)\psi(n_k) - 2h(n_{k-1}) \sim [(1-r)\tau^{1/2}(1+\tau)^{-1/2} - 2(1+\tau)^{-1/2}] \cdot h(n_k).$$

由 (5.17) 知存在零概率集 A, 当 $\omega \bar{\in} A$ 时, 存在 $n_0(\omega)$ 使当 $n \geqslant n_0(\omega)$ 时, $|S_n(\omega)| \leqslant 2h(n)$. 给定 $\varepsilon > 0$ 后, 取 $r > 0, \tau > 0$ 使

$$(1-r)\tau^{1/2}(1+\tau)^{-1/2} - 2(1+\tau)^{-1/2} > 1-\varepsilon,$$

同时 τ 还应保证 (5.22) 成立. 则由 (5.17) 和 (5.23) 得

$$P\{S_{n_k} > (1-\varepsilon)h(n_k), \text{i.o.}\} \geqslant P\{S_{n_k} > (1-r)\psi(n_k) - 2h(n_{k-1}), \text{i.o.}\}$$
$$\geqslant P\{S_{n_k} - S_{n_{k-1}} > (1-r)\psi(n_k), \text{i.o.}\} = 1.$$

因此 (5.18) 式成立, 证毕.

对于无界 r.v., 也有许多深入的研究, 但多数都需要附加一定的条件. 只有对 i.i.d.r.v., 我们有下列十分完美的结果, 这就是概率论中著名定理之一 —— Hartman-Wintner 重对数律.

定理 5.2 (Hartman-Wintner)   假设 $\{X_n; n \geqslant 1\}$ 是一列 i.i.d.r.v., $EX_1 = 0$, $EX_1^2 = 1$. 令 $S_n = \sum_{k=1}^{n} X_k$, 那么

$$\limsup_{n \to \infty} \frac{S_n}{\sqrt{2n \log \log n}} = 1 \quad \text{a.s.} \tag{5.24}$$

该定理可以由两种不同方法来证明. 其一是, 应用 Lévy-Feller 中心极限定理和 Berry-Esseen 上界来给出部分和的估计. 为此, 需要两个引理.

引理 5.3   设 $\{X_n; n \geqslant 1\}$ 是 i.i.d.r.v. 序列, $EX_n = 0$, $EX_n^2 = 1$, 记 $\sigma_n^2 = \text{Var}\{X_n I(|X_n| < \sqrt{n})\}$, $S_n = \sum_{k=1}^{n} X_k$, $F_n(x) = P(S_n < x\sigma_n\sqrt{n})$; 又设 L 和 $C > 1$ 是正常数, $\{n_k\}$ 是正整数列, 当 $k \to \infty$ 时 $n_k \sim LC^{2k}$, 那么

$$\sum_{k=1}^{\infty} \sup_x |F_{n_k}(x) - \Phi(x)| < \infty. \tag{5.25}$$

证   对 $k = 1, 2, \cdots, n$, 记 $X_{nk} = X_k I\{|X_k| < \sqrt{n}\}$, $S_n' = \sum_{k=1}^{n} X_{nk}$, X_1 的 d.f. 为 $V(x)$, $\mu_n = \int_{|x| < \sqrt{n}} x \, dV(x)$, $a_n = \int_{|x| < \sqrt{n}} |x|^3 \, dV(x)$. 写

$$\left| F_n\left(\frac{x}{\sigma_n}\right) - \Phi\left(\frac{x}{\sigma_n}\right) \right| \leqslant \left| F_n\left(\frac{x}{\sigma_n}\right) - P\left(\frac{1}{\sqrt{n}}S_n' < x\right) \right|$$
$$+ \left| P\left(\frac{1}{\sqrt{n}}S_n' < x\right) - \Phi\left(\frac{x - \sqrt{n}\mu_n}{\sigma_n}\right) \right|$$
$$+ \left| \Phi\left(\frac{x - \sqrt{n}\mu_n}{\sigma_n}\right) - \Phi\left(\frac{x}{\sigma_n}\right) \right|$$
$$=: I_1 + I_2 + I_3. \tag{5.26}$$

因为

$$(S_n < x\sqrt{n}) \subseteq (S'_n < x\sqrt{n}) \bigcup (|X_1| \geqslant \sqrt{n})$$
$$\bigcup \cdots \bigcup (|X_n| \geqslant \sqrt{n}),$$
$$(S'_n < x\sqrt{n}) \subseteq (S_n < x\sqrt{n}) \bigcup (|X_1| \geqslant \sqrt{n})$$
$$\bigcup \cdots \bigcup (|X_n| \geqslant \sqrt{n}).$$

所以

$$I_1 = \left| F_n\left(\frac{x}{\sigma_n}\right) - P\left(\frac{1}{\sqrt{n}}S'_n < x\right) \right| \leqslant nP(|x_1| \geqslant \sqrt{n}).$$

由 Berry-Esseen 定理 (第三章定理 3.3),

$$I_2 = \left| P\left\{ \frac{1}{\sqrt{n}\sigma_n} \sum_{k=1}^{n}(X_{nk} - \mu_n) < \frac{x - \sqrt{n}\mu_n}{\sigma_n} \right\} - \Phi\left(\frac{x - \sqrt{n}\mu_n}{\sigma_n}\right) \right|$$
$$\leqslant \frac{c}{\sqrt{n}}(a_n + |\mu_n|^3).$$

因 $|\mu_n|^3 \leqslant a_n$, 所以又可写

$$I_2 \leqslant 2ca_n/\sqrt{n}.$$

对 I_3, 因 $\sup_x |\Phi'(x)| < \infty$, $EX_n = 0$ 及 $\sigma_n^2 \to 1$, 有

$$I_3 \leqslant c\sqrt{n}|\mu_n| \leqslant c\sqrt{n}b_n,$$

其中 $b_n = \int_{|x| \geqslant \sqrt{n}} |x| \mathrm{d}V(x)$. 将这些估计代入 (5.26), 得

$$\frac{1}{n}\sup_x |F_n(x) - \Phi(x)| \leqslant P(|X_1| \geqslant \sqrt{n}) + c(n^{-3/2}a_n + n^{-1/2}b_n). \tag{5.27}$$

我们有

$$\sum_{n=1}^{\infty} P(|X_1| \geqslant \sqrt{n}) = \sum_{n=1}^{\infty} P(X_1^2 \geqslant n) \leqslant EX_1^2 = 1; \tag{5.28}$$

$$\sum_{n=1}^{\infty} n^{-3/2}a_n = \sum_{n=1}^{\infty} n^{-3/2}E|X_{nk}|^3$$
$$\leqslant \sum_{n=1}^{\infty} n^{-3/2} \sum_{k=1}^{n} k^{3/2}P(k-1 \leqslant X_{nk}^2 < k)$$
$$\leqslant \sum_{k=1}^{\infty} \left(\sum_{n=k}^{\infty} n^{-3/2}\right) k^{3/2}P(k-1 \leqslant X_1^2 < k)$$
$$\leqslant c\sum_{k=1}^{\infty} kP(k-1 \leqslant X_1^2 < k)$$
$$\leqslant c(EX_1^2 + 1) < \infty; \tag{5.29}$$

$$\sum_{n=1}^{\infty} n^{-1/2} b_n \leqslant \sum_{n=1}^{\infty} n^{-1/2} \sum_{k=n}^{\infty} \sqrt{k+1} P(k \leqslant X_1^2 < k+1)$$

$$= \sum_{k=1}^{\infty} \left(\sum_{n=1}^{k} n^{-1/2} \right) \sqrt{k+1} P(k \leqslant X_1^2 < k+1)$$

$$\leqslant c \sum_{k=1}^{\infty} (k+1) P(k \leqslant X_1^2 < k+1) < \infty. \tag{5.30}$$

现在我们来证明

$$\sum_{k=1}^{\infty} n_k P\{|X_1| \geqslant \sqrt{n_k}\} < \infty,$$

$$\sum_{k=1}^{\infty} n_k^{-1/2} a_{n_k} < \infty, \quad \sum_{k=1}^{\infty} n_k^{-1/2} b_{n_k} < \infty. \tag{5.31}$$

首先

$$\sum_{n=1}^{\infty} P(|X_1| \geqslant \sqrt{n}) \geqslant \sum_{k=1}^{\infty} \sum_{n=n_k+1}^{n_{k+1}} P(|X_1| \geqslant \sqrt{n})$$

$$\geqslant \sum_{k=1}^{\infty} (n_{k+1} - n_k) P\{|X_1| \geqslant \sqrt{n_{k+1}}\}.$$

而 $n_{k+1} - n_k \sim (1 - c^{-2}) n_{k+1}$, 由 (5.28) 得 $\sum_{k=1}^{\infty} n_k P(|X_1| \geqslant \sqrt{n_k}) < \infty$.

由于 $\{a_n\}$ 是非降的, 因此

$$\sum_{n=1}^{\infty} n^{-3/2} a_n \geqslant \sum_{k=1}^{\infty} \sum_{n=n_k}^{n_{k+1}-1} n^{-3/2} a_n$$

$$\geqslant \sum_{k=1}^{\infty} (n_{k+1} - n_k)(n_{k+1} - 1)^{-3/2} a_{n_k}.$$

而

$$(n_{k+1} - n_k)(n_{k+1} - 1)^{-3/2} \sim c^{-3}(c^2 - 1) n_k^{-1/2}.$$

由 (5.29) 得 $\sum_{k=1}^{\infty} n_k^{-1/2} a_{n_k} < \infty$.

类似地有

$$\sum_{n=1}^{\infty} n^{-1/2} b_n \geqslant \sum_{k=1}^{\infty} \sum_{n=n_k+1}^{n_{k+1}} n^{-1/2} b_n$$

$$\geqslant \sum_{k=1}^{\infty} (n_{k+1} - n_k) n_{k+1}^{-1/2} b_{n_{k+1}}.$$

而

$$n_{k+1}^{-1/2}(n_{k+1} - n_k) \sim n_{k+1}^{1/2}(1 - c^2).$$

由 (5.30) 得 $\sum_{k=1}^{\infty} n_k^{-1/2} b_{n_k} < \infty$. (5.31) 式得证. 由此及 (5.27) 即知 (5.25) 式成立.

引理 5.4 设序列 $\{X_n\}$ 和 $\{n_k\}$ 满足引理 5.3 的条件, $\{g(n)\}$ 是非降正数序列, 那么下列两条件等价:

(i) $\sum_{k=1}^{\infty} P(S_{n_k} > g(n_k)\sqrt{n_k}) < \infty$;

(ii) $\sum_{k=1}^{\infty} g^{-1}(n_k) \exp\{-g^2(n_k)/(2\sigma_{n_k}^2)\} < \infty$.

证 由引理 5.3, 条件 (i) 等价于

$$\sum_{k=1}^{\infty}(1 - \Phi(g(n_k)/\sigma_{n_k})) < \infty. \tag{5.32}$$

若 $g(n_k) \nrightarrow \infty$, 则 (5.32) 和 (ii) 都不成立. 因此 (i) 和 (ii) 都不成立. 故可设 $g(n_k) \to \infty$. 这时

$$1 - \Phi\left(\frac{g(n_k)}{\sigma_{n_k}}\right) \sim \frac{\sigma_{n_k}}{\sqrt{2\pi}g(n_k)} \exp\left\{-\frac{g^2(n_k)}{2\sigma_{n_k}^2}\right\}$$
$$\sim \frac{1}{\sqrt{2\pi}g(n_k)} \exp\left\{-\frac{g^2(n_k)}{2\sigma_{n_k}^2}\right\}.$$

由此知本引理成立.

定理 5.2 的证明一 记 $h(n) = (2n\log\log n)^{1/2}$. 首先来证明对任给的 $\varepsilon > 0$,

$$P(S_n > (1 + \varepsilon)h(n), \text{i.o.}) = 0. \tag{5.33}$$

取 $c > 1, n_k = [c^{2k}], k \geqslant 1$. 记 $\overline{S}_n = \max_{k \leqslant n} S_k$, 则

$$P(S_n > (1+\varepsilon)h(n), \text{i.o.}) \leqslant P(\overline{S}_{n_k} > (1+\varepsilon)h(n_{k-1}), \text{i.o.}). \tag{5.34}$$

由 Lévy 不等式 ((1.19) 式), 仿照 (5.16) 式后的一段讨论, 对任意给定的 $r > 0$ 和 $0 < r_1 < r$, 当 k 充分大时可得

$$P(\overline{S}_{n_k} > (1+r)h(n_k)) \leqslant 2P(S_{n_k} > (1+r)h(n_k) - \sqrt{2n_k})$$
$$\leqslant 2P(S_{n_k} > (1+r_1)h(n_k)). \tag{5.35}$$

记 $g(n) = (2\log\log n)^{1/2}$. 当 $k \to \infty$ 时

$$\frac{1}{g(n_k)}\exp\left\{-\frac{1}{2}(1+r_1)^2 g^2(n_k)/\sigma_{n_k}^2\right\} \leqslant \exp\left\{-\frac{1}{2}(1+r_1)g^2(n_k)\right\}$$
$$= o(k^{-(1+r_1)}).$$

故

$$\sum_{k=1}^{\infty} g^{-1}(n_k)\exp\left\{-\frac{1}{2}(1+r_1)^2 g^2(n_k)/\sigma_{n_k}^2\right\} < \infty.$$

由引理 5.4 及 (5.35) 式, 对每一 $r > 0$, 我们有

$$\sum_{k=1}^{\infty} P\left(\overline{S}_{n_k} > (1+r)h(n_k)\right) < \infty.$$

对任给的 $\varepsilon > 0$, 取 $c > 1$, 使得 $c^{-1}(1+\varepsilon) > 1$. 再取 $r > 0$, 使 $(1+r)c < 1+\varepsilon$. 注意到 (5.34) 和关系 $h(n_{k-1}) \sim c^{-1}h(n_k)$, 即得 (5.33) 成立.

我们进一步来证明: 对任给的 $\varepsilon > 0$,

$$P(S_n > (1-\varepsilon)h(n), \text{i.o.}) = 1. \tag{5.36}$$

这与定理 5.1 证明中的后半部分完全类似. 记

$$u_k^2 = n_k - n_{k-1} \sim n_k(1 - c^{-2}), \quad v_k = (2\log\log u_k^2)^{1/2} \sim g(n_k).$$

写

$$P(S_{n_k} - S_{n_{k-1}} > (1-r)u_k v_k) = P(S_{n_k - n_{k-1}} > (1-r)u_k v_k).$$

若 $0 < r_1 < r < 1$ 且 k 充分大, 则

$$v_k^{-1}\exp\{-(1-r)^2 v_k^2/(2\sigma_{n_k - n_{k-1}}^2)\} \geqslant v_k^{-1}\exp\{-(1-r_1)^2 v_k^2/2\}$$
$$\geqslant ck^{-(1-r_1)^2}(\log k)^{-1/2}.$$

由引理 5.4 得

$$\sum_{k=1}^{\infty} P(S_{n_k} - S_{n_{k-1}} > (1-r)u_k v_k) = \infty.$$

以后的证明与 (5.18) 式证明中的相应部分完全类似, 从略.

另一种方法是应用 Kolmogorov 有界重对数律. 为此, 需要采用截尾方法.

引理 5.5 假设 r.v. X 满足 $EX^2 < \infty$, 那么存在一个单调不减函数 $h(x) : \mathbf{R}_+^1 \to \mathbf{R}_+^1$, 使得当 $x \to \infty$ 时 $h(x) \to \infty$, 并且 $EX^2 h(|X|) < \infty$.

证 请读者自行证明.

引理 5.6 假设 $\{X_n; n \geqslant 1\}$ 是一列 i.i.d.r.v., $EX_1 = 0$, $EX_1^2 = \sigma^2 (\sigma > 0)$. 那么存在一列正常数 $\tau_n \to \infty$, 使得 $\tau_n = o((n/\log\log n)^{1/2})$, 并且

$$\frac{1}{\sqrt{n \log\log n}} \sum_{k=1}^{n} X_k I_{(|X_k| > \tau_k)} \to 0 \quad \text{a.s} \quad (n \to \infty). \tag{5.37}$$

证 根据引理 5.5, 存在单调不减函数 $h(x): \mathbf{R}_+^1 \to \mathbf{R}_+^1$, 使得 $EX_1^2 h(|X_1|) < \infty$. 显然, 可以进一步假定

$$h(n^{1/3}) \left(\frac{\log\log n}{n}\right)^{1/2} \downarrow 0, \quad h(n) \leqslant n^{1/3}. \tag{5.38}$$

定义

$$\tau_n = \frac{1}{h(n^{1/3})} \left(\frac{n}{\log\log n}\right)^{1/2}. \tag{5.39}$$

往下证明

$$\sum_{n=1}^{\infty} \frac{1}{\sqrt{\log\log n}} E|X_n| I_{(|X_n| > \tau_n)} < \infty. \tag{5.40}$$

事实上, 我们有

$$E|X_n| I_{(|X_n| > \tau_n)} = \sum_{m=n}^{\infty} E|X_n| I_{(\tau_m < |X_n| \leqslant \tau_{m+1})}$$

$$\leqslant \sum_{m=n}^{\infty} \tau_{m+1} P(\tau_m < |X_1| \leqslant \tau_{m+1}).$$

交换求和次序得

$$\sum_{n=1}^{\infty} \frac{1}{\sqrt{n \log\log n}} E|X_n| I_{(|X_n| > \tau_n)}$$

$$\leqslant \sum_{n=1}^{\infty} \frac{1}{\sqrt{n \log\log n}} \sum_{m=n}^{\infty} \tau_{m+1} P(\tau_m < |X_1| \leqslant \tau_{m+1})$$

$$= \sum_{m=1}^{\infty} \tau_{m+1} P(\tau_m < |X_1| \leqslant \tau_{m+1}) \sum_{n=1}^{m} \frac{1}{\sqrt{n \log\log n}}. \tag{5.41}$$

初等计算表明: 存在常数 $c_1 > 0$, 使得对所有 $m \geqslant 1$

$$\sum_{n=1}^{m} \frac{1}{\sqrt{n \log\log n}} \leqslant c_1 \left(\frac{m}{\log\log m}\right)^{1/2}, \quad \tau_{m+1} \leqslant c_1 \tau_m.$$

代入 (5.41), 并注意到 τ_n 的定义, 得

$$\sum_{n=1}^{\infty} \frac{1}{\sqrt{n\log\log n}} E|X_n|I_{(|X_n|>\tau_n)} \leqslant c_1^2 \sum_{m=1}^{\infty} h(m^{1/3})\tau_m^2 P(\tau_m < |X_1| \leqslant \tau_{m+1})$$

$$\leqslant c_1^2 \sum_{m=1}^{\infty} h(\tau_m)\tau_m^2 P(\tau_m < |X_1| \leqslant \tau_{m+1})$$

$$\leqslant c_1^2 E X_1^2 h(|X_1|) < \infty,$$

即 (5.40) 成立. 这样, 我们有

$$\sum_{n=1}^{\infty} \frac{1}{\sqrt{n\log\log n}} X_n I_{(|X_n|>\tau_n)} < \infty \quad \text{a.s.}$$

由 Kronecker 引理得 (5.37).

定理 5.2 的证明二   令 τ_n 满足引理 5.6 的条件, 并记

$$\overline{X}_n = X_n I_{(|X_n|\leqslant\tau_n)}.$$

那么

$$\sum_{k=1}^{n} X_k = \sum_{k=1}^{n} (\overline{X}_k - E\overline{X}_k) + \sum_{k=1}^{n} (X_k - \overline{X}_k) + \sum_{k=1}^{n} E\overline{X}_k.$$

根据引理 5.6 得

$$\frac{1}{\sqrt{n\log\log n}} \sum_{k=1}^{n} (X_k - \overline{X}_k) \to 0 \quad \text{a.s.}$$

和

$$\frac{1}{\sqrt{n\log\log n}} \sum_{k=1}^{n} E\overline{X}_k = -\frac{1}{\sqrt{n\log\log n}} \sum_{k=1}^{n} E X_k I_{(|X_k|>\tau_n)} \to 0,$$

因此只需证明

$$\limsup_{n\to\infty} \frac{1}{\sqrt{2n\log\log n}} \sum_{k=1}^{n} (\overline{X}_k - E\overline{X}_k) = 1 \quad \text{a.s.} \tag{5.42}$$

注意到

$$E(\overline{X}_n - E\overline{X}_n)^2 = E\overline{X}_n^2 - (E\overline{X}_n)^2$$

$$\to 1 \quad (n \to \infty),$$

由 Kronecker 引理得

$$\frac{1}{n} \sum_{k=1}^{n} E(\overline{X}_k - E\overline{X}_k)^2 \to 1 \quad (n \to \infty).$$

因此, 利用 Kolmogorov 有界重对数律得证 (5.42). 定理证毕.

注 5.2 利用 Kolmogorov 重对数律的证明方法, 我们还可以证明以下结论: 假设 $X_1, X_2, \cdots$ 是一列 i.i.d.r.v., $EX_k = 0, EX_k^2 = 1$, 那么

$$\limsup_{n\to\infty} \frac{\max\limits_{1\leqslant k\leqslant n} |S_k|}{\sqrt{2n\log\log n}} = 1 \quad \text{a.s.}$$

一个自然的问题是, $\max\limits_{1\leqslant k\leqslant n} |S_k|$ 的下极限如何? 下面我们给出钟开莱 1948 年证明的著名结果, 文献中常被称作 Chung-型重对数律.

定理 5.3 (Chung) 假设 $\{X_n; n \geqslant 1\}$ 是一列 i.i.d.r.v., $EX_1 = 0, EX_1^2 = 1, E|X_1|^3 < \infty$, 那么

$$\liminf_{n\to\infty} \sqrt{\frac{8\log\log n}{n\pi^2}} \max_{1\leqslant k\leqslant n} |S_k| = 1 \quad \text{a.s.} \tag{5.43}$$

显然, (5.43) 等价于对任意 $\varepsilon > 0$

$$P\left(\max_{1\leqslant k\leqslant n} |S_k| \leqslant (1+\varepsilon)\sqrt{\frac{n\pi^2}{8\log\log n}}, \text{i.o.}\right) = 1 \tag{5.44}$$

和

$$P\left(\max_{1\leqslant k\leqslant n} |S_k| \leqslant (1-\varepsilon)\sqrt{\frac{n\pi^2}{8\log\log n}}, \text{i.o.}\right) = 0. \tag{5.45}$$

为证明 (5.44) 和 (5.45), 钟开莱建立了下列基本估计: 假设 $\{\varepsilon_n; n \geqslant 1\}$ 是一列 i.i.d.r.v., $P(\varepsilon_n = \pm 1) = 1/2$, 那么

$$P\left(\max_{1\leqslant k\leqslant n} \left|\sum_{k=1}^n \varepsilon_k\right| \leqslant cn^{1/2}x_n\right) = T(cx_n) + O\left(\frac{1}{n^{1/2}x_n}\right) + O\left(\frac{1}{n^{1/2}}\right), \tag{5.46}$$

其中 $x_n = o(n^{1/2})$, $T(\cdot)$ 定义如下

$$T(x) = \frac{4}{\pi} \sum_{k=0}^\infty \frac{(-1)^k}{2k+1} \exp\left(-\frac{(2k+1)^2}{8x^2}\right), \quad x > 0. \tag{5.47}$$

从 (5.46) 式, 可以得到 $P\left(\max\limits_{1\leqslant k\leqslant n} |S_k| \leqslant (1\pm\varepsilon)\sqrt{\frac{n\pi^2}{8\log\log n}}\right)$ 的估计. 从而, 可以类似于 Kolmogorov 重对数律一样证明 (5.43). 我们将细节留给有兴趣的读者.

定理 5.2 的条件也是必要的.

引理 5.7 设 $\{X_n; n \geqslant 1\}$ 是独立对称的 r.v. 序列, $\{a_n\}$ 和 $\{c_n\}$ 是正数序列, $a_n \to \infty$. 若记

$$S_n = \sum_{k=1}^n X_k, \quad S'_n = \sum_{k=1}^n X_k I(|X_k| \leqslant c_k),$$

则从 $P\{\limsup\limits_{n\to\infty} S'_n/a_n > 1\} = 1$ 可推出 $P\{\limsup\limits_{n\to\infty} S_n/a_n > 1\} = 1$.

证 记 $N_m = \inf\{k : k \geqslant m, S'_k > a_k\}$ (如 $\{\cdot\}$ 为空集, 则记 $N_m = \infty$). 它是一个 r.v. 又记 $X_k^* = X_k I(|X_k| \leqslant c_k) - X_k I(|X_k| > c_k)$ 由 X_i 的对称性假设可知 $(X_1^*, \cdots, X_n^*)$ 与 $(X_1, \cdots, X_n)$ 是同分布的. 因此对 $n > m$

$$P\{S_n \geqslant S'_n, N_m = n\} = P\Bigg\{\sum_{k=1}^n X_k I(|X_k| > c_k) \geqslant 0, \sum_{k=1}^n X_k I(|X_k| \leqslant c_k) \geqslant a_n,$$

$$S'_j \leqslant a_j, m \leqslant j < n\Bigg\}$$

$$= P\Bigg\{\sum_{k=1}^n X_k^* I(|X_k^*| > c_k) \geqslant 0, \sum_{k=1}^n X_k^* I(|X_k^*| \leqslant c_k) \geqslant a_n,$$

$$\sum_{i=1}^j X_k^* I(|X_i| \leqslant c_i) \leqslant a_j, m \leqslant j < n\Bigg\}$$

$$= P\{S_n \leqslant S'_n, N_m = n\}.$$

当 $n = m$ 时, 上式两端也相等. 于是

$$P\left\{\bigcup_{k=m}^\infty (S_k > a_k)\right\} \geqslant P\left\{\bigcup_{k=m}^\infty (S'_k > a_k, S_k \geqslant S'_k)\right\}$$

$$= P\{S_{N_m} \geqslant S'_{N_m}, N_m < \infty\}$$

$$= \sum_{n=m}^\infty P\{S_n \geqslant S'_n, N_m = n\} \geqslant 1/2,$$

由此我们有

$$P\{\limsup_{n\to\infty} S_n/a_n \geqslant 1\} \geqslant P\{S_n > a_n, \text{i.o.}\} \geqslant 1/2.$$

由 Kolmogorov 0-1 律即得引理的结论.

定理 5.4 设 $\{X_n; n \geqslant 1\}$ 是 i.i.d.r.v. 序列, 满足

$$P\{\limsup_{n\to\infty} |S_n|/\sqrt{2n \log\log n} < \infty\} > 0,$$

则有 $EX_1 = 0, EX_1^2 < \infty$.

证　由 Kolmogorov 0-1 律知, 此时必有

$$P\{\limsup_{n\to\infty}|S_n|/\sqrt{2n\log\log n}<\infty\}=1. \tag{5.48}$$

因此 $S_n/n\to 0$ a.s. 由 Kolmogorov 强大数定律得 $EX_1=0$.

记 $\tilde{X}_n$ 是 X_n 的对称化 r.v. 且对 $c>0$, 记

$$X'_n=\tilde{X}_nI(|\tilde{X}_n|\leqslant c),\quad \sigma_c^2=EX'^2_n.$$

$\{X'_n;n\geqslant 1\}$ 满足定理 5.1 的条件, 故有

$$P\left\{\limsup_{n\to\infty}\left(\sum_{k=1}^n X'_k\right)\Big/\sqrt{2n\log\log n}>\sigma_c^2/2\right\}=1.$$

由引理 5.5

$$P\left\{\limsup_{n\to\infty}\left(\sum_{k=1}^n \tilde{X}_k\right)\Big/\sqrt{2n\log\log n}>\sigma_c^2/2\right\}=1.$$

如果 $EX_1^2=\infty$, 就有 $\sigma_c^2\to\infty\ (c\to\infty)$. 于是

$$P\left\{\limsup_{n\to\infty}\left(\sum_{k=1}^n \tilde{X}_k\right)\Big/\sqrt{2n\log\log n}=\infty\right\}=1,$$

与 (5.48) 式矛盾. 因此必有 $EX_1^2<\infty$. 证毕.

习　题

1. 求证下列独立随机变量序列 $\{\xi_k\}$ 服从弱大数定律.
(1) $P(\xi_k=\sqrt{\ln k})=P(\xi_k=-\sqrt{\ln k})=1/2$;
(2) $P(\xi_k=2^k)=P(\xi_k=-2^k)=2^{-(2k+1)},P(\xi_k=0)=1-2^{-2k}$;
(3) $P(\xi_k=2^n/n^2)=1/2^n,n=1,2,\cdots$;
(4) $P(\xi_k=n)=c/n^2\ln^2 n,n=2,3,\cdots,c$ 为常数.

2. 设 $\{\xi_k\}$ 服从同一分布, $\mathrm{Var}\xi_k<\infty$, ξ_k 与 ξ_{k+1} 相关, $k=1,2,\cdots$, 但当 $|k-l|\geqslant 2$ 时, ξ_k 与 ξ_l 独立. 求证: $\{\xi_k\}$ 服从大数定律.

3. (Bernstein 定理) 设 $\{\xi_k\}$ 的方差有界: $\mathrm{Var}\xi_k\leqslant c,k=1,2,\cdots$, 且当 $|i-j|\to\infty$ 时, $\mathrm{Cov}(\xi_i,\xi_j)\to 0$, 证明 $\{\xi_k\}$ 服从弱大数定律.

4. 在伯努利试验中, 事件 A 出现的概率为 p. 令

$$\xi_k=\begin{cases}1, & \text{若在第 }k\text{ 次和第 }k+1\text{ 次试验中 }A\text{ 出现,}\\ 0, & \text{其他.}\end{cases}$$

求证: $\{\xi_k\}$ 服从弱大数定律.

5. 设 $\{\xi_k\}$ i.i.d., 都服从 $[0,1]$ 上的均匀分布, 令 $\eta_n = \left(\prod\limits_{k=1}^{n} \xi_k\right)^{1/n}$. 求证: $\eta_n \xrightarrow{P} c$ (常数), 并求出 c.

6. 设 $\{\xi_k\}$ i.i.d., $E\xi_k = a$, $\mathrm{Var}\,\xi_k < \infty$. 求证:

$$\frac{2}{n(n+1)} \sum_{k=1}^{n} k\xi_k \xrightarrow{P} a.$$

7. 设 $\{\xi_k\}$ i.i.d.r.v. 序列, $\mathrm{Var}\,\xi_k < \infty$, $\sum\limits_{n=1}^{\infty} a_n$ 为绝对收敛级数. 令 $\eta_n = \sum\limits_{k=1}^{n} \xi_k$. 则 $\{a_n\eta_n\}$ 服从弱大数定律.

8. 设 $\{\xi_k\}$ i.i.d.r.v. 序列, 数学期望为 0, 方差为 1, $\{a_n\}$ 为常数列, $a_n \to \infty$. 求证:

$$\frac{1}{\sqrt{n}a_n} \sum_{k=1}^{n} \xi_k \xrightarrow{P} 0.$$

9. 设 $\{\xi_k\}$ 和 $\{\eta_k\}$ 相互独立, 且各自独立同分布, 均服从 $N(0,1)$ 分布. 设 $\{a_n\}$ 为常数列, 求证:

$$\frac{1}{n} \left(\sum_{k=1}^{n} a_k\xi_k + \sum_{k=1}^{n} \eta_k\right) \xrightarrow{P} 0$$

的充要条件是

$$\frac{1}{n^2} \sum_{k=1}^{n} a_k^2 \to 0.$$

10. 设 $\{X_n; n \geqslant 1\}$ 是一致有界的 r.v. 序列. 证明: $\{X_n\}$ 服从弱大数定律的充要条件为

$$n^{-2}\mathrm{Var}\left(\sum_{k=1}^{n} X_k\right) \to 0 \quad (n \to \infty).$$

11. 设 $\{X_n; n \geqslant 1\}$ 是 i.i.d.r.v. 序列, $EX_1 = a$, 则对直线上任一有界连续函数 $f(x)$,

$$\lim_{n\to\infty} E[f((X_1 + \cdots + X_n)/n)] = f(a).$$

12. 设 $\{X_n; n \geqslant 1\}$ 是两两独立 r.v. 序列, $EX_1 = a$, 证明: $\{X_n\}$ 服从弱大数定律.

13. 试利用弱大数定律证明:

$$\lim_{n\to\infty}\int_0^1\cdots\int_0^1\frac{f(x_1)+\cdots+f(x_n)}{g(x_1)+\cdots+g(x_n)}\mathrm{d}x_1\cdots\mathrm{d}x_n=\frac{\int_0^1 f(x)\mathrm{d}x}{\int_0^1 g(x)\mathrm{d}x},$$

其中 $f(x),g(x)$ 是 $[0,1]$ 上正的连续函数, 且存在常数 $c>0$ 使 $f(x)<cg(x)$.

14. 设 $\{X_n;n\geqslant 1\}$ 是一列具有相同的数学期望、方差有界的 r.v., 且对 $j\neq k$, $EX_jX_k\leqslant 0$. 试证: $\{X_n\}$ 服从弱大数定律.

15. 设 $\{X_n;n\geqslant 1\}$ 是独立 r.v. 序列, 证明: $P\left(\lim_{n\to\infty}X_n=0\right)=1$ 当且仅当对任给的 $\varepsilon>0$, $\sum_{n=1}^{\infty}P(|X_n|\geqslant\varepsilon)<\infty$.

16. 设 $\{X_n;n\geqslant 1\}$ 是独立 r.v. 序列, 证明:

$$P\left\{\sum_{n=1}^{\infty}X_n\text{ 收敛}\right\}=0\text{ 或 }1.$$

17. 设 $\{X_n;n\geqslant 1\}$ 是独立 r.v. 序列, $EX_n=a_n>0$, $\sum_{n=1}^{\infty}a_n=\infty$,

$$\sum_{n=1}^{\infty}\mathrm{Var}(X_n)\bigg/\left(\sum_{k=1}^{n}a_k\right)^2<\infty,$$

证明: 以概率 1 有

$$\lim_{n\to\infty}\left(\sum_{k=1}^{n}X_k\right)\bigg/\left(\sum_{k=1}^{n}a_k\right)=1.$$

18. 设 $\{X_n;n\geqslant 1\}$ 是两两独立、均值为零、方差有界的 r.v. 序列, 证明: $\{X_n\}$ 服从强大数定律.

19. 设 $\{X_n;n\geqslant 1\}$ 是独立 r.v. 序列, $EX_n=0(n=1,2,\cdots)$, 且对某一 $r>1$, $\sum_{n=1}^{\infty}n^{-(r+1)}E|X_n|^{2r}<\infty$, 证明: $\frac{1}{n}\sum_{k=1}^{n}X_k\to 0$ a.s.

20. 设 $\{X_n;n\geqslant 1\}$ 是 i.i.d.r.v. 序列, 证明: $EX_1=0$, $EX_1^2<\infty$ 当且仅当对任一满足条件 $\sum_{k=1}^{\infty}a_{nk}^2\to 1$ 的常数列 $\{a_{nk};k=1,\cdots,n,n\geqslant 1\}$ 成立着 $n^{-1/2}\sum_{k=1}^{n}a_{nk}X_k\to 0$ a.s.

21. 设 $\{X_n; n \geqslant 1\}$ 是 i.i.d.r.v. 序列, $t \geqslant 1$, 证明: 条件 $E|X_1|^t < \infty$ 和 $EX_1 = b$ 等价于条件: 对任给的 $\varepsilon > 0$,

$$\sum_{n=1}^{\infty} n^{t-2} P(|S_n/n - b| \geqslant \varepsilon) < \infty.$$

22. 设 $\{X_n; n \geqslant 1\}$ 是 i.i.d.r.v. 序列, $P(X_1 = 0) < 1$, 则 $\sum_{n=1}^{\infty} X_n$ a.s. 发散. 如果 $P(X_1 \geqslant 0) = 1$, 证明: $\sum_{n=1}^{\infty} X_n = \infty$ a.s.

23. 设 $\{X_n; n \geqslant 1\}$ 是 i.i.d.r.v. 序列, 证明: $E\sup_{n} |X_n/n| < \infty$ 当且仅当 $E|X_1| \log^+ |X_1| < \infty$.

24. 设 $\{X_n; n \geqslant 1\}$ 是 i.i.d.r.v. 序列, 证明: $n^{-1} \max_{1 \leqslant i \leqslant n} |X_i| \xrightarrow{P} 0$ 当且仅当 $nP(|X_1| > n) = o(1)$; 又 $n^{-1} \max_{1 \leqslant i \leqslant n} |X_i| \to 0$ a.s. 当且仅 $E|X_1| < \infty$.

$$\left(提示: \ P\left(\max_{1 \leqslant i \leqslant n} |X_i| > n\varepsilon \right) = P(|X_1| > n\varepsilon) \sum_{j=1}^{n} \frac{1}{P(|X_1| \leqslant n\varepsilon)}. \right)$$

25. 证明: 在定理 5.1 的条件下

$$\limsup_{n \to \infty} \frac{S_n}{\left(\left(\sum_{j=1}^{n} X_j^2 \right) \log \log \sum_{j=1}^{n} X_j^2 \right)^{1/2}} = \sqrt{2} \ \text{a.s.}$$

26. 设 $\{X_n; n \geqslant 1\}$ 是 i.i.d.r.v. 序列, $EX_1 = 0, EX_1^2 < \infty$. 证明:

$$\liminf_{n \to \infty} |S_n|/\sqrt{n} = 0 \quad \text{a.s.}$$

27. 设 $\{X_n; n \geqslant 1\}$ 是独立、服从 $N(0, \sigma_n^2)$ 分布的 r.v. 序列, 满足条件: $s_n^2 = \sum_{i=1}^{n} \sigma_i^2 \to \infty$ 且 $\sigma_n = o(s_n)$, 证明 $\{X_n\}$ 服从重对数律.

(提示: 利用 S_n/s_n 的尾概率的估计.)

28. 设 $\{X_n; n \geqslant 1\}$ 是 i.i.d.r.v. 序列, $EX_1^2 = \infty$. 证明

$$\limsup_{n \to \infty} \frac{|S_n|}{(n \log \log n)^{1/2}} = \infty \quad \text{a.s.}$$

第五章 概率测度的弱收敛

在第二章中, 我们讨论了 r.v. (组) 列的依分布收敛性. 本章的主要目的在于把它推广到随机过程情形, 即讨论随机过程列 $\{X_n(t); t \in T, n = 1, 2, \cdots\}$ 在样本空间中所导出的概率测度序列 $\{P_n; n = 1, 2, \cdots\}$ 的弱收敛性; 给出独立 r.v. (组) 列所产生的部分和过程弱收敛的条件, 特别讨论它弱收敛于 Wiener 过程的条件.

度量空间上概率测度弱收敛的定义及其等价条件将在 §1 中给出. 为了作进一步讨论, 我们在 §2 中, 对一些典型的度量空间 (如 C[0, 1]) 上的概率测度弱收敛进行分析, 指明它与有限维欧氏空间上依分布收敛的区别. 在此基础上, 给出一般度量空间上概率测度弱收敛的条件及独立 r.v. 组列所产生的部分和过程弱收敛于 Wiener 过程的条件. 为便于读者阅读, 把本章用到的有关拓扑学、函数论等方面的一些基本概念和定理列于附录一.

§1   度量空间上的概率测度

设 (S, ρ) 是一个度量空间, $\mathscr{B}$ 是由 S 的一切开子集生成的 σ 域. 我们称 $\mathscr{B}$ 可测集是 S 中的 Borel 集. 定义在 $\mathscr{B}$ 上的实值函数 μ 称为一个测度, 如果它非负、σ 可加且 $\mu(\varnothing) = 0$.

当 $\mu(S) < \infty$ 时, 称 μ 是**有限测度**. 特别当 $\mu(S) = 1$ 时, 称 μ 为**概率测度**.

在这一节中, 我们将把实值 r.v. 的概率分布的一些性质推广到度量空间的概率测度上去.

定义 1.1 设 μ 是 $\mathscr{B}$ 上的有限测度, 如果对集 $E \in \mathscr{B}$ 有

$$\mu(E) = \sup\{\mu(F) \cdot F \subset E, F \text{ 是闭集}\}$$
$$= \inf\{\mu(G) : E \subset G, G \text{ 是开集}\},$$

则称集 E 是 μ **正则的**. 若每一 $E \in \mathscr{B}$ 都是 μ 正则的, 则称 μ 是一个**正则测度**.

由定义直接可知 $E \in \mathscr{B}$ 为 μ 正则的充要条件是对每一 $\varepsilon > 0$, 存在一个开集 G 和一个闭集 F, 使得 $F \subset E \subset G$ 且 $\mu(G - F) < \varepsilon$.

定理 1.1   令 S 是度量空间, 那么 $\mathscr{B}$ 上每一有限测度 μ 是正则的.

证   记 $\mathscr{R}$ 为 $\mathscr{B}$ 中所有 μ 正则集组成的集类. 我们来证 $\mathscr{R} = \mathscr{B}$. 首先证明 $\mathscr{R}$ 是 σ 域. 因 $\varnothing$ 与 S 既是开集又是闭集, 故 $\varnothing, S \in \mathscr{R}$. 设 $E \in \mathscr{R}$ 且 $\varepsilon > 0$, 那么由定义 1.1, 存在一开集 $G_{\varepsilon} \supset E$ 及闭集 $F_{\varepsilon} \subset E$, 使得

$$\mu(G_{\varepsilon}) - \varepsilon/2 < \mu(E) < \mu(F_{\varepsilon}) + \varepsilon/2.$$

于是 $\mu(G_{\varepsilon} - F_{\varepsilon}) = \mu(G_{\varepsilon}) - \mu(F_{\varepsilon}) < \varepsilon$. 当取补集时, 就有 $G_{\varepsilon}^c \subset E^c \subset F_{\varepsilon}^c$, 且 $F_{\varepsilon}^c - G_{\varepsilon}^c = G_{\varepsilon} - F_{\varepsilon}$, 此时 G_{ε}^c 是闭集, F_{ε}^c 是开集. 由此可得 $E^c \in \mathscr{R}$.

现设 $E_n \in \mathscr{R}, n = 1, 2, \cdots$, 记 $E = \bigcup_{n=1}^{\infty} E_n$. 下证 $E \in \mathscr{R}$. 设 $\varepsilon > 0$. 由定义存在开集 $G_{n,\varepsilon} \supset E_n$ 及闭集 $F_{n,\varepsilon} \subset E_n$, 使得

$$\mu(G_{n,\varepsilon} - F_{n,\varepsilon}) < \varepsilon/3^n.$$

记 $G_{\varepsilon} = \bigcup_{n=1}^{\infty} G_{n,\varepsilon}$. 显然 G 是开集. 因 μ 是有限测度, 易见存在 $n_0 = n_0(\varepsilon)$ 使得

$$\mu\left(\bigcup_{n=1}^{\infty} F_{n,\varepsilon} \setminus \bigcup_{n=1}^{n_0} F_{n,\varepsilon}\right) < \varepsilon/2.$$

记 $F_{\varepsilon} = \bigcup_{n=1}^{n_0} F_{n,\varepsilon}$, 它是闭集且有

$$F_{\varepsilon} \subset E \subset G_{\varepsilon}$$

及

$$\mu(G_{\varepsilon} - F_{\varepsilon}) \leqslant \sum_{n=1}^{\infty} \mu(G_{n,\varepsilon} - F_{n,\varepsilon}) + \mu\left(\bigcup_{n=1}^{\infty} F_{n,\varepsilon} \setminus \bigcup_{n=1}^{n_0} F_{n,\varepsilon}\right)$$

$$\leqslant \sum_{n=1}^{\infty} \frac{\varepsilon}{3^n} + \frac{\varepsilon}{2} < \varepsilon.$$

这就得证 $E \in \mathscr{R}$. 因此 $\mathscr{R}$ 是 $\mathscr{B}$ 的一个子 σ 域.

其次, 如果我们能证明 $\mathscr{R}$ 包含 S 中的所有开子集, 或等价地, $\mathscr{R}$ 包含 S 中的所有闭子集, 那么就得证 $\mathscr{R} = \mathscr{B}$. 设 F 是 S 的一个闭子集, 它是一个 G_{δ} 集, 即 F 可以写成 S 中可列多个开集之交. 事实上, 若以

$$\rho(x, F) = \inf_{y \in F} \rho(x, y)$$

记 x 与集 F 的距离, 那么可写

$$F = \bigcap_{n=1}^{\infty} \left\{ x : \rho(x, F) < \frac{1}{n} \right\}.$$

因此存在一列不增的开集 $\{G_n\}$, 使 $F = \lim_{n \to \infty} G_n = \bigcap_{n=1}^{\infty} G_n$. 因 μ 有限, 所以 $\mu(F) = \lim_{n \to \infty} \mu(G_n)$. 设 $\varepsilon > 0$, 存在 $N_0 = N_0(\varepsilon)$ 使得 $\mu(G_{N_0} - F) < \varepsilon$. 记 $F_\varepsilon = F, G_\varepsilon = G_{N_0}$, 于是

$$F_\varepsilon \subset F \subset G_\varepsilon, \quad \mu(G_\varepsilon - F_\varepsilon) < \varepsilon.$$

即 $F \in \mathscr{R}$. 证毕.

注 1.1 由定理 1.1, $\mathscr{B}$ 上的有限测度 μ 可由所有闭集 F 上的值 $\mu(F)$ 确定.

现在我们把弱收敛的概念拓广到度量空间 (S, ρ) 的测度上去.

定义 1.2 设 $C = C(S)$ 是由定义在 S 上的一切有界实值连续函数组成的集. 又设 $\{\mu, \mu_n; n \geqslant 1\}$ 是 S 上的有限测度序列, 若对每一 $g \in C(S)$, 有

$$\lim_{n \to \infty} \int_S g \mathrm{d}\mu_n = \int_S g \mathrm{d}\mu \tag{1.1}$$

则称 μ_n **弱收敛**于 μ, 记作 $\mu_n \Rightarrow \mu$.

定义 1.3 如果 $E(\in \mathscr{B})$ 的边界集 $\partial E = \overline{E} - E^0$ 的 μ 测度为 0, 就称 E 是 μ**连续集**, 其中 $\overline{E}$ 是 E 的闭包, E^0 是 E 的内部.

设 S 是度量空间, $\mathscr{B}$ 是它的 Borel σ 域, 又 $(\Omega, \mathscr{A}, P)$ 是一个概率空间. 我们称映射 $X : \Omega \to S$ 为 $\mathscr{A}$ **可测的**, 若对每一 $B \in \mathscr{B}$ 有 $\{\omega : X(\omega) \in B\} \in \mathscr{A}$, 并称 X 为**随机元**. 它在 $\mathscr{B}$ 上导出的概率分布 P_X 由

$$P_X(B) = PX^{-1}(B), \quad B \in \mathscr{B}$$

定义. 假设存在一列定义在 $(\Omega, \mathscr{A}, P)$ 上取值于 S 中的随机元列 $\{X, X_n; n \geqslant 1\}$, 记它们对应的概率分布列为 $\{P_X, P_{X_n}; n \geqslant 1\}$. 如果

$$P_{X_n} = PX_n^{-1} \Rightarrow P_X = PX^{-1},$$

那么就称 X_n**依分布收敛**于 X, 简记为 $X_n \Rightarrow X$ 或 $X_n \xrightarrow{d} X$. 显然, 概率测度弱收敛的每一结果对应着依分布收敛的相应结果, 反之亦然.

定理 1.2 设 $\{\mu, \mu_n; n \geqslant 1\}$ 是 $\mathscr{B}$ 上的有限测度列, 那么下列事实等价:

(i) $\mu_n \Rightarrow \mu$;

(ii) 对每一闭集 $F, \mu(F) \geqslant \limsup\limits_{n\to\infty} \mu_n(F)$ 且 $\lim\limits_{n\to\infty} \mu_n(S) = \mu(S)$;

(iii) 对每一开集 $G, \mu(G) \leqslant \liminf\limits_{n\to\infty} \mu_n(G)$ 且 $\lim\limits_{n\to\infty} \mu_n(S) = \mu(S)$;

(iv) 对每一 μ 连续集 $E, \lim\limits_{n\to\infty} \mu_n(E) = \mu(E)$.

证 (i) $\Rightarrow$ (ii) 设 F 是 S 的任一闭子集, 对每一 $N \geqslant 1$, 记 $F_N = \{x \in S : \rho(x, F) < 1/N\}$, 那么 F 与 F_N^c 是互不相交的闭集. 可以证明, 存在函数 $g_N \in C(S)$, 使 $0 \leqslant g_N \leqslant 1$, 对 $x \in F, g_N(x) = 1$, 而对 $x \in F_N^c, g_N(x) = 0$. 于是对每一 $N \geqslant 1$, 有

$$\limsup_{n\to\infty} \mu_n(F) \leqslant \limsup_{n\to\infty} \int_S g_N \mathrm{d}\mu_n = \int_S g_N \mathrm{d}\mu$$
$$= \int_{F_N} g_N \mathrm{d}\mu \leqslant \mu(F_N).$$

因 $F_N \downarrow F$ 且 μ 是有限测度, 所以 $\lim\limits_{N\to\infty} \mu(F_N) = \mu(F)$. 由上式就得

$$\mu(F) \geqslant \limsup_{n\to\infty} \mu_n(F).$$

(ii) $\Rightarrow$ (iii) 由闭集和开集的互补性即得.

(iii) $\Rightarrow$ (iv) 设 E 是任给的 μ 连续集. 那么 $\mu(\overline{E} - E^0) = 0$. 因 $\overline{E}$ 是闭集, E^0 是开集, 由 (iii) 及 (ii) 有

$$\mu(E^0) \leqslant \liminf_{n\to\infty} \mu_n(E^0) \leqslant \liminf_{n\to\infty} \mu_n(E)$$

和

$$\mu(\overline{E}) \geqslant \limsup_{n\to\infty} \mu_n(\overline{E}) \geqslant \limsup_{n\to\infty} \mu_n(E).$$

由于此时 $\mu(\overline{E}) = \mu(E) = \mu(E^0)$, 从而 (iv) 成立.

(iv) $\Rightarrow$ (i) 设对每一 μ 连续集 E 有 $\lim\limits_{n\to\infty} \mu_n(E) = \mu(E)$. 现证 (1.1) 式成立. 对任给 $g \in C(S)$, 设 μ_0 是按下式定义的 $\mathbf{R}^1$ 的 σ 域上的有限测度:

$$\mu_0(B) = \mu\{x \in S : g(x) \in B\},$$

其中 B 是 $\mathbf{R}^1$ 的 Borel 集, 即 $\mu_0 = \mu g^{-1}$. 显然 μ_0 是有限测度. 又因 g 有界, 故存在一闭区间 $[a, b]$, 使得 $a < g(x) < b$. 注意到 μ_0 至多在可列个单点集上为正, 故对任给的 $\varepsilon > 0$, 可选取一个分划 $a = t_0 < t_1 < \cdots < t_N = b$, 使得对 $j = 1, 2, \cdots, N$,

$$t_j - t_{j-1} < \varepsilon$$

且

$$\mu\{x \in S : g(x) = t_j\} = \mu_0(\{t_j\}) = 0.$$

记 $E_j = \{x \in S : t_{j-1} < g(x) \leqslant t_j\}, j = 1, \cdots, N$. 那么 $E_1, E_2, \cdots, E_N$ 是 S 中两两不相交的 Borel 集,

$$S - \bigcup_{j=1}^{N} E_j,$$

且 $\overline{E}_j - E_j^0 \subset \{x \in S : g(x) = t_{j-1}\} \bigcup \{x \in S : g(x) = t_j\}$. 因此 $\mu(\overline{E}_j - E_j^0) = 0, j = 1, 2, \cdots, N$. 所以

$$\lim_{n \to \infty} \mu_n(E_j) = \mu(E_j), \quad j = 1, 2, \cdots, N.$$

设 h 是 S 上如下的简单函数:

$$h = \sum_{j=1}^{N} t_j I_{E_j},$$

那么

$$\sup_{x \in S} |g(x) - h(x)| < \varepsilon.$$

对于 $n \geqslant 1$, 我们有

$$\left| \int_S g \mathrm{d}\mu_n - \int_S g \mathrm{d}\mu \right| \leqslant \int_S |g - h| \mathrm{d}\mu_n + \left| \int_S h \mathrm{d}\mu_n - \int_S h \mathrm{d}\mu \right| + \int_S |g - h| \mathrm{d}\mu$$

$$\leqslant \varepsilon \mu_n(S) + \sum_{j=1}^{N} |t_j| \cdot |\mu_n(E_j) - \mu(E_j)| + \varepsilon \mu(S).$$

因 S, E_j $(j = 1, \cdots, N)$ 是 μ 连续集, 由 ε 任意性即得 (i).

推论 1.1 设 μ 与 ν 是度量空间 S 的 σ 域上两个有限测度, 若对任一 $g \in C(S)$ 满足

$$\int_S g \mathrm{d}\mu = \int_S g \mathrm{d}\nu,$$

那么 $\mu = \nu$.

证 对每一 $n \geqslant 1$, 令 $\mu_n = \nu$, 那么由 $\mu_n \Rightarrow \mu$ 及定理 1.2 可得对所有闭集 F 有 $\nu(F) \leqslant \mu(F)$. 由对称性, 也有 $\mu(F) \leqslant \nu(F)$, 即对 S 中一切闭集, μ 与 ν 是相同的. 由此按定理 1.1 后的注即得 $\mu = \nu$.

推论 1.2 若 $\mu_n \Rightarrow \mu$ 且 $\mu_n \Rightarrow \nu$, 则 $\mu = \nu$.

由定理 1.2 还可推出度量空间上测度弱收敛的下述充分条件, 它们的证明从略.

定理 1.3 设 $\{\mu, \mu_n; n \geqslant 1\}$ 是度量空间 (S, ρ) 上的有限测度列, 又设 (S, ρ) 的可测集类 $\mathscr{F} \subset \mathscr{B}$ 满足:

(i) $\mathscr{F}$ 关于有限交封闭;

(ii) S 的任一开子集是 $\mathscr{F}$ 中元的可列并.

那么若对任一 $A \in \mathscr{F}$ 成立 $\lim\limits_{n \to \infty} \mu_n(A) = \mu(A)$, 就有

$$\mu_n \Rightarrow \mu.$$

推论 1.3 设 $\{\mu, \mu_n; n \geqslant 1\}$ 是可分度量空间 S 上的有限测度列, S 的可测集类 $\mathscr{F} \subset \mathscr{B}$ 满足:

(i) $\mathscr{F}$ 关于有限交封闭;

(ii) 对任一 $x \in S$ 及 $\varepsilon > 0$ 有 $A \in \mathscr{F}$, 使得 $x \in A^0 \subset A \subset S_x(\varepsilon) := \{y : \rho(x, y) < \varepsilon\}$.

那么若对任一 $A \in \mathscr{F}$ 成立 $\lim\limits_{n \to \infty} \mu_n(A) = \mu(A)$, 就有

$$\mu_n \Rightarrow \mu.$$

推论 1.4 设 S 是可分度量空间, 若对 S 中任意有限个开球的交 A, 当 $\mu(\partial A) = 0$ 时有

$$\lim\limits_{n \to \infty} \mu_n(A) = \mu(A),$$

那么有 $\mu_n \Rightarrow \mu$.

最后, 我们将定理 1.2 的 (iii) 改为函数形式.

定理 1.4 有限测度列 $\{\mu_n; n \geqslant 1\}$ 弱收敛于有限测度 μ 的充要条件是对每一个非负的下半连续的 f (使对每一非负实数 $d, \{x : x \in S, f(x) > d\}$ 是 (S, ρ) 中的开集), 有

$$\liminf_{n \to \infty} \int_S f \mathrm{d}\mu_n \geqslant \int_S f \mathrm{d}\mu. \tag{1.2}$$

证 注意到若 G 为开集, 则 $I_G(x)$ 是下半连续的, 故由定理 1.2 (iii) 即可推出条件是充分的.

现证必要性. 注意到若对有界的 $f, (1.2)$ 式成立, 则由 $f \wedge N^{①}$ 的下半连续性及

$$\liminf_{n \to \infty} \int_S f \mathrm{d}\mu_n \geqslant \liminf_{n \to \infty} \int_S (f \wedge N) \mathrm{d}\mu_n \geqslant \int_S (f \wedge N) \mathrm{d}\mu$$

---

① $x \wedge y = \min(x, y)$.

和单调收敛定理可得

$$\liminf_{n\to\infty} \int_S f \mathrm{d}\mu_n \geqslant \int_S f \mathrm{d}\mu.$$

因此只需证明当 $\mu_n \Rightarrow \mu$ 时, 对有界下半连续 f 成立 (1.2). 不失一般性可设 $0 \leqslant f \leqslant 1$. 令

$$A_{mk} = \{x : f(x) > k/m\}, \quad k = 0, 1, \cdots, m-1,$$

$$f_m = \frac{1}{m} \sum_{k=0}^{m-1} I_{A_{mk}},$$

则 f_m 是下半连续的, 且对每一 x, 存在最大的 k_0, 使

$$\begin{aligned} x &\in A_{mk}, & 0 \leqslant k \leqslant k_0; \\ x &\overline{\in} A_{mk}, & k_0 + 1 \leqslant k \leqslant m-1. \end{aligned}$$

所以

$$\begin{aligned} |f(x) - f_m(x)| &= \left| f(x) - \frac{1}{m} \sum_{k=0}^{k_0} I_{A_{mk}}(x) \right| \\ &= \left| f(x) - \frac{k_0}{m} \right| \leqslant \frac{1}{m}. \end{aligned}$$

由此即得

$$\begin{aligned} \liminf_{n\to\infty} \int_S f \mathrm{d}\mu_n &\geqslant \lim_{n\to\infty} \int_S f_m \mathrm{d}\mu_n - \frac{1}{m} \geqslant \frac{1}{m} \sum_{k=0}^{m-1} \liminf_{n\to\infty} \mu_n(A_{mk}) - \frac{1}{m} \\ &\geqslant \frac{1}{m} \sum_{k=0}^{m-1} \mu(A_{mk}) - \frac{1}{m} = \int_S f_m \mathrm{d}\mu - \frac{1}{m} \\ &\geqslant \int_S f \mathrm{d}\mu - \frac{2}{m}. \end{aligned}$$

让 $m \to \infty$ 就得证 (1.2) 成立. 证毕.

§2 几个常见的度量空间上概率测度的弱收敛性

为了进一步讨论度量空间上概率测度弱收敛的条件, 我们具体分析几个典型的度量空间上概率测度弱收敛的特征, 以找出问题的症结所在. 在此之前先引入两个概念.

2.1   确定类与收敛确定类

定义 2.1 设 $(S, \rho, \mathscr{B})$ 是度量可测空间, 集类 $\mathscr{F}(\subset \mathscr{B})$ 称为**确定类**, 如果对 $(S, \mathscr{B})$ 上任两概率测度 P 和 Q, 对任一 $A \in \mathscr{F}$, 满足 $P(A) = Q(A)$ 时, 就有 $P \equiv Q$, 也即可推出对任一 $B \in \mathscr{B}, P(B) = Q(B)$. 称 $\mathscr{F}$ **为收敛确定类**, 如果对 $(S, \mathscr{B})$ 上任一概率测度列 $\{P, P_n, n \geqslant 1\}$, 对 $\mathscr{F}$ 中一切 P 连续集 A, 若成立 $P_n(A) \to P(A)$, 就有 $P_n \Rightarrow P$.

由定理 1.1 的证明可知闭集类是确定类. 任一个生成 $\mathscr{B}$ 的 π 系[①]也是确定类. 又由推论 1.4 可知, 可分度量空间中开球的有限交全体是一个收敛确定类. 容易看出, 若 $\mathscr{F}$ 是一个收敛确定类, 则 $\mathscr{F}$ 也是一个确定类. 反之不真. 例如 $S = [0, 1), \mathscr{B}$ 为 $[0, 1)$ 中一切 L 可测集, ρ 为普通距离, $\mathscr{F}$ 为一切半开半闭区间 $[a, b), 0 < a, b < 1$. 易见 $\mathscr{F}$ 是确定类. 现设 P_n, P 分别是概率为 1 地取值 $1 - 1/n, 0$ 的 r.v. 的概率分布. 对任一 $[a, b) \in \mathscr{F}, P\{\partial[a, b)\} = P\{a, b\} = 0$, 而当 $n(> (1 - b)^{-1})$ 趋向 ∞ 时,

$$P_n\{[a, b)\} = 0 \to P\{[a, b)\} = 0,$$

然而 P_n 不弱收敛于 P, 即 $\mathscr{F}$ 不是收敛确定类.

下面我们依次来讨论 k 维欧氏空间 $\mathbf{R}^k$, 无穷维空间 $\mathbf{R}^\infty$, 空间 $C[0, 1]$ 上概率测度弱收敛性的特性.

2.2 $\mathbf{R}^k$

设 $\boldsymbol{a}, \boldsymbol{b} \in \mathbf{R}^k$. 记 $\boldsymbol{a} \leqslant \boldsymbol{b}$ 当且仅当它们的分量满足 $a_i \leqslant b_i \ (i = 1, \cdots, k)$. 记 $\boldsymbol{e} = (1, \cdots, 1)$. $\mathbf{R}^k$ 中的 Borel 可测集全体记为 $\mathscr{B}^k$. $(\mathbf{R}^k, \mathscr{B}^k)$ 上概率测度 P 所对应的 k 元分布函数 $F(\boldsymbol{x}) = P\{\boldsymbol{y} : \boldsymbol{y} < \boldsymbol{x}\}, \boldsymbol{x} \in \mathbf{R}^k$. 我们来讨论 $\mathbf{R}^k$ 中概率测度 P_n 弱收敛于概率测度 P 与它们对应的 k 元 d.f. F_n, F 的依分布收敛之间的关系.

定义 2.2 对 $\mathbf{R}^k$ 上的点 $\boldsymbol{x}$, 若对任给 $\varepsilon > 0$, 存在 $\delta = \delta(\varepsilon, \boldsymbol{x}) > 0$, 使当 $\boldsymbol{x} - \delta \boldsymbol{e} < \boldsymbol{y} < \boldsymbol{x} + \delta \boldsymbol{e}$ 时, 有 $|F(\boldsymbol{x}) - F(\boldsymbol{y})| < \varepsilon$, 就称函数 F **在点** $\boldsymbol{x}$ **是连续的**. 若对任给 $\varepsilon > 0$, 存在 $\delta = \delta(\varepsilon, \boldsymbol{x}) > 0$, 使当 $\boldsymbol{x} \leqslant \boldsymbol{y} < \boldsymbol{x} + \delta \boldsymbol{e}$ 时, 就有 $|F(\boldsymbol{x}) - F(\boldsymbol{y})| < \varepsilon$, 则称函数 F **在点** $\boldsymbol{x}$ **是上连续的**, 类似地可定义**下连续**.

由定义可见 d.f. F 在点 $\boldsymbol{x}$ 是下连续的. 这样, d.f. F 在点 $\boldsymbol{x}$ 是连续的当且仅当 F 在点 $\boldsymbol{x}$ 是上连续的. 由于 d.f. $F(\boldsymbol{x}) = P\{\boldsymbol{y} : \boldsymbol{y} < \boldsymbol{x}\}$ 是不减的, 所以 F 在点 $\boldsymbol{x}$ 是上连续的当且仅当

$$F(\boldsymbol{x}) = \inf_{\delta > 0} F(\boldsymbol{x} + \delta \boldsymbol{e}) = \inf_{\delta > 0} P\{\boldsymbol{y} : \boldsymbol{y} < \boldsymbol{x} + \delta \boldsymbol{e}\} = P\{\boldsymbol{y} : \boldsymbol{y} \leqslant \boldsymbol{x}\}.$$

---

①S 的子集类 $\mathscr{F}$ 称为 π 系, 若对任两 $A, B \in \mathscr{F}$, 都有 $AB \in \mathscr{F}$.

由此即知, d.f. F 在点 x 是连续的当且仅当 $A_x = \{y : y < x\}$ 是 P **连续集**, 即 $P\{\partial A_x\} = 0$. 由此我们有

定理 2.1 $P_n \Rightarrow P$ 的充要条件是 $F_n \xrightarrow{d} F$.

证 由定理 1.2 知条件必要. 反之, 假设 d.f. $F_n \xrightarrow{d} F$, 即在 d.f. $F(x)$ 的每一连续点 x 上, $F_n(x) \to F(x)$.

记 $\mathscr{F}$ 为一切 $[a, b)$, 其中 $2k$ 个包含 $[a, b)$ 的表面的 $k-1$ 维超平面之 P 测度为零. 我们来验证 $\mathscr{F}$ 满足推论 1.3 的条件. 显然, $\mathscr{F}$ 关于有限交是封闭的. 又对任一 $x \in \mathbf{R}^k$ 及 $\varepsilon > 0$, 有 $[a, b) \subset S(x, \varepsilon)$ 且 $P\{\partial[a, b)\} = 0$, 但对任一 $A \in \mathscr{F}$, $A = [a, b)$ 的每一顶点都是 F 的连续点, 所以

$$P_n(A) = \sum \pm F_n(x) \longrightarrow \sum \pm F(x) = P(A),$$

其中 $\sum \pm F(x) = F(b_1, \cdots, b_k) - \sum F(b_1, \cdots, a_i, \cdots, b_k) + \cdots + (-1)^k F(a_1, \cdots, a_k)$. 由推论 1.3 就得 $P_n \Rightarrow P$.

从证明中可知 $\mathscr{F}$ 是一个收敛确定类, 故也是确定类. 这样, 在 k 维欧氏空间 $\mathbf{R}^k$ 中, 概率测度弱收敛性与对应分布的弱收敛性是一致的.

2.3 $\mathbf{R}^\infty$

$\mathbf{R}^\infty$ 为一切实数列 $x = (x_1, x_2, \cdots)$. 令

$$\rho(x, y) = \sum_{k=1}^{\infty} \frac{1}{2^k} \frac{|x_k - y_k|}{1 + |x_k - y_k|},$$

它是 $\mathbf{R}^\infty$ 的一个距离. 点 x 的邻域取为

$$N_{k,\varepsilon}(x) = \{y : |x_i - y_i| < \varepsilon, i = 1, 2, \cdots, k\},$$

其中 k 为任给自然数. 由这样的邻域产生的拓扑, 其中每一开集可表为形如下的集的可列并:

$$B_k \times \mathbf{R}^1 \times \mathbf{R}^1 \times \cdots,$$

其中 B_k 是 $\mathbf{R}^k$ 的开集. 关于这一拓扑, $\mathbf{R}^\infty$ 是可分完备的度量空间.

用 π_k 记 $\mathbf{R}^\infty$ 至 $\mathbf{R}^k$ 的自然投影, 即 $\pi_k(x) = (x_1, \cdots, x_k)$. 可以验证它是连续的, 因此也是可测的. 对 $\mathscr{B}^k$ 中任一 Borel 集 H, $\pi_k^{-1} H = H \times \mathbf{R}^1 \times \mathbf{R}^1 \times \cdots$ 是有限维基底的柱集, 简称**有限维柱集**, 也称柱集. 一切有限维柱集全体记为 $\mathscr{F}$, 它是一个域, 且由于 $N_{k,\varepsilon}(x) \in \mathscr{F}$, $\mathbf{R}^\infty$ 可分①, 所以 $\sigma(\mathscr{F}) = \mathscr{B}^\infty$ ($\mathbf{R}^\infty$ 上一切 Borel 集组成的 σ 域). 由此可知, $\mathscr{F}$ 是一个确定类.

---

①度量空间 (S, ρ) 说是可分的, 若 S 包含一可列稠密子集. 坐标为有理数的点的全体是 $\mathbf{R}^\infty$ 的一可列稠密集.

设 P 是 $(\mathbf{R}^\infty, \rho, \mathscr{B}^\infty)$ 上的概率测度, P 在 $\mathbf{R}^m$ 上的局部化是指 $\mathbf{R}^m$ 上的概率测度 $P^{(m)}$: 对任一 $A \in \mathscr{B}^m$,

$$P^{(m)}(A) = P\pi_m^{-1}(A) = P(A \times \mathbf{R}^1 \times \mathbf{R}^1 \times \cdots).$$

对度量可测空间 $(\mathbf{R}^\infty, \rho, \mathscr{B}^\infty)$ 上概率测度的弱收敛性, 我们有

定理 2.2 $(\mathbf{R}^\infty, \rho, \mathscr{B}^\infty)$ 上的概率测度 $P_n \Rightarrow P$ 的充要条件是对每一自然数 $m, P_n^{(m)} \Rightarrow P^{(m)}$.

证 令 $\mathscr{U}_0$ 为 $\mathscr{F}$ 中一切 P 连续集. 我们来验证 $\mathscr{U}_0$ 满足推论 1.3 的条件. 显然 (i) 被满足. 现验证 (ii). 对任一 $\boldsymbol{x} \in \mathbf{R}^\infty, \varepsilon > 0$, 我们有 k_0 及 $\varepsilon' > 0$ 使得 $N_{k_0,\varepsilon'}(\boldsymbol{x}) \in \mathscr{U}_0$, 且 $\boldsymbol{x} \in N_{k_0,\varepsilon'}(\boldsymbol{x}) \subset S(\boldsymbol{x}, \varepsilon)$. 事实上, 对给定 ε, 有 k_0 使 $\sum_{k>k_0} 2^{-k} < \varepsilon/2$. 当 $\boldsymbol{y} \in N_{k_0,\varepsilon/2}(\boldsymbol{x})$ 时, $|x_i - y_i| < \varepsilon/2, i = 1, \cdots, k_0$, 所以

$$\rho(\boldsymbol{x}, \boldsymbol{y}) = \sum_{k=1}^\infty \frac{1}{2^k} \cdot \frac{|x_k - y_k|}{1 + |x_k - y_k|} < \sum_{k=1}^{k_0} \frac{1}{2^k} \frac{\varepsilon}{2} + \frac{\varepsilon}{2} < \varepsilon,$$

即 $\boldsymbol{y} \in S(\boldsymbol{x}, \varepsilon)$, 得 $N_{k_0,\varepsilon/2}(\boldsymbol{x}) \subset S(\boldsymbol{x}, \varepsilon)$. 由此不难看出存在 $0 < \varepsilon' < \varepsilon/2$ 使 $P\{\partial N_{k_0,\varepsilon'}(\boldsymbol{x})\} = 0$. 得证 (ii) 成立. 故由推论 1.3 可得 $P_n \Rightarrow P$ 的充要条件是对任一 $A \in \mathscr{U}_0, P_n(A) \to P(A)$. 注意到 $\mathscr{U}_0 = \bigcup_m \mathscr{U}_0^{(m)}$, 这里 $\mathscr{U}_0^{(m)}$ 是 $\mathscr{U}_0$ 中的 m 维柱集全体. 这样, 对任一 $A \in \mathscr{U}_0, P_n(A) \to P(A)$ 的充要条件是对一切 $m, P_n^{(m)} \Rightarrow P^{(m)}$. 证毕.

这就是说, $\mathbf{R}^\infty$ 中概率测度的弱收敛问题可以归结为一切有限维分布的收敛问题.

2.4　$C[0, 1]$

$C = C[0, 1]$ 为区间 $[0, 1]$ 上连续函数全体. 它对于一致距离 ρ:

$$\rho(x, y) = \sup_{0 \leqslant t \leqslant 1} |x(t) - y(t)|$$

是可分、完备的.

对任给的 $t_1, t_2, \cdots, t_k \in [0, 1]$, 记 $\pi_{t_1,\cdots,t_k}$ 是 C 到 $\mathbf{R}^k$ 中的**投影映射**

$$\pi_{t_1,\cdots,t_k} : \boldsymbol{x} \longrightarrow (x(t_1), \cdots, x(t_k)).$$

易见 $\pi_{t_1,\cdots,t_k}$ 是 C 到 $\mathbf{R}^k$ 中的连续映射. 此时对任一 k 维 Borel 集 $B \in \mathscr{B}^k, \pi_{t_1,\cdots,t_k}^{-1} B \in \mathscr{C}$ (C 中 Borel 集类). 称 $\pi_{t_1,\cdots,t_k}^{-1} B$ 为**有限维柱集**. 以 $\mathscr{F}$ 记一切有限维柱集全体. 注意到闭球 $\{\boldsymbol{y} : \rho(\boldsymbol{x}, \boldsymbol{y}) \leqslant \varepsilon\} = \overline{S(\boldsymbol{x}, \varepsilon)}$ 是有限维柱集

$\{y : |x(i/n) - y(i/n)| \leqslant \varepsilon, i = 1, \cdots, n\}$ 当 $n \to \infty$ 时的极限, 且 C 可分, 所以 $\sigma(\mathscr{F}) = \mathscr{C}$. 因此, $\mathscr{F}$ 是一个确定类.

但 $\mathscr{F}$ 不是收敛确定类. 事实上, 设 P 是概率集中在 $x(t) \equiv 0$ 的一个概率测度, P_n 是概率集中在

$$x_n(t) = \begin{cases} nt, & 0 \leqslant t \leqslant 1/n, \\ 2 - nt, & 1/n < t \leqslant 2/n, \\ 0, & 2/n < t \leqslant 1 \end{cases}$$

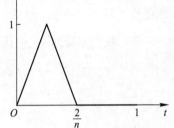

的概率测度 $x_n(t)$ (见右图). 此时对每一固定的 $t, x_n(t) \to 0\ (n \to \infty)$, 但关于 t 不是一致地成立. 对于开球 $A = S(0, 1/2)$,

$$\partial A = \{x : \sup_t |x(t)| = 1/2\},$$
$$P(\partial A) = 0.$$

因为 $\sup_t |x_n(t) - 0| = 1$, 故 $x_n \bar{\in} A$. 由此 $P_n(A) = 0 \nrightarrow P(A) = 1$, 这就是说 P_n 不弱收敛于 P. 但对于任一有限维柱集 A, 若 $P(\partial A) = 0$, 就有 $P_n(A) \to P(A)$. 事实上, 若 $A = \pi_{t_1, \cdots, t_k}^{-1} B, B \in \mathscr{B}^k$, 当 $2/n \leqslant$ 非 0 的 $t_1, \cdots, t_k$ 时, 就有 $P_n(A) = P(A)$. 即得证 $\mathscr{F}$ 不是收敛确定类.

这就是说, 在度量空间 $(C, \mathscr{C})$ 中, 概率测度的有限维收敛性不能推得概率测度的弱收敛性. 这样就提出了一个问题: 度量空间中, 在什么条件下, 概率测度的有限维分布收敛可以导致它的弱收敛. 这一问题将在 §4 中给出回答.

§3 随机元序列的收敛性

设 $\{X, X_n; n \geqslant 1\}$ 是定义在概率空间 $(\Omega, \mathscr{A}, P)$ 上取值于度量可测空间 $(S, \rho, \mathscr{B})$ 的随机元序列. 在本节中, 我们来讨论随机元序列的依分布收敛及其与依概率收敛间的关系.

3.1 依分布收敛

我们已知随机元序列 $\{X_n; n \geqslant 1\}$ 依分布收敛于随机元 X 就是它们对应的概率测度 $P_n = PX_n^{-1}$ 弱收敛于 $P_X = PX^{-1}$, 所以由定理 1.2 即可写出下述定理.

定理 3.1 下述命题等价:
(i) $X_n \xrightarrow{d} X$;

(ii) 对每一闭集 $F \subset S, \limsup\limits_{n\to\infty} P\{X_n \in F\} \leqslant P\{X \in F\}$;

(iii) 对每一开集 $G \subset S, \liminf\limits_{n\to\infty} P\{X_n \in G\} \geqslant P\{X \in G\}$;

(iv) 对 X 的每一连续集 A, 即当 $P\{X \in \partial A\} = 0$ 时, 有

$$\lim_{n\to\infty} P\{X_n \in A\} = P\{X \in A\}.$$

定理 3.2 设 h 是度量空间 $(S, \mathscr{B})$ 到度量空间 $(S', \mathscr{B}')$ 的可测映射. 记 h 的不连续点集为 D_h①. 那么若 S 上概率测度 $P_n \Rightarrow P$, 且 $P(D_h) = 0$, 就有

$$P_n h^{-1} \Rightarrow P h^{-1}.$$

用随机元的术语来说: 若 $X_n \xrightarrow{d} X, P\{X \in D_h\} = 0$, 则 $h(X_n) \xrightarrow{d} h(X)$.

证 我们来证对 S' 中任一闭集 F, 有

$$\limsup_{n\to\infty} P_n h^{-1}(F) \leqslant P h^{-1}(F).$$

因为 $P_n \Rightarrow P$, 所以

$$\limsup_{n\to\infty} P_n(h^{-1}(F)) \leqslant \limsup_{n\to\infty} P_n\left(\overline{h^{-1}(F)}\right) \leqslant P\left(\overline{h^{-1}(F)}\right).$$

而 $\overline{h^{-1}(F)} \subset D_h \bigcup h^{-1}(F)$. 由假设 $P(D_h) = 0$, 所以 $P\left(\overline{h^{-1}(F)}\right) = P(h^{-1}(F))$. 这就得证 $P_n h^{-1} \Rightarrow P h^{-1}$.

定理 3.3 (i) 若对任一 $h \in C(S), P_n h^{-1} \Rightarrow P h^{-1}$, 则 $P_n \Rightarrow P$.

(ii) 反之, 若 $P_n \Rightarrow P, h$ 是有界实值可测函数, $P(D_h) = 0$, 则

$$\int_S h \mathrm{d}P_n \to \int_S h \mathrm{d}P.$$

证 (i) 若对任一 $h \in C(S)$, 有 $P_n h^{-1} \Rightarrow P h^{-1}$, 那么对任一 $f \in C(\mathbf{R}^1)$, 有

$$\int_{\mathbf{R}^1} f(x) P_n h^{-1}(\mathrm{d}x) \to \int_{\mathbf{R}^1} f(x) P h^{-1}(\mathrm{d}x).$$

由积分变换得

$$\int_S f(h(y)) P_n(\mathrm{d}y) \to \int_S f(h(y)) P(\mathrm{d}y).$$

对于给定的 h, 有实数 M, 使 $|h(y)| \leqslant M$. 现在令

$$f(t) = \begin{cases} -M, & \text{当 } t < -M, \\ t, & \text{当 } |t| \leqslant M, \\ M, & \text{当 } t > M. \end{cases}$$

---
① 不难证明 $D_h \in \mathscr{B}$.

这时 $f(h(y)) = h(y)$. 得证 $\int_S h(y)\mathrm{d}P_n \to \int_S h(y)\mathrm{d}P$, 即 $P_n \Rightarrow P$.

(ii) 此时 D_h 可测, 由定理 3.2 即得结论.

3.2 依概率收敛

定义 3.1 称取值于度量可测空间 $(S, \rho, \mathscr{B})$ 的随机元序列 $\{X_n; n \geqslant 1\}$ **依概率收敛**于随机元 X, 若对任一 $\varepsilon > 0$,

$$P\{\rho(X_n, X) \geqslant \varepsilon\} \to 0.$$

记作 $X_n \xrightarrow{P} X$.

与实值 r.v. 一样, 我们有

定理 3.4 当 X 是 S 中的常值元 a 时, $X_n \xrightarrow{P} a$ 当且仅当 $X_n \xrightarrow{d} a$.

证 条件必要 对 S 中任一闭集 F, 由于

$$(X_n \in F) \subset (X_n \in F, a \in F) \bigcup (X_n \in F, a \overline{\in} F),$$

我们有

$$P\{X_n \in F\} \leqslant P\{a \in F\} + P\{\rho(a, X_n) \geqslant \rho(a, F) > 0\}.$$

因为 $X_n \xrightarrow{P} a$, 上式右边第二项趋于 0, 由此可得

$$\limsup_{n\to\infty} P\{X_n \in F\} \leqslant P\{a \in F\},$$

所以 $X_n \xrightarrow{d} a$.

条件充分 记 $A = \{y : \rho(y, a) \geqslant \varepsilon\}$, P_a 是概率集中在 a 的概率测度, 则 A 是 P_a 连续集. 由于 $X_n \xrightarrow{d} a$, 所以

$$P\{\rho(X_n, a) \geqslant \varepsilon\} = P_n(A) \to P_a(A) = 0,$$

得证 $X_n \xrightarrow{P} a$.

设 $\{X_n\}, \{Y_n\}$ 是可分度量空间 $(S, \rho, \mathscr{B})$ 的两列随机元序列. 不难证明

引理 3.1 设 S 可分, 则 $\rho(X_n, Y_n)$ 是 $S \times S$ 到 $\mathbf{R}^1$ 上的一个连续映射.

这就是说 $\rho(X_n, Y_n)$ 是一个实值 r.v.

定理 3.5 若 $X_n \xrightarrow{d} X$ 且 $\rho(X_n, Y_n) \xrightarrow{P} 0$, 则

$$Y_n \xrightarrow{d} X.$$

证 设 F 是 S 中的闭子集. 记 $F_\varepsilon = \{x : \rho(x, F) \leqslant \varepsilon\}$, F_ε 也是 S 的闭子集. 我们有

$$P\{Y_n \in F\} \leqslant P\{\rho(X_n, Y_n) \geqslant \varepsilon\} + P\{X_n \in F_\varepsilon\}.$$

由假设及定理 3.1, 我们推得

$$\limsup_{n \to \infty} P\{Y_n \in F\} \leqslant \limsup_{n \to \infty} P\{X_n \in F_\varepsilon\} \leqslant P\{X \in F_\varepsilon\},$$

当 $\varepsilon \downarrow 0$ 时, $F_\varepsilon \downarrow F$, 这就得证 $Y_n \overset{d}{\longrightarrow} X$.

注 3.1 定理 3.5 是第一章定理 5.5 (Slutsky 引理) 在度量空间情形的一个推广.

定理 3.6 设

$$X_{nk} \overset{d}{\longrightarrow} X_k \ (n \to \infty), \quad X_k \overset{d}{\longrightarrow} X \ (k \to \infty).$$

若对任一 $\varepsilon > 0$

$$\limsup_{k \to \infty} \limsup_{n \to \infty} P\{\rho(X_{nk}, Y_n) \geqslant \varepsilon\} = 0,$$

则

$$Y_n \overset{d}{\longrightarrow} X.$$

证 对任给的 S 中的闭集 F, 记 $F_\varepsilon = \{x : \rho(x, F) \leqslant \varepsilon\}$. 我们有

$$P\{Y_n \in F\} \leqslant P\{\rho(X_{nk}, Y_n) \geqslant \varepsilon\} + P\{X_{nk} \in F_\varepsilon\}.$$

由假设可得

$$\limsup_{n \to \infty} P\{Y_n \in F\} \leqslant P\{X_k \in F_\varepsilon\}.$$

再由 $X_k \overset{d}{\longrightarrow} X$ 及 $F_\varepsilon \downarrow F \ (\varepsilon \to 0)$ 就得

$$\limsup_{n \to \infty} P\{Y_n \in F\} \leqslant P\{X \in F\}.$$

得证 $Y_n \overset{d}{\longrightarrow} X$.

定理 3.7 若 $X_n \overset{P}{\longrightarrow} X$, 则对 X 的每一连续集 A,

$$P\{(X_n \in A)\Delta(X \in A)\} \to 0.$$

证 对任给 $\varepsilon > 0$, 我们有

$$P\{X_n \in A, X \overline{\in} A\} \leqslant P\{\rho(X_n, X) \geqslant \varepsilon\} + P\{\rho(X, A) < \varepsilon, X \overline{\in} A\},$$

$$P\{X_n \overline{\in} A, X \in A\} \leqslant P\{\rho(X_n, X) \geqslant \varepsilon\} + P\{\rho(X, A^c) < \varepsilon, X \in A\}.$$

由 $X_n \overset{P}{\longrightarrow} X$, 可以推得

$$\limsup_{n \to \infty} P\{(X_n \in A)\Delta(X \in A)\}$$
$$\leqslant P\{\rho(X, A) < \varepsilon, X \overline{\in} A\} + P\{\rho(X, A^c) < \varepsilon, X \in A\}.$$

当 $\varepsilon \downarrow 0$ 时, 事件 $\{\rho(X, A) < \varepsilon, X \overline{\in} A\} \bigcup \{\rho(X, A^c) < \varepsilon, X \in A\} \downarrow (X \in \partial A)$. 得证定理的结论.

推论 3.1 若 $X_n \overset{P}{\longrightarrow} X$, 则 $X_n \overset{d}{\longrightarrow} X$.

下面我们对度量空间 (S, ρ) 上的全体概率测度族考察上述诸收敛性相应的度量. 众所周知, 度量空间 (S, ρ) 上概率测度 P_n 弱收敛于概率测度 P, 相当于对概率测度间的 Lévy-Prohorov 距离:

$$w(P_1, P_2) = \inf\{\delta : P_1(A) \leqslant P_2(A^\delta) + \delta, P_2(A) \leqslant P_1(A^\delta) + \delta,$$
$$\text{对所有闭集 } A \in \mathscr{B}(S)\},$$

其中 $A^\delta = \{x : \rho(x, y) < \delta \text{ 对所有 } y \in A \text{ 成立}\}$, 成立 $w(P_n, P) \to 0$.

我们也熟知对取值于度量空间 (S, ρ) 上的随机元 X_n, X, 由 $X_n \to X$ a.s. 可推出 $X_n \overset{P}{\longrightarrow} X$, 又由 $X_n \overset{P}{\longrightarrow} X$ 可推出 $X_n \overset{d}{\longrightarrow} X$ 或 $P_{X_n} \Rightarrow P_X$. Skorohod 的下述结果指出: 在某种意义下 (即在适当的参考框架 —— 概率空间上), 其逆成立.

定理 3.8 设 (S, ρ) 是可分完备的度量空间, $\{P_n, P; n \geqslant 1\}$ 是 $(S, \mathscr{B}(S))$ 上的概率测度, $P_n \Rightarrow P(n \to \infty)$. 那么存在适当的概率空间 $(\widetilde{\Omega}, \widetilde{A}, \widetilde{P})$, 在其上可构造 S 值随机元序列 $\{X_n, X; n \geqslant 1\}$, 使得

(i) X_n 的概率分布等于 P_n $(n = 1, 2, \cdots)$, X 的概率分布等于 P;

(ii) $X_n \to X$ a.s.

定理的证明从略, 请参见 Ikeda 和 Watanabe (1981) 定理 2.7.

这样除 L_p 收敛外, a.s. 收敛、依赖率收敛及依分布收敛在 "本质上" 是相同的.

对应 L_p 收敛, 它相应的概率测度间距离是怎样的呢? 通常的 L_p 距离被定义为:

$$\|X_1 - X_2\|_p = (E[\rho(X_1, X_2)^p])^{1/p}.$$

假设 X_i 有概率分布 $P_i, i = 1, 2$, 且 (X_1, X_2) 有联合概率分布 P (也称 P 是 P_1 和 P_2 的耦合 (coupling)), 易见 P 不是唯一的. 对应于 L_p 收敛的距离定义为:

$$W_p(P_1, P_2) = \inf_P \left\{ \int \rho(x_1, x_2)^p P(\mathrm{d}x_1, \mathrm{d}x_2) \right\}^{1/p},$$

称 $W_p(P_1, P_2)$ 为**最小 L_p 距离**.

考察 w 与 W_1, W_2 及全变差距离

$$\|P_1 - P_2\|_{\mathrm{Var}} = 2 \sup_A |P_1(A) - P_2(A)|$$

之间的关系. 设离散距离 d_0:

$$d_0(x, y) = \begin{cases} 1, & \text{当 } x = y, \\ 0, & \text{当 } x \neq y. \end{cases}$$

全变差度量是离散距离 d_0 的最小 L_1 距离:

$$V(P_1, P_2) := \inf_P \int d_0(x_1, x_2) P(\mathrm{d}x_1, \mathrm{d}x_2) = \frac{1}{2} \|P_1 - P_2\|_{\mathrm{Var}}$$
$$= \sup_A |P_1(A) - P_2(A)|.$$

W_p 通常较强于 w, 精确地讲, 我们有

定理 3.9 $W_p(P_n, P) \to 0$ 等价于下面两条件成立:

(i) $w(P_n, P) \to 0$;

(ii) 对某 $x_0 \in S$, $\int \rho(x, x_0)^p P_n(\mathrm{d}x) \to \int \rho(x, x_0)^p P(\mathrm{d}x)$.

特别地, 当 ρ 有界时, w 与 W_p 等价.

通常 $W_p(P_1, P_2)$ 的精确表示式是难以求得的. 对 W_1 有人给出了一个对偶性表示式 (参见 [11], 定理 5.41); 对几个特殊情形有如下结果: 设 P_k 是实直线上的概率测度, 它对应的分布函数为 $F_k(x), k = 1, 2$. 那么

$$W_1(P_1, P_2) = \int_{-\infty}^{\infty} |F_1(x) - F_2(x)| \mathrm{d}x.$$

假设 P_k 是 $(\mathbf{R}^d, \mathscr{B}^d)$ $(d \geqslant 1)$ 上 d 元正态分布, 它的均值向量为 $\boldsymbol{m}_k$, 协方阵为 $\boldsymbol{M}_k, k = 1, 2$. 那么

$$W_2(P_1, P_2) = \{|\boldsymbol{m}_1 - \boldsymbol{m}_2|^2 + \mathrm{tr}\boldsymbol{M}_1 + \mathrm{tr}\boldsymbol{M}_2 - 2\mathrm{tr}(\sqrt{\boldsymbol{M}_1}\boldsymbol{M}_2\sqrt{\boldsymbol{M}_1})^{1/2}\}^{1/2},$$

其中 $\mathrm{tr}\boldsymbol{M}$ 为方阵 $\boldsymbol{M}$ 的迹. 关于 W_p 的更多讨论与上述某些结果的证明可参见 [11], §5.1.

§4 胎紧性和 Prohorov 定理

4.1 胎紧性 (tightness) 和相对紧性

定义 4.1 度量空间 S 上概率测度族 $\Pi = \{P_\alpha; \alpha \in T\}$ 称为**一致胎紧的**
(uniformly tight), 若对任给的 $\varepsilon > 0$, 有紧集 K, 使对一切 $P_\alpha \in \Pi$, 有

$$P_\alpha(K) > 1 - \varepsilon.$$

显然, 度量空间 S 上的任一概率测度族未必是一致胎紧的. 即使单一的
一个概率测度 P 也未必是胎紧的. 事实上, S 上概率测度 P 是胎紧的当且仅
当 P 有一个 σ 紧的支撑, 即有支撑 A, 它可表示成可列个紧集的并. 由此, 特
别当度量空间 S 是 σ 紧时, S 上任一概率测度 P 是胎紧的. 对于单个概率测
度, 我们还有

定理 4.1 可分完备度量空间 S 上的概率测度 P 是胎紧的.

证 由于 S 可分, 对每一 n, 存在开的 $1/n$ 球列 $\{A_{nk}\}$ 覆盖 S. 故对任给
$\varepsilon > 0$, 有 k_n 使得

$$P\left\{\bigcup_{k=1}^{k_n} A_{nk}\right\} > 1 - \varepsilon/2^n,$$

而 $B = \bigcap_{n \geq 1} \bigcup_{k \leq k_n} A_{nk}$ 是全有界集, 且 $P(B) > 1 - \varepsilon$. 由 S 的完备性得全有界
集 B 的闭包 $\overline{B} =: K$ 是紧集. 所以 $P(K) \geq P(B) > 1 - \varepsilon$. 即 P 是胎紧的.

我们来看度量空间上概率测度弱收敛的另一特性.

引理 4.1 度量空间 S 上的概率测度 $P_n \Rightarrow P$ 当且仅当 $\{P_n\}$ 的任一子
列 $\{P_{n'}\}$ 含有弱收敛于 P 的子列 $\{P_{n''}\}$.

此命题请读者自己证明之. 由此, 我们可引出如下概念.

定义 4.2 度量空间 $(S, \mathscr{B})$ 上的概率测度族 Π 说是**弱相对紧的** (Weakly
relatively compact), 若 Π 的任一元素序列 $\{P_n\}$ 有弱收敛的子列, 即有 $\{P_{n'}\} \subset$
$\{P_n\}$ 及 $(S, \mathscr{B})$ 上的概率测度 Q, 使 $P_{n'} \Rightarrow Q$.

定理 4.2 对 $(C, \mathscr{C})$ 中概率测度列 $\{P_n\}$, $P_n \Rightarrow P$ 的充要条件是 $\{P_n\}$ 是
弱相对紧的, 且对任何 $t_1, \cdots, t_k \in [0, 1]$, $P_n \pi_{t_1, \cdots, t_k}^{-1} \Rightarrow P \pi_{t_1, \cdots, t_k}^{-1}$.

证 条件必要是显然的. 现证条件充分. 由于 $\{P_n\}$ 是弱相对紧的, 故
$\{P_n\}$ 的任一子列 $\{P_{n'}\}$ 有弱收敛的子列 $\{P_{n''}\}$, 即存在概率测度 Q 使得

$P_{n''} \Rightarrow Q.$ 所以对任给 $t_1, \cdots, t_k \in [0,1]$, 有

$$P_{n''} \pi_{t_1, \cdots, t_k}^{-1} \Rightarrow Q \pi_{t_1, \cdots, t_k}^{-1}.$$

因此 $Q\pi_{t_1, \cdots, t_k}^{-1} = P\pi_{t_1, \cdots, t_k}^{-1}$. 由 2.4 节的讨论知空间 C 中的有限维柱集类是确定类, 由此 $Q \equiv P$. 这就证明了 $\{P_n\}$ 的任一子列 $\{P_{n'}\}$ 有一弱收敛于 P 的子列 $\{P_{n''}\}$, 按引理 4.1 得证 $P_n \Rightarrow P$. 证毕.

这一定理初步回答了在 §2 中提出的问题. 在空间 $C[0,1]$ 上, 当概率测度列 $\{P_n\}$ 弱相对紧时, 概率测度有限维分布的收敛性可以导出它的弱收敛性. 但是弱相对紧性的验证是不容易的. 下一定理启示我们概率测度族 $\Pi = \{P_\alpha; \alpha \in T\}$ 的弱相对紧性与一致胎紧性有着密切的联系.

定理 4.3　$(\mathbf{R}^1, \mathscr{B}^1)$ 上概率测度族 Π 是弱相对紧的充要条件是 Π 是一致胎紧的.

证　条件充分　设 $\{P_n\} \subset \Pi, P_n$ 对应的 d.f. 记为 $F_n(x)$. 由 Helly 定理, 存在子列 $\{F_{n'}(x)\}$ 及有界不减的左连续函数 $F(x)$, 使 $\{F_{n'}\}$ 淡收敛于 F. 设 $F(x)$ 在 $(\mathbf{R}^1, \mathscr{B}^1)$ 上所对应的测度为 μ, 易见此时 $\mu(\mathbf{R}^1) \leqslant 1$. 由假设对任给 $\varepsilon > 0$, 存在实数 a, b, 使对一切 P_n, 有 $P_n\{[a,b]\} > 1 - \varepsilon$. 此时可取 a, b 为 $F(x)$ 的连续点. 由此可得 $\mu\{[a,b]\} \geqslant 1 - \varepsilon$. 由 ε 的任意性推得 $\mu(\mathbf{R}^1) = 1$, 这就得证 $P_{n'} \Rightarrow \mu$.

条件必要　用反证法. 若不然, 有 $\varepsilon_0 > 0$, 使对每一 n 有 $P_n \in \Pi$, 使得 $P_n\{[-n,n]\} \leqslant 1 - \varepsilon_0$. 由假设 Π 是弱相对紧的, 所以 $\{P_n\}$ 有子列 $\{P_{n'}\}$ 及 $\mathbf{R}^1$ 上概率测度 Q 使得 $P_{n'} \Rightarrow Q$. 这样对任一实数 $x > 0$,

$$Q\{(-x,x)\} \leqslant \liminf_{n' \to \infty} P_{n'}\{(-x,x)\} \leqslant \liminf_{n' \to \infty} P_{n'}\{[-n',n']\} \leqslant 1 - \varepsilon_0,$$

这与 Q 是概率测度矛盾. 证毕.

4.2　Prohorov 定理

定理 4.4 (正定理)　若度量空间 S 上的概率测度族 Π 是一致胎紧的, 则 Π 是弱相对紧的.

定理 4.5 (逆定理)　设 S 是可分完备的度量空间, S 上的概率测度族 Π 是弱相对紧的, 则 Π 是一致胎紧的.

正定理的证明　对 $S = \mathbf{R}^k, \mathbf{R}^\infty, \sigma$ 紧及一般情形依次给出证明, 其中后一情形的证明都要用到前一情形已被证明的结论.

$1°$　$S = \mathbf{R}^k$ 时与定理 4.3 对 $\mathbf{R}^1$ 的证明相仿. 从略.

$2°$　$S = \mathbf{R}^\infty$ 情形

引理 4.2 若 Π 是 S 上一致胎紧的概率测度族, h 是度量空间 S 到度量空间 S' 上的连续映射, 则 $\Pi' = \{Ph^{-1}; P \in \Pi\}$ 是 S' 上一致胎紧的概率测度族.

证 对任一 $\varepsilon > 0$, 有 S 的紧集 K, 使对任一 $P \in \Pi, P(K) > 1 - \varepsilon$. 记 $K' = hK$, 则 K' 是 S' 的紧集, 且 $h^{-1}K' \supset K$, 所以

$$Ph^{-1}(K') = P(h^{-1}K') \geqslant P(K) > 1 - \varepsilon.$$

现设 Π 是 $(\mathbf{R}^\infty, \mathscr{B}^\infty)$ 上一致胎紧的概率测度族. 由引理 4.2, 对每一 $k, \{P\pi_k^{-1}; P \in \Pi\}$ 是 $(\mathbf{R}^k, \mathscr{B}^k)$ 上一致胎紧的概率测度族. 由 1° 对 Π 中任一给定的 $\{P_n\}$, 有子列 $\{P_{n'}\}$ 使 $\{P_{n'}\pi_k^{-1}\}$ 在 $(\mathbf{R}^k, \mathscr{B}^k)$ 中弱收敛于某概率测度 μ_k. 由对角线法则, 可取得 $\{P_n\}$ 的一个子列 $\{P_{n_i}\}$, 使对所有 k 有 $P_{n_i}\pi_k^{-1} \Rightarrow \mu_k \ (i \to \infty)$. 显然, 此时 $\{\mu_k\}$ 满足 Kolmogorov 定理的相容性条件, 所以在 $(\mathbf{R}^\infty, \mathscr{B}^\infty)$ 上存在概率测度 Q, 使得 $Q\pi_k^{-1} = \mu_k$ 对一切 k 成立. 所以有 $P_{n_i}\pi_k^{-1} \Rightarrow Q\pi_k^{-1}$. 利用推论 3.1 即得 $P_{n_i} \Rightarrow Q$, 这就证明了 Π 是弱相对紧的.

余下部分的证明需要进一步的引理.

设 S_0 是度量空间 S 的一个 Borel 子集, 即 $S_0 \in \mathscr{B}$. 则 S_0 在相对拓扑下也是一个度量空间. 此时

$$\mathscr{B}_0 = \{A : A \subset S_0, A \in \mathscr{B}\} \subset \mathscr{B}.$$

若 P 是 $(S, \mathscr{B})$ 上的概率测度且 $P(S_0) = 1$. 用 P^r 表示从 $\mathscr{B}$ 限于 $\mathscr{B}_0$ 时所得的 $(S_0, \mathscr{B}_0)$ 上的概率测度. 反过来, 若 P 为 $(S_0, \mathscr{B}_0)$ 上的概率测度, 用 P^e 记 P 扩张于 $(S, \mathscr{B})$ 上满足 $P^e(A) = P(A \bigcap S_0)$ 的概率测度. 此时 $P^e(S_0) = 1$.

若 P 是 $(S, \mathscr{B})$ 上的概率测度, 且 $P(S_0) = 1$, 则 $(P^r)^e = P$; 反之, 若 P 是 $(S_0, \mathscr{B}_0)$ 上的概率测度, 则 $(P^e)^r = P$.

在引理 4.1 及定理 3.2 中, 令 h 是 S_0 到 S 的嵌入恒等映射, 就可写出

引理 4.3 (i) 若 Π 是 $(S_0, \mathscr{B}_0)$ 中一致胎紧的概率测度族, 则 $\Pi^e = \{P^e; P \in \Pi\}$ 是 $(S, \mathscr{B})$ 中一致胎紧的概率测度族.

(ii) 若在 $(S_0, \mathscr{B}_0)$ 中 $P_n \Rightarrow P$, 则在 $(S, \mathscr{B})$ 中 $P_n^e \Rightarrow P^e$.

引理 4.4 若在 $(S, \mathscr{B})$ 中 $P_n \Rightarrow P$, 且 $P_n(S_0) = P(S_0) = 1$, 则在 $(S_0, \mathscr{B}_0)$ 中 $P_n^r \Rightarrow P^r$.

证 S_0 中任一开集 $G_0 = G \bigcap S_0$, 其中 G 为 S 的开子集. 因为 $P_n^r(G_0) = $

$P_n(G), P^r(G_0) = P(G)$, 所以从 $P_n \Rightarrow P$ 有

$$\liminf_{n \to \infty} P_n^r(G_0) = \liminf_{n \to \infty} P_n(G) \geqslant P(G) = P^r(G_0).$$

得证 $P_n^r \Rightarrow P^r$.

3° σ 紧情形

若 S 是 σ 紧的, 则 S 可分, 因此可同胚地嵌入于 $\mathbf{R}^\infty$ 中 (Uryson 定理). 又因 S 是 σ 紧的, 在同胚映射下, 它的像也是 σ 紧的, 且是 $\mathbf{R}^\infty$ 的一个 Borel 子集. 由定理 3.2 在同胚映射下弱收敛性不变. 因此 Π 的弱相对紧性仍保持. 又紧集在同胚映射下仍是紧的, 故 Π 的一致胎紧性也保持, 所以可用 S 在 $\mathbf{R}^\infty$ 中同胚的像代替 S.

设 S 是 $\mathbf{R}^\infty$ 的一个 Borel 子集. 若 Π 是 $(S, \mathscr{B})$ 中一致胎紧的概率测度族, 由引理 4.3 得 Π^e 是 $(\mathbf{R}^\infty, \mathscr{B}^\infty)$ 中一致胎紧的概率测度族. 所以由 2° 知 Π^e 是弱相对紧的. 即对 Π 中任一列 $\{P_n\}$, 其对应的 $\{P_n^e\}$ 有子列 $\{P_{n'}^e\}$ 弱收敛于 $(\mathbf{R}^\infty, \mathscr{B}^\infty)$ 中某一概率测度 Q. 因为 Π 是一致胎紧的, 对任给 $\varepsilon > 0$, 有 S 的紧子集 K, 使对每一 $P \in \Pi$ 有 $P(K) > 1 - \varepsilon$. 所以对一切 n', 有

$$P_{n'}^e(K) = P_{n'}(K \bigcap S) = P_{n'}(K) > 1 - \varepsilon.$$

于是 $Q(S) \geqslant Q(K) \geqslant \limsup_{n' \to \infty} P_{n'}(K) \geqslant 1 - \varepsilon$, 所以 S 也是 Q 的支撑. 因此由引理 4.4 得 $(P_{n'}^e)^r \Rightarrow Q^r$, 即

$$P_{n'} \Rightarrow Q^r.$$

这就证明了 Π 是弱相对紧的.

4° 一般情形

设 S 是度量空间, Π 是 S 上一致胎紧的概率测度族. 对每一 $i \geqslant 1$ 有 S 的紧子集 K_i, 使对每一 $P \in \Pi$, 有 $P(K_i) > 1 - 1/i$. 记 $S_0 = \bigcup_i K_i$, 那么 S_0 是 Π 的任一概率测度 P 的支撑, 即 $P(S_0) = 1$ 对每一 $P \in \Pi$ 成立, 且 $\Pi^r = \{P^r; P \in \Pi\}$ 是 $(S_0, \mathscr{B}_0)$ 中一致胎紧的概率测度族. 由于 S_0 是 σ 紧的, 由已证的 3° 知 Π^r 是弱相对紧的, 即对 Π 中任一列 $\{P_n\}$, 对应的 $\{P_n^r\}$ 有一弱收敛的子列 $\{P_{n'}^r\}$, 在 $(S_0, \mathscr{B}_0)$ 中, $P_{n'}^r \Rightarrow Q$. 由引理 4.3 (ii) 可得 $(P_{n'}^r)^e \Rightarrow Q^e$, 即 $P_{n'} \Rightarrow Q^e$, 这就证明了 Π 是弱相对紧的. 正定理证毕.

逆定理的证明

当 Π 仅由一个概率测度组成时, 由定理 4.1 即得. 假设对任给 $\varepsilon > 0, \delta > 0$, 有 δ 球的有限集 $A_1, \cdots, A_n$, 使对每一 $P \in \Pi$, 有 $P\left\{\bigcup_{i=1}^{n} A_i\right\} > 1 - \varepsilon$, 则 Π 必是一致胎紧的. 事实上, 此时对任给的 $\varepsilon > 0$ 和每一 k, 有有限个 $1/k$ 球

$A_{k1}, \cdots, A_{kn_k}$ 使对每一 $P \in \Pi$, 有

$$P \left\{ \bigcup_{i=1}^{n_k} A_{ki} \right\} > 1 - \varepsilon/2^k.$$

记 K 为全有界集 $\bigcap_{k=1}^{\infty} \bigcup_{i=1}^{n_k} A_{ki}$ 的闭包, 那么 $P(K) > 1 - \varepsilon$. 又因 S 是完备的, 故全有界集的闭包 K 是紧的. 这就证明了 Π 是一致胎紧的.

现在只需证明对于弱相对紧的 Π 必有上述假设成立. 若不然, 有 $\varepsilon_0 > 0, \delta_0 > 0$, 对 δ_0 球的任何有限集 $A_1, \cdots, A_n$ 存在 $P \in \Pi$, 使 $P \left\{ \bigcup_{i=1}^{n} A_i \right\} \leqslant 1 - \varepsilon_0$. 由于 S 可分, S 可以表示成 δ 开球列 $A_1, A_2, \cdots$ 的并. 记 $B_n = \bigcup_{i=1}^{n} A_i$. 由上可知有 Π 中 P_n 使得 $P_n(B_n) \leqslant 1 - \varepsilon_0$. 因为 Π 是弱相对紧的, 所以 $\{P_n\}$ 中有子列 $\{P_{n'}\}$ 弱收敛于某极限 P. 又因 B_n 是开集, 对每一固定的 m, 有

$$P(B_m) \leqslant \liminf_{n' \to \infty} P_{n'}(B_m).$$

但当 $n' > m$ 时, $B_m \subset B_{n'}$, 故得

$$P(B_m) \leqslant \liminf_{n' \to \infty} P_{n'}(B_{n'}) \leqslant 1 - \varepsilon_0.$$

而 $B_m \uparrow S$, 所以推得 $P(S) \leqslant 1 - \varepsilon_0$, 矛盾. 证毕.

§5 $C[0,1]$ 中概率测度弱收敛, Donsker 定理

5.1 $C[0,1]$ 中概率测度弱收敛

由于空间 $C = C[0,1]$ 是可分完备的, 所以由 Prohorov 定理及定理 4.2 即可写出.

定理 5.1 设 $\{P, P_n; n \geqslant 1\}$ 是 $(C, \mathscr{C})$ 上的概率测度列, 那么 $P_n \Rightarrow P$ 的充要条件是对任何正整数 k 及 $t_1, \cdots, t_k \in [0,1]$, 有 $P_n \pi_{t_1, \cdots, t_k}^{-1} \Rightarrow P \pi_{t_1, \cdots, t_k}^{-1}$, 且 $\{P_n\}$ 是一致胎紧的.

这样, 验证 C 上概率测度 $\{P_n\}$ 的一致胎紧性就成为 C 上概率测度是否弱收敛的关键. 这里我们给出一个充要条件, 并在此基础上给出一个十分有用的充分条件.

空间 C 的元 $x = x(t)$ 的**连续模**定义为

$$w_x(\delta) = \sup_{|s-t|<\delta} |x(s) - x(t)| \quad (0 < \delta < 1), \tag{5.1}$$

也记作 $w(x,\delta)$.

定理 5.2 $(C,\mathscr{C})$ 上概率测度列 $\{P_n\}$ 是一致胎紧的充要条件是:

(i) 对任给 $\eta > 0$, 有 $a > 0$ 使对每一 n,

$$P_n\{x : |x(0)| > a\} \leqslant \eta; \tag{5.2}$$

(ii) 对任给 $\varepsilon > 0, \eta > 0$ 有 δ $(0 < \delta < 1)$ 和正整数 n_0, 当 $n \geqslant n_0$ 时,

$$P_n\{x : w_x(\delta) \geqslant \varepsilon\} \leqslant \eta. \tag{5.3}$$

证 条件必要 设 $\{P_n\}$ 是一致胎紧的, 即对任给 $\eta > 0$, 有紧集 $K \subset C$, 使对每一 n 有 $P_n(K) > 1 - \eta$. 由 Arzela-Ascoli 定理知对充分大的 a, 有

$$K \subset \{x : |x(0)| \leqslant a\},$$

且对任给的 $\varepsilon > 0$, 有充分小的 $\delta = \delta(\varepsilon) > 0$, 使

$$K \subset \{x : w_x(\delta) < \varepsilon\}.$$

由此即得 (i) 和 (ii) (取 $n_0 = 1$) 成立.

条件充分 由定理 4.1 知 $(C,\mathscr{C})$ 上单一概率测度 P_i 是胎紧的, 所以不妨设 (ii) 中的 $n_0 = 1$. 选 a 充分大, 记 $A = \{x : |x(0)| \leqslant a\}$, 对每一 n, 有

$$P_n(A) \geqslant 1 - \eta/2.$$

由 (ii) 可选 $\delta_k > 0$, 记 $A_k = \{x : w_x(\delta_k) < 1/k\}$, 对每一 n, 有

$$P_n(A_k) \geqslant 1 - \eta/2^{k+1}.$$

记 $A \bigcap \left(\bigcap_k A_k \right)$ 的闭包为 K, 则 $P_n(K) \geqslant 1 - \eta$, 且由 Arzela-Ascoli 定理知 K 为 C 中紧集. 因此 $\{P_n\}$ 是一致胎紧的. 证毕.

把定理 5.2 稍作改变就可给出如下的一致胎紧性的充分条件.

定理 5.3 若下两条件被满足, 则 $\{P_n\}$ 是一致胎紧的.

(i) 对任给 $\eta > 0$, 有 a 使对每一 n

$$P_n\{x : |x(0)| > a\} \leqslant \eta; \tag{5.4}$$

(ii) 对任给 $\varepsilon > 0, \eta > 0$, 有 $\delta = \delta(\varepsilon, \eta)$ $(0 < \delta < 1)$ 和正整数 $n_0 = n_0(\varepsilon, \eta)$, 使对每一 t $(0 \leqslant t \leqslant 1)$, 当 $n \geqslant n_0$ 时, 有

$$P_n\{x : \sup_{t \leqslant s \leqslant t+\delta} |x(s) - x(t)| \geqslant \varepsilon\} \leqslant \delta\eta. \tag{5.5}$$

证 只需验证定理 5.2 的 (ii) 被满足. 对取定的 $\delta < 1$, 记

$$A_t(\varepsilon) = \{x : \sup_{t \leqslant s \leqslant t+\delta} |x(s) - x(t)| \geqslant \varepsilon\}.$$

区间 $[0,1]$ 中的实数 s, t 各在形如 $[i\delta, (i+1)\delta]$ 的某区间中. 若 $|s - t| < \delta$, 则 s, t 所在区间相同或相邻, 所以

$$P_n\{x : w_x(\delta) \geqslant 3\delta\} \leqslant P_n \left\{ \bigcup_{i \leqslant \delta^{-1}} A_{i\delta}(\varepsilon) \right\} \leqslant (1 + [\delta^{-1}])\delta\eta < 2\eta.$$

这就得证定理 5.2 的 (ii) 被满足.

5.2 随机元与部分和过程

称概率空间 $(\Omega, \mathscr{A}, P)$ 到 $(C, \mathscr{C})$ 的可测映射

$$X : \omega \to X(\omega) \in C$$

为 C 空间的随机元或随机函数. 此时对每一 $\omega \in \Omega, X(\omega) = X(t, \omega)$ 是 C 的元, 即是区间 $[0,1]$ 上的一个连续函数; 对每一 $t \in [0,1], X(t, \omega)$ 作为 ω 的函数是怎样的呢? 我们有

引理 5.1 Ω 到 C 的映射 X 是 C 值随机元当且仅当对每一 $t, X(t)$ 是一个实值 r.v.

证 条件必要 记 $A = \{x : x \in C, x(t) \leqslant a\}$. 显然 $A \in \mathscr{C}$. 若 X 是 C 的随机元, 即 $X^{-1}\mathscr{C} \subset \mathscr{A}$, 就有 $X^{-1}A = \{\omega : X(t, \omega) \leqslant a\} \in \mathscr{A}$, 即对每一 $t, X(t)$ 是实 r.v.

条件充分 若对每一 $t, X(t)$ 是 r.v., 记 B 是 C 中以 $y = y(t)$ 为中心, δ 为半径的闭球, 那么

$$X^{-1}B = \{\omega : X(\omega) \in B\} = \bigcap_r \{\omega : |y(r) - X(r, \omega)| \leqslant \delta\}$$

$$= \bigcap_r \{\omega : y(r) - \delta \leqslant X(r, \omega) \leqslant y(r) + \delta\} \in \mathscr{A},$$

其中 $\bigcap_r$ 是对 $[0,1]$ 中全体有理数 r 来取的. 由于 C 可分, 闭球族 $\{B_\delta\}$ 是 $\mathscr{C}$ 的拓扑基, 故得 $X^{-1}\mathscr{C} \subset \mathscr{A}$, 即 X 是 C 的随机元. 证毕.

C 的一个随机元列 $\{W_n\}$ 说是一致胎紧的, 若它对应的分布列 $\{P_n\}$ 是一致胎紧的. 现在容易把 C 上概率测度列一致胎紧性的结论转换成关于 C 上随机元列一致胎紧性的结论. 然后利用它来讨论部分和过程的一致胎紧性.

定理 5.2′ C 的随机元序列 $\{W_n\}$ 是一致胎紧的充要条件是 $\{W_n(0)\}$ 是一致胎紧的, 且对任一 $\varepsilon > 0, \eta > 0$ 有 $\delta = \delta(\varepsilon, \eta)$ $(0 < \delta < 1)$ 及正整数 $n_0 = n_0(\varepsilon, \eta)$, 使当 $n \geqslant n_0$ 时有

$$P\{w(W_n, \delta) \geqslant \varepsilon\} \leqslant \eta. \tag{5.6}$$

定理 5.3′ 对 C 的随机元序列 $\{W_n\}$, 若 $\{W_n(0)\}$ 是一致胎紧的, 且对任一 $\varepsilon > 0, \eta > 0$ 有 $\delta = \delta(\varepsilon, \eta)$ $(0 < \delta < 1)$ 及正整数 $n_0 = n_0(\varepsilon, \eta)$, 使对每一 t $(0 \leqslant t \leqslant 1)$, 当 $n \geqslant n_0$ 时,

$$P\{\sup_{t \leqslant s \leqslant t+\delta} |W_n(s) - W_n(t)| \geqslant \varepsilon\} \leqslant \delta\eta, \tag{5.7}$$

那么 $\{W_n\}$ 是一致胎紧的.

设 $\{X_n\}$ 是均值为 0, 方差为 σ^2 的 i.i.d.r.v. 序列, 记 $S_0 = 0, S_n = \sum_{k=1}^{n} X_k$. 由 r.v. 列 $\{X_n\}$ 的部分和 $\{S_n\}$ 可构作 C 上随机元列 $\{W_n\}$ 如下:

$$W_n(t, \omega) = \begin{cases} S_i(\omega)/(\sigma\sqrt{n}), & t = i/n, i = 0, 1, \cdots, n, \\ \text{线性}, & (i-1)/n \leqslant t \leqslant i/n. \end{cases} \tag{5.8}$$

这里为方便计, 限于讨论正则化因子为 $\sigma\sqrt{n}$ 情形. 可写

$$W_n(t, \omega) = \frac{1}{\sigma\sqrt{n}}\{S_{[nt]}(\omega) + (nt - [nt])X_{[nt]+1}\}. \tag{5.9}$$

易见, 它是 C 上随机元, 我们称 $\{W_n\}$ 是由 r.v. 列 $\{X_n\}$ 产生的部分和过程列. 考察独立 r.v. 列所产生的部分和过程列的弱收敛性是本章的重要任务. 我们来给出部分和过程列 $\{W_n(t, \omega)\}$ 是一致胎紧的一个充分条件.

定理 5.4 设 $\{W_n\}$ 是由 (5.9) 定义的. 若对任给 $\varepsilon > 0$, 有 $\lambda > 1$ 和正整数 n_0, 使当 $n \geqslant n_0$ 时对一切 k $(1 \leqslant k \leqslant n)$, 有

$$P\left\{\max_{1 \leqslant i \leqslant n} |S_{k+i} - S_k| \geqslant \lambda\sigma\sqrt{n}\right\} \leqslant \varepsilon/\lambda^2, \tag{5.10}$$

则 $\{W_n\}$ 是一致胎紧的.

证 首先来证此时对任给的 $\varepsilon > 0, \eta > 0$, 有 $\delta = \delta(\varepsilon, \eta)(0 < \delta < 1)$ 和 $n_0 = n_0(\varepsilon, \eta)$, 使当 $n \geqslant n_0$ 时, 有

$$P\left\{\max_{i \leqslant n\delta} |S_{k+i} - S_k| \geqslant \lambda\sigma\sqrt{n}\right\} \leqslant \delta\eta. \tag{5.11}$$

事实上, 由定理的条件, 对 $\eta \varepsilon^2$, 有 $\lambda \,(> 1)$ 及 n_1, 使当 $n \geqslant n_1$ 时, 对每一 k, 有

$$P \left\{ \max_{i \leqslant n} |S_{k+i} - S_k| \geqslant \lambda \sigma \sqrt{n} \right\} \leqslant \eta \varepsilon^2 / \lambda^2. \tag{5.12}$$

取 $\delta = \varepsilon^2 / \lambda^2$. 由于 $\lambda > 1 > \varepsilon$ (总可设 $\varepsilon, \eta < 1$), 所以 $0 < \delta < 1$. 又设 n_0 是大于 n_1/δ 的整数. 故当 $n \geqslant n_0$ 时, 就有 $[n\delta] \geqslant n_1$. 这样从 (5.12) 就可写出

$$P \left\{ \max_{i \leqslant [n\delta]} |S_{k+i} - S_k| \geqslant \lambda \sigma \sqrt{[n\delta]} \right\} \leqslant \eta \varepsilon^2 / \lambda^2.$$

因 $\lambda \sqrt{[n\delta]} \leqslant \varepsilon \sqrt{n}, \eta \varepsilon^2 / \lambda^2 = \eta \delta$, 即得 (5.11) 成立.

现在来验证定理 5.3′ 的条件被满足. 由于 $W_n(0) \equiv 0$, 所以只需证明由 (5.11) 可推出 (5.7) 成立. 对给定的 t 和 (5.11) 中的 δ, 有正整数 k 和 j, 使

$$k/n \leqslant t < (k+1)/n, \quad (j-1)/n \leqslant t + \delta/2 < j/n.$$

从 W_n 的折线形状知

$$\sup_{t \leqslant s \leqslant t+\delta/2} |W_n(s) - W_n(t)| \leqslant \frac{2}{\sigma \sqrt{n}} \max_{0 \leqslant i \leqslant j-k} |S_{k+i} - S_k|.$$

若 $n \geqslant 4/\delta$, 则 $j - k < n\delta$. 所以当 $n \geqslant \max(n_0, 4/\delta)$ 时, 由 (5.11) 可得

$$P \left\{ \sup_{t \leqslant s \leqslant t+\delta/2} |W_n(s) - W_n(t)| \geqslant 2\varepsilon \right\} \leqslant P \left\{ \max_{0 \leqslant i \leqslant j-k} |S_{k+i} - S_k| \geqslant \varepsilon \sigma \sqrt{n} \right\}$$

$$\leqslant P \left\{ \max_{0 \leqslant i \leqslant n\delta} |S_{k+i} - S_k| \geqslant \varepsilon \sigma \sqrt{n} \right\} \leqslant \delta \eta.$$

证毕.

注 5.1 当 $\{X_n; n \geqslant 1\}$ 是平稳 r.v. 序列时, (5.10) 式即为

$$P \left\{ \max_{1 \leqslant i \leqslant n} |S_i| \geqslant \lambda \sigma \sqrt{n} \right\} \leqslant \varepsilon / \lambda^2. \tag{5.13}$$

5.3 Donsker 定理

定义 5.1 $(C, \mathscr{C})$ 上具有下述性质的概率测度 μ_W 称为 Wiener 测度:
(i) 对任一 $t \in [0,1]$, r.v. $X(t)$ 在 μ_W 下服从正态分布 $N(0, t)$, 即

$$\mu_W \{ X(t) \leqslant a \} = \frac{1}{\sqrt{2\pi t}} \int_{-\infty}^{a} e^{-u^2/(2t)} du, \tag{5.14}$$

当 $t = 0$ 时, 理解为 $\mu_W(X(0) = 0) = 1$;

(ii) 随机过程 $\{X(t), 0 \leqslant t \leqslant 1\}$ 在概率测度 μ_W 下具有独立增量, 即若

$$0 \leqslant t_0 < t_1 < \cdots < t_k \leqslant 1,$$

则在 μ_W 下, r.v.$X(t_1) - X(t_0), X(t_2) - X(t_1), \cdots, X(t_k) - X(t_{k-1})$ 是相互独立的.

今后 Wiener 测度 μ_W 所对应的随机元记为 $W = \{W(t)\}$, 称为 Wiener 过程. 由定义易见, 当 $s \leqslant t$ 时 r.v. $W(s)$ 与 $W(t) - W(s)$ 是独立的, 故知 $W(t) - W(s)$ 服从正态分布 $N(0, t-s)$. 这样 $(C, \mathscr{C})$ 上的概率测度 P 为 Wiener 测度当且仅当它所对应的随机元 W 的有限维分布, 即 $(W(t_1), \cdots, W(t_k))$ 的分布为 $N(\mathbf{0}, \boldsymbol{\Lambda}_{t_1, \cdots, t_k})$, 其中协方差阵 $\boldsymbol{\Lambda}_{t_1, \cdots, t_k}$ 的 (i, j) 元为 $\min(t_i, t_j)$. 可以证明在 $(C, \mathscr{C})$ 上存在着满足 (i) 和 (ii) 的概率测度 μ_W. 我们将在第七章给出一般概率空间上 Wiener 测度存在的一个构造性证明.

下面我们来给出著名的 Donsker 定理.

定理 5.5 (Donsker 1951) 设 $\{X_n; n \geqslant 1\}$ 是 i.i.d.r.v. 序列, $EX_1 = 0, EX_1^2 = \sigma^2, 0 < \sigma^2 < \infty$. 则由 $\{X_n\}$ 所产生的部分和过程

$$W_n \xrightarrow{d} W.$$

证 先来证 W_n 的有限维分布弱收敛于 W 对应的有限维分布. 对 1 维情形, 因

$$\left| W_n(t) - \frac{1}{\sigma\sqrt{n}} S_{[nt]} \right| \leqslant \frac{1}{\sigma\sqrt{n}} |X_{[nt]+1}| \xrightarrow{P} 0, \tag{5.15}$$

又由中心极限定理知 $S_{[nt]}/\sigma\sqrt{n} \xrightarrow{d} W(t)$, 所以从第一章定理 5.5 得 $W_n(t) \xrightarrow{d} W(t)$. 对 2 维情形, 设 $s < t$, 由定理 3.2, 若能证明

$$(W_n(s), W_n(t) - W_n(s)) \xrightarrow{d} (W(s), W(t) - W(s)),$$

就有 $(W_n(s), W_n(t)) \xrightarrow{d} (W(s), W(t))$. 为此, 由 (5.15) 只需证明

$$\left(\frac{1}{\sigma\sqrt{n}} S_{[nt]}, \frac{1}{\sigma\sqrt{n}} (S_{[nt]} - S_{[ns]}) \right) \xrightarrow{d} (W(s), W(t) - W(s)) \tag{5.16}$$

就够了. 由于左边及右边的分量都是独立的, 从中心极限定理得 (5.16) 成立. 一般 k 维情形同理可得.

为证明 $\{W_n\}$ 具有一致胎紧性, 由定理 5.4 只需验证 (5.13) 被满足. 对任一实数 $\lambda > 0$, 有

$$P\{\max_{1 \leqslant i \leqslant n} |S_i| \geqslant \lambda\sigma\sqrt{n}\} \leqslant 2P\{|S_n| \geqslant (\lambda - \sqrt{2})\sigma\sqrt{n}\}. \tag{5.17}$$

事实上, 如记 $E_i = \{\max_{1 \leqslant j < i} |S_j| < \lambda\sigma\sqrt{n} \leqslant |S_i|\}, i = 1, 2, \cdots, n$, 此时 $\{E_i; i = 1, \cdots, n\}$ 两两不相交且 $\bigcup_{i=1}^{n} E_i = \{\max_{1 \leqslant i \leqslant n} |S_i| \geqslant \lambda\sigma\sqrt{n}\}$. 这样

$$P\{\max_{1 \leqslant i \leqslant n} |S_i| \geqslant \lambda\sigma\sqrt{n}\} \leqslant P\{|S_n| \geqslant (\lambda - \sqrt{2})\sigma\sqrt{n}\}$$
$$+ \sum_{i=1}^{n-1} P\{E_i, |S_n| < (\lambda - \sqrt{2})\sigma\sqrt{n}\}.$$

而后一和式不超过

$$\sum_{i=1}^{n-1} P\{E_i, |S_n - S_i| \geqslant \sigma\sqrt{2n}\} = \sum_{i=1}^{n-1} P(E_i)P\{|S_n - S_i| \geqslant \sigma\sqrt{2n}\}$$
$$\leqslant \frac{1}{2} \sum_{i=1}^{n-1} P(E_i) \leqslant \frac{1}{2} P\{\max_{1 \leqslant i \leqslant n} |S_i| \geqslant \lambda\sigma\sqrt{n}\},$$

代入即得 (5.17). 当 $\lambda > 2\sqrt{2}$ 时有

$$P\{\max_{1 \leqslant i \leqslant n} |S_i| \geqslant \lambda\sigma\sqrt{n}\} \leqslant 2P\left\{|S_n| \geqslant \frac{1}{2}\lambda\sigma\sqrt{n}\right\}.$$

由中心极限定理知右边概率

$$P\{|S_n| \geqslant \lambda\sigma\sqrt{n}/2\} \to P\{|N| \geqslant \lambda/2\} \leqslant 8E|N|^3/\lambda^3,$$

其中 N 是标准正态变量. 所以对任给 $\varepsilon > 0$ 及充分大 λ, 有 n_0, 当 $n \geqslant n_0$ 时,

$$P\{\max_{1 \leqslant i \leqslant n} |S_i| \geqslant \lambda\sigma\sqrt{n}\} \leqslant \varepsilon/\lambda^2.$$

证毕.

Donsker 定理的深刻性在于运用它可以导出部分和的函数的极限分布, 这是概率统计学者所关心的一个课题. 这里给出一个例子.

定理 5.6 设 r v. 序列 $\{X_n; n \geqslant 1\}$ 如定理 5.5, 我们有

$$\lim_{n \to \infty} P\left\{\frac{1}{\sigma\sqrt{n}} \max_{1 \leqslant i \leqslant n} S_i \leqslant u\right\} = \frac{2}{\sqrt{2\pi}} \int_0^u e^{-v^2/2} dv, \quad u \geqslant 0. \qquad (5.18)$$

证 由定理 5.5, $W_n \xrightarrow{d} W$. 因为 $h(X) = \sup_{0 \leqslant t \leqslant 1} X(t)$ 是 C 上连续泛函, 故由定理 3.2 得

$$(\sigma\sqrt{n})^{-1} \max_{1 \leqslant i \leqslant n} S_i = \sup_{0 \leqslant t \leqslant 1} W_n(t) \xrightarrow{d} \sup_{0 \leqslant t \leqslant 1} W(t). \qquad (5.19)$$

余下来只需证明 $\sup\limits_t W(t)$ 的分布等于 (5.18) 右边. 而它可以通过计算特殊的 i.i.d.r.v. 序列的 $\sup\limits_t W_n(t)$ 的分布来实现.

设 i.i.d.r.v. 序列 $\{X_n\}$ 有分布

$$P\{X_n = 1\} = P\{X_n = -1\} = 1/2. \tag{5.20}$$

我们来证此时对任何非负整数 k, 有

$$P\{\max_{1 \leqslant i \leqslant n} S_i \geqslant k\} = 2P\{S_n > k\} + P\{S_n = k\}. \tag{5.21}$$

若 $k = 0$, 则左边等于 1; 由 X_n 的对称性知 $P\{S_n > 0\} = P\{S_n < 0\}$, 右边也为 1, 故 (5.21) 成立. 记 $M_n = \max\limits_{0 \leqslant i \leqslant n} S_i$. 若 $k > 0$, 由于

$$P\{M_n \geqslant k\} - P\{S_n = k\} = P\{M_n \geqslant k, S_n < k\} + P\{M_n \geqslant k, S_n > k\},$$
$$P\{M_n \geqslant k, S_n > k\} = P\{S_n > k\},$$

故若能证明

$$P\{M_n \geqslant k, S_n > k\} = P\{M_n \geqslant k, S_n < k\}, \tag{5.22}$$

就得 (5.21) 成立. 而 (5.22) 可由如下的反射原理得出: 由假设 (5.20), 所有 2^n 个可能路径 $(S_1, S_2, \cdots, S_n)$ 的概率相等, 都是 $1/2^n$. 对 (5.22) 中左边事件的一个路径 $(S_1, S_2, \cdots, S_n)$, 在首次遇到 k 处反射后得右边事件的一个路径, 这一反射对应是一一的, 故 (5.22) 成立 (见右图).

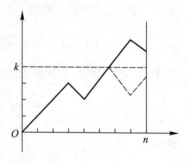

由此按中心极限定理

$$P\{\max_{1 \leqslant i \leqslant n} S_i \geqslant [u\sqrt{n}]\} = 2P\{S_n > [u\sqrt{n}]\} + P\{S_n = [u\sqrt{n}]\} \to 2P\{N > u\}.$$

所以得证

$$\lim_{n \to \infty} P\{\max_{1 \leqslant i \leqslant n} S_i \leqslant u\sqrt{n}\} = \frac{2}{\sqrt{2\pi}} \int_0^u \exp(-v^2/2)\mathrm{d}v.$$

由此有

$$P\{\sup_{0 \leqslant t \leqslant 1} W(t) \leqslant u\} = \frac{2}{\sqrt{2\pi}} \int_0^u \exp(-v^2/2)\mathrm{d}v.$$

定理证毕.

类似地可以推出

$$P\{\sup_{0\leqslant t\leqslant 1}|W(t)|\leqslant u\} = \frac{4}{\pi}\sum_{k=0}^{\infty}\frac{(-1)^k}{2k+1}\exp\left(-\frac{\pi^2(2k+1)^2}{8u^2}\right).$$

注 5.2 在定理的证明中, 我们利用了下列事实: $h(W_n)$ 的极限分布与产生 W_n 的 r.v.$\{X_n\}$ 的分布无关. 为寻求这一极限分布, 可通过一个特殊的 r.v. 序列来求得它. 这一思想首先由 Erdös-Kac 在 1946 年给出, 并称为不变原理. 由于这一原因, Donsker 定理常被称为 Donsker**不变原理**, 也称为**弱不变原理**或**泛函中心极限定理**.

§6 $D[0,1]$ 空间, Skorohod 拓扑

6.1 $D[0,1]$ 空间

空间 $D = D[0,1]$ 为 $[0,1]$ 上右连续且存在有限左极限的全体函数. 即 $x \in D$, 如果对任一 t $(0 \leqslant t \leqslant 1)$,

$$x(t+) = \lim_{s\downarrow t}x(s) \text{ 存在且 } x(t+) = x(t);$$
$$x(t-) = \lim_{s\uparrow t}x(s) \text{ 存在有限}.$$

所以 D 中元的任一间断点都是第一类间断点. 显然 $C \subset D$.

对 D 的元 $x, T_0 \subset [0,1]$, 记

$$w_x(T_0) = \sup_{s,t\in T_0}|x(s)-x(t)|, \tag{6.1}$$

$$w_x(\delta) = \sup_{0\leqslant t\leqslant 1-\delta}w_x([t,t+\delta]). \tag{6.2}$$

引理 6.1 对任一 $x \in D$ 和 $\varepsilon > 0$, 在 $[0,1]$ 中有点 $t_0, t_1, \cdots, t_r, 0 = t_0 < t_1 < \cdots < t_r = 1$, 使得

$$w_r([t_{i-1},t_i]) < \varepsilon \quad (i = 1,2,\cdots,r). \tag{6.3}$$

证 令 $\tau = \sup\{t : [0,t)$ 可分成有限个满足 (6.3) 的小区间 $\}$. 只需证明 $\tau = 1$. 由于 $x(0) = x(0+)$, 所以 $\tau > 0$. 因 $x(\tau-)$ 存在有限, $[0,\tau)$ 本身可作这样分解. 又因 $x(\tau) = x(\tau+)$, 故 $\tau < 1$ 是不可能的.

注 6.1 由引理可知, 对任一 $x \in D$, 满足:

1) 对任一 $\varepsilon > 0$, 至多有有限个 t_i, 使 $x(t)$ 在 t_i 上的跃度 $|x(t_i) - x(t_i-)|$ 大于 ε. 由此

2) $x(t)$ 至多有可列个间断点;

3) $x(t)$ 是有界的, 即 $\sup\limits_{0 \leqslant t \leqslant 1} |x(t)| < \infty$;

4) $x(t)$ 可用简单函数一致地逼近, 因此 $x(t)$ 是 Borel 可测的.

相应于空间 C 中的连续模 $w_x(\delta)$, 对 $[0,1]$ 上的实函数 $x(t)$ 和 $0 < \delta < 1$, 令

$$w'_x(\delta) = \inf_{\{t_i\}} \max_{1 \leqslant i \leqslant r} w_x([t_{i-1}, t_i)), \tag{6.4}$$

其中 inf 是对满足下述条件的有限点集 $\{t_i\}$ 来取的,

$$0 = t_0 < t_1 < \cdots < t_r = 1, \quad t_i - t_{i-1} > \delta \ (i = 1, \cdots, r-1). \tag{6.5}$$

由引理 6.1 可知, 对任一 $x \in D$,

$$\lim_{\delta \to 0} w'_x(\delta) = 0. \tag{6.6}$$

我们知道 $x \in C$ 当且仅当 $\lim\limits_{\delta \to 0} w_x(\delta) = 0$. 对于 D 的元, 有

引理 6.2 $x \in D$ 当且仅当 (6.6) 式成立.

此命题请读者作为练习补证之.

因为对任一 $\delta, 0 < \delta < 1/2$, 区间 $[0,1)$ 可被分解成一些区间 $[t_{i-1}, t_i)$, 使 $\delta < t_i - t_{i-1} \leqslant 2\delta$, 所以有

$$w'_x(\delta) \leqslant w_x(2\delta), \quad 0 < \delta < 1/2. \tag{6.7}$$

由引理 6.2, (6.7) 的相反不等式一般不成立. 因为对于不连续的 $x(t)$, $\lim\limits_{\delta \to 0} w_x(\delta) \neq 0$. 但若 $x \in C$, 对任给 $\varepsilon > 0$, 可选取满足 (6.5) 式的点组 $\{t_i\}$, 且使

$$\max_{1 \leqslant i \leqslant r} w_x([t_{i-1}, t_i)) < w'_x(\delta) + \varepsilon. \tag{6.8}$$

又若 $|s - t| < \delta$, 则 s 和 t 或在同一个小区间 $[t_{i-1}, t_i)$ 中, 或在相邻的小区间中. 故由 (6.8) 得

$$w_x(\delta) \leqslant 2w'_x(\delta) + 2\varepsilon. \tag{6.9}$$

由 ε 的任意性, 即得当 $x \in C$ 时,

$$w_x(\delta) \leqslant 2w'_x(\delta). \tag{6.10}$$

这样由 (6.7) 和 (6.10) 可知, 当 $x \in C$ 时, $w_x(\delta)$ 与 $w'_x(\delta)$ 实质上是一样的. 由引理 6.2, 在 D 中 $w'_x(\delta)$ 也能具有 C 中 $w_x(\delta)$ 同样的作用.

6.2　Skorohod 拓扑

在 C 中的一致拓扑 $\rho(x,y) = \sup_{0\leqslant t\leqslant 1} |x(t) - y(t)|$ 下, 两个函数 $x(t)$ 和 $y(t)$ 很接近, 是指 $x(t)$ 的图像可从 $y(t)$ 的图像经过纵坐标的一个一致小的移动 (横坐标固定) 得出. 在 D 中, 我们还将允许时间尺度 (横坐标) 有一个一致小的 "变动", Skorohod 拓扑就体现了这一想法.

令 $\Lambda = \{[0,1]$ 到 $[0,1]$ 上严格增的连续函数 $\lambda(t)$, 满足 $\lambda(0) = 0, \lambda(1) = 1\}$.

Skorohod 对空间 D 中任意两元 x, y 定义距离 $d(x,y)$ 为具有下述性质的 ε 的下确界: 存在 $\lambda \in \Lambda$, 使得

$$\sup_{0\leqslant t\leqslant 1} |\lambda(t) - t| < \varepsilon, \quad \sup_{0\leqslant t\leqslant 1} |x(t) - y(\lambda(t))| < \varepsilon. \tag{6.11}$$

引理 6.3　$d(x,y)$ 是空间 D 的一个距离函数.

证　由于 D 中的元 x, y 是有界的, 所以 $0 \leqslant d(x,y) < \infty$, 即 $d(x,y)$ 有意义. 现在来验证如上定义的 d 满足距离函数的条件.

1° 显然 $d(x,x) = 0$. 反之, 若 $d(x,y) = 0$, 则由 $\lambda(1) = 1$ 知 $x(1) = y(1)$; 由 $\lambda(0) = 0$ 知 $x(0) = y(0)$. 对任一 $t \in [0,1]$, 由 (6.11) 有点列 $\{t_n\}, t_n \to t$ 使得 $y(t_n) \to x(t)$. 若 $\{t_n\}$ 中有无限个 $t_n \geqslant t$, 则由 $y(t)$ 的右连续性, 得 $y(t) = x(t)$, 否则有 $y(t-) = x(t)$. 由于 y 至多只有可列个不连续点, 故除去可列个点外 $y(t-) = y(t)$. 因此除可列个点外 $y(t) = x(t)$. 由右连续性, 对任一 $t, 0 \leqslant t \leqslant 1$, 有 $x(t) = y(t)$, 这就得证 $d(x,y) = 0$ 当且仅当 $x \equiv y$.

2° $d(x,y) = d(y,x)$. 事实上, 若以 λ^{-1} 记 λ 的反函数, 因 $\lambda \in \Lambda$, 所以 $\lambda^{-1} \in \Lambda$, 而且

$$\sup_{0\leqslant t\leqslant 1} |\lambda^{-1}(t) - t| = \sup_{0\leqslant t\leqslant 1} |t - \lambda(t)|,$$

$$\sup_{0\leqslant t\leqslant 1} |x(\lambda^{-1}(t)) - y(t)| = \sup_{0\leqslant t\leqslant 1} |x(t) - y(\lambda(t))|,$$

故得 $d(x,y) = d(y,x)$.

3° $d(x,z) \leqslant d(x,y) + d(y,z)$.

因若 $\lambda_1, \lambda_2 \in \Lambda$, 就有 $\lambda_2 \circ \lambda_1 = \lambda_2(\lambda_1) \in \Lambda$. 而且

$$\sup_{0\leqslant t\leqslant 1} |\lambda_2(\lambda_1(t)) - t| \leqslant \sup_{0\leqslant t\leqslant 1} |\lambda_2(\lambda_1(t)) - \lambda_1(t)| + \sup_{0\leqslant t\leqslant 1} |\lambda_1(t) - t|$$

$$= \sup_{0\leqslant t\leqslant 1} |\lambda_2(t) - t| + \sup_{0\leqslant t\leqslant 1} |\lambda_1(t) - t|,$$

$$\sup_{0\leqslant t\leqslant 1} |x(t) - z(\lambda_2(\lambda_1(t)))| \leqslant \sup_{0\leqslant t\leqslant 1} |x(t) - y(\lambda_1(t))|$$

$$+ \sup_{0 \leqslant t \leqslant 1} |y(\lambda_1(t)) - z(\lambda_2(\lambda_1(t)))|$$

$$= \sup_{0 \leqslant t \leqslant 1} |x(t) - y(\lambda_1(t))|$$

$$+ \sup_{0 \leqslant t \leqslant 1} |y(t) - z(\lambda_2(t))|.$$

这就证明了 $d(x,y)$ 是 D 上一个距离函数.

注 6.2　由 d 的定义可见, $x_n \to x$, 即 $d(x_n, x) \to 0$ 的充要条件是存在 $\{\lambda_n\} \subset \Lambda$ 使关于 t 一致地有

$$\lim_{n \to \infty} \lambda_n(t) = t, \quad \lim_{n \to \infty} x_n(\lambda_n(t)) = x(t). \tag{6.12}$$

由此可见, 若在 $[0,1]$ 上一致地有 $x_n(t) \to x(t)$, 则在 D 中 $d(x_n, x) \to 0$, 即 $x_n \to x$. 但由下例可知其逆不真.

例 6.1　令 $x_n(t) = I_{[0,1/2+1/n)}(t), x(t) = I_{[0,1/2)}(t)$. 若取 λ_n 满足 $\lambda_n(0) = 0, \lambda_n(1) = 1, \lambda_n(1/2) = 1/2 + 1/n$, 其余部分是由这三点连接成的折线. 此时 (6.12) 被满足, 故在 D 中 $d(x_n, x) \to 0$. 但在 $t = 1/2$ 上,

$$x_n(1/2) = 1 \nrightarrow x(1/2) = 0.$$

然而若在 D 中, $d(x_n, x) \to 0$, 则在 $x(t)$ 的连续点 t 上必有 $x_n(t) \to x(t)$. 这是因为

$$|x_n(t) - x(t)| \leqslant |x_n(t) - x(\lambda_n^{-1}(t))| + |x(\lambda_n^{-1}(t)) - x(t)|. \tag{6.13}$$

由此可知, 若 $x \in C$, 且在 Skorohod 度量下有 $d(x_n, x) \to 0$, 则在 $[0,1]$ 上一致地有 $x_n(t) \to x(t)$. 所以 C 在 D 中的相对拓扑就是 C 中的一致拓扑.

定理 6.1　度量空间 (D, d) 是可分的, 但不完备.

证　令 A 为 D 中在 $t = 1$ 上取有理值且在每一区间 $[(i-1)/k, i/k)$ 上取有理常数值 $(i = 1, \cdots, k; k = 1, 2, \cdots)$ 的函数全体. 我们来证可列集 A 在 D 中稠密.

事实上, 对任给 $\varepsilon > 0, x \in D$, 取具有引理 6.1 中所述性质的点列 $0 = t_0 < t_1 < \cdots < t_k = 1$, 取 m 充分大, 记 $m_i = [m(t_i - t_{i-1})]$, 把区间 $[t_{i-1}, t_i)$ 等分为 m_i 个小区间 $(i = 1, \cdots, k)$, 所得全部分点记为 $0 = s_0 < s_1 < \cdots < s_r = 1$. 作 $\lambda \in \Lambda$:

$$\lambda(s_i) = i/r \quad (i = 1, \cdots, r), \quad \text{其余处为线性}.$$

取有理数 $b_1, \cdots, b_r$ 使 $b_i - x(s_{i-1}) < \varepsilon$. 令

$$x_r(t) = b_i \quad \text{当 } (i-1)/r \leqslant t < i/r, \ i = 1, \cdots, r,$$

$$x_r(1) = b \ (\text{有理数}) \ \text{且 } b - x(1) < \varepsilon.$$

则 $x_r \in A$ 且 $\sup\limits_{0 \leqslant t \leqslant 1} |x(t) - x_r(\lambda(t))| < 2\varepsilon$. 又当 m 充分大时也有 $|\lambda(t) - t| < 2\varepsilon$. 这就证明了 A 在 D 中稠密.

D 关于 d 是不完备的. 考察

$$x_n(t) = I_{[1/2, 1/2+1/n)}(t).$$

对于 $\lambda: \lambda(0) = 0, \lambda(1) = 1, \lambda(1/2) = 1/2, \lambda(1/2 + 1/n) = 1/2 + 1/m$, 其余处线性. 我们有

$$\sup_{0 \leqslant t \leqslant 1} |\lambda(t) - t| = |1/m - 1/n|, \quad \sup_{0 \leqslant t \leqslant 1} |x_n(t) - x_m(\lambda(t))| = 0;$$

对于不把 $1/2 + 1/n$ 映射到 $1/2 + 1/m$ 的 $\lambda \ (\in \Lambda)$,

$$\sup_{0 \leqslant t \leqslant 1} |x_n(t) - x_m(\lambda(t))| = 1.$$

由此 $d(x_m, x_n) = |1/m - 1/n|$, 即 $\{x_n\}$ 关于 d 是基本序列. 但易见在 (D, d) 中 $\{x_n\}$ 没有极限.

6.3 度量 d_0

现在我们在 D 上引进另一个度量 d_0, 使得由 d_0 所产生的拓扑与 d 一样, 即由 (D, d_0) 所确定的开集族与 (D, d) 所确定的开集族相重合. 因之, $d_0(x_n, x) \to 0$ 当且仅当 $d(x_n, x) \to 0$. 但此时 $d(x_n, x_m) \to 0$ 未必推出 $d_0(x_m, x_n) \to 0$. 取 Λ 的子集 $\Lambda_0: \lambda \in \Lambda_0$ 当且仅当

$$\|\lambda\| = \sup_{0 \leqslant s \neq t \leqslant 1} \left| \log \frac{\lambda(s) - \lambda(t)}{s - t} \right| < \infty.$$

对于 D 的任两元 x, y, 定义 $d_0(x, y)$ 为具有下述性质的 ε 的下确界: 存在 $\lambda \in \Lambda_0$, 使得

$$\|\lambda\| \leqslant \varepsilon, \ \sup_{0 \leqslant t \leqslant 1} |x(t) - y(\lambda(t))| \leqslant \varepsilon. \tag{6.14}$$

引理 6.4 $d_0(x, y)$ 是空间 D 的一个距离函数.

证 设 $x, y \in D, x(t), y(t)$ 是有界的, 所以 $d_0(x, y)$ 有限. 由于

$$\|\lambda^{-1}\| = \|\lambda\|, \quad \|\lambda_1(\lambda_2)\| \leqslant \|\lambda_1\| + \|\lambda_2\|,$$

可知 $d_0(x,y) = d_0(y,x), d_0(x,z) \leqslant d_0(x,y) + d_0(y,z)$. 余下来证 $d_0(x,y) = 0$ 当且仅当 $x = y$. 当 $x = y$ 时, 显然 $d_0(x,y) = 0$. 反之, 若 $d_0(x,y) < \varepsilon < 1/4$, 则

$$d(x,y) < 2d_0(x,y). \tag{6.15}$$

事实上, 当 $d_0(x,y) < \varepsilon$ 时, 有某 $\lambda \in \Lambda_0$ 使 (6.14) 成立. 当 $\varepsilon < 1/4$ 时, 由 $\lambda(0) = 0$ 及 (6.14) 的前一式有

$$\log(1 - 2\varepsilon) < -\varepsilon < \log(\lambda(t)/t) < \varepsilon < \log(1 + 2\varepsilon),$$

因此 $|\lambda(t) - t| < 2t\varepsilon < 2\varepsilon \ (0 \leqslant t \leqslant 1)$, 所以 (6.15) 成立. 由此若 $d_0(x,y) = 0$, 则 $d(x,y) = 0$, 所以 $x = y$. 证毕.

我们指出与 (6.15) 相反的事实不真. 事实上, 对于 $x_n(t) = I_{[1/2,1/2+1/n]}(t)$, 有 $d(x_n, x_m) = |n^{-1} - m^{-1}|$, 而

$$d_0(x_n, x_m) = \min(1, |\log(m/n)|) \quad (m, n > 3).$$

这说明 $\{x_n\}$ 在 d 下为基本序列, 而在 d_0 下却不是.

为证明 d 与 d_0 产生的拓扑相同, 我们先来证明一个引理, 它指出当 $d(x,y)$ 和 $w'_x(\delta)$(或 $w'_y(\delta)$) 都小时, $d_0(x,y)$ 是小的.

引理 6.5　若 $d(x,y) < \delta^2 \ (0 < \delta < 1/4)$, 则

$$d_0(x,y) \leqslant 4\delta + w'_x(\delta). \tag{6.16}$$

证　取满足 (6.5) 和下式的点列 $\{t_i\}$

$$w_x([t_{i-1}, t_i)) < w'_x(\delta) + \delta, \quad i = 1, \cdots, r. \tag{6.17}$$

由于 $d(x,y) < \delta^2$, 故存在 $\mu \in \Lambda$, 使得

$$\sup_{0 \leqslant t \leqslant 1} |x(t) - y(\mu(t))| = \sup_{0 \leqslant t \leqslant 1} |x(\mu^{-1}(t)) - y(t)| < \delta^2, \tag{6.18}$$

$$\sup_{0 \leqslant t \leqslant 1} |\mu(t) - t| < \delta^2. \tag{6.19}$$

在 Λ 中取这样的 $\lambda : \lambda(t_i) = \mu(t_i), i = 0, 1, \cdots, r$, 其余处为连接这些点的折线. 由于 $\mu^{-1}(\lambda(t_i)) = t_i$ 且严格增, 所以 t 和 $\mu^{-1}(\lambda(t))$ 必在同一个区间 $[t_{i-1}, t_i)$ 中. 由 (6.17) 和 (6.18) 得

$$|x(t) - y(\lambda(t))| \leqslant |x(t) - x(\mu^{-1}(\lambda(t)))| + |x(\mu^{-1}(\lambda(t))) - y(\lambda(t))|$$
$$< w'_x(\delta) + \delta + \delta^2 < w'_x(\delta) + 2\delta.$$

余下来只需证明 $\|\lambda\| \leqslant 4\delta$. 事实上, 由于在 t_i 上 λ 与 μ 重合, 由 (6.19) 和 $t_i - t_{i-1} > \delta$, 我们有

$$|\lambda(t_i) - \lambda(t_{i-1}) - (t_i - t_{i-1})| < 2\delta^2 < 2\delta(t_i - t_{i-1}).$$

因 λ 是折线, 故对任给 $s, t \in [0,1], |\lambda(t) - \lambda(s) - (t-s)| \leqslant 2\delta|t-s|$, 因此

$$\log(1 - 2\delta) \leqslant \log \frac{\lambda(t) - \lambda(s)}{t - s} \leqslant \log(1 + 2\delta) \leqslant 2\delta.$$

又当 $\delta < 1/4$ 时, $\log(1 - 2\delta) \geqslant 2\delta - 4\delta^2 > -4\delta$, 所以 $\|\lambda\| \leqslant 4\delta$.

定理 6.2 d 与 d_0 是等价的.

证 由 (6.15) 可知当 $d_0(x_n, x) \to 0$ 时有 $d(x_n, x) \to 0$. 反之, 由引理 6.2, 对任一 $x \in D$ 和 $\varepsilon > 0$, 有 δ 使得 $w'_x(\delta) < \varepsilon$, 并可选 δ 使 $4\delta < \varepsilon$. 由引理 6.5 知, 当 $d(x,y) < \delta^2 < \varepsilon$ 时, $d_0(x,y) < 2\varepsilon$, 所以当 $d(x_n, x) \to 0$ 时也有 $d_0(x_n, x) \to 0$.

6.4 (D, d_0) 的完备性

定理 6.3 度量空间 (D, d_0) 是可分完备的.

证 由于 d_0 与 d 等价, 由定理 6.1 即得 (D, d_0) 的可分性. 现在来证 d_0 下对任一基本序列 $\{x_n\}$, 必有 $x \in D$ 使 $d_0(x_n, x) \to 0$. 因为 $\{x_n\}$ 在 d_0 下是基本的, 对任给 n 有 $y_n = x_{k_n}$ 使得

$$d_0(y_n, y_{n+1}) < 1/2^n. \tag{6.20}$$

这就是说, 存在 $\mu_n \in \Lambda_0$, 使得

$$\|\mu_n\| < 1/2^n, \quad \sup_{0 \leqslant t \leqslant 1} |y_n(t) - y_{n+1}(\mu_n(t))| < 1/2^n. \tag{6.21}$$

由 (6.15) 可知 $\sup_n |\mu_n(t) - t| < 1/2^{n-1}$. 由此对任一 $m \geqslant 1$

$$\sup_{0 \leqslant t \leqslant 1} |\mu_{n+m+1}(\mu_{n+m}(\cdots(\mu_n(t))\cdots)) \quad \mu_{n+m}(\cdots(\mu_n(t))\cdots)|$$
$$= \sup_{0 \leqslant s \leqslant 1} |\mu_{n+m+1}(s) - s| \leqslant 1/2^{n+m},$$

即对任一固定的 n, 当 $m \to \infty$ 时, 函数 $\mu_{n+m}(\cdots(\mu_n(t))\cdots)$ 是 (关于 t) 一致地基本的, 所以它一致收敛. 记

$$\lambda_n(t) = \lim_{m \to \infty} \mu_{n+m}(\cdots(\mu_{n+1}(\mu_n(t)))\cdots), \tag{6.22}$$

这样 λ_n 是连续不减的, 且 $\lambda_n(0) = 0, \lambda_n(1) = 1$. 若能证 $\|\lambda_n\|$ 有限, 就得 λ_n 是严格增的, 因此 $\lambda_n \in \Lambda_0$. 事实上, 因为 $\|\lambda(\mu)\| \leqslant \|\lambda\| + \|\mu\|$, 所以

$$|\log\{[\mu_{n+m}(\cdots(\mu_n(t))\cdots) - \mu_{n+m}(\cdots(\mu_n(s))\cdots)]/(t-s)\}|$$
$$\leqslant \|\mu_{n+m}(\cdots(\mu_n)\cdots)\| \leqslant \|\mu_n\| + \|\mu_{n+1}\| + \cdots + \|\mu_{n+m}\|$$
$$\leqslant 1/2^{n-1}.$$

让 $m \to \infty$, 就得 $\|\lambda_n\| \leqslant 1/2^{n-1}$, 故得证 $\lambda_n \in \Lambda_0$.

由 (6.22) 知, $\lambda_n = \lambda_{n+1}(\mu_n)$, 所以由 (6.21) 得

$$\sup_{0\leqslant t\leqslant 1} |y_n(\lambda_n^{-1}(t)) - y_{n+1}(\lambda_{n+1}^{-1}(t))| = \sup_{0\leqslant s\leqslant 1} |y_n(s) - y_{n+1}(\mu_n(s))| < 1/2^n.$$

这就是说 $\{y_n(\lambda_n^{-1})\}$ 是 D 中一致基本序列, 因此一致收敛于一极限函数 $x(t)$, 且易证 $x \in D$. 由于

$$\|\lambda_n\| \to 0, \sup_{0\leqslant t\leqslant 1} |y_n(\lambda_n^{-1}(t)) - x(t)| \to 0,$$

即 $d_0(y_n, x) \to 0$, 由此得证也有 $d_0(x_n, x) \to 0$. 证毕.

6.5   一致拓扑 ρ

由一致距离

$$\rho(x, y) = \sup_{0\leqslant t\leqslant 1} |x(t) - y(t)|$$

给定的 D 上的拓扑, 称为 D 上的一致拓扑.

引理 6.6 度量空间 (D, ρ) 是完备的, 但不可分.

证 设 $\{x_n\}$ 是 (D, ρ) 的基本序列, 则对任给的 t $(0 \leqslant t \leqslant 1)$, $\{x_n(t)\}$ 是基本数列, 故有 $x(t)$ 使 $x_n(t) \to x(t)(n \to \infty)$, 且 $\rho(x_n, x) \to 0$. 现在来证 $x \in D$. 由于

$$|x(t+\delta) - x(t)| \leqslant |x(t+\delta) - x_n(t+\delta)|$$
$$+ |x_n(t+\delta) - x_n(t)|$$
$$+ |x_n(t) - x(t)|$$
$$\leqslant 2\rho(x_n, x) + |x_n(t+\delta) - x_n(t)|,$$

对任给 $\varepsilon > 0$, 有 n_0, 使当 $n \geqslant n_0$ 时 $\rho(x_n, x) < \varepsilon$. 对于固定的 n_0 有 $\delta_0 > 0$, 当 $0 < \delta < \delta_0$ 时 $|x_{n_0}(t+\delta) - x_{n_0}(t)| < \varepsilon$, 故

$$|x(t+\delta) - x(t)| < 3\varepsilon,$$

即得 $x(t)$ 是右连续的. 同样可证 $x(t)$ 的左极限存在, 因此 $x \in D$.

考虑 D 中不可列个元 x_θ $(0 < \theta < 1)$

$$x_\theta(t) = I_{[\theta,1]}(t),$$

它们间任两元的 ρ 距离都为 1, 即 (D, ρ) 有不可列的离散集, 所以不可分. 证毕.

若记 d 是 Skorohod 拓扑的两个距离之一, 则易见对 D 中任两元 x, y 有

$$d(x, y) \leqslant \rho(x, y).$$

由此可见一致拓扑较 Skorohod 拓扑来得精细, 即从 $\rho(x_n, x) \to 0$ 可推得 $d(x_n, x) \to 0$. 另一方面, 在 (6.13) 中已指出, 若 $d(x_n, x) \to 0$ 且 $x \in C$, 则也有 $\rho(x_n, x) \to 0$ (这就是上面提到过的 C 在 D 中的相对拓扑就是 C 中的一致拓扑).

§7 $D[0,1]$ 中概率测度弱收敛

7.1 有限维分布

由于 (D, d_0) 是可分完备的度量空间, 从 Prohorov 定理可知, 欲证 D 上概率测度列 P_n 弱收敛于某概率测度 P, 只需讨论 P_n 的有限维分布的收敛性与 $\{P_n\}$ 的一致胎紧性. 在 $C[0,1]$ 中, 因为投影映射 $\pi_{t_1,\cdots,t_k}$ 的连续性, 使得 $P_n\pi_{t_1,\cdots,t_k}^{-1} \Rightarrow P\pi_{t_1,\cdots,t_k}^{-1}$ 的讨论十分简单. 在 $D[0,1]$ 中, 我们将看到 $\pi_{t_1,\cdots,t_k}$ 并非处处连续, 所以就要复杂一些. 我们有

引理 7.1 π_0, π_1 在 D 上处处连续. 若 $0 < t < 1$, 那么 π_t 在 D 的元 x 连续当且仅当 x 在 t 点连续.

证 因对任一 $\lambda \in \Lambda, \lambda(0) = 0, \lambda(1) = 1$, 因此, 若 $d(x, y) < \varepsilon$, 就有 $|x(0) - y(0)| < \varepsilon, |x(1) - y(1)| < \varepsilon$, 即 $|\pi_0(x) - \pi_0(y)| < \varepsilon, |\pi_1(x) - \pi_1(y)| < \varepsilon$. 所以 π_0, π_1 在 D 上处处连续.

对后一结论, 由 (6.13) 即知条件充分. 现用反证法来证条件是必要的. 设 π_t 在 x 连续, 但 x 在 t 不连续. 令 $\lambda_n \in \Lambda$ 如下: $\lambda_n(0) = 0, \lambda_n(1) = 1, \lambda_n(t) = t - 1/n$, 其余处是线性的. 取 $x_n(t) = x(\lambda_n(t))$, 那么 $d(x_n, x) \to 0$. 但是

$$\pi_t(x_n) = x_n(t) = x(t - 1/n) \to x(t-) \neq x(t) = \pi_t(x),$$

产生矛盾. 得证条件必要.

引理 7.2 $D[0,1]$ 上的投影映射 $\pi_{t_1,\cdots,t_k}$ 是可测的.

证 只需对 $0 < t < 1$ 证明 π_t 的可测性. 若 $d(x_n, x) \to 0$, 则由引理 7.1, 在 x 的连续点 s 上有 $x_n(s) \to x(s)$, 因此由引理 6.1 的注, 除去 Lebesgue 测度为 0 的集 (实际上是 x 的至多可列个不连续点) 外, 都有 $x_n(s) \to x(s)$. 又由 $d(x_n, x) \to 0$, 存在 $\lambda_n \in \Lambda$, 使得 $\sup\limits_{0 \leqslant s \leqslant 1} |x_n(s) - x(\lambda_n^{-1}(s))| < \varepsilon$, 所以

$$\sup_n \sup_{0 \leqslant s \leqslant 1} |x_n(s)| < \sup_{0 \leqslant s \leqslant 1} |x(s)| + \varepsilon < \infty.$$

由有界收敛定理可得, 对任给 $\varepsilon > 0$, 当 $n \to \infty$ 时

$$\frac{1}{\varepsilon} \int_t^{t+\varepsilon} x_n(s)\mathrm{d}s \to \frac{1}{\varepsilon} \int_t^{t+\varepsilon} x(s)\mathrm{d}s.$$

这样 $h_\varepsilon(x) = \dfrac{1}{\varepsilon} \int_t^{t+\varepsilon} x(s)\mathrm{d}s$ 在 Skorohod 拓扑 d 下是连续的. 由于 $x(t)$ 的右连续性, 当 $\varepsilon \downarrow 0$ 时, 对任一 $x \in D$, 有 $h_\varepsilon(x) \to \pi_t(x)$, 这就得证 π_t 的可测性. 证毕.

设 $\mathscr{D}$ 是 D 的关于 Skorohod 拓扑的 Borel σ 域, P 是 $(D, \mathscr{D})$ 上的概率测度. 令

$$T_P = \{t : 0 \leqslant t \leqslant 1, P(x : \pi_t \text{ 在 } x \text{ 不连续}) = 0\}.$$

若记 $J_t = \{x : x(t) \neq x(t-)\}$, 则由引理 7.1 即知

$$T_P = \{t : 0 \leqslant t \leqslant 1, P(J_t) = 0\}.$$

引理 7.3 $0, 1 \in T_P, T_P$ 在 $[0,1]$ 中的余集至多是一个可列集. 若 $t_1, \cdots, t_k \in T_P$, 则除去 P 测度为 0 的集外, $\pi_{t_1,\cdots,t_k}$ 是连续的, 即 $\pi_{t_1,\cdots,t_k}$ 的不连续点集 $D\pi_{t_1,\cdots,t_k}$ 的 P 测度为 0.

证 显然 $0, 1 \in T_P$. 我们来证至多有可列个 t, 使 $P(J_t) > 0$. 为此记

$$J_t(\varepsilon) = \{x : x(t) - x(t-) \geqslant \varepsilon\}.$$

设 $t_n \uparrow t$, 由引理 7.2 知集 $\{x : |x(t) - x(t_n)| \geqslant \eta\}$ 可测. 由此知

$$J_t(\varepsilon) = \bigcap_{m=1}^{\infty} \bigcap_{k=1}^{\infty} \bigcup_{n=k}^{\infty} \{x : |x(t) - x(t_n)| \geqslant \varepsilon - 1/m\}$$

也可测, 故 $J_t = \bigcup\limits_\varepsilon J_t(\varepsilon)$ 可测. 对给定的 $\varepsilon > 0, \delta > 0$, 至多有有限个 t 使 $P\{J_t(\varepsilon)\} \geqslant \delta$. 因若不然, 有无穷个不同的点 $\{t_n\}$, 使 $P\{J_{t_n}(\varepsilon)\} \geqslant \delta$, 那么

$\limsup_{n \to \infty} J_{t_n}(\varepsilon)$ 非空. 这与对 D 的任一元 x, 它的跃度 $\geqslant \varepsilon$ 的点数有限矛盾. 故集 $\{t : P(J_t(\varepsilon)) \geqslant \delta\}$ 有限. 因 $J_t(\varepsilon) \uparrow J_t(\varepsilon \to 0)$, 所以 $\{t : P(J_t) > 0\} \subset \bigcup_{m=1}^{\infty} \bigcup_{n=1}^{\infty} \{t : P(J_t(1/n)) \geqslant 1/m\}$ 可列. 这就证明了 T_P 在 $[0,1]$ 中的余集至多可列. 余下部分是明显的. 证毕.

设 T_0 是区间 $[0,1]$ 的一个子集, 令

$$\mathscr{F}_{T_0} = \{\pi_{t_1, \cdots, t_k}^{-1} H : \text{任何自然数 } k, t_1, \cdots, t_k \in T_0, H \in \mathscr{B}^k\},$$

其中 $\mathscr{B}^k$ 是 k 维 Borel σ 域. 那么易知 $\mathscr{F}_{T_0}$ 是 D 的子集所组成的一个域. 特别, $\mathscr{F}_{[0,1]}$ 就是 D 中的有限维柱集类.

定理 7.1 若 $1 \in T_0$, 且 T_0 在 $[0,1]$ 中稠密, 那么由 $\mathscr{F}_{T_0}$ 所产生的 σ 域等于 $\mathscr{D}$.

证 因 (D, d_0) 可分, 只需证明每一开的 d_0 球 $S_{d_0}(x, r)$ 属于 $\mathscr{F}_{T_0}$ 生成的 σ 域.

在 T_0 内选取在 $[0,1]$ 中稠密的点列 $t_1(=1), t_2, \cdots, t_n, \cdots$. 对任给的 $\varepsilon \in (0, r)$ 及 $k \geqslant 1$ 令

$$A_k(\varepsilon) = \{y : \text{存在 } \lambda \in \Lambda \text{ 使 } \|\lambda\| < r - \varepsilon, \max_{1 \leqslant i \leqslant k} |y(t_i) - x(\lambda(t_i))| < r - \varepsilon\}.$$

如记

$$H_1 = \{(x(\lambda(t_1)), \cdots, x(\lambda(t_k))); \lambda \in \Lambda \text{ 且 } \|\lambda\| < r - \varepsilon\},$$
$$H_2 = \{(\alpha_1, \cdots, \alpha_k) : \text{存在 } (\beta_1, \cdots, \beta_k) \in H \text{ 使}$$
$$|\alpha_i - \beta_i| < r - \varepsilon, i = 1, \cdots, k\},$$

那么 H_2 是 $\mathbf{R}^k$ 中的一个开集, 且易知 $A_k(\varepsilon) = \pi_{t_1, \cdots, t_k}^{-1} H_2$. 所以 $A_k(\varepsilon) \in \mathscr{F}_{T_0}$. 我们来证

$$S_{d_0}(x, r) = \bigcup_{\varepsilon} \bigcap_{k=1}^{\infty} A_k(\varepsilon), \tag{7.1}$$

其中 $\bigcup_{\varepsilon}$ 是对 $(0, r)$ 中一切有理数 ε 取并集.

易见 (7.1) 式左边被含于右边中, 现在来证

$$\bigcap_{k=1}^{\infty} A_k(\varepsilon) \subset S_{d_0}(x, r).$$

事实上, 若 $y \in \bigcap_{k=1}^{\infty} A_k(\varepsilon)$, 对每一 k, 有 $\lambda_k \in \Lambda$ 使得

$$\|\lambda_k\| < r - \varepsilon, \quad \max_{1 \leqslant i \leqslant k} |y(t_i) - x(\lambda_k(t_i))| < r - \varepsilon. \tag{7.2}$$

由 Helly 定理, 存在 $\{\lambda_k\}$ 的一个子列 $\{\lambda_{k'}\}$ 和不减函数 λ, 使对 λ 的任一连续点 t, 有

$$\lim_{k' \to \infty} \lambda_{k'}(t) = \lambda(t). \tag{7.3}$$

我们来证 $\lambda \in \Lambda_0$ 且 $\|\lambda\| < r - \varepsilon, \sup_t |y(t) - x(\lambda(t))| < r - \varepsilon$. 设 s 和 t 是 λ 的两个不同的连续点, 那么由 (7.2) 的前一式可知

$$\left| \log \frac{\lambda(t) - \lambda(s)}{t - s} \right| = \lim_{k' \to \infty} \left| \log \frac{\lambda_{k'}(t) - \lambda_{k'}(s)}{t - s} \right| \leqslant r - \varepsilon. \tag{7.4}$$

这样 λ 就不可能有跳跃点, 因此 λ 处处连续, 且是严格增的, 所以 $\lambda \in \Lambda_0$. 又由 (7.4) 得 $\|\lambda\| \leqslant r - \varepsilon$. 因为 $t_1 = 1$, 由 (7.2) 得 $|y(t_1) - x(t_1)| < r - \varepsilon$. 若 $i > 1$, 那么由 (7.2) 对于 $k' \geqslant i$ 有 $|y(t_i) - x(\lambda_{k'}(t_i))| < r - \varepsilon$. 这样从 (7.3) 式, 我们或者有 $|y(t_i) - x(\lambda(t_i))| \leqslant r - \varepsilon$, 或者有 $|y(t_i) - x(\lambda(t_i)-)| \leqslant r - \varepsilon$. 由于 $\{t_i\}$ 稠密, 推得

$$\sup_t |y(t) - x(\lambda(t))| \leqslant r - \varepsilon.$$

这样就得证 $d_0(x, y) \leqslant r - \varepsilon$, 即 $y \in S_{d_0}(x, r)$, 所以 (7.1) 式成立. 证毕.

现在我们可以给出与定理 5.1 相应的结果.

定理 7.2 $(D, \mathscr{D})$ 上概率测度列 $\{P_n\}$ 弱收敛于概率测度 P 当且仅当 $\{P_n\}$ 是一致胎紧的, 且对任给的 $t_1, \cdots, t_k \in T_P$, 有 $P_n \pi_{t_1, \cdots, t_k}^{-1} \Rightarrow P \pi_{t_1, \cdots, t_k}^{-1}$.

证 条件必要显然. 下证条件充分. 因为 $\{P_n\}$ 是一致胎紧的, 由定理 4.4 知它是弱相对紧的. 它的每一子列 $\{P_{n'}\}$ 有一弱收敛于某一概率测度 Q 的子列 $\{P_{n''}\}$. 由引理 4.1 只需证明 $Q \equiv P$.

若 $t_1, \cdots, t_k \in T_P \bigcap T_Q$, 那么由假设知 $P_{n''} \pi_{t_1, \cdots, t_k}^{-1} \Rightarrow P \pi_{t_1, \cdots, t_k}^{-1}$, 又因 $P_{n''} \Rightarrow Q$, 所以 $P_{n''} \pi_{t_1, \cdots, t_k}^{-1} \Rightarrow Q \pi_{t_1, \cdots, t_k}^{-1}$. 由此推得当 $t_1, \cdots, t_k \in T_P \bigcap T_Q$ 时,

$$P \pi_{t_1, \cdots, t_k}^{-1} = Q \pi_{t_1, \cdots, t_k}^{-1}. \tag{7.5}$$

因 T_P 和 T_Q 都是 $[0, 1]$ 的可列子集的余集, 所以 $T_P \bigcap T_Q$ 也是 $[0, 1]$ 的可列子集的余集, 这样它在 $[0, 1]$ 中是稠密的, 且 $1 \in T_P \bigcap T_Q$. 由此按定理 7.1 得 $\mathscr{D}$ 可由 $t_i \in T_P \bigcap T_Q$ 中的点为参数的有限维柱集生成. 故由 (7.5) 即得 $Q \equiv P$. 证毕.

7.2 一致胎紧性

由上已知在空间 $C[0, 1]$ 中, 验证一致胎紧性条件的关键是 Arzela-Ascoli 定理, 它指出了 C 的子集具有紧的闭包的充要条件. 现在我们对空间 $D[0, 1]$ 不加证明地给出类似于 Arzela-Ascoli 定理的结果.

定理 7.3 在 (D, d_0) 中, 集 A 有紧闭包当且仅当

$$\sup_{x \in A} \sup_{0 \leqslant t \leqslant 1} |x(t)| < \infty, \tag{7.6}$$

$$\lim_{\delta \to 0} \sup_{x \in A} w_x'(\delta) = 0. \tag{7.7}$$

与 C 中定理 5.2 一样, 由定理 7.3 可写出 D 中概率测度列 $\{P_n\}$ 一致胎紧的充要条件.

定理 7.4 空间 D 中的概率测度列 $\{P_n\}$ 是一致胎紧的当且仅当下述条件被满足:

(i) 对任给 $\eta > 0$, 有 $a > 0$, 使得对每一 $n \geqslant 1$,

$$P_n\{x : \sup_{0 \leqslant t \leqslant 1} |x(t)| > a\} \leqslant \eta; \tag{7.8}$$

(ii) 对任给 $\varepsilon > 0, \eta > 0$, 有 $\delta, 0 < \delta < 1$, 和正整数 n_0, 使当 $n \geqslant n_0$ 时

$$P_n\{x : w_x'(\delta) \geqslant \varepsilon\} \leqslant \eta. \tag{7.9}$$

当以 $w_x(\delta)$ 代替 $w_x'(\delta)$ 时, 我们可以给出一个有用的一致胎紧性的充分条件.

定理 7.5 设对任何 $\eta > 0$, 有 $a > 0$, 使得对每一 $n \geqslant 1$, 有

$$P_n\{x : |x(0)| > a\} \leqslant \eta, \tag{7.10}$$

且对任给 $\varepsilon > 0, \eta > 0$, 有 $\delta, 0 < \delta < 1$, 和 n_0, 使当 $n \geqslant n_0$ 时,

$$P_n\{x : w_x(\delta) \geqslant \varepsilon\} \leqslant \eta, \tag{7.11}$$

那么 $\{P_n\}$ 是一致胎紧的. 又若 P 是 $\{P_n\}$ 的子列 $\{P_{n'}\}$ 的弱极限, 则 $P(C) = 1$.

证 由 (6.7) 知, 当 $\delta < 1/2$ 时, $w_x'(\delta) \leqslant w_x(2\delta)$. 故由 (7.11) 即得定理 7.4 的条件 (ii) 被满足. 又由

$$|x(t)| \leqslant |x(0)| + \sum_{i=1}^{k} |x(it/k) - x((i-1)t/k)|$$

$$\leqslant |x(0)| + k w_x(1/k),$$

取 k 和 a 使 $1/k < \delta, \varepsilon \leqslant a/(2k)$, 那么

$$\{\sup_t |x(t)| > a\} \subset \{|x(0)| > a/2\} \bigcup \{w_x(1/k) > a/(2k)\}$$

$$\subset \{|x(0)| > a/2\} \bigcup \{w_x(\delta) \geqslant \varepsilon\}.$$

由 (7.10) 和 (7.11) 知定理 7.4 的条件 (i) 被满足. 所以 $\{P_n\}$ 是一致胎紧的.

注意到若 $w_y(\delta/2) \geqslant 2\varepsilon$, 那么可推得 y 是集 $\{x : w_x(\delta) \geqslant \varepsilon\}$ 的内点; 因为 $P_{n'} \Rightarrow P$, 所以由定理 1.2 有

$$P\{y : w_y(\delta/2) \geqslant 2\varepsilon\} \leqslant \liminf_{n' \to \infty} P_{n'}\{x : w_x(\delta) \geqslant \varepsilon\}. \tag{7.12}$$

设 $\varepsilon, \eta, \delta, n_0$ 如 (7.11), 由 (7.12) 得

$$P\{y : w_y(\delta/2) \geqslant 2\varepsilon\} \leqslant \eta.$$

所以对任一 $k > 0$, 有 $\delta_k \downarrow 0$, 使对 $A_k = \{x : w_x(\delta_k) \geqslant 1/k\}$, 有 $P(A_k) < 1/k$. 记 $A = \liminf\limits_{k \to \infty} A_k$, 则

$$P(A) \leqslant \lim_{k \to \infty} P(A_k) = 0.$$

注意到当 $x \in A$ 时, 有无限多个 k, 使 $x \in A_k$, 即 $w_x(\delta_k) < 1/k$, 所以 $\lim\limits_{\delta \to 0} w_x(\delta) = 0$, 这就证明了 $P(C) = 1$.

7.3 Donsker 定理的一般化

现在来考察由组内独立的 r.v. 组列 $\{X_{n,k}; k = 1, \cdots, k_n, n \geqslant 1\}$ 所产生的部分和过程

$$W_n(t) = \sum_{k=1}^{k_n(t)} (X_{n,k} - a_{n,k}), \tag{7.13}$$

其中 $\{a_{n,k}\}$ 是适当选取的常数组列, $k_n(t)$ 是整值右连续不减函数, $k_n(0) = 0, k_n(1) = k_n$.

我们来考察由 (7.13) 定义的部分和过程 W_n 弱收敛于 Wiener 过程 W 的条件. 虽然 W 仅定义于 $(C, \mathscr{C})$ 上, 但它是容易被扩展到 $(D, \mathscr{D})$ 上的. 因为 $C \in \mathscr{D}$, 且 Skorohod 拓扑在 C 中的相对拓扑与 C 中的一致拓扑重合, 所以对任一 $A \in \mathscr{D}$, 有 $A \bigcap C \in \mathscr{C}$. 如令 $W(A) = W(A \bigcap C)$, 就把 W 的定义域扩张到 $\mathscr{D}$ 上, 但这时 C 仍是 W 的支撑. 这样我们可把 W 看作 $(D, \mathscr{D})$ 上的概率测度, 也可看作 D 的一个以这一概率测度为它的分布的随机元. 我们有

定理 7.6 设 $k_n(t)$ 是任给的 $[0,1]$ 上取正整数值的右连续不减函数, $k_n(0) = 0, k_n(1) = k_n$. 对于独立 r.v. 组列 $\{X_{n,k}\}$, 有常数列 $\{a_{n,k}\}$, 记

$$W_n(t) = \sum_{k=1}^{k_n(t)} (X_{n,k} - a_{n,k}), \quad 0 \leqslant t \leqslant 1. \tag{7.14}$$

那么使得 $W_n \xrightarrow{d} W$ 且 $\{X_{n,k}\}$ 为无穷小的充要条件是对任给 $\varepsilon > 0$ 满足:

(i) $\displaystyle\sum_{k=1}^{k_n} P\{|X_{n,k}| \geqslant \varepsilon\} \to 0 \ (n \to \infty);$ \hfill (7.15)

(ii) 对任一 t, $0 \leqslant t \leqslant 1$, 当 $n \to \infty$ 时

$$\sum_{k=1}^{k_n(t)} \left\{ \int_{|x|<\varepsilon} x^2 \mathrm{d}F_{n,k}(x) - \left(\int_{|x|<\varepsilon} x \mathrm{d}F_{n,k}(x) \right)^2 \right\} \to t, \qquad (7.16)$$

其中 $F_{n,k}(x)$ 是 $X_{n,k}$ 的 d.f. 此时可取

$$a_{n,k} = \int_{|x|<\varepsilon} x \mathrm{d}F_{n,k}(x) + o(1). \qquad (7.17)$$

注 7.1 回顾第三章定理 2.3 可见使 $W_n \overset{d}{\longrightarrow} W$ 成立的充要条件是使 $W_n(1) \overset{d}{\longrightarrow} N(0,1)$ 成立的充要条件的自然推广.

定理 7.6 的证明 由第三章定理 2.3 知条件必要.

条件充分 对给定的 $\varepsilon > 0$, 令

$$Y_{n,k} = X_{n,k} I(|X_{n,k}| < \varepsilon) - E X_{n,k} I(|X_{n,k}| < \varepsilon),$$
$$Y_n(t) = \sum_{k=1}^{k_n(t)} Y_{n,k}, \quad 0 \leqslant t \leqslant 1.$$

当取 $a_{n,k} = E X_{n,k} I(|X_{n,k}| < \varepsilon) + o(1)$ 时,

$$\sup_{0 \leqslant t \leqslant 1} |W_n(t) - Y_n(t)| \leqslant \sum_{k=1}^{k_n} |X_{n,k}| I(|X_{n,k}| \geqslant \varepsilon) + o(1).$$

条件 (i) 等价于 $\displaystyle\max_{1 \leqslant k \leqslant k_n} |X_{n,k}| \overset{P}{\longrightarrow} 0$, 因此

$$P\left\{ \sum_{k=1}^{k_n} |X_{n,k}| I(|X_{n,k}| \geqslant \varepsilon) \geqslant \delta \right\}$$
$$\leqslant P\{\max |X_{n,k}| \geqslant \min(\varepsilon, \delta)\} \to 0.$$

由此推得 $Y_n - W_n \overset{P}{\longrightarrow} 0$, 所以只需证明 $Y_n \overset{d}{\longrightarrow} W$ 就够了.

由第三章定理 2.3 可知 Y_n 的有限维分布弱收敛于 W 对应的有限维分布. 现在来证 $\{Y_n\}$ 是一致胎紧的. 由定理 7.5 只需验证

$$\lim_{h \to 0} \limsup_{n \to \infty} P\left\{ \sup_{|s-t| \leqslant h} |Y_n(s) - Y_n(t)| \geqslant \delta \right\} = 0. \qquad (7.18)$$

由 Chebychev 不等式及 (7.16) 式, 当 $n \to \infty$ 时, 有

$$P\left\{ \left| \sum_{j=k_n(lh)+1}^{k_n((l+1)h)} Y_{n,j} \right| \geqslant \frac{\delta}{8} \right\} \leqslant \frac{64}{\delta^2} \sum_{j=k_n(lh)+1}^{k_n((l+1)h)} \mathrm{Var}\,(Y_{n,j}) \to \frac{64h}{\delta^2}.$$

所以由 Ottaviani 不等式 (见附录二, 三, 10) 及有限维分布的收敛性, 有

$$\limsup_{n \to \infty} P\left\{ \sup_{|s-t| \leqslant h} |Y_n(s) - Y_n(t)| \geqslant \delta \right\}$$

$$\leqslant \sum_{l < 1/h} \limsup_{n \to \infty} P\left\{ \sup_{lh < t \leqslant (l+1)h} \left| \sum_{j=k_n(lh)+1}^{k_n(t)} Y_{n,j} \right| \geqslant \frac{\delta}{4} \right\}$$

$$\leqslant \sum_{l < 1/h} \limsup_{n \to \infty} \frac{\delta^2}{\delta^2 - 64h} P\left\{ \left| \sum_{j=k_n(lh)+1}^{k_n((l+1)h)} Y_{n,j} \right| \geqslant \frac{\delta}{8} \right\}$$

$$\leqslant \frac{1}{h} \frac{\delta^2}{\delta^2 - 64h} \frac{1}{\sqrt{2\pi h}} \int_{|u| \geqslant \delta/8} \exp\left(-\frac{u^2}{2h}\right) \mathrm{d}u$$

$$\leqslant c \int_{|v| \geqslant \delta/(8\sqrt{h})} v^2 \exp(-v^2/2) \mathrm{d}v \to 0 \quad (h \to 0).$$

这就得证 $\{Y_n\}$ 是一致胎紧的. 证毕.

定理 7.6 可以看作是 Donsker 定理的一般化. 由此, 还可写出一些特殊情形的结论, 例如

推论 7.1 设 $\{X_n, n \geqslant 1\}$ 是 i.i.d.r.v. 序列, X_1 有非退化分布 $F(x)$, 欲有常数 $b_n\,(>0)$ 及 a_n, 使对

$$W_n(t) = \frac{1}{b_n} \sum_{j=1}^{[nt]} (X_j - a_n), \quad 0 \leqslant t \leqslant 1,$$

有 $W_n \xrightarrow{d} W$ 成立的充要条件是

$$\lim_{N \to \infty} \frac{N^2 \displaystyle\int_{|x|>N} \mathrm{d}F(x)}{\displaystyle\int_{|x|<N} x^2 \mathrm{d}F(x)} = 0.$$

注 7.2 在 §6 和 §7 中, 我们在 $D[0,1]$ 空间中引入 Skorohod 拓扑的基础上给出了 D 空间中概率测度一致胎紧的充要条件, 由此导出了部分和过程弱收敛的充要条件. 另一方面, 有若干作者如 Dudley, Hoffman-Jørgensen 等引入了 "外积分" 的概念, 建立了新的现代弱收敛理论. 它进一步发展了经典

弱收敛理论, 不仅适用于经验过程且能应用于集与函数指标的现代经验过程等更为广泛的情形. 读者可参阅 Vaart 和 Wellner 的专著 Weak Convergence and Empirical Processes: With Applications to Statistics, Springer, 1996.

§8 经验过程的弱收敛性

8.1 Brown 桥与经验分布

C 的一个随机元 X 称为 Gauss 的, 若 X 的一切有限维分布是正态的. 易见 Gauss 随机元 X 的分布由它的均值 $EX(t)$ 及相关矩 $EX(s)X(t)$ 完全确定. Wiener 过程 W 是一特殊的 Gauss 随机元, 此时

$$EW(t) = 0, \quad EW(s)W(t) = \min(s, t). \tag{8.1}$$

另一类重要的 Gauss 随机元是 Brown 桥 B :

$$EB(t) = 0, \ EB(s)B(t) = s(1-t) \ (0 \leqslant s < t \leqslant 1). \tag{8.2}$$

它与 Wiener 过程有着密切的关系. 事实上

$$B(t) = W(t) - tW(1). \tag{8.3}$$

我们也可用 (8.3) 定义 Brown 桥.

Brown 桥有性质:

$$B(0) = B(1) = 0 \quad \text{a.s.}$$

由 (8.2) 可得

$$E(B(t) - B(s))^2 = (t-s)(1 - (t-s)), \quad s \leqslant t.$$

且当 $s_1 \leqslant s_2 \leqslant t_1 \leqslant t_2$ 时,

$$E(B(s_2) - B(s_1))(B(t_2) - B(t_1)) = -(s_2 - s_1)(t_2 - t_1).$$

此外, 可以证明

$$P\left\{ \sup_{0 \leqslant t \leqslant 1} B(t) \leqslant y \right\} = 1 - e^{-2y^2} \ (y > 0), \tag{8.4}$$

$$P\left\{ \sup_{0 \leqslant t \leqslant 1} |B(t)| \leqslant y \right\} = \sum_{k=-\infty}^{\infty} (-1)^k e^{-2k^2 y^2} \ (y > 0). \tag{8.5}$$

设 $X_1, X_2, \cdots, X_n$ 是从总体 X 中抽得的随机样本, 按大小顺序排列得 $X_1^* \leqslant X_2^* \leqslant \cdots \leqslant X_n^*$. 样本 $X_1, \cdots, X_n$ 的经验分布函数

$$F_n(x) = \frac{1}{n} \sum_{k=1}^{n} I(X_k \leqslant x).$$

若记总体 X 的 d.f. 为 $F(x)$, 那么我们有

定理 A (Glivenco)

$$P\left\{\sup_x |F_n(x) - F(x)| \to 0\right\} = 1.$$

定理 B (Kolmogorov) 若 $F(x)$ 连续, 那么

$$\lim_{n\to\infty} P\left\{\sqrt{n}\sup_x |F_n(x) - F(x)| < y\right\} = \sum_{k=-\infty}^{\infty} (-1)^k e^{-2k^2 y^2} \ (y > 0). \quad (8.6)$$

定理 C (Smirnov) 若 $F(x)$ 连续, 那么

$$\lim_{n\to\infty} P\left\{\sqrt{n}\sup_x (F_n(x) - F(x)) < y\right\} = 1 - e^{-2y^2} \ (y \geqslant 0). \quad (8.7)$$

Doob 在 1949 年就发现 Kolmogorov-Smirnov 统计量的极限分布, 即 (8.6)、(8.7) 与 Brown 桥上确界的分布 (8.5)、(8.4) 相同, 由此他猜测经验过程

$$Z_n(t,\omega) = \sqrt{n}(F_n(t,\omega) - F(t))$$

在一定条件下弱收敛于 Brown 桥 B. 如设总体 X 取值于区间 $[0,1]$, Donsker 于 1952 年证实了这一猜测. 在本节中将给出这一结果的另一证明.

8.2 部分和最大值的尾概率估计

设 $X_1, X_2, \cdots, X_n$ 是 r.v., 记 $S_0 = 0, S_k = \sum_{j=1}^{k} X_j \ (k = 1, 2, \cdots, n)$,

$$M_n = \max_{0 \leqslant k \leqslant n} |S_k|, \quad (8.8)$$

$$M_n' = \max_{0 \leqslant k \leqslant n} \min\{|S_k|, |S_n - S_k|\}. \quad (8.9)$$

显然 $M_n' \leqslant M_n$. 我们有

引理 8.1 对任一 $\lambda > 0$,

$$P\{M_n \geqslant \lambda\} \leqslant P\{M_n' \geqslant \lambda/2\} + P\{|S_n| \geqslant \lambda/2\}. \quad (8.10)$$

证 由于

$$|S_k| \leqslant \min\{|S_n| + |S_k|, |S_n| + |S_n - S_k|\}$$
$$- |S_n| + \min\{|S_k|, |S_n - S_k|\},$$

所以 $M_n \leqslant M_n' + |S_n|$, 这就得证 (8.10) 成立.

现在来给出 $P\{M_n' \geqslant \lambda\}$ 的上界的估计.

定理 8.1 设 $u_1, u_2, \cdots, u_n$ 是非负实数, $\gamma \geqslant 0, \alpha > 1/2$. 若对任给 $\lambda > 0$ 及 $0 \leqslant i \leqslant j \leqslant k \leqslant n$, 有

$$P\{|S_j - S_i| \geqslant \lambda, |S_k - S_j| \geqslant \lambda\} \leqslant \frac{1}{\lambda^{2\gamma}} \left(\sum_{i < l \leqslant k} u_l \right)^{2\alpha}, \qquad (8.11)$$

那么对任给 $\lambda > 0$, 有

$$P\{M_n' \geqslant \lambda\} \leqslant \frac{K_{\gamma,\alpha}}{\lambda^{2\gamma}} (u_1 + \cdots + u_n)^{2\alpha}, \qquad (8.12)$$

其中 $K_{\gamma,\alpha}$ 是仅与 γ、α 有关的常数, 可取

$$K_{\gamma,\alpha} = \left[2^{-\frac{1}{2\gamma+1}} - 2^{-\frac{2\alpha}{2\gamma+1}} \right]^{-(2\gamma+1)}.$$

如 $K_{2,1} \approx 55\,021.1$.

证 记 $\delta = (2\gamma + 1)^{-1}$. 由假设 $\alpha > 1/2$, 对充分大的 K, 有

$$2^\delta (2^{-2\alpha\delta} + K^{-\delta}) \leqslant 1. \qquad (8.13)$$

我们来证明当 K 满足 (8.13) 且 $K \geqslant 1$ 时, 定理的结论对 $K_{\gamma,\alpha} = K$ 成立. 为此, 对 n 用归纳法. 当 $n = 1$ 时显然. $n = 2$ 时, $M_2' = \min\{|S_1|, |S_2 - S_1|\}$. 由假设 (8.11) 推得

$$P\{M_2' \geqslant \lambda\} = P\{|S_1| \geqslant \lambda, |S_2 - S_1| \geqslant \lambda\}$$
$$\leqslant \frac{1}{\lambda^{2\gamma}} (u_1 + u_2)^{2\alpha} \leqslant \frac{K}{\lambda^{2\gamma}} (u_1 + u_2)^{2\alpha}.$$

假设对小于 n 的正整数定理成立. 记 $u = \sum_{k=1}^{n} u_k$, 不妨设 $u > 0$, 此时必有 $h, 1 \leqslant h \leqslant n$, 使得

$$(u_1 + \cdots + u_{h-1})/u \leqslant 1/2 \leqslant (u_1 + \cdots + u_h)/u, \qquad (8.14)$$

当 $h = 1$ 时, 认为左边为 0. 记

$$U_1 = \max_{0 \leqslant i \leqslant h-1} \min\{|S_i|, |S_{h-1} - S_i|\},$$
$$U_2 = \max_{h \leqslant j \leqslant n} \min\{|S_j - S_h|, |(S_n - S_h) - (S_j - S_h)|\},$$
$$D_1 = \min\{|S_{h-1}|, |S_n - S_{h-1}|\},$$
$$D_2 = \min\{|S_h|, |S_n - S_h|\}.$$

首先有

$$M'_n \leqslant \max\{U_1 + D_1, U_2 + D_2\}. \tag{8.15}$$

事实上, 我们可以证明

$$\left.\begin{array}{l} \min\{|S_i|, |S_n - S_i|\} \leqslant U_1 + D_1, \quad \text{当 } 0 \leqslant i \leqslant h-1, \\ \min\{|S_j|, |S_n - S_j|\} \leqslant U_2 + D_2, \quad \text{当 } h \leqslant j \leqslant n. \end{array}\right\} \tag{8.16}$$

对前一式, 记左边为 μ_i. 那么若 $|S_i| \leqslant U_1$, 可得

$$\mu_i \leqslant |S_i| \leqslant U_1 \leqslant U_1 + D_1;$$

若 $|S_{h-1} - S_i| \leqslant U_1$ 且 $D_1 = |S_{h-1}|$, 可得

$$\mu_i \leqslant |S_i| \leqslant |S_{h-1} - S_i| + |S_{h-1}| \leqslant U_1 + D_1;$$

若 $|S_{h-1} - S_i| \leqslant U_1$ 且 $D_1 = |S_n - S_{h-1}|$, 可得

$$\mu_i \leqslant |S_n - S_i| \leqslant |S_{h-1} - S_i| + |S_n - S_{h-1}| \leqslant U_1 + D_1.$$

这就得证 (8.16) 前一式成立. 类似地可证后一不等式成立. 而由 (8.16) 即可推得 (8.15) 式.

其次, 由已证的 (8.15) 可知, 对任给 $\lambda > 0$,

$$P\{M'_n \geqslant \lambda\} \leqslant P\{U_1 + D_1 \geqslant \lambda\} + P\{U_2 + D_2 \geqslant \lambda\}.$$

若令 $\lambda = \lambda_0 + \lambda_1, \lambda_0 > 0, \lambda_1 > 0$, 那么进一步还可写成

$$P\{M'_n \geqslant \lambda\} \leqslant P\{U_1 \geqslant \lambda_0\} + P\{U_2 \geqslant \lambda_0\} + P\{D_1 \geqslant \lambda_1\} + P\{D_2 \geqslant \lambda_1\}. \tag{8.17}$$

注意到 $U_1 = M'_{h-1}$, 应用归纳假设于 U_1, 并由 (8.14) 得

$$P\{U_1 \geqslant \lambda_0\} \leqslant \frac{K}{\lambda_0^{2\gamma}} (u_1 + \cdots + u_{h-1})^{2\alpha} \leqslant \frac{u^{2\alpha}}{\lambda_0^{2\gamma}} \cdot \frac{K}{2^{2\alpha}}. \tag{8.18}$$

U_2 与 U_1 类似, 只是限于考虑 r.v.$X_{h+1}, \cdots, X_n$, 由于 $n - h < n$, 所以也可应用归纳假设于 U_2, 得

$$P\{U_2 \geqslant \lambda_0\} \leqslant \frac{K}{\lambda_0^{2\gamma}}(u_{h+1} + \cdots + u_n)^{2\alpha} \leqslant \frac{u^{2\alpha}}{\lambda_0^{2\gamma}} \cdot \frac{K}{2^{2\alpha}}. \tag{8.19}$$

对 D_1 和 D_2, 由假设 (8.11) 及它们本身的定义,

$$P\{D_1 \geqslant \lambda_1\} = P\{|S_{h-1}| \geqslant \lambda_1, |S_n - S_{h-1}| \geqslant \lambda_1\}$$
$$\leqslant \frac{1}{\lambda_1^{2\gamma}}(u_1 + \cdots + u_n)^{2\alpha} = \frac{u^{2\alpha}}{\lambda_1^{2\gamma}}. \tag{8.20}$$

同样有

$$P\{D_2 \geqslant \lambda_1\} \leqslant u^{2\alpha}/\lambda_1^{2\gamma}. \tag{8.21}$$

由 (8.18)—(8.21) 就得

$$P\{M_n' \geqslant \lambda\} \leqslant 2u^{2\alpha}\left(\frac{K}{2^{2\alpha}\lambda_0^{2\gamma}} + \frac{1}{\lambda_1^{2\gamma}}\right). \tag{8.22}$$

注意到对于正数 C_0, C_1 和 λ, 有

$$\min_{\substack{\lambda_0, \lambda_1 > 0 \\ \lambda_0 + \lambda_1 = \lambda}}\left(\frac{C_0}{\lambda_0^{2\gamma}} + \frac{C_1}{\lambda_1^{2\gamma}}\right) = \frac{1}{\lambda^{2\gamma}}(C_0^{\delta} + C_1^{\delta})^{\delta^{-1}}, \tag{8.23}$$

其中 $\delta = (2\gamma + 1)^{-1}$. 令 $C_0 = K/2^{2\alpha}, C_1 = 1$, 代入 (8.22) 就得证

$$P\{M_n' \geqslant \lambda\} \leqslant \frac{u^{2\alpha}}{\lambda^{2\gamma}} \cdot 2[(K2^{-2\alpha})^{\delta} + 1]^{\delta^{-1}}.$$

由 (8.13) 确定的 K 使上式右边 $\leqslant Ku^{2\alpha}/\lambda^{2\gamma}$, 证毕.

注 8.1 定理证明中并未要求 r.v. $\{X_n\}$ 具有独立性, 所以定理的结果对于任何 r.v. 均适用. 条件 (8.11) 式不易验证, 在应用中常用较强但易于验证的矩条件

$$E\{|S_j - S_i|^{\gamma}|S_k - S_j|^{\gamma}\} \leqslant \left(\sum_{i < l \leqslant k} u_l\right)^{2\alpha} \tag{8.24}$$

代替. 注意到对非负实数 x, y 有 $xy \leqslant (x + y)^2$, 所以 (8.24) 也可换成更强的矩条件

$$E\{|S_j - S_i|^{\gamma}|S_k - S_j|^{\gamma}\} \leqslant \left(\sum_{i < l \leqslant j} u_l\right)^{\alpha}\left(\sum_{j < l \leqslant k} u_l\right)^{\alpha}. \tag{8.25}$$

8.3　经验过程的弱收敛

这里仅限于讨论服从 $[0,1]$ 上均匀分布的总体, 此时总体 X 的 d.f. $F(t) = t \ (0 \leqslant t \leqslant 1)$. 经验过程

$$Y_n(t,\omega) = \sqrt{n}(F_n(t,\omega) - t) = \sqrt{n}\left(\frac{1}{n}\sum_{i=1}^{n} I(X_i(\omega) \leqslant t) - t\right) \tag{8.26}$$

是 D 的随机元. 为使修正后属于 C, 作 $G_n(t,\omega)$ 如下: 记 $X_1^*, X_2^*, \cdots, X_n^*$ 是样本 $X_1, X_2, \cdots, X_n$ 的次序统计量, $X_0^* = 0, X_{n+1}^* = 1, G_n(X_i^*, \omega) = i/(n+1) \ (i = 0, 1, \cdots, n+1)$, 在其余处为线性, 所以

$$G_n(t,\omega) = \frac{1}{n+1}\left\{\sum_{i=1}^{n} I(X_i(\omega) \leqslant t) + \frac{t - \max(X_i; X_i \leqslant t)}{\min(X_i; X_i > t) - \max(X_i; X_i \leqslant t)}\right\}.$$

现在

$$W_n(t,\omega) = \sqrt{n}(G_n(t,\omega) - t)$$

是 C 上的随机元. 由于在 $X_i^*(\omega)$ 上

$$|G_n(X_i^*, \omega) - F_n(X_i^*, \omega)| = \left|\frac{i}{n+1} - \frac{i}{n}\right| \leqslant \frac{1}{n},$$

所以

$$|G_n(t,\omega) - F_n(t,\omega)| \leqslant 1/n \quad (0 \leqslant t \leqslant 1),$$
$$\sup_t |Y_n(t,\omega) - W_n(t,\omega)| \leqslant 1/\sqrt{n}. \tag{8.27}$$

我们有

定理 8.2　设 $\{X_n\}$ 是 i.i.d.r.v. 序列, X_1 服从 $[0,1]$ 上均匀分布, 那么

$$W_n \xrightarrow{d} B, \quad Y_n \xrightarrow{d} B. \tag{8.28}$$

证　由 (8.27) 知只需证 (8.28) 中两式之一成立.

1° W_n 的有限维分布弱收敛于 B 对应的有限维分布.

记 $U_n(t,\omega) = nF_n(t,\omega)$, 它是 $X_1, \cdots, X_n$ 中满足 $X_i(\omega) \leqslant t$ 的个数, 所以 r.v. $U_n(t_i) - U_n(t_{i-1})$ 是 $X_1, \cdots, X_n$ 中满足 $t_{i-1} < X_j(\omega) \leqslant t_i$ 的个数 $(0 = t_0 < t_1 < \cdots < t_k = 1)$, 它服从参数为 $n, p_i = t_i - t_{i-1}(i = 1, \cdots, k)$ 的多项分布, 其方差为 $p_i(1 - p_i)$, 协方差为 $-p_i p_j$. 由关于多项试验的中心极限定理得分量为

$$Y_n(t_i) - Y_n(t_{i-1}) = \frac{1}{\sqrt{n}}(U_n(t_i) - U_n(t_{i-1}) - np_i), \quad i = 1, \cdots, k$$

的随机向量依分布收敛于分量为 $B(t_i) - B(t_{i-1})$ 的随机向量. 由 (8.27), 对于 $W_n(t_i) - W_n(t_{i-1})$ 有同样的极限分布.

2° $\{W_n\}$ 是一致胎紧的.

因 $W_n, B \in \mathcal{C}$, 所以由定理 5.3 只需证明对任给的 $\varepsilon > 0, \eta > 0$, 存在 $\delta = \delta(\varepsilon, \eta)$ $(0 < \delta < 1)$ 和 n_0 使当 $n \geqslant n_0$ 时, 有

$$P\left\{ \sup_{t \leqslant s \leqslant t+\delta} |W_n(s) - W_n(t)| \geqslant \varepsilon \right\} \leqslant \delta\eta. \qquad (8.29)$$

而由 (8.27), 只需证明

$$P\left\{ \sup_{t \leqslant s \leqslant t+\delta} |Y_n(s) - Y_n(t)| \geqslant \varepsilon \right\} \leqslant \delta\eta. \qquad (8.30)$$

由于 $Y_n(t)$ 的增量的分布在参数 t 的平移变换下不变, 所以不失一般性可设 $t = 0$, 即只需证明

$$P\left\{ \sup_{0 \leqslant s \leqslant \delta} |Y_n(s)| \geqslant \varepsilon \right\} \leqslant \delta\eta. \qquad (8.31)$$

对于固定的 δ, 令定理 8.1 中的 $\gamma = 2, \alpha = 1, u_i = \sqrt{6}\delta/m, X_i = Y_n(i\delta/m) - Y_n((i-1)\delta/m)$. 由注 8.1, 若能证明

$$E(|Y_n(s+p_1) - Y_n(s)|^2 |Y_n(s+p_1+p_2) - Y_n(s+p_1)|^2) \leqslant 6p_1 p_2, \qquad (8.32)$$

按定理 8.1 就有

$$P\{M'_m \geqslant \varepsilon\} \leqslant \frac{6K}{\varepsilon^4} \delta^2, \qquad (8.33)$$

其中 $M'_m = \max\limits_{1 \leqslant i \leqslant m} \min\{|Y_n(i\delta/m)|, |Y_n(\delta) - Y_n(i\delta/m)|\}$. 由此从引理 8.1 就有

$$P\{M_m \geqslant \varepsilon\} \leqslant \frac{96K}{\varepsilon^4} \delta^2 + P\left\{ |Y_n(\delta)| \geqslant \frac{\varepsilon}{2} \right\}, \qquad (8.34)$$

其中 $M_m = \max\limits_{1 \leqslant i \leqslant m} |Y_n(i\delta/m)|$. 因为对每一 $\omega, Y_n(s, \omega)$ 关于 s 右连续, 故当 $m \to \infty$ 时, M_m 趋于 $\sup\limits_{0 \leqslant s \leqslant \delta} |Y_n(s, \omega)|$. 这样, 从 (8.34) 即可推得

$$P\{ \sup_{0 \leqslant s \leqslant \delta} |Y_n(s)| \geqslant \varepsilon \} \leqslant \frac{96K}{\varepsilon^4} \delta^2 + P\left\{ |Y_n(\delta)| \geqslant \frac{\varepsilon}{2} \right\}. \qquad (8.35)$$

因为当 $n \to \infty$ 时, $Y_n(\delta)$ 弱收敛于正态分布 $N(0, \delta(1-\delta))$, 所以

$$P\{|Y_n(\delta)| \geqslant \varepsilon/2\} \to P\{N \geqslant \varepsilon/(2\sqrt{\delta(1-\delta)})\}$$
$$\leqslant (16\delta^2/\varepsilon^4)EN^4 = 48\delta^2/\varepsilon^4.$$

即得当 $n \geqslant n_\delta$ 时

$$P\{|Y_n(\delta)| \geqslant \varepsilon/2\} \leqslant 96\delta^2/\varepsilon^4.$$

代入 (8.35) 得

$$P\{\sup_{0 \leqslant s \leqslant \delta} |Y_n(s)| \geqslant \varepsilon\} \leqslant 96(K+1)\delta^2/\varepsilon^4. \tag{8.36}$$

对于给定的 $\varepsilon > 0, \eta > 0$, 选 δ 使得 $96(K+1)\delta/\varepsilon^4 < \eta$, 就得证 (8.31) 式成立.

余下来证 (8.32) 式成立. 记 $p = t - s$, 注意到

$$Y_n(t) - Y_n(s) = \frac{1}{\sqrt{n}}(U_n(t) - U_n(s) - np)$$

$$= \frac{1}{\sqrt{n}}(k - np) = \frac{1}{\sqrt{n}}[k(1-p) - (n-k)p],$$

其中 k 是样本 $X_1, \cdots, X_n$ 落入 $(s, t]$ 的个数. 若记

$$\alpha_i = \begin{cases} 1 - p_1, & \text{当 } X_i \in (s, s+p_1], \\ -p_1, & \text{其他;} \end{cases}$$

$$\beta_i = \begin{cases} 1 - p_2, & \text{当 } X_i \in (s+p_1, s+p_1+p_2], \\ -p_2, & \text{其他.} \end{cases}$$

那么 (8.32) 就是

$$E\left[\left(\sum_{i=1}^n \alpha_i\right)^2 \left(\sum_{i=1}^n \beta_i\right)^2\right] \leqslant 6n^2 p_1 p_2. \tag{8.37}$$

因为 $\{X_k\}$ 独立, 故 $\{(\alpha_k, \beta_k), k = 1, 2, \cdots, n\}$ 相互独立. 又因 X_k 服从 $[0,1]$ 中均匀分布, 所以 (α_k, β_k) 取值 $(1-p_1, -p_2), (-p_1, 1-p_2), (-p_1, -p_2)$ 的概率各为 p_1, p_2 和 $p_3 := 1 - p_1 - p_2$. 由于 $E\alpha_k = 0, E\beta_k = 0$, 并注意到对称性, 得

$$E\left[\left(\sum_{i=1}^n \alpha_i\right)^2 \left(\sum_{i=1}^n \beta_i\right)^2\right] = nE\alpha_1^2\beta_1^2 + n(n-1)E\alpha_1^2 E\beta_2^2$$

$$+ 2n(n-1)E\alpha_1\beta_1 E\alpha_2\beta_2,$$

而

$$E\alpha_1^2\beta_1^2 = (1-p_1)^2 p_2^2 p_1 + p_1^2(1-p_2)^2 p_2 + p_1^2 p_2^2 p_3 \leqslant 3p_1 p_2,$$

$$E\alpha_1^2 E\beta_1^2 = p_1(1-p_1)p_2(1-p_2) \leqslant p_1 p_2,$$

$$E\alpha_1\beta_1 E\alpha_2\beta_2 = p_1^2 p_2^2 \leqslant p_1 p_2,$$

代入即得 (8.37) 式成立. 证毕.

习　题

1. 设 $\mathscr{F}$ 是确定类, 若对任一 $A \in \mathscr{F}, P_n(A) \to Q(A)$, 且 $P_n \Rightarrow P$, 证明未必有 $P \equiv Q$.

(提示: 取 $S = (-\infty, \infty), \rho(x, y) = |x - y|, P(\{0\}) = P(\{1\}) = 1/2$, $P_n(\{n^{-1}\}) = P_n(\{1 + n^{-1}\}) = 1/2, Q(\{0\}) = 1$. 又令 $B = \{0, 1, n^{-1}, 1 + n^{-1}; n = 1, 2, \cdots\}, \mathscr{F} = \{A : AB$ 为有限点集且 $0 \in A$ 或 $A^c B$ 为有限点集且 $0 \in A^c\}$.)

2. 设 $k > 1, k$ 元 d.f. F 的不连续点都在可列个形如 $x_i = a_{ij}$ 的超平面上. 而对任何可列个超平面 $x_i = a_{ij} (j = 1, 2, \cdots; i = 1, 2, \cdots, k)$, 存在一个 k 元 d.f. F 使它的不连续点都在这些超平面上, 而在其余点上连续.

当 $k > 1$ 时, k 元 d.f. F 的不连续点集不一定是可列集.

3. 设 $F_n \xrightarrow{d} F$. 若 F 在闭集 A 上处处连续, 则

$$\sup_{x \in A} |F_n(x) - F(x)| \to 0.$$

4. 两个一元 d.f. F 和 G 的 Lévy 距离定义为

$$L(F, G) = \inf\{\varepsilon, \text{对任一 } x, F(x - \varepsilon) - \varepsilon \leqslant G(x) \leqslant F(x + \varepsilon) + \varepsilon\}.$$

试证一元 d.f. 全体 S_F^1 关于距离 $L(F, G)$ 是一个可分完备的度量空间, $L(F_n, F) \to 0$ 当且仅当 $F_n \xrightarrow{d} F$.

5. 用 §3 的方法证明: 对于 r.v., 若 $X_n \xrightarrow{d} X, Y_n \xrightarrow{P} 0$, 那么 $X_n + Y_n \xrightarrow{d} X, X_n Y_n \xrightarrow{P} 0$.

6. 证明对于随机向量 X_n, Y_n, X 及 r.v. Z_n,

(a) 若 $X_n \xrightarrow{d} X, |X_n - Y_n| \leqslant Z_n |X_n|, Z_n \xrightarrow{P} 0$, 则 $Y_n \xrightarrow{d} X$;

(b) 若 $X_n \xrightarrow{d} X, |X_n - Y_n| \leqslant Z_n |Y_n|, Z_n \xrightarrow{P} 0$, 则 $Y_n \xrightarrow{d} X$.

(提示: 从 $|x - y| \leqslant \varepsilon y, \varepsilon < 1/2$ 可得 $|x - y| \leqslant 2\varepsilon |x|$, (b) 就归结成 (a).)

7. 若度量空间 S 是可分完备的, 随机元 $X_n \xrightarrow{P} X, g$ 是 S 到 S 上的连续映射, 试证 $g(X_n) \xrightarrow{P} g(X)$.

8. 证明 r.v. 序列 $\{X, X_n; n = 1, 2, \cdots\}$ 满足 $X_n \xrightarrow{d} X$ 当且仅当对任何一元连续 d.f. $F(x)$ 有 $E(F(X_n)) \to E(F(X))$. (也即对任一与 $\{X, X_n; n \geqslant 1\}$ 独立且有连续 d.f. 的 r.v. Y, 有 $P\{Y < X_n\} \to P\{Y < X\}$.)

9. 若 $\varPi$ 为一致胎紧的, 那么 $\varPi$ 中概率测度 P 有共同的 σ 紧的支撑.

10. 设集 $A \subset$ 度量空间 $S, P_a(\{a\}) = 1$, 记 $\varPi = \{P_a; a \in A\}$, 那么 $\varPi$ 是弱相对紧的充要条件是 A 为紧集.

11. 正态分布族 $\{N(a,\sigma^2); (a,\sigma^2) \in A\}$ 是一致胎紧的当且仅当 A 是 $\mathbf{R}^2$ 中的有界集.

12. 设 Π 是度量可测空间 $(S,\rho,\mathscr{B})$ 上一致胎紧的概率测度族, $S_0 \in \mathscr{B}$, 对任一 $P \in \Pi, P(S_0) = 1$. 将 Π 局限于 $(S_0,\mathscr{B}_0)$ 上得 Π', 其中 $\mathscr{B}_0 = S_0 \bigcap \mathscr{B}$. 问 $(S_0,\mathscr{B}_0)$ 上的概率测度族 Π' 是否必为紧的?

(提示: 考察 $S = [0,1], S_0 = (0,1), \Pi = \{P_a; 0 < a < 1\}$.)

13. 若对某 $\delta > 0, \{|X_n|^\delta\}$ 一致可积, 则 $\{X_n; n \geqslant 1\}$ 是一致胎紧的.

14. 设 $X(t) = t\xi$, r.v. ξ 满足 $P\{|\xi| \geqslant a\} \sim a^{-1/2}$ (当 $a \to \infty$). 设 P_n 都重合于 X 的分布 P_X, 则 $\{P_n\}$ 是一致胎紧的, 但不满足定理 4.3 的条件 (ii).

15. 设 $\{X_{nk}; 1 \leqslant k \leqslant k_n, n \geqslant 1\}$ 是独立 r.v. 组列, $EX_{nk} = 0, \mathrm{Var}X_{nk} = \sigma_{nk}^2$. 记

$$S_{nk} = \sum_{i=1}^{k} X_{ni}, \ b_{nk}^2 = \sum_{i=1}^{k} \sigma_{ni}^2, \ b_n^2 = b_{nk_n}^2,$$

$$W_n(t) = \frac{1}{b_n}\left\{S_{nk} + \frac{tb_n^2 - b_{nk}^2}{b_{n,k+1}^2 - b_{nk}^2}X_{n,k+1}\right\}, \text{ 当 } b_{nk}^2 \leqslant tb_n^2 \leqslant b_{n,k+1}^2. \text{ 若对任}$$

给 $\varepsilon > 0$,

$$b_n^{-2} \sum_{k=1}^{k_n} \int_{|X_{nk}| \geqslant \varepsilon b_n} X_{nk}^2 \mathrm{d}P \to 0,$$

那么 $W_n \xrightarrow{d} W$.

16. 设独立 r.v. 列 $\{X_n; n \geqslant 1\}$ 所产生的部分和过程 $W_n \xrightarrow{d} W$, 则对任给 $\varepsilon > 0$, 有 $\lambda \geqslant 1$ 和 n_0, 使当 $n \geqslant n_0$ 时有

$$P\left\{\max_{1 \leqslant i \leqslant n}|S_i| \geqslant \lambda B_n\right\} \leqslant \varepsilon/\lambda^2,$$

其中 $B_n^2 = \sum_{k=1}^{n} \mathrm{Var}\, X_k$.

17. 试给出引理 6.2 的证明.

18. 试对 $\{X_n; n \geqslant 1\}$ 为相互独立 r.v. 序列情形, 给出由它所产生的部分和过程 W_n 弱收敛于 W 的充要条件.

19. 设 $\{X_n; n \geqslant 1\}$ 是独立 r.v. 列, $EX_n = 0, EX_k^2 = \sigma_k^2$. 记 $B_n^2 = \sum_{k=1}^{n} \sigma_k^2 \uparrow$ ∞. 若 $\{X_n; n \geqslant 1\}$ 满足 Lindeberg 条件:

$$\lim_{n \to \infty} \frac{1}{B_n^2} \sum_{k=1}^{n} \int_{|x| \geqslant \varepsilon B_n} x^2 \mathrm{d}F_k(x) = 0,$$

试利用定理 8.1 证明对任给 $\varepsilon > 0$, 有充分大 λ 及 n_0, 使当 $n \geqslant n_0$ 时,

$$P\{M_n \geqslant \lambda B_n\} \leqslant \varepsilon/\lambda^2.$$

20. 若对某 $\gamma \geqslant 0, \alpha > 1$, 对任何 $\lambda > 0$ 及 $0 \leqslant i < j \leqslant n$, 有

$$P\{|S_j - S_i| \geqslant \lambda\} \leqslant \frac{1}{\lambda^\gamma} \left(\sum_{i < l \leqslant j} u_l \right)^\alpha,$$

其中 $\{u_l\}$ 是正常数. 试证有常数 $K > 0$, 使

$$P\{M_n \geqslant \lambda\} \leqslant \frac{K}{\lambda^\gamma} (u_1 + \cdots + u_n)^\alpha.$$

(提示: 利用 $P(E_1 E_2) \leqslant \sqrt{P(E_1)P(E_2)}$ 及定理 8.1.)

21. 设 C 中随机元序列 $\{X_n; n \geqslant 1\}$ 满足:

(i) $\{X_n(0)\}$ 是胎紧的;

(ii) 存在常数 $\gamma \geqslant 0, \alpha > 1$ 及 $[0,1]$ 上连续不减的函数 $F(t)$, 使对任何 $t_1, t_2 \in [0,1]$, 对一切 n 和 $\lambda > 0$, 成立

$$P\{|X_n(t_2) - X_n(t_1)| \geqslant \lambda\} \leqslant \frac{1}{\lambda^\gamma} |F(t_2) - F(t_1)|^\alpha,$$

则 $\{X_n; n \geqslant 1\}$ 是一致胎紧的.

(提示: 利用 20 题及定理 5.3'.)

22. 设 $\{X_n; n \geqslant 1\}$ 是 i.i.d.r.v. 序列, $0 \leqslant X_n(\omega) \leqslant 1$ (a.s.), X_1 服从连续的 d.f. $F(t)$. 试证经验过程

$$Y_n(t, \omega) = \sqrt{n}(F_n(t, \omega) - F(t))$$

弱收敛于 Gauss 随机元 $Y, EY(t) = 0, EY(s)Y(t) = F(s)(1 - F(t)) (s \leqslant t)$, 其中 $F_n(t, \omega)$ 是 $X_1(\omega), \cdots, X_n(\omega)$ 的经验分布.

(提示: 考察 $\eta_n = F(X_n)$, 它是 i.i.d.r.v. 序列, 对它应用定理 8.2, 然后证明 D 到 D 的映射 $\Psi : x \to \Psi(x) - x(F(t))$ 是连续的.)

第六章　鞅的极限定理

前面各章涉及的 r.v. 列通常都有独立性的假设, 本章的目的在于将关于它们的若干主要结果推广到相依 r.v. 情形. 这一发展无论在实用上还是理论上都是有重要意义的.

在各类相依性的定义中, 鞅是最重要的概念之一. 一方面, 这是因为它是独立性概念的自然推广, 具有不少与独立性十分类似的性质, 很多与独立性有关的结果都可在鞅情形得到类比. 而且不少其他类型的相依序列的极限性质可以借助于鞅的有关结果得到 (如定理 3.3). 另一方面, 鞅又有很多重要的应用背景. 例如, 它是金融数学的基本概念之一.

在 §1 中, 我们给出了有关鞅的几个性质和不等式, 证明了鞅的 a.s. 收敛性的若干结果, §2 中讨论鞅的依分布收敛性. §3 讨论鞅的弱不变原理及一类平稳随机变量列部分和的弱不变原理, 它可以作为鞅极限定理应用于研究其他类型的相依 r.v. 序列的极限定理的一个例子.

§1　鞅收敛定理

为了证明关于鞅的极限定理, 需要若干基本不等式. 下面的不等式是 Kolmogorov 不等式的推广.

引理 1.1　(i) 设 $\{S_n, \mathscr{F}_n; n \geqslant 1\}$ 是下鞅, 则对任一实数 λ,

$$\lambda P\{\max_{1 \leqslant j \leqslant n} S_j > \lambda\} \leqslant E\{S_n I(\max_{1 \leqslant j \leqslant n} S_j > \lambda)\}.$$

(ii) 设 $\{S_n, \mathscr{F}_n; n \geqslant 1\}$ 是鞅, 则对任给的 $p \geqslant 1$ 和 $\lambda > 0$

$$\lambda^p P\{\max_{1 \leqslant j \leqslant n} |S_j| > \lambda\} \leqslant E|S_n|^p.$$

证　记 $A = \{\max_{1 \leqslant j \leqslant n} S_j > \lambda\} = \bigcup_{j=1}^{n}\{S_j > \lambda, \max_{1 \leqslant i < j} S_i \leqslant \lambda\} =: \bigcup_{j=1}^{n} A_j$. 事件 $A_j \in \mathscr{F}_j$ 且两两不相交. 于是

$$\lambda P(A) \leqslant \sum_{j=1}^{n} E[S_j I(A_j)] \leqslant \sum_{j=1}^{n} E[E(S_n|\mathscr{F}_j)I(A_j)]$$

$$= \sum_{j=1}^{n} E[E(S_n I(A_j)|\mathscr{F}_j)] = \sum_{j=1}^{n} E[S_n I(A_j)]$$
$$= E[S_n I(A)].$$

这就证明了 (i). 由 (i) 及第一章引理 6.1 即得 (ii).

引理 1.2 (Doob 不等式) 设 $\{S_n, \mathscr{F}_n; n \geqslant 1\}$ 是鞅, 则对 $p > 1$ 有

$$E(\max_{1 \leqslant j \leqslant n} |S_j|)^p \leqslant q^p E|S_n|^p,$$

其中 $1/p + 1/q = 1$.

证 由引理 1.1(i) 和 Hölder 不等式

$$E(\max_{1 \leqslant j \leqslant n} |S_j|)^p = p \int_0^\infty x^{p-1} P\{\max_{1 \leqslant j \leqslant n} |S_j| > x\} dx$$
$$\leqslant p \int_0^\infty x^{p-2} E[|S_n| I(\max_{1 \leqslant j \leqslant n} |S_j| > x)] dx$$
$$= pE[|S_n| \int_0^{\max|S_j|} x^{p-2} dx]$$
$$= qE[|S_n| (\max_{1 \leqslant j \leqslant n} |S_j|^{p-1})]$$
$$\leqslant q(E|S_n|^p)^{1/p} (E(\max_{1 \leqslant j \leqslant n} |S_j|^p))^{1/q}.$$

由此即得 Doob 不等式.

设 $\{S_n, \mathscr{F}_n; n \geqslant 1\}$ 是下鞅, $-\infty < a < b < \infty$. 令 $S_0 \equiv 0$, 考察 $\{S_0, S_1, \cdots, S_n\}$, 对每一给定的 ω, 定义

$$\tau_1(\omega) = \min\{i : 1 \leqslant i \leqslant n, S_i(\omega) \leqslant a\},$$
$$\tau_2(\omega) = \min\{i : \tau_1(\omega) < i \leqslant n, S_i(\omega) \geqslant b\},$$
$$\tau_3(\omega) = \min\{i : \tau_2(\omega) < i \leqslant n, S_i(\omega) \leqslant a\},$$
$$\cdots\cdots\cdots\cdots$$
$$m = \max\{i : \tau_i \text{ 有定义}\}.$$

此时最多可定义到 $\tau_m(\omega)$. 若 $\tau_1(\omega)$ 也无法定义 (即右边集是空集), 就令 $m = 0, \tau_1(\omega) = \cdots = \tau_n(\omega) = n$. 一般, 若 $\tau_1(\omega), \cdots, \tau_m(\omega)$ $(1 \leqslant m \leqslant n)$ 可依上法定义, 而 τ_{m+1} 不能, 就令 $\tau_{m+1}(\omega) = \cdots = \tau_n(\omega) = n$. 易见 $\tau_1, \tau_2, \cdots, \tau_n$ 是 r.v. 设 $S_{i-1}(\omega) > a, S_i(\omega) \leqslant a$, 当 $i \leqslant k \leqslant j-1$ 时, $S_k(\omega) < b, S_j(\omega) \geqslant b$, 那么由 $S_i(\omega)$ 至 $S_j(\omega)$ 的历程称为**上穿区间** $[a, b]$ **一次**, 若以 $\nu(\omega) = \nu(a, b, n; \omega)$ 表示 $\{S_j(\omega); 1 \leqslant j \leqslant n\}$ **上穿** $[a, b]$ **的次数**, 它也是 r.v., 且有

引理 1.3 (上穿不等式)

$$(b - a)E\nu(a, b, n) \leqslant E(S_n - a)^+ - E(S_1 - a)^+. \tag{1.1}$$

证   由第一章引理 6.1,$\{(S_n - a)^+; n \geqslant 1\}$ 是下鞅. 序列 $\{S_n\}$ 上穿 $[a, b]$ 的次数等于 $\{(S_n - a)^+\}$ 上穿 $[0, b - a]$ 的次数. 因此, 我们只需对非负下鞅 $\{S_n\}$ 上穿 $[0, b]$ 的次数 ν 证明

$$bE(\nu) \leqslant E(S_n - S_1). \tag{1.2}$$

令 $\tau_0 \equiv 1$,

$$\tau_1 = \min\{j : S_j = 0\},$$

$$\tau_{2i} = \min\{j : \tau_{2i-1} < j \leqslant n, S_j \geqslant b\} \quad (i \geqslant 1),$$

$$\tau_{2i-1} = \min\{j : \tau_{2i-2} < j \leqslant n, S_j = 0\} \quad (i \geqslant 2),$$

对于 $i > m$, 定义 $\tau_i = n$, 所以 $\tau_n = n$, 且

$$S_n - S_1 = \sum_{i=0}^{n-1}(S_{\tau_{i+1}} - S_{\tau_i}) = \sum_{i \text{ 偶}} + \sum_{i \text{ 奇}}. \tag{1.3}$$

假设 i 是奇数, 若 $i < m$, 则

$$S_{\tau_{i+1}} \geqslant b > 0 = S_{\tau_i};$$

若 $i = m$, 则

$$S_{\tau_{i+1}} = S_n \geqslant 0 = S_{\tau_i};$$

若 $i > m$, 则

$$S_{\tau_{i+1}} = S_n = S_{\tau_i}.$$

因此

$$\sum_{i \text{ 奇}}(S_{\tau_{i+1}} - S_{\tau_i}) \geqslant \sum_{i \text{ 奇}, i < m}(S_{\tau_{i+1}} - S_{\tau_i}) \geqslant \left[\frac{m}{2}\right]b = \nu b. \tag{1.4}$$

易知 r.v. $\tau_j \ (1 \leqslant j \leqslant n)$ 是停时, 且它们关于 j 是不减的. 所以由第一章引理 6.2

$$E(S_{\tau_{i+1}} - S_{\tau_i}) \geqslant 0.$$

因此

$$E\left\{\sum_{i \text{ 偶}}(S_{\tau_{i+1}} - S_{\tau_i})\right\} \geqslant 0.$$

结合 (1.3) 及 (1.4) 式即得待证的 (1.2) 式.

利用上穿不等式还可给出引理 1.1 中不等式的一个补充.

引理 1.4 设 $\{S_0 = 0, S_1, \cdots, S_n\}$ 是鞅, 那么对任一正数 c

$$P\left\{\max_{0 \leqslant j \leqslant n} |S_j| > 2c\right\} \leqslant P\{|S_n| > c\} + \int_{|S_n| \geqslant 2c} (c^{-1}|S_n| - 2)\mathrm{d}P$$

$$\leqslant \int_{|S_n| > c} c^{-1}|S_n|\mathrm{d}P. \tag{1.5}$$

证 记 $A_n = \{\min_{0 \leqslant j \leqslant n} S_j < -2c\}$, 用 ν_1 记 $S_0, S_1, \cdots, S_n$ 上穿区间 $[-2c, -c]$ 的次数. 我们有

$$P(A_n) = P(A_n, S_n \geqslant -c) + P(A_n, S_n < -c)$$

$$\leqslant P(\nu_1 \geqslant 1) + P(S_n < -c). \tag{1.6}$$

类似地, 若记 $B_n = \{\max_{0 \leqslant j \leqslant n} S_j > 2c\}$, 用 ν_2 记 $-S_0, -S_1, \cdots, -S_n$ 上穿 $[-2c, -c]$ 的次数, 类似地有

$$P(B_n) \leqslant P(\nu_2 \geqslant 1) + P(S_n > c). \tag{1.7}$$

因 $P(\nu_i \geqslant 1) \leqslant E\nu_i$ $(i = 1, 2)$, 且由上穿不等式可知

$$E\nu_1 + E\nu_2 \leqslant \int_{|S_n| \geqslant 2c} (c^{-1}|S_n| - 2)\mathrm{d}P,$$

所以结合 (1.6), (1.7) 式即得

$$P\{\max_{0 \leqslant j \leqslant n} |S_j| > 2c\} \leqslant P(A_n) + P(B_n) \leqslant E\nu_1 + E\nu_2 + P(|S_n| > c)$$

$$\leqslant P(|S_n| > c) + \int_{|S_n| \geqslant 2c} (c^{-1}|S_n| - 2)\,\mathrm{d}P.$$

得证 (1.5) 中第一个不等式成立, 而上式右边不超过

$$\int_{|S_n| > c} \mathrm{d}P + \int_{|S_n| \geqslant 2c} (c^{-1}|S_n| - 2)\,\mathrm{d}P \leqslant \int_{|S_n| \geqslant c} c^{-1}|S_n|\mathrm{d}P.$$

证毕.

现在我们利用上穿不等式来证明下列鞅收敛定理, 它是鞅论的基本结果之一.

定理 1.1 设 $\{S_n, \mathscr{F}_n; n \geqslant 1\}$ 是下鞅, 且 $\sup_n E|S_n| < \infty$, 则 S_n a.s. 收敛于一个 r.v. S, 满足 $E|S| < \infty$.

证　记引理 1.3 中的 $\nu(a,b,n)$ 为 ν_n, $\nu_\infty = \lim\limits_{n\to\infty} \gamma_n$（有限或无穷）. 由上穿不等式及假设 $\sup\limits_n E|S_n| < \infty$ 可得

$$(b-a)E\nu_\infty \leqslant \sup_n E|S_n| + |a| < \infty.$$

因此对任意的数对 $a < b$ 都有 $\nu_\infty < \infty$ (a.s.), 从而

$$P\left\{\liminf_{n\to\infty} S_n < a < b < \limsup_{n\to\infty} S_n\right\} = 0.$$

将上面概率中的事件对所有的有理数对 a、b 作并, 得

$$P\left\{\liminf_{n\to\infty} S_n < \limsup_{n\to\infty} S_n\right\} = 0.$$

这就是说 S_n a.s. 收敛, 设它们的极限 r.v. 为 S. 由 Fatou 引理

$$E|S| = E\left(\lim_{n\to\infty} |S_n|\right) \leqslant \sup_n E|S_n| < \infty.$$

证毕.

推论 1.1　一致有界鞅（或下鞅、或上鞅）a.s. 收敛; 正上鞅或负下鞅也 a.s. 收敛.

定理 1.2　设 $\{S_n, \mathscr{F}_n; n \geqslant 1\}$ 是下鞅, 那么关于它的下列三个命题等价:
(i) 一致可积;
(ii) L_1 收敛;
(iii) a.s. 收敛于 S_∞, $E(S_\infty|\mathscr{F}_n) \geqslant S_n$ 且 $\lim\limits_{n\to\infty} ES_n = ES_\infty$.

证　(i) $\Rightarrow$ (ii). 这时因定理 1.1 的条件被满足, 所以存在 S_∞, 使 $S_n \to S_\infty$ a.s. 利用一致可积性, 由第一章的定理 5.8 即知 $S_n \xrightarrow{L_1} S_\infty$.

(ii) $\Rightarrow$ (iii). 设 $S_n \xrightarrow{L_1} S_\infty$. 这时 $E|S_n| \to E|S_\infty| < \infty$. 因此由定理 1.1 有 $S_n \to S_\infty$ a.s. 对任意 $n > n'$ 和 $\Lambda \in \mathscr{F}_n$, 我们有

$$\int_\Lambda S_n \mathrm{d}P \leqslant \int_\Lambda S_{n'} \mathrm{d}P.$$

由 L_1 收敛性, 当 $n' \to \infty$ 时, 上式右边收敛于 $\int_\Lambda S_\infty \mathrm{d}P$. 因此

$$\int_\Lambda S_n \mathrm{d}P \leqslant \int_\Lambda S_\infty \mathrm{d}P.$$

这就证明了 $S_n \leqslant E(S_\infty|\mathscr{F}_n)$.

(iii) ⇒ (i). 这时由 $S_n \leqslant E(S_\infty | \mathscr{F}_n)$ 和 Jensen 不等式有 $S_n^+ \leqslant E(S_\infty^+ | \mathscr{F}_n)$. 故对任给的 $\lambda > 0$.

$$\int_{S_n^+ > \lambda} S_n^+ \mathrm{d}P \leqslant \int_{S_n^+ > \lambda} S_\infty^+ \mathrm{d}P.$$

这就是说 $\{S_n^+\}$ 是一致可积的. 因为 $S_n^+ \to S_\infty^+$ a.s., 故 $ES_n^+ \to ES_\infty^!$. 由假设 $ES_n \to ES_\infty$, 又有 $ES_n^- \to ES_\infty^-$. 由此及 $S_n^- \to S_\infty^-$ a.s., 按第一章推论 5.5 可得 $\{S_n^-\}$ 是一致可积的. 因此 $\{S_n\}$ 一致可积. 证毕.

定理 1.3 设 $\left\{ S_n = \sum\limits_{i=1}^{n} X_i, \mathscr{F}_n; n \geqslant 1 \right\}$ 是鞅, $ES_n = 0 \ (n \geqslant 1)$, $E(\sup\limits_n |X_n|) < \infty$, 则在集 $\left\{ \sum\limits_{i=1}^{\infty} X_i \ \text{发散} \right\}$ 上, $\liminf\limits_{n \to \infty} S_n = -\infty$, $\limsup\limits_{n \to \infty} S_n = \infty$.

证 对任一实数 a, 记 $\nu_a = \min\{n : S_n > a\}$, 如果这样的 n 不存在, 则定义 $\nu_a = \infty$. r.v. $\nu_a \wedge n (n \geqslant 1)$ 构成一个不减停时序列. 故由第一章引理 6.2, $\{S_{\nu_a \wedge n}, \mathscr{F}_{\nu_a \wedge n}; n \geqslant 1\}$ 是鞅. 此外, 由

$$S_{\nu_a^+ \wedge n} \leqslant S_{(\nu_a^+ \wedge n)-1} + X_{\nu_a^+ \wedge n} \leqslant a + \sup_n (X_n^+)$$

和 $E(\sup\limits_n |X_n|) < \infty$ 可知, 对一切 n, $E|S_{\nu_a \wedge n}| = 2E(S_{\nu_a^+ \wedge n}) \leqslant c < \infty$. 因此, 由定理 1.1, $S_{\nu_a \wedge n}$ a.s. 收敛于一有限极限. 故在集 $\left\{ \sup\limits_n S_n \leqslant a \right\}$ 上, $\lim\limits_{n \to \infty} S_n$ 存在且 a.s. 有限. 令 $a \to \infty$, 即知在集 $\left\{ \sup\limits_n S_n < \infty \right\} = \left\{ \limsup\limits_{n \to \infty} S_n < \infty \right\}$ 上 $\lim\limits_{n \to \infty} S_n$ 存在且 a.s. 有限. 因此在集 $\{S_n \ \text{发散}\}$ 上, $\limsup\limits_{n \to \infty} S_n = \infty$ a.s. 用 $-S_n$ 代替 S_n, 又可知在同一集上 $\liminf\limits_{n \to \infty} S_n = -\infty$ a.s. 证毕.

定理 1.4 设 $\left\{ S_n = \sum\limits_{i=1}^{n} X_i, \mathscr{F}_n; n \geqslant 1 \right\}$ 是零均值、平方可积鞅. 那么在集 $\left\{ \sum\limits_{i=1}^{\infty} E(X_i^2 | \mathscr{F}_{i-1}) < \infty \right\}$ 上 S_n a.s. 收敛.

证 取 $\mathscr{F}_0$ 为平凡 σ 域. 固定 $k > 0$. 令

$$\tau_k = \min \left\{ n : n \geqslant 1, \sum_{i=1}^{n+1} E\left(X_i^2 | \mathscr{F}_{i-1} \right) > k \right\},$$

当右边集为空集时, 令 $\tau_k = \infty$. 这样 $\left\{ S_{\tau_k \wedge n} = \sum\limits_{i=1}^{n} I(\tau_k \geqslant i) X_i, \mathscr{F}_n; n \geqslant 1 \right\}$

构成一个鞅. 因为 $I(\tau_k \geqslant i)$ 是 $\mathscr{F}_{i-1}$ 可测的, 所以

$$
\begin{aligned}
ES^2_{\tau_k \wedge n} &= E\left\{ \sum_{i=1}^{n} I(\tau_k > i) X_i^2 \right\} \\
&= E\left\{ \sum_{i=1}^{n} E[I(\tau_k \geqslant i) X_i^2 | \mathscr{F}_{i-1}] \right\} \\
&= E\left\{ \sum_{i=1}^{n} I(\tau_k \geqslant i) E(X_i^2 | \mathscr{F}_{i-1}) \right\} \\
&= E\left\{ \sum_{i \leqslant \tau_k \wedge n} E(X_i^2 | \mathscr{F}_{i-1}) \right\} \leqslant k.
\end{aligned}
$$

由鞅收敛定理知 $S_{\tau_k \wedge n}$ a.s. 收敛. 因此, 在集 $(\tau_k = \infty)$ 上, S_n a.s. 收敛. 而

$$
\left\{ \sum_{i=1}^{\infty} E(X_i^2 | \mathscr{F}_{i-1}) < \infty \right\} = \bigcup_k \left\{ \sum_{i=1}^{\infty} E(X_i^2 | \mathscr{F}_{i-1}) < k \right\}
$$

$$
\subseteq \bigcup_k (\tau_k = +\infty) \subseteq (\lim_{n \to \infty} S_n \text{ 存在有限}) \text{ a.s.}
$$

得证定理的结论.

§2　关于鞅的中心极限定理

本节的目的在于将关于独立 r.v. 的中心极限定理推广到鞅的情形.

定义 2.1　设 $\{S_n, \mathscr{F}_n; n \geqslant 1\}$ 是鞅, 记 $S_0 = 0$. 称 $X_n = S_n - S_{n-1}, n \geqslant 1$ 为鞅差.

我们讨论形式更为一般的组列 $\{S_{nk}, \mathscr{F}_{nk}; 1 \leqslant k \leqslant k_n, n \geqslant 1\}$, 其中 $\mathscr{F}_{n,1} \subseteq \mathscr{F}_{n,2} \subseteq \cdots \subseteq \mathscr{F}_{n,k_n}, n \geqslant 1$. 若对每一固定的 $n, \{S_{n,k}, \mathscr{F}_{n,k}; 1 \leqslant k \leqslant k_n\}$ 构成鞅, 我们就称它为鞅组列. 记 $S_{n,0} = 0, X_{n,k} = S_{n,k} - S_{n,k-1}, 1 \leqslant k \leqslant k_n$ 表示鞅差. 设 $\{X_{n,k}, \mathscr{F}_{n,k}; 1 \leqslant k \leqslant k_n, n \geqslant 1\}$ 为鞅差组列, 且对每一 n 和 $1 \leqslant k \leqslant k_n, EX_{n,k}^2 < \infty$. 此时必有 $EX_{n,k} = 0 = ES_{n,k}, ES_{n,k}^2 = \sum_{j=1}^{k} Ex_{n,j}^2 < \infty$.

我们需要下列条件:

$$
\max_{1 \leqslant k \leqslant k_n} |X_{n,k}| \xrightarrow{P} 0. \tag{2.1}
$$

它是较第二章中提出的 "无穷小" 条件稍强但属于同一类型的条件. 另外, 在相依 r.v. 序列的依分布收敛的讨论中, 常有如下进一步的收敛性概念.

定义 2.2 概率空间 $(\Omega, \mathscr{A}, P)$ 上的 r.v. 序列 $\{Y_n; n \geqslant 1\}$ 收敛于 r.v. Y 称为是**稳定的**, 如果:

(i) $Y_n \xrightarrow{d} Y$;

(ii) 对任一 $A \in \mathscr{A}$ 和 Y 的 d.f. 的连续点 y, 存在 $Q_y(A)$,

$$\lim_{n \to \infty} P\{Y_n < y, A\} = Q_y(A),$$

且当 $y \to \infty$ 时, $Q_y(A) \to P(A)$. 这时记作 $Y_n \xrightarrow{d} Y$ (稳定).

特别, 当 $Q_y(A) = P(Y < y)P(A)$ 时, 称收敛是混合的, 记作 $Y_n \xrightarrow{d} Y$ (混合).

引理 2.1 设鞅差组列 $\{X_{n,k}, \mathscr{F}_{n,k}; 1 \leqslant k \leqslant k_n, n \geqslant 1\}$ 满足 (2.1), 且

$$U_{n,k_n}^2 = \sum_{k=1}^{k_n} X_{n,k}^2 \xrightarrow{P} \eta^2, \tag{2.2}$$

其中 η^2 是一 a.s. 有限的 r.v., 记

$$T_n(t) = \prod_{k=1}^{k_n} (1 + \mathrm{i} t X_{n,k}), \tag{2.3}$$

又设对一切实数 t 和任意的 $A \in \mathscr{A}$, 当 $n \to \infty$ 时有

$$E\{T_n(t)I(A)\} \longrightarrow P(A). \tag{2.4}$$

那么

$$S_{n,k_n} \xrightarrow{d} Z \text{ (稳定)},$$

这里 Z 是 c.f. 为 $E \exp\left(-\frac{1}{2}\eta^2 t^2\right)$ 的 r.v.

证 设函数 $r(x)$ 由下式定义

$$\mathrm{e}^{\mathrm{i}x} = (1 + \mathrm{i}x) \exp\left\{-\frac{1}{2}x^2 + r(x)\right\}.$$

记 $I_n = \exp(\mathrm{i}t S_{n,k_n})$,

$$W_n = \exp\left\{-\frac{1}{2}t^2 \sum_{k=1}^{k_n} X_{n,k}^2 + \sum_{k=1}^{k_n} r(t X_{n,k})\right\}.$$

则

$$I_n = T_n(t) \exp\left\{-\frac{1}{2}\eta^2 t^2\right\} + T_n(t)\left\{W_n - \exp\left(-\frac{1}{2}\eta^2 t^2\right)\right\}.$$

由 c.f. 收敛性定理, 为证明引理的结论, 只需证明

$$E\{I_n I(A)\} \longrightarrow E\left\{\exp\left(-\frac{1}{2}\eta^2 t^2\right) I(A)\right\}. \tag{2.5}$$

因为 $\exp\left(-\frac{1}{2}\eta^2 t^2\right) I(A)$ 是有界的, 由 (2.4) 推得

$$E\left\{T_n \exp\left(-\frac{1}{2}\eta^2 t^2\right) I(A)\right\} \longrightarrow E\left\{\exp\left(-\frac{1}{2}\eta^2 t^2\right) I(A)\right\}. \tag{2.6}$$

而且, 由此还可进一步证明 $\left\{T_n \exp\left(-\frac{1}{2}\eta^2 t^2\right)\right\}$ 是一致可积的 (见[22] §3.2). 因此

$$T_n\left\{W_n - \exp\left(-\frac{1}{2}\eta^2 t^2\right)\right\} = I_n - T_n \exp\left(-\frac{1}{2}\eta^2 t^2\right)$$

是一致可积的. 注意到当 $|x| \leqslant 1$ 时, $|r(x)| \leqslant |x|^3$. 而由条件 (2.1) 和 (2.2), 当 $\max\limits_k |X_{n_1 k}| \leqslant 1$ 时, 可以推出

$$\left|\sum_k r(X_{n,k} t)\right| \leqslant |t|^3 \sum_k |X_{n,k}|^3$$

$$\leqslant |t|^3 \left(\max_k |X_{n,k}|\right) \left(\sum_k X_{n,k}^2\right) \stackrel{P}{\longrightarrow} 0,$$

因此 $W_n - \exp\left(-\frac{1}{2}\eta^2 t^2\right) \stackrel{P}{\longrightarrow} 0$. 又从已证的 $\left\{T_n\left[W_n - \exp\left(-\frac{1}{2}\eta^2 t^2\right)\right]\right\}$ 的一致可积性可以推得

$$E\left\{T_n\left[W_n - \exp\left(-\frac{1}{2}\eta^2 t^2\right)\right] I(A)\right\} \longrightarrow 0, \tag{2.7}$$

由它与 (2.6) 即得 (2.5) 式. 证毕.

注　条件 (2.4) 也可代之以稍强而简明的条件: $\{T_n\}$ 一致可积且

$$T_n \stackrel{P}{\longrightarrow} 1.$$

定理 2.1　设鞅差组列 $\{X_{n,k}, \mathscr{F}_{n,k}; 1 \leqslant k \leqslant k_n, n \geqslant 1\}$ 满足条件 (2.2), 又设

$$E\{\max_k X_{n,k}^2\} \longrightarrow 0. \tag{2.8}$$

且对 $1 \leqslant k \leqslant k_n$

$$\mathscr{F}_{n,k} \subseteq \mathscr{F}_{n+1,k}, \quad n \geqslant 1. \tag{2.9}$$

那么

$$S_{n,k_n} = \sum_{k=1}^{k_n} X_{n,k} \xrightarrow{d} Z \text{ (稳定)},$$

其中 Z 如引理 2.1 中定义.

证 1° 首先假设 η^2 是 a.s. 有界的, 即有 $c > 0$ 使得

$$P(\eta^2 < c) = 1.$$

记 $X'_{n,k} = X_{n,k} I\left(\sum_{j=1}^{k-1} X_{n,j}^2 \leqslant 2c\right), S'_{n,k} = \sum_{j=1}^{k} X'_{n,j}$, 那么 $\{S'_{n,k}, \mathscr{F}_{n,k}\}$ 也是鞅组列. 因为

$$P\left\{\bigcup_{k=1}^{k_n} (X'_{n,k} \neq X_{n,k})\right\} \leqslant P\{U_{n,k_n}^2 > 2c\} \longrightarrow 0. \tag{2.10}$$

故有 $P(S'_{n,k_n} \neq S_{n,k_n}) \longrightarrow 0$, 因此

$$E|\exp(\mathrm{it}S'_{n,k_n}) - \exp(\mathrm{it}S_{n,k_n})| \longrightarrow 0.$$

于是 $S_{n,k_n} \xrightarrow{d} Z$ (稳定) 当且仅当 $S'_{n,k_n} \xrightarrow{d} Z$ (稳定). 由 (2.10), 鞅差组列 $\{X'_{n,k}\}$ 满足 (2.1) 和 (2.2). 我们来验证

$$T'_n = \prod_{k=1}^{k_n} (1 + \mathrm{it}X'_{n,k})$$

满足条件 (2.7). 记

$$J_n = \begin{cases} \min\{k : k \leqslant k_n, U_{n,k}^2 > 2c\}, & \text{若 } U_{n,k_n}^2 > 2c, \\ k_n, & \text{其他} \end{cases}$$

则

$$\begin{aligned}
|T'_n| &= \prod_{k=1}^{k_n} (1 + t^2 X_{n,k}'^2)^{1/2} \\
&\leqslant \left[\exp\left(t^2 \sum_{k=1}^{J_n-1} X_{n,k}'^2\right)\right]^{1/2} (1 + t \max_k |X_{n,k}|) \\
&\leqslant (\exp(2ct^2))(1 + t \max_k |X_{n,k}|).
\end{aligned}$$

由 (2.8) 即知 $\{T'_n; n \geqslant 1\}$ 是一致可积的.

对固定的 $m \geqslant 1$, 设 $A \in \mathscr{F}_{m,k_m}$. 由 (2.9), 对一切 $n \geqslant m$, $A \in \mathscr{F}_{n,k_n}$. 对任一这样的 n

$$
\begin{aligned}
E\{T_n' I(A)\} &= E\left\{ I(A) \prod_{k=1}^{k_n} (1 + \mathrm{i}t X_{n,k}') \right\} \\
&= E\left\{ I(A) \prod_{k=1}^{k_m} (1 + \mathrm{i}t X_{n,k}') \prod_{k=k_m+1}^{k_n} E\left(1 + \mathrm{i}t X_{n,k}' | \mathscr{F}_{n,k-1}\right) \right\} \\
&= E\left\{ I(A) \prod_{k=1}^{k_m} (1 + \mathrm{i}t X_{n,k}') \right\}.
\end{aligned} \tag{2.11}
$$

因为对于固定的 m, 当 $n \to \infty$ 时

$$
I(A) \prod_{k=1}^{k_m} (1 + \mathrm{i}t X_{n,k}') \xrightarrow{P} I(A).
$$

又由上面的讨论可知 $\left\{ I(A) \prod_{k=1}^{k_m} (1 + \mathrm{i}t X_{n,k}') \right\}$ 一致可积, 因此

$$
E\{T_n' I(A)\} \longrightarrow P(A). \tag{2.12}
$$

令 $\mathscr{F}_\infty = \bigvee_{n=1}^{\infty} \mathscr{F}_{n,k_n}$. 对 $A' \in \mathscr{F}_\infty$ 和 $\varepsilon > 0$, 存在 m 和 $A \in \mathscr{F}_{m,k_m}$, 使得 $P(A \triangle A') < \varepsilon$. 因 $\{T_n'\}$ 一致可积, 且

$$
|E\{T_n' I(A)\} - E\{T_n' I(A')\}| \leqslant E\{|T_n'| I(A \triangle A')\},
$$

所以只要取 ε 足够小, 即可使 $\sup_n |E\{T_n' I(A)\} - E\{T_n' I(A')\}|$ 充分小. 由 (2.12) 得证 $E\{T_n' I(A')\} \longrightarrow P(A')$. 这就可推出对任意的有界、$\mathscr{F}_\infty$-可测的 r.v. X, $E\{T_n' X\} \longrightarrow E\{X\}$. 最后, 若 $A \in \mathscr{A}$, 则

$$
\begin{aligned}
E\{T_n' I(A)\} &= E\{T_n' E[I(A)|\mathscr{F}_\infty]\} \\
&\longrightarrow E\{E[I(A)|\mathscr{F}_\infty]\} = P(A),
\end{aligned}
$$

即得证 (2.7) 式成立. 这也就证明了当 η^2 a.s. 有界时定理成立.

2° 一般情形. 若 η^2 不 a.s. 有界, 则对给定的 $\varepsilon > 0$, 存在 η^2 的 d.f. 的连续点 c, 使 $P(\eta^2 > c) < \varepsilon$. 令

$$
\eta_c^2 = \eta^2 I(\eta^2 \leqslant c) + c I(\eta^2 > c),
$$

$$
X_{n,k}'' = X_{n,k} I\left(\sum_{j=1}^{k-1} X_{n,j}^2 \leqslant c \right), \quad S_{n,k}'' = \sum_{j=1}^{k} X_{n,j}''.
$$

$\{S''_{n,k}, \mathscr{F}_{n,k}; 1 \leqslant k \leqslant k_n, n \geqslant 1\}$ 是鞅组列. 对于它, 条件 (2.1), (2.8) 和 (2.9) 仍被满足. 写

$$\left(\sum_k X_{n,k}^2\right) I\left(\sum_k X_{n,k}^2 \leqslant c\right) + cI\left(\sum_k X_{n,k}^2 > c\right) \leqslant \sum_k X_{n,k}''^2$$

$$\leqslant \left(\sum_k X_{n,k}^2\right) I\left(\sum_k X_{n,k}^2 \leqslant c\right) + \left(c + \max_k X_{n,k}^2\right) I\left(\sum_k X_{n,k}^2 > c\right).$$

因 c 是 η^2 的 d.f. 的连续点, 故

$$I\left(\sum_k X_{n,k}^2 \leqslant c\right) \xrightarrow{P} I(\eta^2 \leqslant c).$$

所以

$$\sum_k X_{n,k}''^2 \xrightarrow{P} \eta_c^2.$$

因为 η_c^2 a.s. 有界, 故由 1° 的证明有 $S''_{n,k_n} \xrightarrow{d} Z_c$ (稳定), 这里 Z_c 是 c.f. 为 $E\exp\left\{-\dfrac{1}{2}\eta_c^2 t^2\right\}$ 的 r.v. 如果 $A \in \mathscr{A}$, 则

$$\left| E\left\{I(A)\exp(itS_{n,k_n})\right\} - E\left\{I(A)\exp\left(-\frac{1}{2}\eta^2 t^2\right)\right\}\right|$$

$$\leqslant E\left|\exp(itS_{n,k_n}) - \exp(itS''_{n,k_n})\right| + \left| E\left\{I(A)\exp(itS''_{n,k_n})\right\}\right.$$

$$\left. - E\left\{I(A)\exp\left(-\frac{1}{2}\eta_c^2 t^2\right)\right\}\right|$$

$$+ E\left|\exp\left(-\frac{1}{2}\eta_c^2 t^2\right) - \exp\left(-\frac{1}{2}\eta^2 t^2\right)\right|. \qquad (2.13)$$

由 $S''_{n,k_n} \xrightarrow{d} Z_c$ (稳定), 上式右边第二项收敛于零. 因为

$$P\left(S_{n,k_n} \neq S''_{n,k_n}\right) \leqslant P\left\{\text{对某 } k, X''_{n,k} \neq X_{n,k}\right\}$$

$$\leqslant P\left(U_{n,k_n}^2 > c\right) \longrightarrow P\left(\eta^2 > c\right) < \varepsilon.$$

所以 (2.13) 右边的第一、三两项的极限均小于 2ε. 由 ε 的任意性得

$$\limsup_n \left| E\left\{I(A)\exp(itS_{n,k_n})\right\} - E\left\{I(A)\exp\left(-\frac{1}{2}\eta^2 t^2\right)\right\}\right| = 0.$$

证毕.

推论 2.1 设鞅差组列 $\{X_{n,k}, \mathscr{F}_{n,k}; 1 \leqslant k \leqslant k_n, n \geqslant 1\}$ 满足条件 (2.1)、(2.2) (其中 $\eta^2 = 1$) 及 (2.8), 那么 S_{n,k_n} 依分布收敛于标准正态分布 $N(0,1)$.

推论 2.1 的证明可仿照定理 2.1 给出, 请读者补证之.

定理 2.2 设鞅差组列 $\{X_{n,k}, \mathscr{F}_{n,k}; 1 \leqslant k \leqslant k_n, n \geqslant 1\}$ 满足定理 2.1 的条件, 且 $P(\eta^2 > 0) = 1$, 则

$$S_{n,k_n}/U_{n,k_n} \xrightarrow{d} N(0,1) \text{ (混合)}.$$

证 在定理 2.1 中已证 $S_{n,k_n} \xrightarrow{d} N(0,1)$ (稳定), 故对任意的实数 t 和 $A \in \mathscr{A}$, 我们有

$$E\{\exp(\mathrm{i}tS_{n,k_n})I(A)\} \longrightarrow E\left\{\exp\left(-\frac{1}{2}\eta^2 t^2\right)I(A)\right\}.$$

因此对任一有界、$\mathscr{A}$ 可测的 r.v.X,

$$E\{\exp(\mathrm{i}tS_{n,k_n})X\} \longrightarrow E\left\{\exp\left(-\frac{1}{2}\eta^2 t^2\right)X\right\}.$$

令 $X = \exp(\mathrm{i}u\eta + \mathrm{i}vI(A))$, 其中 u 和 v 是固定的实数. 于是可得 $(S_{n,k_n}, \eta, I(A))$ 的联合 c.f. 收敛于 $(\eta N, \eta, I(A))$ 的联合 c.f., 其中 N 是与 $(\eta, I(A))$ 独立的标准正态 r.v.. 由此可得

$$\left(\eta^{-1}S_{n,k_n}, I(A)\right) \xrightarrow{d} (N, I(A)).$$

由条件 (2.2) 得证

$$(U_{n,k_n}^{-1}S_{n,k_n}, I(A)) \xrightarrow{d} (N, I(A)).$$

定理证毕.

利用关于鞅差组列的中心极限定理, 我们可以给出一般 r.v. 组列收敛于正态分布的条件.

定理 2.3 设 r.v. 组列 $\{Y_{n,k}; 1 \leqslant k \leqslant k_n, n \geqslant 1\}$ 满足条件 (2.1), $E \max\limits_{k} |Y_{n,k}|^2$ 关于 n 一致有界且

$$\sum_{k=1}^{k_n} Y_{n,k}^2 \xrightarrow{P} 1, \tag{2.14}$$

$$\sum_{k=1}^{k_n} E(Y_{n,k}|\mathscr{F}_{n,k-1}) \xrightarrow{P} 0, \tag{2.15}$$

$$\sum_{k=1}^{k_n} \{E(Y_{n,k}|\mathscr{F}_{n,k-1})\}^2 \xrightarrow{P} 0. \tag{2.16}$$

其中 $\mathscr{F}_{n,0}$ 为平凡 σ 域, $\mathscr{F}_{n,k} = \sigma(Y_{n,j}; 1 \leqslant j \leqslant k)$, $1 \leqslant k \leqslant k_n, n \geqslant 1$, 则

$$S_{n,k_n} = \sum_{k=1}^{k_n} Y_{n,k} \xrightarrow{d} N(0,1).$$

证 记 $X_{n,k} = Y_{n,k} - E(Y_{n,k}|\mathscr{F}_{n,k-1})$, 则 $\{X_{n,k}, \mathscr{F}_{n,k}\}$ 是鞅差组列, 且由 (2.16) 可知

$$P\left\{\sum_k X_{n,k} \neq \sum_k Y_{n,k}\right\} \longrightarrow 0,$$

即 $\{X_{n,k}\}$ 是与 $\{Y_{n,k}\}$ 等价的鞅差组列. 我们来验证 $\{X_{n,k}\}$ 满足推论 2.1 的条件. 首先由 (2.1) 和 (2.16) 有

$$\max_k |X_{n,k}| \leqslant \max_k |Y_{n,k}| + \max_k |E(Y_{n,k}|\mathscr{F}_{n,k-1})|$$
$$\leqslant \max_k |Y_{n,k}| + \left\{\sum_{k=1}^{k_n} |E(Y_{n,k}|\mathscr{F}_{n,k-1})|^2\right\}^{1/2} \xrightarrow{P} 0$$

现在来证 $E(\max_k X_{n,k}^2)$ 关于 n 是一致有界的. 事实上

$$E(\max_k X_{n,k}^2) \leqslant 2E(\max_k Y_{n,k}^2)$$
$$+ 2E(\max_{1 \leqslant k \leqslant k_n} (E(Y_{n,k}|\mathscr{F}_{n,k-1}))^2)$$
$$\leqslant 2E(\max_k Y_{n,k}^2) + 2E\{\max_j (E(\max_k |Y_{n,k}||\mathscr{F}_{n,j-1}))^2\}.$$

注意到 $\{E(\max_k |Y_{n,k}||\mathscr{F}_{n,j-1}); j = 2, 3, \cdots, k_n\}$ 是鞅, 由关于下鞅的 Doob 不等式 (引理 1.2) 及 Jensen 不等式得

$$E\{\max_{1 \leqslant j \leqslant k_n} (E(\max_k |Y_{n,k}||\mathscr{F}_{n,j}))^2\} \leqslant 2^2 E\{(E(\max_k |Y_{n,k}||\mathscr{F}_{n,k_{n-1}}))^2\}$$
$$\leqslant 2^2 E\{E(\max_k Y_{n,k}^2|\mathscr{F}_{n,k_{n-1}})\} = 2^2 E(\max_k Y_{n,k}^2),$$

这样由 $E(\max_k Y_{n,k}^2)$ 关于 n 一致有界及上两不等式得证 $E(\max_k X_{n,k}^2)$ 关于 n 一致有界. 所以从

$$E\{\max_k |X_{n,k_1}| \leqslant \varepsilon + E\{\max_k(|X_{n,k}|I(|X_{n,k}| > \varepsilon))\}$$
$$\leqslant \varepsilon + \{E(\max_k X_{n,k}^2)P(\max_k |X_{n,k}| > \varepsilon)\}^{1/2}$$

推得 $\{X_{n,k}\}$ 满足 (2.8). 又因

$$\sum_k X_{n,k}^2 = \sum_k Y_{n,k}^2 - 2\sum_k Y_{n,k}E(Y_{n,k}|\mathscr{F}_{n,k-1}) + \sum_k (E(Y_{n,k}|\mathscr{F}_{n,k-1}))^2,$$

$$\left|\sum_k Y_{n,k}E(Y_{n,k}|\mathscr{F}_{n,k-1})\right|$$

$$\leqslant \left\{\left(\sum_k Y_{n,k}^2\right)\left(\sum_k \{E(Y_{n,k}|\mathscr{F}_{n,k-1})\}^2\right)\right\}^{1/2},$$

从 (2.14),(2.16) 推得 $\{X_{n,k}\}$ 满足条件 (2.2), 其中 $\eta^2 = 1$. 证毕.

推论 2.2 设对 r.v. 组列 $\{Y_{n,k}; 1 \leqslant k \leqslant k_n, n \geqslant 1\}$ 存在正的常数组列 $\{C_{n,k}\}, 0 < a \leqslant C_{n,k} \leqslant b < \infty$ 满足 (2.1),$\eta^2 = 1$ 时的 (2.2) 及

$$\sum_{k=1}^{k_n} E\{Y_{n,k}I(|Y_{n,k}| \leqslant C_{n,k})|\mathscr{F}_{n,k-1}\} \xrightarrow{P} 0, \tag{2.17}$$

$$\sum_{k=1}^{k_n} [E\{Y_{n,k}I(|Y_{n,k}| \leqslant C_{n,k})|\mathscr{F}_{n,k-1}\}]^2 \xrightarrow{P} 0. \tag{2.18}$$

那么

$$S_{n,k_n} = \sum_{k=1}^{k_n} Y_{n,k} \xrightarrow{d} N(0,1).$$

证 易知 (2.1) 等价于

$$\sum_k Y_{n,k}^2 I(|Y_{n,k}| \geqslant \varepsilon) \xrightarrow{P} 0. \tag{2.19}$$

因为 $0 < a \leqslant C_{n,k} \leqslant b < \infty$, 所以 $\sum_k Y_{n,k}^2 \xrightarrow{P} 1$ 等价于

$$\sum_k Y_{n,k}^2 I(|Y_{n,k}| \leqslant C_{n,k}) \xrightarrow{P} 1.$$

记 $X_{n,k} = Y_{n,k}I(|Y_{n,k}| \leqslant C_{n,k})$, 容易验证 r.v. 组列 $\{X_{n,k}\}$ 满足定理 2.3 的条件. 事实上, (2.1)、(2.14)–(2.16) 显然被满足, 又

$$\max_k |X_{n,k}| \leqslant \max_k C_{n,k} \leqslant b < \infty,$$

所以由 (2.1) 也可推得 (2.8) 成立, 由此可得

$$\sum_k X_{n,k} \xrightarrow{d} N(0,1).$$

而

$$P\left\{\sum_k Y_{n,k} \neq \sum_k X_{n,k}\right\} \leqslant P\{\max_k |Y_{n,k}| > a\} \longrightarrow 0,$$

得证 $S_{n,k_n} \xrightarrow{d} N(0,1)$.

§3 鞅的弱不变原理

3.1 鞅的弱不变原理

在本节中, 设 $\{X_{n,i}, \mathscr{F}_{n,i}; i \geqslant 1, n \geqslant 1\}$ 是鞅差组列, $\mathscr{F}_{n,k} = \sigma\{X_{n,i}; 1 \leqslant i \leqslant k\}$. 记

$$S_{n,k} = \sum_{i=1}^k X_{n,i}.$$

设 $\{X_{n,i}, \mathscr{F}_{n,i}\}$ 的停时 $\tau_n(t)$ $(0 \leqslant t \leqslant 1)$ 概率为 1 地关于 t 右连续、不减, $\tau_n(1) < \infty$ a.s., 所以 $\{\tau_n\}$ 和 $\{S_n \circ \tau_n\}$ 是 $D[0,1]$ 的随机元序列. 为简单计, 记 $S_n \circ \tau_n$ 为 $S \circ \tau_n$, $E(\cdot|\mathscr{F}_{n,i}) = E_i(\cdot)$, $E_0(\cdot)$ 即 $E(\cdot)$.

本节的目的是研究 $S \circ \tau_n \xrightarrow{d} W$ 的条件.

记 $M_n = \max\limits_{1 \leqslant i \leqslant \tau_n(1)} |X_{n,i}|$. 我们有如下重要结果.

定理 3.1 设 $\{X_{n,i}, \mathscr{F}_{n,i}; i \geqslant 1, n \geqslant 1\}$ 是鞅差组列, $\{\tau_n(t); 0 \leqslant t \leqslant 1\}$ 是 $\{X_{n,i}; i \geqslant 1\}$ 的停时, 关于 t 右连续不减 (a.s.), 假设 $\{M_n; n \geqslant 1\}$ 一致可积, 若

$$\sum_{i=1}^{\tau_n(t)} X_{n,i}^2 \xrightarrow{P} t, \tag{3.1}$$

则

$$S \circ \tau_n \xrightarrow{d} W. \tag{3.2}$$

由此, 我们可推出鞅差组列弱收敛性的一个基本结果.

定理 3.2 设 $\{X_{n,i}, \mathscr{F}_{n,i}; i \geqslant 1, n \geqslant 1\}$ 是鞅差组列, 它的停时序列 $\{\tau_n; n \geqslant 1\}$ 关于 t 右连续不减 (a.s.), 若当 $n \to \infty$ 时

$$M_n \xrightarrow{P} 0, \tag{3.3}$$

$$\sum_{i=1}^{\tau_n(t)} E_{i-1}(X_{n,i}^2) \xrightarrow{P} t, \tag{3.4}$$

$$\sum_{i=1}^{\tau_n(t)} E_{i-1}(X_{n,i}^2 I(|X_{n,i}| > a)) \xrightarrow{P} 0, \tag{3.5}$$

其中 a 是某个给定的正常数, 则

$$S \circ \tau_n \xrightarrow{d} W. \tag{3.6}$$

注 3.1　由第二章定理 4.5 的证明可知 (3.3) 等价于有 $\varepsilon_n \downarrow 0$, 使

$$P(M_n \geqslant \varepsilon_n) \longrightarrow 0. \tag{3.7}$$

显然, (3.3) 也等价于

$$\sum_{i=1}^{\tau_n(1)} X_{n,i}^2 I(|X_{n,i}| \geqslant \varepsilon) \xrightarrow{P} 0 \tag{3.8}$$

或

$$\sum_{i=1}^{\tau_n(1)} |X_{n,i}| I(|X_{n,i}| \geqslant \varepsilon) \xrightarrow{P} 0. \tag{3.9}$$

定理的证明需要下述引理

引理 3.1　设 $\{\varepsilon_n\}$ 满足 (3.7) 式, 令

$$\nu_n = \min(\inf\{i : i \geqslant 1, |X_{n,i}| > \varepsilon_n\}, \tau_n(1)).$$

假设

$$E|X_{n,\nu_n}| \longrightarrow 0 \quad (n \to \infty), \tag{3.10}$$

那么有鞅差组列 $\{\xi_{n,i}\}$, 满足 $|\xi_{n,i}| < 2\varepsilon_n$ a.s., 当记 $S'_n(k) = \sum\limits_{i=1}^{k} \xi_{n,i}$ 时, 成立着

$$\sup_{0 \leqslant t \leqslant 1} |S \circ \tau_n(t) - S' \circ \tau_n(t)| \xrightarrow{P} 0 \tag{3.11}$$

和

$$\sup_{0 \leqslant t \leqslant 1} \left| \sum_{i=1}^{\tau_n(t)} X_{n,i}^2 - \sum_{i=1}^{\tau_n(t)} \xi_{n,i}^2 \right| \xrightarrow{P} 0. \tag{3.12}$$

又若记 $J_n = \{i : 1 \leqslant i \leqslant \tau_n(1), X_{n,i} = 0\}$, 则

$$\sum_{i \in J_n} |\xi_{n,i}| \xrightarrow{P} 0. \tag{3.13}$$

特别, 当 $\{M_n\}$ 一致可积且 $M_n \xrightarrow{P} 0$ 时, 有 $\{\varepsilon_n\}$ 满足 (3.7) 和 (3.10) 式.

证 令 $\xi_{n,i} = X_{n,i}I(\nu_n > i) - E_{i-1}(X_{n,i}I(\nu_n > i))$, $\{\xi_{n,i}\}$ 是鞅差组列. 由 ν_n 的定义知 $|X_{n,i}I(\nu_n > i)| \leqslant \varepsilon_n$, 因此 $|\xi_{n,i}| \leqslant 2\varepsilon_n$ a.s. 又因

$$|S \circ \tau_n(t) - S' \cup \tau_n(t)| \leqslant \sum_{i=1}^{\tau_n(1)} |X_{n,i} - \xi_{n,i}|, \tag{3.14}$$

$$\left| \sum_{i=1}^{\tau_n(t)} X_{n,i}^2 - \sum_{i=1}^{\tau_n(t)} \xi_{n,i}^2 \right| \leqslant 2 \sum_{i=1}^{\tau_n(t)} |\xi_{n,i}||X_{n,i} - \xi_{n,i}| + \sum_{i=1}^{\tau_n(t)} (X_{n,i} - \xi_{n,i})^2$$

$$\leqslant 4\varepsilon_n \sum_{i=1}^{\tau_n(1)} |X_{n,i} - \xi_{n,i}| + \sum_{i=1}^{\tau_n(1)} (X_{n,i} - \xi_{n,i})^2. \tag{3.15}$$

且对 $0 < \varepsilon < 1$, $\left\{ \sum_{i=1}^{\tau_n(1)} (X_{n,i} - \xi_{n,i})^2 > \varepsilon \right\} \subset \left\{ \sum_{i=1}^{\tau_n(1)} |X_{n,i} - \xi_{n,i}| > \varepsilon \right\}$, 所以若能证明

$$\sum_{i=1}^{\tau_n(1)} |X_{n,i} - \xi_{n,i}| \xrightarrow{P} 0, \tag{3.16}$$

由 (3.14) 和 (3.15) 就得证 (3.11) 和 (3.12) 成立. 由 $\xi_{n,i}$ 的定义

$$\sum_{i=1}^{\tau_n(1)} |X_{n,i} - \xi_{n,i}| \leqslant \sum_{i=1}^{\tau_n(1)} |X_{n,i} - X_{n,i}I(\nu_n > i)|$$

$$+ \sum_{i=1}^{\tau_n(1)} |E_{i-1}(X_{n,i}I(\nu_n > i))|$$

$$\leqslant \sum_{i=\nu_n}^{\tau_n(1)} |X_{n,i}| + \sum_{i=1}^{\tau_n(1)} |E_{i-1}(X_{n,i}I(\nu_n > i))| =: I_1 + I_2.$$

从 (3.7) 式和 ν_n 的定义可知, 当 $M_n \leqslant \varepsilon_n$ 时, $\nu_n = \tau_n(1)$, 故

$$P(I_1 > \varepsilon) = P(I_1 > \varepsilon, M_n > \varepsilon_n) + P(|X_{n,\tau_n(1)}| > \varepsilon, M_n \leqslant \varepsilon_n)$$

$$\leqslant P(M_n > \varepsilon_n) + P\{M_n \geqslant |X_{n,\tau_n(1)}| > \varepsilon\} \longrightarrow 0.$$

又因 $\{\nu_n > i - 1\} \in \mathscr{F}_{n,i-1}$, $\{X_{n,i}\}$ 是鞅差组列, 我们有

$$E_{i-1}(X_{n,i}I(\nu_n > i)) = E_{i-1}(X_{n,i}I(\nu_n > i-1)) - E_{i-1}(X_{n,i}I(\nu_n = i))$$

$$= -E_{i-1}(X_{n,i}I(\nu_n = i)).$$

因此, 从条件 (3.10) 可推出

$$EI_2 = E \sum_{i=1}^{\tau_n(1)} |E_{i-1}(X_{n,i}I(\nu_n = i))|$$

$$\leqslant E \sum_{i=1}^{\tau_n(1)} |X_{n,\nu_n}|I(\nu_n = i) = E|X_{n,\nu_n}| \longrightarrow 0, \tag{3.17}$$

所以 $I_2 \xrightarrow{P} 0$. 这就证明了 (3.16) 成立.

从 $X_{n,i} = 0$ 可推得 $\xi_{n,i} = -E_{i-1}(X_{n,i}I(\nu_n > i))$. 所以由 (3.17) 可知 (3.13) 式成立. 最后, 当 $\{M_n\}$ 一致可积且 $M_n \xrightarrow{P} 0$ 时,

$$E|X_{n,\nu_n}| \leqslant EM_n \longrightarrow 0,$$

并由注 3.1, 此时有 $\{\varepsilon_n\}$ 满足 (3.7) 及 (3.10) 式. 证毕.

引理 3.2 设 $\{F(t), F_n(t); n \geqslant 1\}$ 是 $D[0,1]$ 中的随机函数, 概率为 1 地 $F_n(t)$ 关于 t 是不减的, $F(t)$ 是连续的, 且对每一 t, 存在 $t_n \to t$, 使得当 $n \to \infty$ 时

$$F_n(t_n) \xrightarrow{P} F(t). \tag{3.18}$$

那么, 当 $n \to \infty$ 时

$$\sup_{0 \leqslant t \leqslant 1} |F_n(t) - F(t)| \xrightarrow{P} 0. \tag{3.19}$$

证 对任给 $\varepsilon > 0$, 设整数 $k > 1/\varepsilon$, 并选 $\{t_{n,i}; i = 0, 1, \cdots, k\}$ 使对每一 $i \leqslant k, t_{n,i} \longrightarrow i\varepsilon$. 由 (3.18) 知当 $n \to \infty$ 时, $F_n(t_{n,i}) \xrightarrow{P} F(i\varepsilon)$. 那么对充分大的 n

$$\sup_{0 \leqslant t \leqslant 1} |F_n(t) - F(t)| \leqslant \sup_i |F_n(t_{n,i+1}) - F_n(t_{n,i})|$$

$$+ \sup_i |F_n(t_{n,i}) - F(t_{n,i})| + \sup_i |F(t_{n,i+1}) - F(t_{n,i})|.$$

上式右边依概率收敛于 $2\sup_i |F((i+1)\varepsilon) - F(i\varepsilon)|$. 由于 $F(t)$ 在 $[0,1]$ 上一致连续 (a.s.), 故可选 ε 充分小, 使得 $\sup_i |F((i+1)\varepsilon) - F(i\varepsilon)|$ 依概率任意地小, 得证 (3.19) 式成立.

引理 3.3 设 $\{X_{n,i}\}, \{\tau_n\}$ 如定理 3.1, 记

$$X'_{n,i} = X_{n,i}I(|X_{n,i}| \leqslant 1), \quad \zeta_{n,i} = X'_{n,i} - E_{i-1}(X'_{n,i}).$$

假设

$$\triangle_n = \max_{1 \leqslant k \leqslant \tau_n(1)} \left| \sum_{i=1}^k E_{i-1}(X'_{n,i}) \right| \xrightarrow{P} 0. \tag{3.20}$$

则当 $M_n \xrightarrow{P} 0$ 且

$$\sum_{i=1}^{\tau_n(t)} \zeta_{n,i}^2 \xrightarrow{P} t \tag{3.21}$$

时, 就有

$$S \circ \tau_n \xrightarrow{d} W.$$

证 因 $M_n \xrightarrow{P} 0$, 由 (3.9) 及 (3.20), 我们有

$$\max_{1 \leqslant k \leqslant \tau_n(1)} \left| \sum_{i=1}^{k} X_{n,i} - \sum_{i=1}^{k} \zeta_{n,i} \right| \leqslant \sum_{i=1}^{\tau_n(1)} |X_{n,i}| I(|X_{n,i}| > 1) + \triangle_n \xrightarrow{P} 0.$$

这样, 我们只需证明 $S' \circ \tau_n \xrightarrow{d} W$, 其中 $S_n'(k) = \sum_{i=1}^{k} \zeta_{n,i}.$

因 $|\zeta_{n,i}| \leqslant 2$, $\max_i |\zeta_{n,i}| \leqslant \max_i |X_{n,i}| \xrightarrow{P} 0$, 所以

$$E \max_i |\zeta_{n,i}| \longrightarrow 0.$$

如记 $Y_{n,i} = \zeta_{n,i} I \left(\sum_{j=1}^{i-1} \zeta_{n,j}^2 \leqslant 2 \right)$, 那么由 (3.21) 得

$$P \left\{ \bigcup_{i=1}^{\tau_n(1)} (Y_{n,i} \neq \zeta_{n,i}) \right\} \leqslant P \left\{ \sum_{j=1}^{\tau_n(1)} \zeta_{n,j}^2 - 1 \geqslant 1 \right\} \longrightarrow 0. \tag{3.22}$$

这样, 我们只需证明 $S'' \circ \tau_n \xrightarrow{d} W$, 其中 $S_n''(k) = \sum_{i=1}^{k} Y_{n,i}.$

由于 $\{Y_{n,i}\}$ 是鞅差组列, 且 $\max_i |Y_{n,i}| \leqslant \max_i |\zeta_{n,i}| \xrightarrow{P} 0$,

$$\sum_{i=1}^{k} Y_{n,i}^2 \leqslant 2 + \max_{1 \leqslant i \leqslant \tau_n(1)} \zeta_{n,i}^2,$$

结合这些结果可得 $E \max_i |Y_{n,i}| \longrightarrow 0, E \sum_{i=1}^{\tau_n(t)} Y_{n,i}^2 \longrightarrow t.$ 这样由推论 2.1 及 Cramér-Wold 方法可知 $S'' \circ \tau_n$ 的有限维分布弱收敛于 Wiener 过程 W 对应的有限维分布.

为证 $\{S'' \circ \tau_n\}$ 具有胎紧性, 只需验证对于任给 $\varepsilon > 0$

$$\lim_{\delta \to 0} \limsup_{n \to \infty} P \left\{ \sup_{\substack{|t-s| < \delta \\ 0 \leqslant s, t \leqslant \tau_n(1)}} |S_n''(s) - S_n''(t)| > \varepsilon \right\} = 0.$$

易知

$$
P\left\{\sup_{|s-t|<\delta}|S_n''(s)-S_n''(t)|>\varepsilon\right\}
$$

$$
\leqslant \sum_{k<1/\delta} P\left\{\sup_{k\delta<t\leqslant(k+1)\delta}\left|\sum_{j=\tau_n(k\delta)+1}^{\tau_n(t)}Y_{n,j}\right|\geqslant\varepsilon/4\right\},
$$

由引理 1.4 及有限维分布的收敛性, 上式右边的和式不超过

$$
A_n = \frac{8}{\varepsilon}\sum_{k<1/\delta}\int_{|Z_n|>\varepsilon/4}|Z_n|dP,
$$

其中 $Z_n = S''(\tau_n[(k+1)\delta]) - S''(\tau_n(k\delta))$. 而

$$
A_n \sim \frac{32}{\varepsilon^2}\sum_{k<1/\delta}\frac{1}{\delta\sqrt{2\pi}}\int_{|u|>\varepsilon/4}u^2e^{-u^2/2\delta}du
$$

$$
\leqslant \frac{32}{\varepsilon^2\sqrt{2\pi}}\int_{|x|>\varepsilon/(4\sqrt{\delta})}x^2e^{-x^2/2}dx \longrightarrow 0 \ (\delta\to0),
$$

得证 $\{S''\circ\tau_n\}$ 是胎紧的, 因此 $S''\circ\tau_n \xrightarrow{d} W$. 证毕.

定理 3.1 的证明　由 (3.1) 及引理 3.2 可知

$$
\sup_{1\leqslant i\leqslant\tau_n(1)}X_{n,i}^2 \leqslant 2\sup_{0\leqslant t\leqslant1}\left|\sum_{i=1}^{\tau_n(t)}X_{n,i}^2-t\right| \xrightarrow{P} 0,
$$

所以 $M_n = \max\limits_{1\leqslant i\leqslant\tau_n(1)}|X_{n,i}| \xrightarrow{P} 0$. 因此 (3.8) 及 (3.10) 被满足. 令 $\xi_{n,i}$ 如引理 3.1, 从 (3.1) 及引理 3.1 有

$$
\sum_{i=1}^{\tau_n(t)}\xi_{n,i}^2 \xrightarrow{P} t.
$$

注意到引理 3.3 的证明, 如令 $X_{n,i}' = \zeta_{n,i} = \xi_{n,i}$, 则引理 3.3 的条件都被满足, 因此 $S'\circ\tau_n \xrightarrow{d} W$. 再由引理 3.1 得证 $S\circ\tau_n \xrightarrow{d} W$.

注 3.2　在一定意义下, 为使 $S\circ\tau_n \xrightarrow{d} W$, (3.1) 也是必要的. 这一结论的证明比较繁复, 不在此详述 (参见 Rootzen, H., On the functional central limit theorem for martingales. Z. Warhsch. verw. Gebiete, 51 (1980), 79–93).

定理 3.2 的证明　令

$$
X_{n,i}' = X_{n,i}I(|X_{n,i}|\leqslant d) - E_{i-1}(X_{n,i}I(|X_{n,i}|\leqslant d)),
$$

记 $S_n'(k) = \sum_{i=1}^{k} X_{n,i}'$. 由 (3.3) 和 (3.5) 可以推得

$$\sup_{0 \leqslant t \leqslant 1} |S \circ \tau_n(t) - S' \circ \tau_n(t)|$$

$$\leqslant \sum_{i=1}^{\tau_n(1)} |X_{n,i}| I(|X_{n,i}| > d) + \frac{1}{d} \sum_{i=1}^{\tau_n(1)} E_{i-1}(X_{n,i}^2 I(|X_{n,i}| > d)) \xrightarrow{P} 0,$$

这样我们只需证明 $S' \circ \tau_n \xrightarrow{d} W$.

我们来验证鞅差组列 $\{X_{n,i}'\}$ 满足定理 3.1 的条件. 事实上, 此时 $M_n' := \max_{1 \leqslant i \leqslant \tau_n(1)} |X_{n,i}'| \leqslant 2d$ 且

$$M_n' \leqslant \max_{1 \leqslant i \leqslant \tau_n(1)} |X_{n,i}| + \sum_{i=1}^{\tau_n(1)} E_{i-1}(|X_{n,i}| I(|X_{n,i}| > d)) \xrightarrow{P} 0,$$

所以 $\{M_n'\}$ 一致可积. 又因

$$E_{i-1}(X_{n,i}'^2) = E_{i-1}(X_{n,i}^2 I(|X_{n,i}| \leqslant d)) - E_{i-1}^2(X_{n,i} I(|X_{n,i}| \leqslant d)),$$

$$E_{i-1}^2(X_{n,i} I(|X_{n,i}| \leqslant d)) = E_{i-1}^2(X_{n,i} I(|X_{n,i}| > d))$$

$$\leqslant E_{i-1}(X_{n,i}^2 I(|X_{n,i}| > d)),$$

由 (3.4) 和 (3.5) 可得, 对任一 $t \in [0,1]$ 有

$$\sum_{i=1}^{\tau_n(t)} E_{i-1}(X_{n,i}'^2) \xrightarrow{P} t, \tag{3.23}$$

由此还可推出对任一 $t \in [0,1]$

$$\sum_{i=1}^{\tau_n(t)} X_{n,i}'^2 \xrightarrow{P} t. \tag{3.24}$$

事实上, 如令 $W_{n,i} = X_{n,i}' I\left(|X_{n,i}'| \leqslant \delta, \sum_{j=1}^{i} E_{j-1} X_{n,j}'^2 \leqslant t+1\right)$, 那么

$$P\left\{\bigcup_{i=1}^{\tau_n(1)} (W_{n,i} \neq X_{n,i}')\right\} \leqslant P\{\max_i |X_{n,i}'| > \delta\}$$

$$+P\left\{\sum_{j=1}^{\tau_n(1)} E_{j-1} X_{n,j}'^2 > t+1\right\} \to 0, \tag{3.25}$$

$$P\left\{\sum_{i=1}^{\tau_n(t)} E_{i-1}(X_{n,i}'^2 - W_{n,i}^2) \geqslant \varepsilon\right\}$$

$$\leqslant P\left\{\sum_{i=1}^{\tau_n(t)} E_{i-1}(X_{n,i}'^2 I(|X_{n,i}'| > \delta)) \geqslant \varepsilon\right\}$$

$$+ P\left\{\sum_{i=1}^{\tau_n(t)} E_{i-1}(X_{n,i}'^2) - t > 1\right\} \longrightarrow 0,$$

即对任一 $t \in [0,1]$,

$$\sum_{i=1}^{\tau_n(t)} E_{i-1}(X_{n,i}'^2 - W_{n,i}^2) \xrightarrow{P} 0. \tag{3.26}$$

另一方面

$$E\left(\sum_{i=1}^{\tau_n(t)} (W_{n,i}^2 - E_{i-1}(W_{n,i}^2))^2\right) \leqslant \delta^2(t+1). \tag{3.27}$$

这样从 (3.25)–(3.27) 就可推出, 对任给 $\eta > 0$

$$\limsup_{n\to\infty} P\left\{\sum_{i=1}^{\tau_n(t)} (X_{n,i}'^2 - E_{i-1}(X_{n,i}'^2)) > \eta\right\} \leqslant \delta^2(t+1)/\eta^2,$$

结合 (3.23) 就得 (3.24) 成立. 再对鞅差组列 $\{X_{n,i}'\}$ 应用定理 3.1 就得证 $S' \circ \tau_n \xrightarrow{d} W$. 定理证毕.

注 3.3　我们指出, 当 (3.3), (3.5) 及 (3.6) 成立时, 也可推出 (3.4) 成立. 即 (3.4), (3.6) 及 (3.3) 与 (3.5) 中任两者成立时可推得另一关系成立. 但余下部分的证明比较繁复, 不在此详述 (有兴趣的读者也可参阅注 3.2 中提到的 Rootzen, H. 的文章).

对于序列情形可给出如下的

推论 3.1　设 $\{S_n, \mathscr{F}_n; n \geqslant 1\}$ 是零均值、平方可积鞅, 记 $X_n = S_n - S_{n-1}, S_0 = 0, V_n^2 = \sum_{i=1}^{n} E_{i-1}(X_i^2), B_n = ES_n^2 = EV_n^2$. 若

$$V_n^2/B_n \xrightarrow{P} 1 \tag{3.28}$$

且 Lindeberg 条件被满足, 即

$$B_n^{-1} \sum_{i=1}^{n} E(X_i^2 I(|X_i| > \varepsilon\sqrt{B_n})) \longrightarrow 0. \tag{3.29}$$

对于 $0 \leqslant t \leqslant 1$, 定义

$$Y_n(t) = \frac{1}{\sqrt{B_n}}\left\{S_k + X_{k+1}\frac{tB_n - B_k}{B_{k+1} - B_k}\right\}, \quad B_k < tB_n \leqslant B_{k+1},$$

那么

$$Y_n \xrightarrow{d} W.$$

证 令 $X_{n,i} = X_i/\sqrt{B_n}$, $\tau_n(t) = k$, 其中 t, k 满足 $B_k < tB_n \leqslant B_{k+1}$. 因为

$$B_n^{-1} E \left\{ \sum_{i=1}^{\tau_n(t)} E_{i-1}(X_i^2) \right\} = B_n^{-1} B_k \longrightarrow t,$$

所以 (3.4) 被满足, 由 Lindeberg 条件 (3.29) 可知 (3.3) 及 (3.5) 被满足, 由此即得 $Y_n \xrightarrow{d} W$.

注 3.4 由于此时 $M_n = \max_{1 \leqslant k \leqslant n} |X_k|/\sqrt{B_n} \xrightarrow{P} 0$, 所以对满足 $B_k < tB_n \leqslant B_{k+1}$ 的 t 和 k, $0 \leqslant t \leqslant 1$, 记

$$Y_n(t) = B_n^{-1/2} S_k,$$

也成立着 $Y_n \xrightarrow{d} W$. 这就是说, 若过程 $\{Y_n(t); 0 \leqslant t \leqslant 1\}$ 的样本函数是阶梯型或折线型, 都有 Y_n 弱收敛于 W.

3.2 平稳随机变量序列的不变原理

鞅的极限定理可以用于研究其他类型的相依 r.v. 列的极限定理. 在这里, 我们给出一个关于平稳 r.v. 序列的不变原理.

设 T 是概率空间 $(\Omega, \mathscr{A}, P)$ 上遍历的、一对一的保测变换. 记 L^2 为二阶矩有限的 r.v. 构成的 Hilbert 空间. 定义 L^2 上的酉算子 U 如下: 对 $X \in L_2$, $\omega \in \Omega$, $UX(\omega) = X(T\omega)$. 又设 σ 域 $\mu_0 \subset \mathscr{A}$ 且 $\mu_0 \subset T^{-1}(\mu_0)$. 记 $\mu_k = T^{-k}(\mu_0), \mu_{-\infty} = \bigcap\limits_{k=-\infty}^{\infty} \mu_k, \mu_\infty = \bigvee\limits_{k=-\infty}^{\infty} \mu_k, H_k = H(\mu_k)$ 是 L_2 中关于 μ_k 可测的 r.v. 集. $J_k = H_k \ominus H_{k-1}$ (即 $H_k = J_k \oplus H_{k-1}$). 考虑 r.v. $X_0 \in L_2$, $EX_0 = 0$. 定义 $X_k = U^k X_0$, 于是 $\{X_k; k = \cdots, -1, 0, 1, \cdots\}$ 是一平稳遍历 r.v. 序列. 记 $S_n = \sum\limits_{i=1}^{n} X_i, \sigma_n^2 = ES_n^2$. 定义 $C[0,1]$ 上的随机函数 G_n 和 V_n 如下:

$$G_n(t) = (S_k + (nt - k)X_{k+1})/\sigma_n, \quad 当 k/n \leqslant t \leqslant (k+1)/n,$$
$$k = 0, 1, \cdots, n-1.$$
$$V_n(t) = (S_k + (nt - k)X_{k+1})/\sigma_n \sqrt{2 \log \log \sigma_n}, \quad 当 k/n \leqslant t \leqslant (k+1)/n,$$
$$k = 0, 1, \cdots, n-1.$$

定理 3.3 假设

$$\sum_{m=0}^{\infty} \{(E[E(X_0|\mu_{-m})]^2)^{1/2} + (E[X_0 - E(X_0|\mu_m)]^2)^{1/2}\} < \infty, \tag{3.30}$$

那么存在 $0 \leqslant \sigma < \infty$, 使得

$$\sigma_n/\sqrt{n} \to \sigma. \tag{3.31}$$

当 $\sigma > 0$ 时, $G_n \xrightarrow{d} W$.

证 对任意正整数 m、n, 写

$$X_0 = E(X_0|\mu_n) - E(X_0|\mu_{-m}) + X_0 - E(X_0|\mu_n) + E(X_0|\mu_{-m})$$
$$= \sum_{l=-m+1}^{n} [E(X_0|\mu_l) - E(X_0|\mu_{l-1})] + X_0 - E(X_0|\mu_n) + E(X_0|\mu_{-m}).$$

由 (3.30), 当 $n, m \to \infty$ 时,

$$X_0 - E(X_0|\mu_n) \xrightarrow{L_1} 0, \quad E(X_0|\mu_{-m}) \xrightarrow{L_1} 0.$$

因此

$$X_0 = \sum_{l=-\infty}^{\infty} [E(X_0|\mu_l) - E(X_0|\mu_{l-1})].$$

若记 $x_l = E(X_{-l}|\mu_0) - E(X_{-l}|\mu_{-1})$, 则可写

$$X_0 = \sum_{l=-\infty}^{\infty} U^l x_l.$$

由条件 (3.30) 与平稳性, 容易验证

$$\sum_{l=-\infty}^{0} x_l \quad \text{和} \quad \sum_{l=0}^{\infty} x_l \tag{3.32}$$

都 L_2 收敛. 此外, 又有

$$\sum_{n=1}^{\infty} \left\{ E\left(\sum_{l=n}^{\infty} x_l\right)^2 + E\left(\sum_{l=-\infty}^{-n} x_l\right)^2 \right\} < \infty. \tag{3.33}$$

事实上, 利用 Schwarz 不等式和 (3.30), 对前一个和式有

$$\sum_{n=1}^{\infty} E\left(\sum_{l=n}^{\infty} x_l\right)^2 \leqslant \sum_{n=1}^{\infty}\sum_{l=n}^{\infty}\sum_{k=n}^{\infty}(Ex_l^2)^{1/2}(Ex_k^2)^{1/2}$$

$$\leqslant 2\sum_{n=1}^{\infty}\sum_{l=n}^{\infty}\sum_{k=0}^{\infty}(Ex_l^2)^{1/2}(Ex_{k+l}^2)^{1/2}$$

$$\leqslant 2\sum_{n=1}^{\infty}\sum_{k=0}^{\infty}\left(\sum_{l=n}^{\infty}Ex_l^2\right)^{1/2}\left(\sum_{l=n}^{\infty}Ex_{k+l}^2\right)^{1/2}$$

$$\leqslant 2\left[\sum_{n=0}^{\infty}\left(\sum_{l=n}^{\infty}Ex_l^2\right)^{1/2}\right]^2 = 2\left\{\sum_{n=0}^{\infty}\left(\sum_{l=n}^{\infty}E[E(X_{-l}|\mu_0) - E(x_{-l}|\mu_{-1})]^2\right)^{1/2}\right\}^2$$

$$= 2\left\{\sum_{n=0}^{\infty}\left[\sum_{l=n}^{\infty}(E[E(X_{-l}|\mu_0)]^2 - E[E(X_{-l}|\mu_{-1})]^2)\right]^{1/2}\right\}^2$$

$$= 2\left\{\sum_{n=0}^{\infty}(E[X_0^2 - E^2(X_0|\mu_{n-1})])^{1/2}\right\}^2 < \infty;$$

对 (3.33) 的后一个和式有类似的结论. 因此, 若记

$$z_l = -\sum_{k=l+1}^{\infty} x_k, \quad l \geqslant 0; \quad z_l = \sum_{k=-\infty}^{l} x_k, \quad l < 0.$$

则

$$Y_0 := \sum_{l=-\infty}^{\infty} x_l \in J_0, \quad Z_0 =: \sum_{l=-\infty}^{\infty} U^l z_l \in L_2,$$

且 $Y_0 \in L_0$. 于是可写

$$x_l = Y_0\delta_{0l} + z_l - z_{l-1}, \tag{3.34}$$

其中 δ_{0l} 是 Kronecker 符号, 进一步还有

$$X_0 = Y_0 + Z_0 - UZ_0. \tag{3.35}$$

记 $\sigma^2 = EY_0^2, Y_i = U^i Y_0$. 因为 $Y_0 \in J_0$, 所以

$$E(Y_n|\mu_{n-1}) = U^n E(Y_0|\mu_{-1}) = 0,$$

因此 $\left\{\sum_{i=1}^{n} Y_i, \mu_n; n \geqslant 1\right\}$ 是鞅, 其差是平稳遍历的. 由 (3.35) 可知 (3.31) 成立.

假设 $\sigma > 0$. 首先考虑弱不变原理. 定义

$$\xi_n(t) = \left(\sum_{i=1}^{k} Y_i + (nt - k)Y_{k+1}\right) \Big/ \sigma\sqrt{n},$$

$$\text{当 } k/n \leqslant t \leqslant (k+1)/n,\ k = 0, 1, \cdots, n-1.$$

由平稳性及 (3.31) 可知 (3.29) 被满足; 利用遍历性又知 (3.28) 被满足. 因此从推论 3.1 可得

$$\xi_n \xrightarrow{d} W. \tag{3.36}$$

这样, 如果我们能证明

$$\sup_{0 \leqslant t \leqslant 1} |\xi_n(t) - G_n(t)| \xrightarrow{P} 0, \tag{3.37}$$

也就证得了 $G_n \xrightarrow{d} W$.

利用连续映射定理 (第五章定理 3.2),

$$\lim_{n\to\infty} P\left\{\sup_{0 \leqslant t \leqslant 1} |\xi_n(t)| > c\right\} = \lim_{n\to\infty} P\left\{\sup_{1 \leqslant k \leqslant n} \left|\sum_{j=1}^{k} Y_j\right| > c\sigma\sqrt{n}\right\}$$

$$= P\left\{\sup_{0 \leqslant t \leqslant 1} |W(t)| > c\right\}.$$

因为对任给 $\varepsilon > 0$, 存在 C, 使得上式右边小于 ε, 所以存在 N, 使当 $n \geqslant N$ 时

$$P\left\{\sup_{1 \leqslant k \leqslant n} \left|\sum_{j=1}^{k} Y_j\right| > C\sigma\sqrt{n}\right\} < \varepsilon. \tag{3.38}$$

又令 $Z_k = U^k Z_0$. 因 $Z_0 \in L_2$, 故

$$P\left\{\sup_{0 \leqslant k \leqslant n} |Z_k| \geqslant \delta\sigma\sqrt{n}\right\} \leqslant (n+1)P\{Z_0^2 \geqslant \delta^2\sigma^2 n\}$$

$$\leqslant (n+1)(n\sigma^2\delta^2)^{-1} \int_{Z_0 \geqslant \sigma\delta\sqrt{n}} Z_0^2 \mathrm{d}P \to 0. \tag{3.39}$$

于是由 (3.32)

$$\sup_{0 \leqslant t \leqslant 1} |\xi_n(t) - G_n(t)| = \sup_{1 \leqslant k \leqslant n} \left| \sigma^{-1} n^{-1/2} \sum_{j=1}^{k} Y_j - \sigma_n^{-1} S_k \right|$$

$$\leqslant \sup_{1 \leqslant k \leqslant n} \sigma^{-1} n^{-1/2} \left| \sum_{j=1}^{k} (Y_j - X_j) \right| + \sup_{1 \leqslant k \leqslant n} \sigma^{-1} n^{-1/2} |S_k| |1 - \sigma n^{1/2} \sigma_n^{-1}|$$

$$\leqslant 2 \sup_{0 \leqslant k \leqslant n} \sigma^{-1} n^{-1/2} |Z_k| + \sup_{1 \leqslant k \leqslant n} \sigma^{-1} n^{-1/2} \left| \sum_{j=1}^{k} Y_j \right| |1 - \sigma n^{1/2} \sigma_n^{-1}|$$

$$+ 2 \sup_{0 \leqslant k \leqslant n} \sigma^{-1} n^{-1/2} |Z_k| |1 - \sigma n^{1/2} \sigma_n^{-1}|.$$

由 (3.39), 上式右边的第一项依概率趋于零. 由 (3.31), (3.38) 和 (3.39) 可得第二和第三项也分别依概率趋于零. 这就证明了弱不变原理. 定理证毕.

称平稳序列 $\{X_n; -\infty < n < \infty\}$ 满足**一致强混合条件**, 如果当 $n \to \infty$ 时

$$\sup_{A \in \mathscr{F}_{-\infty}^{k}, B \in \mathscr{F}_{n+k}^{\infty}} |P(B|A) - P(B)| = \varphi(n) \downarrow 0,$$

其中 $\mathscr{F}_{-\infty}^{a}$ 和 $\mathscr{F}_{b}^{\infty}$ 分别表示由 $\{X_j; -\infty < j \leqslant a\}$ 和 $\{X_j; b \leqslant j < \infty\}$ 生成的 σ 域. 作为定理 3.3 的一个应用, 我们给出下列关于一致强混合平稳序列的不变原理.

推论 3.2 设 $\{X_n\}$ 是一致强混合的平稳序列, $EX_0 = 0$, 且存在 $\delta \geqslant 0$, 使得 $E|X_0|^{2+\delta} < \infty$ 且 $\sum_{n=1}^{\infty} \varphi^{(1+\delta)/(2+\delta)}(n) < \infty$. 那么定理 3.3 的结论仍成立.

我们首先证明一个研究一致强混合序列时经常用到的不等式.

引理 3.4 如果 X 和 Y 分别关于 $\mathscr{F}_{-\infty}^{k}$ 和 $\mathscr{F}_{k+n}^{\infty}$ 可测, $E|X|^r < \infty$, $E|Y|^s < \infty$ $(r, s > 1, \frac{1}{r} + \frac{1}{s} = 1)$, 那么

$$|EXY - EXEY| \leqslant 2\varphi^{1/r}(n) E^{1/r} |X|^r E^{1/s} |Y|^s.$$

证 我们能够用简单 r.v. 逼近 X 和 Y, 所以不妨假定 $X = \sum_i a_i I_{A_i}, Y = \sum_j b_j I_{B_j}$, 其中 $\{A_i\}$ 和 $\{B_j\}$ 分别是样本空间 Ω 的一个有限分划, 且 $A_i \in$

$\mathscr{F}_{-\infty}^k, B_j \in \mathscr{F}_{k+n}^\infty$. 应用 Hölder 不等式

$$|EXY - EXEY|$$

$$= \left| \sum_i a_i P^{1/r}(A_i) \left[P^{1/s}(A_i) \sum_j b_j (P(B_j|A_i) - P(B_j)) \right] \right|$$

$$\leqslant E^{1/r}|X|^r \left\{ \sum_i P(A_i) \left| \sum_j b_j [P(B_j|A_i) - P(B_j)] \right|^s \right\}^{1/s}.$$

因此问题归结为证明

$$\sum_i P(A_i) \left| \sum_j b_j [P(B_j|A_i) - P(B_j)] \right|^s \leqslant 2^s \varphi^{s/r}(n) E|Y|^s. \tag{3.40}$$

对每一 i, 由 Hölder 不等式

$$\left| \sum_j b_j [P(B_j|A_i) - P(B_j)] \right|$$

$$\leqslant \left\{ \sum_j |b_j|^s P(B_j|A_i) - P(B_j)| \right\}^{1/s} \left\{ \sum_j |P(B_j|A_i) - P(B_j)| \right\}^{1/r}.$$

又因

$$\sum_i P(A_i) \sum_j |b_j|^s |P(B_j|A_i) - P(B_j)| \leqslant 2E|Y|^s,$$

所以若能证明对任意的 i 有

$$\sum_j |P(B_j|A_i) - P(B_j)| \leqslant 2\varphi(n), \tag{3.41}$$

就得证 (3.40) 成立. 为此, 记 $C_i^+ = \{B_j; P(B_j|A_i) - P(B_j) > 0\} \subset \mu_{k+n}^\infty, C_i^- = \{B_j : P(B_j|A_i) - P(B_j) \leqslant 0\} \subset \mu_{k+n}^\infty$. 因此

$$\sum_j |P(B_j|A_i) - P(B_j)|$$

$$= \{P(C_i^+|A_i) - P(C_i^+)\} + \{P(C_i^-) - P(C_i^-|A_i)\} \leqslant 2\varphi(n).$$

(3.41) 成立. 证毕.

推论 3.2 的证明

由平稳序列理论知一致强混合序列是**遍历的**[①]. 取定理 3.3 中的 $\mu_0 = \mathscr{F}_{-\infty}^0$. 我们来验证条件 (3.30). 对 $m \geqslant 0$, 有

$$E(X_0|\mu_m) = X_0;$$

由引理 3.4, 又有

$$E[E(X_0|\mu_{-m})]^2 = E[X_0 E(X_0|\mu_{-m})]$$
$$\leqslant 2[\varphi(m)E|E(X_0|\mu_{-m})|^{\frac{2+\delta}{1+\delta}}]^{\frac{1+\delta}{2+\delta}}[E|X_0|^{2+\delta}]^{\frac{1}{2+\delta}}$$
$$\leqslant 2\varphi^{\frac{1+\delta}{2+\delta}}(m)\{E|E(X_0|\mu_{-m})|^2\}^{\frac{1}{2}}[E|X_0|^{2+\delta}]^{\frac{1}{2+\delta}}.$$

因此

$$\{E[E(X_0|\mu_{-m})]^2\}^{\frac{1}{2}} \leqslant 2\varphi^{\frac{1+\delta}{2+\delta}}(m)[E|X_0|^{2+\delta}]^{\frac{1}{2+\delta}}.$$

由推论的条件即知 (3.30) 成立. 证毕.

习 题

1. 设 $\{S_n; n \geqslant 1\}$ 是下鞅, 对 $0 < p \leqslant 2$ 满足

$$\sum_{n=1}^{\infty} E|X_n|^p < \infty,$$

其中 $X_n = S_n - S_{n-1}$. 证明: S_n a.s. 收敛.

2. 证明下鞅 $\{S_n : n \geqslant 1\}$ 上穿 $[a, b]$ 的次数 $\nu(a, b, n)$ 是 r.v.

3. 推广下鞅的上穿不等式如下:

$$E[\nu(a, b, n)|\mathscr{F}_1] \leqslant \frac{E[(S_n - a)^+|\mathscr{F}_1] - (S_1 - a)^+}{b - a}.$$

4. 如果 $\{S_n\}$ 是鞅或正下鞅, 满足 $\sup_n ES_n^2 < \infty$. 那么 $\{S_n\}$ 必 L_2 收敛且 a.s. 收敛.

5. 设 $\{S_t, \mathscr{F}_t; 0 \leqslant t \leqslant 1\}$ 是一连续参数上鞅. 对任一 $0 \leqslant t \leqslant 1$ 和数列 $t_n \downarrow t, \{S_{t_n}\}$ 必 L_1 收敛且 a.s. 收敛. 对任一 $0 \leqslant t \leqslant 1$ 和数列 $t_n \uparrow t, \{S_{t_n}\}$ a.s. 收敛, 但未必 L_1 收敛.

(提示: 对后一情形, 考虑 $S_{t_n} - E(S_t|\mathscr{F}_{t_n})$.)

6. 利用 Doob 不等式和子序列方法证明: 从 $\sum_{n=1}^{\infty} EX_n^2 < \infty$ 推出 S_n a.s. 收敛.

[①] 见 Ибрагимов И А, Линник Ю В. Независимые и Стационарно Связанные Величины, Издательво Наука, 1965

7. 设 $\{S_n, \mathscr{F}_n; n \geqslant 1\}$ 是下鞅, $\varepsilon > 0, 0 < a_n$ 是增的 r.v. 序列, 且对每一 n, a_n 是 $\mathscr{F}_{n-1}$ 可测的, $(\mathscr{F}_0 = \{\varnothing, \Omega\})$. 证明:

$$\varepsilon P \left\{ \max_{1 \leqslant k \leqslant n} S_k/a_k \geqslant \varepsilon \right\} \leqslant ES_1^+/a_1 + \sum_{k=2}^{n} E(S_k^+ - S_{k-1}^+)/a_k.$$

(提示: 考虑 $T_k = S_1/a_1 + \sum\limits_{i=2} (S_i - S_{i-1})/a_i$.)

8. 设 $\{S_n, \mathscr{F}_n; n \geqslant 1\}$ 是非负下鞅, a_n 如题 7 所设, 且对某一 $\alpha \geqslant 1$, $ES_1^\alpha/a_1^\alpha < \infty$,

$$\sum_{k=2}^{\infty} E(S_k^\alpha - S_{k-1}^\alpha)/a_k^\alpha < \infty,$$

那么

$$\lim_{n \to \infty} S_n/a_n = 0 \text{ a.s.}$$

9. 设 $\{X_n; n \geqslant 1\}$ 是独立 r.v. 序列, $S_n = \sum\limits_{k=1}^{n} X_k$, 利用鞅收敛定理证明: 如果 S_n 依分布收敛, 则 S_n a.s. 收敛.

(提示: 考虑 $Z_n = \mathrm{e}^{\mathrm{i}tS_n} \Big/ \prod\limits_{k=1}^{n} E\mathrm{e}^{\mathrm{i}tX_k}$, 它构成鞅.)

第七章　强不变原理

在第五章中, 我们给出了 Donsker 不变原理及它的一般化. 进一步自然要求考察对于给定的 i.i.d.r.v. 序列 $\{X_n\}$ 所产生的部分和过程列 $\{W_n(t); 0 \leqslant t \leqslant 1\}$ 与 Wiener 过程 $\{W(t); 0 \leqslant t \leqslant 1\}$ 的样本轨道之间的关系, 如距离 $\sup\limits_{0 \leqslant t \leqslant 1} |W_n(t) - W(t)|$ 的极限性状是怎样的? 是否依概率趋于 0, 是否 a.s. 趋于 0 等. 这类问题的一般提法是: 对于部分和过程 $\{W_n(t); 0 \leqslant t \leqslant 1\}$, 是否存在一个概率空间, 在其上存在一个 Wiener 过程 $\{W(t); 0 \leqslant t \leqslant 1\}$ 及一个与 $\{W_n(t); 0 \leqslant t \leqslant 1\}$ 同分布的部分和过程列 $\{\widetilde{W}_n(t); 0 \leqslant t \leqslant 1\}$ 使得当 $n \to \infty$ 时

$$\sup_{0 \leqslant t \leqslant 1} |\widetilde{W}_n(t) - W(t)| \to 0 \quad (P \text{ 或 a.s.})$$

早在 1964 年, 这一问题已被 Strassen 所解决, 他获得较上述问题更强的结论, 这就是著名的

Strassen 强不变原理　设 i.i.d.r.v. 序列 $\{X_n; n \geqslant 1\}$, $EX_1 = 0, EX_1^2 = 1$. 那么当 $n \to \infty$ 时

$$\sup_{0 \leqslant t \leqslant 1} (n \log \log n)^{-1/2} |\widetilde{S}_{[nt]} - W(nt)| \to 0 \quad \text{a.s.},$$

其中 $\{\widetilde{S}_n; n \geqslant 1\}$ 与 $\left\{ S_n = \sum\limits_{l=1}^{n} X_i; n \geqslant 1 \right\}$ 同分布.

在这一章中, 我们将讨论 Strassen 强不变原理及与之有关的一些基本结果. 为此, 首先在 §1 给出 Wiener 过程存在的一个构造性证明. 在 §2 介绍于 70 年代后期由匈牙利学派提出并作了细致讨论的关于 Wiener 过程的增量的大小. 由此, 在 §3 就可比较容易地导出 Wiener 过程的重对数律. 为了证明 Strassen 强不变原理, 我们在 §4 介绍了重要的 Skorohod 嵌入定理, 这也是 60 年代初概率论的一个杰出成果, 它是讨论有关问题的一个有效的手段. 最后, 在 §5 介绍了 i.i.d.r.v. 序列的部分和用 Wiener 过程的强逼近及由此导出的 Strassen 强不变原理.

§1   Wiener 过程及其基本性质

1.1   Wiener 过程的存在性

在第五章的 §4, 我们在 $C = C[0,1]$ 空间中引入过 Wiener 测度, 并称它所对应的随机函数为 Wiener 过程 $W = \{W(t); 0 \leqslant t \leqslant 1\}$. 下面我们给出 Wiener 过程的直接定义.

定义 1.1   概率空间 $(\Omega, \mathscr{A}, P)$ 上的随机过程 $\{W(t, \omega); t \geqslant 0\}$ 称为 **Wiener 过程**, 若它满足:

(i) 对任一 $\omega \in \Omega, W(0, \omega) \equiv 0$, 且对 $0 \leqslant s \leqslant t, W(t) - W(s)$ 服从正态分布 $N(0, t-s)$;

(ii) 样本函数 $W(t, \omega)$ 概率为 1 地是 $[0, \infty)$ 上的连续函数;

(iii) 对 $0 \leqslant t_1 < t_2 \leqslant t_3 < t_4 \leqslant \cdots \leqslant t_{2n-1} < t_{2n}$, 增量

$$W(t_2) - W(t_1), W(t_4) - W(t_3), \cdots, W(t_{2n}) - W(t_{2n-1})$$

是相互独立的随机变量.

如只限于 $0 \leqslant l \leqslant 1$, 则由 Wiener 过程 $\{W(t, \omega); 0 \leqslant t \leqslant 1\}$ 引入于度量空间 (C, ρ) 上的概率测度就是第五章 §4 的 Wiener 测度.

下面通过参数变换产生的过程

$$\widetilde{W}(t) = \begin{cases} tW(1/t), & \text{当 } t > 0, \\ 0, & \text{当 } t = 0 \end{cases} \tag{1.1}$$

仍然是 Wiener 过程. 事实上, 它显然满足定义 1.1 中的条件 (i) 和 (ii). 现在验证 (iii). 对 $0 \leqslant t_1 < t_2 \leqslant \cdots \leqslant t_{2n-1} < t_{2n}$,

$$\widetilde{W}(t_2) - \widetilde{W}(t_1) = t_2 W(t_2^{-1}) - t_1 W(t_1^{-1}),$$
$$\cdots\cdots$$
$$\widetilde{W}(t_{2n}) - \widetilde{W}(t_{2n-1}) = t_{2n} W(t_{2n}^{-1}) - t_{2n-1} W(t_{2n-1}^{-1})$$

是 n 元正态 r.v., 由于当 $l < k$ 时, $t_{2k}^{-1} < t_{2k-1}^{-1} \leqslant t_{2l}^{-1} < t_{2l-1}^{-1}$, 所以它们的协方差

$$E(\widetilde{W}(t_{2l}) - \widetilde{W}(t_{2l-1}))(\widetilde{W}(t_{2k}) - \widetilde{W}(t_{2k-1}))$$
$$= t_{2k}t_{2l}t_{2k}^{-1} - t_{2k}t_{2l-1}t_{2k}^{-1} - t_{2k-1}t_{2l}t_{2k-1}^{-1} + t_{2k-1}t_{2l-1}t_{2k-1}^{-1}$$
$$= 0,$$

也即 $\widetilde{W}(\cdot)$ 具有独立增量. 因此 $\widetilde{W}(\cdot)$ 也是一 Wiener 过程.

下面将给出 Wiener 过程存在的一个构造性证明.

设 $\{r_n\}$ 是 $[0,\infty)$ 中全体 2 进制有理数, $\{X_{r_n}; n \geqslant 1\}$ 是概率空间 $(\Omega, \mathscr{A}, P)$ 上相互独立、服从标准正态分布的 r.v. 序列. 定义

$$W(k) - \sum_{j=1}^{k} X_j,$$

$$W\left(k + \frac{1}{2}\right) = \frac{1}{2}[W(k) + W(k+1)] + \frac{1}{\sqrt{4}} X_{k+1/2}.$$

设对 $k = 1, 2, \cdots; n = 1, 2, \cdots, n_0$ 已定义 $W(k/2^n)$, 那么对 $k = 1, 2, \cdots$, $n = n_0 + 1$, 令

$$W\left(\frac{2k+1}{2^n}\right) = \frac{1}{2}\left[W\left(\frac{2k}{2^n}\right) + W\left(\frac{2k+2}{2^n}\right)\right] + \frac{1}{\sqrt{2^{n+1}}} X_{(2k+1)/2^n}.$$

这样归纳地对一切 r_n, 定义 $W(r_n)$. 现在对任给 $t > 0$, 表 t 为二进制形式:

$$0 < t = \sum_{k=0}^{\infty} \frac{\varepsilon_k(t)}{2^k},$$

其中 $\varepsilon_0(t) = 0, 1, 2, \cdots; \varepsilon_k(t) = 0, 1; k = 1, 2, \cdots$, 且从某一 k 起 $\varepsilon_k(t)$ 将不恒等于 1. 记 $t_n = \sum_{k=0}^{n} \varepsilon_k(t)/2^k, n = 0, 1, 2, \cdots$. 定义

$$W(t) \stackrel{\text{a.s.}}{=} \lim_{n\to\infty} W([2^n t]/2^n) = \lim_{n\to\infty} W(t_n)$$

$$= W(\varepsilon_0(t)) + \lim_{n\to\infty} \sum_{k=1}^{n} (W(t_k) - W(t_{k-1})). \tag{1.2}$$

如果我们能证明上述级数概率为 1 地收敛, 且例外集与 t 无关, 即有与 t 无关的 $\Omega_0^c, P(\Omega_0^c) = 0$, 当 $\omega \in \Omega_0$ 时, (1.2) 中的极限存在且有限, 那么随机过程 $\{W(t,\omega); t \geqslant 0\}$ 就概率为 1 地被定义. 由正态分布性质可知, 这样定义的过程满足 (i) 和 (iii). 事实上, 设 $0 \leqslant t_1 < t_2 \leqslant t_3 < t_4$, 对任给的正整数 n, 记

$$t_{k,n} - [2^n t_k]/2^n = \sum_{i=0}^{n} \varepsilon_{k,i}(t_k)/2^i, \quad k = 1, 2, 3, 4.$$

由定义可知 $\{W(t_{k,n}); k = 1, 2, 3, 4\}$ 是正态 r.v., 对 n 用归纳法可以证明对任何非负整数 $j \leqslant l$ 有

$$EW(j/2^n)W(l/2^n) = j/2^n,$$

由此即得

$$E(W(t_{2,n}) - W(t_{1,n}))(W(t_{4,n}) - W(t_{3,n})) = 0.$$

当 (1.2) 成立时, $W(t_{k,n})$ 依分布收敛于 $W(t_k)$. 由正态分布族的性质即得

$$E[W(t_2) - W(t_1)][W(t_4) - W(t_3)]$$
$$= \lim_{n \to \infty} E[W(t_{2,n}) - W(t_{1,n})][W(t_{4,n}) - W(t_{3,n})]$$
$$= 0.$$

因此, 为证 $\{W(t); t \geqslant 0\}$ 是 Wiener 过程, 余下只需证明级数 $\sum_{k=1}^{\infty}(W(t_k) - W(t_{k-1}))$ 是 a.s. 收敛的, 且概率为 1 地样本函数 $W(\cdot, \omega)$ 是连续的. 对于前者我们将证明更为一般的下述引理.

引理 1.1 $\sum_{k=1}^{\infty} \sup_{0 \leqslant t \leqslant 1} |W(t_k) - W(t_{k-1})| < \infty$ a.s.

证 对任给的 $C > 1$, 记 $u_k = C\sqrt{2k \log 2}$. 由正态分布的尾概率估计, 我们有

$$P\left\{ \sup_{0 \leqslant t \leqslant 1} |W(t_k) - W(t_{k-1})| \geqslant u_k/\sqrt{2^k} \right\}$$
$$\leqslant 2^k P\{|W(1/2^k)| \geqslant u_k/\sqrt{2^k}\}$$
$$\leqslant 2^k \mathrm{e}^{-u_k^2/2} = 2^{k-kC^2}.$$

注意到 $L = \sum_{k=1}^{\infty} \sqrt{\dfrac{2k \log 2}{2^k}} < \infty$, 而当 $C \to \infty$ 时

$$P\left\{ \sum_{k=1}^{\infty} \sup_{0 \leqslant t \leqslant 1} |W(t_k) - W(t_{k-1})| \geqslant CL \right\} \leqslant \sum_{k=1}^{\infty} 2^{k-kC^2} = \frac{1}{2^{C^2-1} - 1} \to 0,$$

这就得证引理 1.1 成立.

为证由 (1.2) 定义的随机过程满足定义 1.1 中的条件 (ii), 我们在下一段将进一步讨论这一过程的样本函数的连续模. 在下一节关于 Wiener 过程增量大小的研究中, 有关结果还将被用到.

1.2 Lévy 关于 Wiener 过程的连续模定理

为证连续模定理, 我们先证一个十分重要的引理, 它是关于 Wiener 过程增量的尾概率的估计 (注: 下一引理的证明未用到条件 (ii)).

引理 1.2 设 $W(t)$ 定义如 (1.2), 则对任给 $\varepsilon > 0$, 存在 $C = C(\varepsilon) > 0$, 使对每一 $v > 0$ 及 $h < 1$ 有

$$P\left\{ \sup_{0 \leqslant s \leqslant 1-h} \sup_{0 \leqslant t \leqslant h} |W(s+t) - W(s)| \geqslant v\sqrt{h} \right\} \leqslant \frac{C}{h} \mathrm{e}^{-\frac{v^2}{2+\varepsilon}}. \tag{1.3}$$

证 对正实数 s 和正整数 r, 记 $s_r = [2^r s]/2^r = \sum\limits_{j=0}^{r} \varepsilon_j(s)/2^j, R = 2^r$. 对每一 $\omega \in \Omega$, 固定的 s, t, r 有

$$|W(s+t) - W(s)|$$

$$\leqslant |W(s+t) - W((s+t)_r)|$$

$$+ |W((s+t)_r) - W(s_r)| + |W(s_r) - W(s)|$$

$$\leqslant |W((s+t)_r) - W(s_r)| + \sum_{j=0}^{\infty} |W((s+t)_{r+j+1}) - W((s+t)_{r+j})|$$

$$+ \sum_{j=0}^{\infty} |W(S_{r+j+1}) - W(s_{r+j})|.$$

因为 $\sup\limits_{0 \leqslant t \leqslant h} |(s+t)_r - s_r| \leqslant h + R^{-1}$, $\sup\limits_{0 \leqslant t \leqslant h} |(s+t)_{r+j+1} - (s+t)_{r+j}| \leqslant 2^{-(r+j+1)}$, 且 $W((s+t)_r) - W(s_r)$ 服从正态分布 $N(0, (s+t)_r - s_r)$ 所以对 $u > 0$ 及 $x_j > 0$, 我们有

$$P\left\{ \sup_{0 \leqslant s \leqslant 1-h} \sup_{0 \leqslant t \leqslant h} |W((s+t)_r) - W(s_r)| \geqslant u\sqrt{h + R^{-1}} \right\} \leqslant 2R(Rh+1)\mathrm{e}^{-u^2/2},$$

$$P\left\{ \sup_{0 \leqslant s \leqslant 1-h} \sup_{0 \leqslant t \leqslant h} |W((s+t)_{r+j+1}) - W((s+t)_{r+j})| \geqslant \frac{x_j}{\sqrt{2^{r+j+1}}} \right\}$$

$$\leqslant 2 \cdot 2^{r+j+1} \mathrm{e}^{-x_j^2/2},$$

$$P\left\{ \sup_{0 \leqslant s \leqslant 1-h} \sup_{0 \leqslant t \leqslant h} |W(s_{r+j+1}) - W(s_{r+j})| \geqslant \frac{x_j}{\sqrt{2^{r+j+1}}} \right\}$$

$$\leqslant 2 \cdot 2^{r+j+1} \mathrm{e}^{-x_j^2/2}.$$

由此即可推得

$$P\left\{ \sup_{0 \leqslant s \leqslant 1-h} \sup_{0 \leqslant t \leqslant h} |W(s+t_r) - W(s)| \geqslant u\sqrt{h + R^{-1}} + 2\sum_{j=0}^{\infty} \frac{x_j}{\sqrt{2^{r+j+1}}} \right\}$$

$$\leqslant 2R(Rh+1)\mathrm{e}^{-u^2/2} + 8R\sum_{j=0}^{\infty} 2^j \mathrm{e}^{-x_j^2/2}, \tag{1.4}$$

令 $x_j = \sqrt{2j + u^2}$. 对给定的 $K = K(\varepsilon)$ (待下面确定), 取 R 使 $R \leqslant K/h < 2R$, 那么

$$8R\sum_{j=0}^{\infty} 2^j \mathrm{e}^{-x_j^2/2} \leqslant \frac{8K}{h} \sum_{j=0}^{\infty} \left(\frac{2}{\mathrm{e}}\right)^j \mathrm{e}^{-u^2/2} = \frac{AK}{h}\mathrm{e}^{-u^2/2},$$

其中 $A = 8\sum_{j=0}^{\infty}(2/\mathrm{e})^j$. 又

$$u\sqrt{h + R^{-1}} + 2\sum_{j=0}^{\infty}\frac{x_j}{\sqrt{2^{r+j+1}}}$$

$$\leqslant u\sqrt{h + R^{-1}} + 2\sqrt{\frac{h}{K}}\left(\sum_{j=0}^{\infty}\sqrt{\frac{2j}{2^j}} + u\sum_{j=0}^{\infty}\frac{1}{\sqrt{2^j}}\right)$$

$$\leqslant \sqrt{h}\left\{u\left(\sqrt{1 + 2/K} + 2G\sqrt{1/K}\right) + 2B\sqrt{1/K}\right\},$$

其中 $B = \sum_{j=0}^{\infty}\sqrt{2j/2^j}$, $G = \sum_{j=0}^{\infty}(\sqrt{2^j})^{-1}$. 如记 $v = 2B\sqrt{1/K} + u(\sqrt{1 + 2/K} + 2G\sqrt{1/K})$, 那么由 (1.4) 式就得

$$P\left\{\sup_{0\leqslant s\leqslant 1-h}\sup_{0\leqslant t\leqslant h}|W(s+t) - W(s)| \geqslant v\sqrt{h}\right\}$$

$$\leqslant \left(\frac{2K}{h}(K+1) + \frac{AK}{h}\right)\mathrm{e}^{-u^2/2} \leqslant \frac{C_1}{h}\mathrm{e}^{-v^2/(2+\varepsilon)},$$

其中 $C_1 = C_1(\varepsilon)$. 后一不等式是由于对于给定的 $\varepsilon > 0$, 当取 $K = K(\varepsilon)$ 适当大时, 可使

$$u = \frac{v - 2B\sqrt{1/K}}{\sqrt{1 + 2/K} + 2G\sqrt{1/K}} \geqslant \frac{v}{\sqrt{1 + \varepsilon/2}}$$

对一切 $v \geqslant 1$ 成立. 因此 (1.3) 式对 $v \geqslant 1$ 成立. 当 $0 < v < 1$ 时, 对于充分大的 C,(1.3) 式的右边大于 1, 故 (1.3) 式自然成立. 证毕.

注 1.1 这一类型的不等式在讨论 Wiener 过程增量的性质中十分有用. 本节及下节的主要定理的证明都依赖于这一不等式. 近年来, 若干作者关于 Wiener 过程增量的进一步的讨论也依赖于这一类不等式的推广.

定理 1.1 (Lévy 连续模定理) 我们有

$$\lim_{h\to 0}\frac{\sup_{0\leqslant s\leqslant 1-h}\sup_{0\leqslant t\leqslant h}|W(s+t) - W(s)|}{\sqrt{2h\log(1/h)}} = 1 \quad \text{a.s.,} \tag{1.5}$$

$$\lim_{h\to 0}\frac{\sup_{0\leqslant s\leqslant 1-h}|W(s+h) - W(s)|}{\sqrt{2h\log(1/h)}} = 1 \quad \text{a.s.} \tag{1.6}$$

证 记

$$A_h = \sup_{0\leqslant s\leqslant 1-h}\sup_{0\leqslant t\leqslant h}|W(s+t) - W(s)|. \tag{1.7}$$

首先, 我们来证

$$\limsup_{h \to 0} A_h \Big/ \sqrt{2h \log(1/h)} \leqslant 1 \quad \text{a.s.} \tag{1.8}$$

对 $v = (1+\varepsilon)\sqrt{2h \log h^{-1}}$ $(\varepsilon > 0)$, 应用引理 1.2, 得到

$$P\left\{ \frac{A_h}{\sqrt{2h \log h^{-1}}} \geqslant 1 + \varepsilon \right\} \leqslant \frac{C}{h} \exp\left\{ \frac{2(1+\varepsilon)^2 \log h^{-1}}{2+\varepsilon} \right\} \leqslant C h^\varepsilon$$

取 $T > \varepsilon^{-1}, h = h_n = n^{-T}$. 那么

$$\sum_{n=1}^\infty P\left\{ \frac{A_{h_n}}{\sqrt{2h_n \log h_n^{-1}}} \geqslant 1 + \varepsilon \right\} \leqslant \sum_{n=1}^\infty C n^{-T\varepsilon} < \infty.$$

由 Borel-Cantelli 引理就得

$$\limsup_{n \to \infty} A_{h_n} \Big/ \sqrt{2h_n \log h_n^{-1}} \leqslant 1 + \varepsilon \quad \text{a.s.}$$

对于 $h_{n+1} < h < h_n$, 由于 A_h 单调不减, 那么对每一 $\omega \in \Omega$, 有

$$\limsup_{n \to \infty} \frac{A_h}{\sqrt{2h \log h^{-1}}} \leqslant \limsup_{n \to \infty} \frac{A_{h_n}}{\sqrt{2h_{n+1} \log h_{n+1}^{-1}}}$$

$$= \limsup_{n \to \infty} \frac{A_{h_n}}{\sqrt{2h_n \log h_n^{-1}}} \sqrt{\frac{h_n \log h_n^{-1}}{h_{n+1} \log h_{n+1}^{-1}}}$$

$$\leqslant 1 + \varepsilon \quad \text{a.s.}$$

让 $\varepsilon \to 0$, 即得证 (1.8) 成立.

其次来证

$$\liminf_{h \to 0} \sup_{0 \leqslant s \leqslant 1-h} \frac{|W(s+h) - W(s)|}{\sqrt{2h \log h^{-1}}} \geqslant 1 \text{ a.s.} \tag{1.9}$$

由正态分布尾概率估计, 我们有

$$P\left\{ \left| W\left(\frac{k+1}{n}\right) - W\left(\frac{k}{n}\right) \right| < (1-\varepsilon)\sqrt{\frac{2 \log n}{n}} \right\}$$

$$= P\{|W(1)| < (1-\varepsilon)\sqrt{2 \log n}\}$$

$$\leqslant 1 - \frac{1}{n^{1-\varepsilon}} \cdot \frac{1}{\sqrt{8\pi \log n}}.$$

利用增量独立性即得

$$\sum_{n=1}^\infty P\left\{ \max_{0 \leqslant k \leqslant n-1} \left| W\left(\frac{k+1}{n}\right) - W\left(\frac{k}{n}\right) \right| < (1-\varepsilon)\sqrt{\frac{2 \log n}{n}} \right\}$$

$$\leqslant \sum_{n=1}^\infty \left(1 - \frac{1}{n^{1-\varepsilon}} \frac{1}{\sqrt{8\pi \log n}} \right)^n \leqslant \sum_{n=1}^\infty \exp\left(-\frac{n^\varepsilon}{\sqrt{8\pi \log n}} \right) < \infty. \tag{1.10}$$

所以由 Borel-Cantelli 引理可得

$$
\liminf_{n\to\infty} \sup_{0\leqslant s\leqslant 1-\frac{1}{n}} \frac{|W(s+1/n)-W(s)|}{\sqrt{2n^{-1}\log n}}
$$

$$
\geqslant \liminf_{n\to\infty} \max_{0\leqslant k\leqslant n-1} \frac{\left|W\left(\dfrac{k+1}{n}\right)-W\left(\dfrac{k}{n}\right)\right|}{\sqrt{2n^{-1}\log n}} \geqslant 1 \quad \text{a.s.} \qquad (1.11)
$$

令 $h_n = \dfrac{1}{n}$, 注意到当 $h_{n+1} < h < h_n$ 时, 有

$$
\liminf_{h\to 0} \sup_{0\leqslant s\leqslant 1-h} \frac{|W(s+h)-W(s)|}{\sqrt{2h\log h^{-1}}}
$$

$$
\geqslant \liminf_{n\to\infty} \sup_{0\leqslant s\leqslant 1-\frac{1}{n+1}} \frac{\left|W\left(s+\dfrac{1}{n+1}\right)-W(s)\right|}{\sqrt{2(n+1)^{-1}\log(n+1)}} \cdot \sqrt{\frac{(n+1)^{-1}\log(n+1)}{n^{-1}\log n}}
$$

$$
- \limsup_{n\to\infty} \sup_{0\leqslant s\leqslant 1-\frac{1}{n+1}} \sup_{0\leqslant t\leqslant \frac{1}{n(n+1)}} \frac{|W(s+t)-W(s)|}{\sqrt{2n^{-1}\log n}}. \qquad (1.12)
$$

由已证的 (1.8) 式得上式右边第二项不超过

$$
\limsup_{n\to\infty} \frac{A_{(n(n+1))^{-1}}}{\sqrt{2(n(n+1))^{-1}\log(n(n+1))}} \cdot \sqrt{\frac{(n(n+1))^{-1}\log(n(n+1))}{n^{-1}\log n}} = o(1).
$$

由 (1.11) 知 (1.12) 式右边第一项 $\geqslant 1$ (a.s.), 得证 (1.9) 式成立.

由 (1.8) 和 (1.9) 式得证定理成立.

这样, 从连续模定理可知, 由 (1.2) 式定义的过程 $\{W(t); t\geqslant 0\}$ 的样本函数概率为 1 地是连续的. 至此我们完成了概率空间 $(\Omega, \mathscr{A}, P)$ 上 Wiener 过程存在性的全部证明.

§2 Wiener 过程的增量有多大

定理 1.1 给出了 Wiener 过程的连续模, 也就是在单位区间 $[0,1]$ 中, 长为 h 的子区间上 Wiener 过程的增量, 当 $h\to 0$ 时它有多大? 但是对区间 $[0,T]$, 在长为 a_T 的子区间上, 当 $T\to\infty$ 时, Wiener 过程的增量有多大呢? 它的首要结果是由匈牙利学派的 M.Csörgö 和 P.Révész 于 1979 年获得的. 由它可推出关于 Wiener 过程的强大数律与重对数律, 给出 Strassen 关于 Wiener 过程重对数律简洁的新证明. 由此并结合强逼近即可写出许多弱收敛的重要结果. 因此自该文发表至今引起了一系列的研究.

定理 2.1 设 a_T $(T > 0)$ 是连续函数, $0 < a_T \leqslant T$. 我们有

$$\limsup_{T\to\infty}\ \sup_{0\leqslant t\leqslant T-a_T}\beta_T|W(t+a_T)-W(t)|=1 \quad \text{a.s.} \tag{2.1}$$

$$\limsup_{T\to\infty}\beta_T|W(T+a_T)-W(T)|=1 \quad \text{a.s.} \tag{2.2}$$

$$\limsup_{T\to\infty}\ \sup_{0\leqslant s\leqslant a_T}\beta_T|W(T+s)-W(T)|=1 \quad \text{a.s.} \tag{2.3}$$

$$\limsup_{T\to\infty}\ \sup_{0\leqslant t\leqslant T-a_T}\sup_{0\leqslant s\leqslant a_T}\beta_T|W(t+s)-W(t)|=1 \quad \text{a.s.} \tag{2.4}$$

其中 $\beta_T = (2a_T(\log(T/a_T)+\log\log T))^{-1/2}$.

若 a_T 还满足条件

(i) $\lim\limits_{T\to\infty}(\log(T/a_T))/\log\log T=\infty$,

那么有

$$\lim_{T\to\infty}\ \sup_{0\leqslant t\leqslant T-a_T}\sup_{0\leqslant s\leqslant a_T}\beta_T|W(t+s)-W(t)|=1 \quad \text{a.s.} \tag{2.5}$$

如果进一步还满足条件

(ii) $\lim\limits_{j\to\infty}\sup_{j<t\leqslant j+1}|a_t/a_j-1|=0$

则有

$$\lim_{T\to\infty}\ \sup_{0\leqslant t\leqslant T-a_T}\beta_T|W(t+a_T)-W(t)|=1 \quad \text{a.s.} \tag{2.6}$$

这一定理与定理 1.1 是彼此紧密相关的, 定理的证明也将运用引理 1.2 得到. 现在先把该引理推广到正半直线上.

引理 2.1 对任给 $\varepsilon>0$, 存在常数 $C=C(\varepsilon)>0$, 使得对每一正数 v,T 和 $0<h<T$ 成立着不等式

$$P\left\{\sup_{0\leqslant t\leqslant T-h}\sup_{0\leqslant s\leqslant h}|W(t+s)-W(t)|\geqslant v\sqrt{h}\right\}\leqslant\frac{CT}{h}\mathrm{e}^{-\frac{v^2}{2+\varepsilon}}. \tag{2.7}$$

证 因为对任给 $T>0$, 成立着

$$\{W(t);0\leqslant t\leqslant T\}\stackrel{\text{def}}{=}\{\sqrt{T}W(t/T);0\leqslant t\leqslant T\},$$

所以由引理 1.2 即得 (2.7) 式的

$$\text{左边}=P\left\{\sup_{0\leqslant t\leqslant T-h}\sup_{0\leqslant s\leqslant h}\sqrt{T}\left|W\left(\frac{t+s}{T}\right)-W\left(\frac{t}{T}\right)\right|\geqslant v\sqrt{h}\right\}$$

$$=P\left\{\sup_{0\leqslant t'\leqslant 1-h'}\sup_{0\leqslant s'\leqslant h'}|W(t'+s')-W(t')|\geqslant v\sqrt{h'}\right\}$$

$$\leqslant\frac{C}{h'}\mathrm{e}^{-\frac{v^2}{2+\varepsilon}}=\frac{CT}{h}\mathrm{e}^{-\frac{v^2}{2+\varepsilon}},$$

其中 $t'=t/T, s'=s/T, h'=h/T$.

定理 2.1 的证明　为证 (2.1)–(2.4) 诸式成立, 我们只需证明 (2.4) 式左边的上极限 $\leqslant 1$ a.s., (2.2) 式左边的上极限 $\geqslant 1$ a.s. 现在分述如下.

1° 记 $A(T) = \sup\limits_{0 \leqslant t \leqslant T-a_T} \sup\limits_{0 \leqslant s \leqslant a_T} \beta_T |W(t+s) - W(t)|$. 证明

$$\limsup_{T \to \infty} A(T) \leqslant 1 \quad \text{a.s.} \tag{2.8}$$

对任意 $\varepsilon > 0$, 令 $1 < \theta < 1+\varepsilon$. 定义 $A_k = \{T : \theta^k \leqslant T/a_T < \theta^{k+1}\}$, $A_{kj} = \{T : \theta^j \leqslant a_T < \theta^{j+1}, T \in A_k\}$. 我们有

$$\limsup_{T \to \infty} A(T) \leqslant \limsup_{k+j \to \infty} \sup_{T \in A_{kj}} A(T)$$

$$\leqslant \limsup_{k+j \to \infty} \sup_{0 \leqslant t \leqslant \theta^{k+j+2}} \sup_{0 \leqslant s \leqslant \theta^{j+1}} \frac{\theta^2 |W(t+s) - W(t)|}{\{2\theta^{k+j+2} \log(\theta^{k+1} \log \theta^{k+j+2})\}^{1/2}}. \tag{2.9}$$

利用引理 2.1,

$$P\left\{\sup_{0 \leqslant t \leqslant \theta^{k+j+2}} \sup_{0 \leqslant s \leqslant \theta^{j+1}} \frac{|W(t+s) - W(t)|}{\{2\theta^{k+j+2} \log(\theta^{k+1} \log \theta^{k+j+2})\}^{1/2}} \geqslant 1+\varepsilon\right\}$$

$$\leqslant c\theta^{k+1} \exp\{-(1+\varepsilon) \log(\theta^{k+1} \log \theta^{k+j+2})\}$$

$$\leqslant c\theta^{-k\varepsilon} j^{-(1+\varepsilon)} (\log \theta)^{-(1+\varepsilon)}.$$

注意到

$$\sum_{j=1}^{\infty} \sum_{k=1}^{\infty} \theta^{-k\varepsilon} j^{-(1+\varepsilon)} < \infty$$

和 ε 的任意性, 由 Borel-Cantelli 引理和 (2.9) 得证 (2.8) 式.

2° 记 $B(T) = \beta_T |W(T) - W(T - a_T)|$. 证明

$$\limsup_{T \to \infty} B(T) \geqslant 1 \quad \text{a.s.} \tag{2.10}$$

由正态分布的尾概率估计 (附录二, 二, 2), 对任一 $\varepsilon > 0$, 当 T 充分大时有

$$P\{B(T) \geqslant 1 - \varepsilon\}$$

$$= P\left\{\frac{1}{\sqrt{a_T}} |W(T) - W(T - a_T)| \geqslant (1-\varepsilon)\sqrt{2(\log(T/a_T) + \log\log T)}\right\}$$

$$\geqslant \frac{1}{\sqrt{2\pi}} \left\{\frac{1}{(1-\varepsilon)\left(2\log\dfrac{T\log T}{a_T}\right)^{1/2}} - \frac{1}{(1-\varepsilon)^3 \left(2\log\dfrac{T\log T}{a_T}\right)^{3/2}}\right\}$$

$$\cdot \exp\left\{-(1-\varepsilon)^2 \log \frac{T\log T}{a_T}\right\}$$

$$\geqslant \frac{1}{\sqrt{2\pi}} \left(2\log \frac{T\log T}{a_T}\right)^{-1/2} \exp\left\{-(1-\varepsilon)^2 \log \frac{T\log T}{a_T}\right\}$$

$$\geqslant \left(\frac{a_T}{T\log T}\right)^{1-\varepsilon}. \tag{2.11}$$

令 $T_1 = 1$, 定义 $T_{k+1} = T_k + a_{T_k}$. 我们有

$$\sum_{k=1}^{\infty} P\{B(T_k) \geqslant 1-\varepsilon\} \geqslant \sum_{k=1}^{\infty} \frac{a_{T_k}}{T_k \log T_k} = \sum_{k=1}^{\infty} \frac{T_{k+1} - T_k}{T_k \log T_k}$$

$$\geqslant \sum_{k=1}^{\infty} \int_{T_k}^{T_{k+1}} \frac{1}{x\log x} \mathrm{d}x = \infty. \tag{2.12}$$

注意到事件的独立性, 由 Borel-Cantelli 引理即得

$$\limsup_{T\to\infty} B(T) \geqslant \limsup_{k\to\infty} B(T_k) \geqslant 1 \quad \text{a.s.}$$

即 (2.10) 成立. 结合 (2.8) 和 (2.10) 即得证 (2.1)–(2.4) 式成立.

3° 为证在条件 (i) 下 (2.5) 成立, 只需证明

$$\liminf_{T\to\infty} A(T) \geqslant 1 \quad \text{a.s.} \tag{2.13}$$

就够了. 而由条件 (i), 上式又等价于

$$\liminf_{T\to\infty} \sup_{0\leqslant t\leqslant T-a_T} \sup_{0\leqslant s\leqslant a_T} \frac{|W(t+s) - W(t)|}{\{2a_T[\log(T/a_T) - \log\log T]\}^{1/2}} \geqslant 1 \quad \text{a.s.} \tag{2.14}$$

对上面定义过的集合 A_{kj}, 上式左边不小于

$$\liminf_{k+j\to\infty} \inf_{T\in A_{kj}} \sup_{0\leqslant t\leqslant T-a_T} \sup_{0\leqslant s\leqslant a_T} \frac{|W(t+s) - W(t)|}{\{2a_T[\log(T/a_T) - \log\log T]\}^{1/2}}$$

$$\geqslant \liminf_{k+j\to\infty} \sup_{0\leqslant t\leqslant \theta^k} \sup_{0\leqslant s\leqslant \theta^j} \frac{|W(t+s) - W(t)|}{\theta^2\{2\theta^j \log(\theta^k/\log\theta^{k+j})\}^{1/2}}$$

$$\geqslant \liminf_{k+j\to\infty} \max_{1\leqslant l\leqslant \theta^{k-j}} \frac{|W((l+1)\theta^j) - W(l\theta^j)|}{\theta^2\{2\theta^j \log(\theta^k/j)\}^{1/2}}. \tag{2.15}$$

因为 $W((l+1)\theta^j) - W(l\theta^j), l = 0, 1, \cdots, [\theta^{k-j}]$, 是相互独立的, 由 (2.11) 式有

$$P\left\{\max_{1\leqslant l\leqslant \theta^{k-j}} \frac{|W((l+1)\theta^j) - W(l\theta^j)|}{\{2\theta^j \log(\theta^k/j)\}^{1/2}} \leqslant 1-\varepsilon\right\}$$

$$\leqslant \{1 - (\theta^k/j)^{-(1-\varepsilon)}\}^{[\theta^{k-j}]}$$

$$\leqslant \exp\{-\theta^{k(1-\varepsilon/2)}(\theta^k/j)^{-(1-\varepsilon)}\}$$

$$= \exp\{-\theta^{k\varepsilon/2}j^{1-\varepsilon}\}, \tag{2.16}$$

其中第二个不等号利用了条件 (i). 注意到

$$\sum_{j=1}^{\infty}\sum_{k=1}^{\infty}\exp\{-\theta^{k\varepsilon/2}j^{1-\varepsilon}\}<\infty$$

和 ε 的任意性, 由 Borel-Cantelli 引理和 (2.15) 得证 (2.14).

4° 记 $C(T)=\sup\limits_{0\leqslant t\leqslant T-a_T}|W(t+a_T)-W(t)|$. 为证在条件 (i) 和 (ii) 下 (2.6) 成立, 只需证明

$$\liminf_{T\to\infty}C(T)\geqslant 1\quad\text{a.s.}\tag{2.17}$$

就够了. 类似于 (2.16) 我们有

$$P\{C(j)\leqslant 1-\varepsilon\}$$
$$\leqslant P\left\{\max_{1\leqslant l\leqslant j/a_j}\frac{|W((l+1)a_j)-W(la_j)|}{\{2a_j[\log(j/a_j)+\log\log j]\}^{1/2}}\leqslant 1-\varepsilon\right\}$$
$$\leqslant\exp\left\{-\left(\frac{j}{a_j}\right)^{\varepsilon}(\log j)^{-(1-\varepsilon)}\right\}$$
$$\leqslant\exp\{-(\log j)^2\},$$

其中最后一不等式是因为条件 (i). 因此由 Borel-Cantelli 引理, 就得到

$$\liminf_{j\to\infty}C(j)\geqslant 1\quad\text{a.s.}\tag{2.18}$$

由条件 (ii), 当 $j\to\infty$ 时, $\beta_{j+1}/\beta_j\to 1$, 且对任意的 $0<\delta<1$, 只要 j 充分大, 对 $j\leqslant T\leqslant j+1$, 成立 $|a_j-a_T|\leqslant\delta a_T$. 因此有

$$C(T)\geqslant(\beta_{j+1}/\beta_j)C(j)-\sup_{0\leqslant t\leqslant T-\delta a_T}\sup_{0\leqslant s\leqslant\delta a_T}\beta_T|W(t+s)-W(t)|.\tag{2.19}$$

而由第一步有

$$\limsup_{T\to\infty}\sup_{0\leqslant t\leqslant T-\delta a_T}\sup_{0\leqslant s\leqslant\delta a_T}\beta_T|W(t+s)-W(t)|$$
$$\leqslant\limsup_{T\to\infty}\left(\frac{\delta a_T(\log(T/\delta a_T)+\log\log T)}{a_T(\log(T/a_T)+\log\log T)}\right)^{1/2}$$
$$=\delta^{1/2}\quad\text{a.s.}$$

这就证明了 (2.17). 定理证毕.

注 2.1 在 (2.1)-(2.6) 式中, 当 T,t,s 取整数值时仍成立, 去掉绝对值后也对. 又由 Wiener 过程的对称性, 所以在去掉绝对值, 并以 liminf 代替 limsup, inf 代替 sup, -1 代替 1 时它们也成立. 例如

$$\liminf_{T\to\infty}\inf_{0\leqslant t\leqslant T-a_T}\beta_T(W(t+a_T)-W(t))=-1\quad\text{a.s.}\tag{2.2'}$$

由定理 2.1, 当取 a_T 为特殊的形式, 如 $C \log T, CT, 1$ 时, 就可写出下述推论.

推论 2.1　对任给的 $C > 0$, 有

$$\lim_{T \to \infty} \sup_{0 \leqslant t \leqslant T - C \log T} \frac{1}{C \log T} |W(t + C \log T) - W(t)| = \sqrt{\frac{2}{C}} \quad \text{a.s.}$$

这就是 Erdös-Rényi (1970) **关于 Wiener 过程的大数定律.**

推论 2.2　对于 $0 < C \leqslant 1$ 有

$$\limsup_{T \to \infty} \sup_{0 \leqslant t \leqslant T - CT} \frac{|W(t + CT) - W(t)|}{\sqrt{2CT \log \log T}} = 1 \quad \text{a.s.} \tag{2.20}$$

$$\limsup_{T \to \infty} \sup_{0 \leqslant t \leqslant T - CT} \sup_{0 \leqslant s \leqslant CT} \frac{|W(t + s) - W(t)|}{\sqrt{2CT \log \log T}} = 1 \quad \text{a.s.} \tag{2.21}$$

特别, 当 $C = 1$ 时, 就是 Lévy **关于 Wiener 过程的 (古典) 重对数律.**

推论 2.3　我们有

$$\lim_{T \to \infty} \sup_{0 \leqslant t \leqslant T - 1} \frac{|W(t + 1) - W(t)|}{\sqrt{2 \log T}} = 1 \quad \text{a.s.} \tag{2.22}$$

§3　Wiener 过程的重对数律

从推论 2.2 或直接从定理 2.1 可给出 Lévy **关于 Wiener 过程的重对数律**, 这就是

定理 3.1

$$\limsup_{T \to \infty} \frac{|W(T)|}{\sqrt{2T \log \log T}} = 1 \quad \text{a.s.} \tag{3.1}$$

这只需在 (2.1) 中让 $a_T = T$ 或在 (2.20) 中让 $C = 1$ 即得. 又从 (2.4) 还可写出

定理 3.2

$$\limsup_{T \to \infty} \sup_{0 \leqslant t \leqslant T} \frac{|W(t)|}{\sqrt{2T \log \log T}} = \limsup_{T \to \infty} \sup_{0 \leqslant x \leqslant 1} \frac{|W(xT)|}{\sqrt{2T \log \log T}} = 1 \quad \text{a.s.} \tag{3.2}$$

关于 $\{W(xT); 0 \leqslant x \leqslant 1\}$ 在 $T \to \infty$ 时的性质, 首先由 Strassen 在 1964 年给出较完善的描述, 这就是本节中将要讨论的关于 Wiener 过程的 Strassen 重对数律. 为叙述这一基本定理, 先引入下述记号.

记 $C[0,1]$ 中一切绝对连续, 且满足 $f(0) = 0, \int_0^1 (f'(x))^2 \mathrm{d}x \leqslant 1$ 的函数 f 的全体为 K,

$$\eta_n(x) = \frac{W(nx)}{\sqrt{2n \log \log n}}, \quad 0 \leqslant x \leqslant 1.$$

易见 $\{\eta_n; n \geqslant 1\}$ 是样本函数属于 $C[0,1]$ 的随机过程列.

定理 3.3 (Strassen) 随机过程列 $\{\eta_n(x); 0 \leqslant x \leqslant 1\}$ 在 $C[0,1]$ 中概率为 1 地相对紧且极限点集为 K.

注 3.1 定理的结论是指存在 $\Omega_0 \subset \Omega, P(\Omega_0) = 1$, 使得:(i) 对每一 $\omega \in \Omega_0$ 及自然数列 $\{n_k\}$, 有子列 $n_{k_j} = n_{k_j}(\omega)$ 和 $f \in K$, 使在 $[0,1]$ 上一致地有 $\eta_{k_j}(x, \omega) \to f(x)$; (ii) 对任一 $f \in K, \omega \in \Omega_0$, 存在 $m_k = m_k(\omega, f)$, 使在 $[0,1]$ 上一致地有 $\eta_{m_k}(x, \omega) \to f(x)$.

定理的证明需要下述引理.

引理 3.1 设 f 是 $[0,1]$ 上实值函数, 则下面两命题等价:

(i) f 绝对连续且 $\int_0^1 (f'(x))^2 \mathrm{d}x \leqslant 1$;

(ii) f 连续, 对任一正整数 r, $\sum_{i=1}^r r \left(f\left(\frac{i}{r}\right) - f\left(\frac{i-1}{r}\right) \right)^2 \leqslant 1$.

证 由 Schwarz 不等式, 我们有

$$\sum_{i=1}^r r \left(f\left(\frac{i}{r}\right) - f\left(\frac{i-1}{r}\right) \right)^2 \leqslant \sum_{i=1}^r \int_{(i-1)/r}^{i/r} (f'(x))^2 \mathrm{d}x$$

$$= \int_0^1 (f'(x))^2 \mathrm{d}x \leqslant 1.$$

所以由 (i) 可推得 (ii). 现在来证由 (ii) 也可推得 (i).

因为 $f(x)$ 在 $[0,1]$ 中有界且一致连续, 所以对任给的 $\varepsilon > 0$, 有 $\delta > 0$, 使当 $|x - y| < \delta$ 时 $|f(x) - f(y)| < \varepsilon$. 不妨设当 $\varepsilon \to 0$ 时 $\delta = \delta(\varepsilon) \to 0$. 对 $[0,1]$ 中任意 m 个互不相交的区间 (α_k, β_k) $(k = 1, 2, \cdots, m)$, 对充分大的 r, 存在整数 $0 \leqslant i_1 \leqslant i_2 \leqslant \cdots \leqslant i_{2m} \leqslant r$, 使

$$|\alpha_j - i_{2j-1}/r| < \delta, \quad |\beta_j - i_{2j}/r| < \delta.$$

应用 Schwarz 不等式有

$$\sum_{k=1}^{m} |f(\beta_k) - f(\alpha_k)| \leqslant \sum_{k=1}^{m} \left| f\left(\frac{i_{2k}}{r}\right) - f\left(\frac{i_{2k-1}}{r}\right) \right| + 2m\varepsilon$$

$$\leqslant \left\{ \sum_{k=1}^{r} r \left(f\left(\frac{k}{r}\right) - f\left(\frac{k-1}{r}\right) \right)^2 \right\}^{1/2} \left\{ \sum_{k=1}^{m} \frac{i_{2k} - i_{2k-1}}{r} \right\}^{1/2} + 2m\varepsilon$$

$$\leqslant 1 \cdot \left\{ \sum_{k=1}^{m} (\beta_k - \alpha_k) + 2m\delta \right\}^{1/2} + 2m\varepsilon.$$

由 ε 任意性及 $\delta = \delta(\varepsilon) \to 0$ $(\varepsilon \to 0)$, 由上式即可推出

$$\sum_{k=1}^{n} |f(\beta_k) - f(\alpha_k)| \leqslant \left\{ \sum_{k=1}^{m} (\beta_k - \alpha_k) \right\}^{1/2}.$$

这就得证 $f(x)$ 是绝对连续的, 因此 $f'(x)$ 在 $[0,1]$ 中几乎处处存在. 由 (ii) 按 Fatou 引理知 $(f'(x))^2$ 是 L 可积的且 $\int_0^1 (f'(x))^2 \mathrm{d}x \leqslant 1$. 证毕.

引理 3.2 设 d 是正整数, $\alpha_1, \cdots, \alpha_d$ 是实数, 满足 $\sum_{i=1}^{d} \alpha_i^2 = 1$, 记 $S_n = \alpha_1 W(n) + \alpha_2(W(2n) - W(n)) + \cdots + \alpha_d(W(dn) - W((d-1)n))$. 那么有

$$\limsup_{n \to \infty} S_n / \sqrt{2n \log \log n} = 1 \quad \text{a.s.} \tag{3.3}$$

$$\liminf_{n \to \infty} S_n / \sqrt{2n \log \log n} = -1 \quad \text{a.s.} \tag{3.3'}$$

证 首先来证

$$\limsup_{n \to \infty} |S_n| / \sqrt{2n \log \log n} \leqslant 1 \quad \text{a.s.} \tag{3.4}$$

因为 S_n 服从正态分布 $N(0, n)$, 由正态分布尾概率估计, 对任给 $\varepsilon > 0$ 及适当大的 n, 有

$$P\{|S_n| \geqslant (1 + \varepsilon)\sqrt{2n \log \log n}\} \leqslant (\log n)^{-(1+\varepsilon)^2}. \tag{3.5}$$

令 $N_k = [\theta^k]$ $(\theta > 1)$. 那么从 (3.5) 式得

$$\sum_{k=1}^{\infty} P\left\{ |S_{N_k}| \geqslant (1+\varepsilon)\sqrt{2N_k \log \log N_k} \right\} < \infty.$$

由 Borel-Cantelli 引理得

$$\limsup_{k \to \infty} |S_{N_k}| / \sqrt{2N_k \log \log N_k} \leqslant 1 + \varepsilon \quad \text{a.s.} \tag{3.6}$$

另一方面, 应用定理 2.1, 我们有

$$\limsup_{k\to\infty} \max_{1\leqslant j\leqslant d} \max_{N_k\leqslant n<N_{k+1}} \frac{|W(jn)-W(jN_k)|}{\sqrt{2N_k\log\log N_k}}$$

$$\leqslant \limsup_{k\to\infty} \sup_{0\leqslant t\leqslant dN_k} \sup_{0\leqslant s<dN_k(\theta-1)} \frac{|W(t+s)-W(t)|}{\sqrt{2N_k\log\log N_k}} \leqslant \sqrt{d(\theta-1)},$$

所以由 $|S_n-S_{N_k}| \leqslant 2\sum_{j=1}^{d}|W(jn)-W(jN_k)|$ 即得

$$\limsup_{k\to\infty} \sup_{N_k\leqslant n<N_{k+1}} \frac{|S_n-S_{N_k}|}{\sqrt{2N_k\log\log N_k}} \leqslant 2d^{3/2}\sqrt{\theta-1}. \qquad (3.7)$$

由 (3.6) 和 (3.7) 式, 并选 θ 充分地接近于 1 就可推得 (3.4) 式成立.

其次, 我们来证

$$\limsup_{n\to\infty} S_n/\sqrt{2n\log\log n} \geqslant 1 \quad \text{a.s.} \qquad (3.8)$$

给定 $0<\varepsilon<1$, 设 θ 为一整数, 满足 $\theta>d/\varepsilon$. 记 $N_k=\theta^k$,

$$S_k^* = \alpha_1(W(N_k)-W(dN_{k-1})) + \alpha_2(W(2N_k)-W(N_k)) + \cdots$$
$$+\alpha_d(W(dN_k)-W((d-1)N_k)).$$

那么

$$E(S_k^*)^2 = (\alpha_2^2+\cdots+\alpha_d^2)N_k + \alpha_1^2(N_k-dN_{k-1})$$
$$= N_k - \alpha_1^2 dN_{k-1} \geqslant N_k(1-d/\theta) \geqslant N_k(1-\varepsilon).$$

由此及正态分布的尾概率估计得

$$P\left\{ \frac{S_k^*}{\sqrt{2N_k(1-\varepsilon)\log\log N_k}} \geqslant 1-\varepsilon \right\} \geqslant \frac{\mathrm{e}^{-(1-\varepsilon)^2\log\log N_k}}{2\sqrt{2\pi\log\log N_k}}.$$

因为 $\{S_k^*; k=1,2,\cdots\}$ 是独立 r.v. 序列, 所以由 Borel-Cantelli 引理就有

$$\limsup_{k\to\infty} \frac{S_k^*}{\sqrt{2N_k\log\log N_k}} \geqslant (1-\varepsilon)^{3/2}. \qquad (3.9)$$

对 $N_k\leqslant n<N_{k+1}$,

$$\limsup_{n\to\infty} \frac{S_n}{\sqrt{2n\log\log n}} \geqslant \limsup_{k\to\infty} \frac{S_k^*}{\sqrt{2N_k\log\log N_k}} - \limsup_{k\to\infty} \frac{|W(dN_{k-1})|}{\sqrt{2N_k\log\log N_k}}.$$

运用定理 3.1 可得上式右边第二项不超过 $\sqrt{\varepsilon}$, 这样由 (3.9) 和 ε 的任意性, 从上式即可推出 (3.8). 从 (3.4) 和 (3.8) 式得证 (3.3) 式成立. 由 W 的对称性得 (3.3′) 也成立. 证毕.

对任一 $f \in C[0,1]$ 和正整数 d, 记

$$f^{(d)}(x) = f\left(\frac{i}{d}\right) + d\left(f\left(\frac{i+1}{d}\right) - f\left(\frac{i}{d}\right)\right)\left(x - \frac{i}{d}\right),$$

其中 $i/d \leqslant x \leqslant (i+1)/d, i = 0,1,\cdots,d-1$. $f^{(d)}(x)$ 是函数 $f(x)$ 在点 i/d 上的线性内插. 令

$$C_d = \{f^{(d)} : f \in C[0,1]\} \subset C[0,1], \quad K_d = \{f^{(d)} : f \in K\}.$$

由引理 3.1 可知 $K_d \subset K$.

引理 3.3　序列 $\{\eta_n^{(d)}(x); n \geqslant 1\}$ 在 C_d 中概率为 1 地相对紧且极限点集为 K_d.

证　由定理 3.1 和 Wiener 过程的连续性, 命题在 $d=1$ 时成立. 我们来证 $d=2$ 时也成立. 对于较大的 d, 可类似地证明. 记 $Z_n = (W(n), W(2n) - W(n))$ $(n=1,2,\cdots)$, α、β 是实数, 满足 $\alpha^2 + \beta^2 = 1$. 那么由引理 3.2 和 W 的连续性, 序列

$$\frac{\begin{pmatrix}\alpha\\\beta\end{pmatrix}Z_n}{\sqrt{2n\log\log n}} = \frac{\alpha W(n) + \beta(W(2n) - W(n))}{\sqrt{2n\log\log n}}, \; n = 1,2,\cdots$$

的极限点集是区间 $[-1,1]$. 这就推得 $\{Z_n/\sqrt{2n\log\log n}; n=1,2,\cdots\}$ 的极限点集是单位圆的子集, 且单位圆的圆周属于这一极限点集.

现在记 $Z_n^* = (W(n), W(2n) - W(n), W(3n) - W(2n))$. 如上同样可证 $\{Z_n^*/\sqrt{2n\log\log n}; n=1,2,\cdots\}$ 的极限点集是 $\mathbf{R}^3$ 的单位球的子集, 它包含此球的边界. 从这一事实通过投影就可推得 $\{Z_n/\sqrt{2n\log\log n}; n=1,2,\cdots\}$ 的极限点集是 $\mathbf{R}^2$ 的单位圆, 这与我们的结论等价.

定理 3.3 的证明　对每一 $\omega \in \Omega$, 我们有

$$\sup_{0\leqslant x\leqslant 1} |\eta_n(x) - \eta_n^{(d)}(x)| \leqslant \sup_{0\leqslant x\leqslant 1}\sup_{0\leqslant s\leqslant 1/d} |\eta_n(x+s) - \eta_n(x)|$$

$$= \sup_{0\leqslant t\leqslant n}\sup_{0\leqslant s\leqslant n/d} \frac{|W(t+s) - W(t)|}{\sqrt{2d^{-1}n\log\log n}}\sqrt{\frac{1}{d}}.$$

由推论 2.2 可得

$$\limsup_{n\to\infty}\sup_{0\leqslant x\leqslant 1} |\eta_n(x) - \eta_n^{(d)}(x)| \leqslant d^{-1/2} \quad \text{a.s.}$$

这样由引理 3.1 和 3.3, 并注意到引理 3.1 保证了 K 是闭的, 就证明了定理 3.3 成立.

注 3.2 Strassen 原来的证明是比较复杂的, 这里运用 Wiener 过程增量的有关结果, 证明就简洁得多了. 此外定理 3.2 中 n 的离散性不是本质的. 如记

$$\eta_t(x) = W(tx)/\sqrt{2t \log \log t}, \quad 0 \leqslant x \leqslant 1, \tag{3.10}$$

那么可写出

定理 3.4 (Strassen) $\{\eta_t(x); 0 \leqslant t < \infty\}$ 在 $C[0,1]$ 中概率为 1 地相对紧且极限点集是 K.

最后, 我们来给出当 $t \to 0$ 时的如下形式的重对数律.

定理 3.5 (Lévy)

$$\limsup_{t \to 0} \frac{|W(t)|}{\sqrt{2t \log \log t^{-1}}} = \limsup_{t \to 0} \sup_{0 \leqslant s \leqslant t} \frac{|W(s)|}{\sqrt{2t \log \log t^{-1}}} = 1 \quad \text{a.s.}$$

证   由定理 3.1, 对 (1.1) 中定义的 Wiener 过程 $\{\widetilde{W}(t)\}$ 有

$$
\begin{aligned}
1 &= \limsup_{T \to \infty} \frac{|\widetilde{W}(T)|}{\sqrt{2T \log \log T}} = \limsup_{T \to \infty} \frac{|W(T^{-1})|}{\sqrt{2T^{-1} \log \log T}} \\
&= \limsup_{t \to 0} \frac{|W(t)|}{\sqrt{2t \log \log t^{-1}}} \quad \text{a.s.}
\end{aligned} \tag{3.11}
$$

另一式由定理 3.2 可得.

注 3.3   显然定理 3.5 也可改写为: 对任给的 $t_0 > 0$, 我们有

$$\limsup_{h \to 0} \frac{|W(t_0 + h) - W(t_0)|}{\sqrt{2h \log \log h^{-1}}} = 1 \quad \text{a.s.} \tag{3.12}$$

比较定理 1.1 与 (3.12) 可见, 后者是说 $W(t)$ 对任一固定的 t_0, 连续模不大于 $(2h \log \log h^{-1})^{1/2}$—— 这是局部连续模. 另一方面, 定理 1.1 告诉我们, 在某些随机点连续模可以大得多, 达到 $(2h \log h^{-1})^{1/2}$—— 这是整体连续模. 这意味着 Wiener 过程的样本轨道在某些随机点上重对数律被违反了.

§4   Skorohod 嵌入定理

Skorohod 嵌入定理是 20 世纪 60 年代初概率论的一个杰出成果, 它把 i.i.d.r.v. 的和 S_n 通过停时与 Wiener 过程联系了起来. Wiener 过程具有许多良好性质, 这样一来, 通过嵌入定理就有可能导出 S_n 的某些极限性质, 下一节的 Strassen 强不变原理就是一个有力的例子.

4.1 Wiener 过程的鞅性质

在本节中, 总记 $W = \{W(t); t \geqslant 0\}$ 是 Wiener 过程, $\mathscr{F}_t = \sigma(W(s) : 0 \leqslant s \leqslant t)$. 首先, 易见 Wiener 过程具有很好的鞅性质.

引理 4.1 (i) $\{W(t), \mathscr{F}_t; t \geqslant 0\}$ 是鞅;

(ii) $E[(W(t) - W(s))^2|\mathscr{F}_s] = t - s$ a.s. $(0 \leqslant s < t)$; (4.1)

(iii) $\{W^2(t) - t, \mathscr{F}_t; \ t \geqslant 0\}$ 也是鞅.

证 (i) 简记 $W_t = W(t)$. 当 $s < t$ 时, 由 Wiener 过程的增量独立性有
$$E(W_t|\mathscr{F}_s) = E(W_t - W_s|\mathscr{F}_s) + W_s = E(W_t - W_s) + W_s = W_s \text{ a.s.}$$

(ii) 当 $0 \leqslant s < t$ 时, 有
$$E((W_t - W_s)^2|\mathscr{F}_s) = E(W_t - W_s)^2 = t - s \quad \text{a.s.}$$

(iii) 由 (i) 有
$$E(W_t W_s|\mathscr{F}_s) = W_s E(W_t|\mathscr{F}_s) = W_s^2 \quad \text{a.s.}$$

所以
$$E((W_t - W_s)^2 - (t - s)|\mathscr{F}_s) = E(W_t^2 - t|\mathscr{F}_s) - (W_s^2 - s) \quad \text{a.s.}$$

引理 4.2 设 U 是实直线上的一个开集, 则 Wiener 过程 W 首次离开 U 的时刻
$$\tau_U(\omega) = \inf\{t : W(t, \omega) \in U^c\} \tag{4.2}$$
是 Wiener 过程的一个停时, 其中当 $\{\cdot\}$ 为空集时, 定义 $\tau_U(\omega) = \infty$.

特别, 当 $U = (a, b), a < 0 < b$ 时, $\tau_{a,b} = \tau_U$ 是一个有限停时.

证 事实上, 如记 $D_n = \{x : d(x, U^c) < 1/n\}$, 则对任一实数 $t\,(> 0)$ 及一切有理数 $0 < r < t$, 有
$$\{\tau_U \leqslant t\} = (W(t) \in U^c) \bigcup \left(\bigcap_n \bigcup_{r<t}(W(r) \in D_n)\right) \in \mathscr{F}_t.$$

所以 τ_U 是一个停时.

特别, 当 $U = (a, b), a < 0 < b$ 时, 因 $W(0) = 0$, 且 Wiener 过程的样本函数概率为 1 地连续且无界, 所以 $\tau_{a,b}$ 是 a.s. 有限的. 证毕.

引理 4.3 设 $\{X_t, \mathscr{F}_t; t \geqslant 0\}$ 是样本函数右连续的鞅, τ 是它的一个有界停时, $\tau \leqslant t_0$, 且 $Y_{t_0} = \sup\limits_{0 \leqslant s \leqslant t_0} |X_s|$ 可积, 则 $EX_\tau = EX_0$.

证　设 $h_n = 1/2^n, k = 1, 2, \cdots, 2^n$, 令

$$B_{nk} = \{\omega : (k-1)h_n t_0 < \tau(\omega) \leqslant kh_n t_0\}.$$

则

$$\tau_n = \sum_k kh_n t_0 I_{B_{nk}} \downarrow \tau,$$

且

$$X_{\tau_n} = \sum_k X_{kh_n t_0} I_{B_{nk}} \to X_\tau.$$

由于 $\{X_t, \mathscr{F}_t\}$ 是鞅, $kh_0 t_0 \leqslant t_0$, 由此即可推得

$$EX_{\tau_n} = \sum_k \int_{B_{nk}} X_{kh_n t_0} \mathrm{d}P = \sum_k \int_{B_{nk}} X_{t_0} \mathrm{d}P = EX_{t_0} = EX_0.$$

又因 $|X_{\tau_n}| \leqslant \sup_{0 \leqslant s \leqslant t} |X_s| = Y_t, Y_t$ 可积, 因此由控制收敛定理即得

$$EX_0 - EX_{\tau_n} \to EX_\tau,$$

得证引理 4.3 成立.

推论 4.1　设 τ 是 Wiener 过程的有界停时, 则 $EW(\tau) = EW_0 = 0$, 又对每一 $t \geqslant 0$ 及任一停时 τ 有

$$EW(\tau \wedge t) = 0, \quad EW^2(\tau \wedge t) = E(\tau \wedge t), \tag{4.3}$$

其中 $\tau \wedge t = \min(\tau, t)$ 是 Wiener 过程的一个停时.

证　由于 Wiener 过程是鞅, 且概率为 1 地具有连续的样本函数, 又由引理 1.2 可知对任一 $t > 0$, $\sup_{0 \leqslant s \leqslant t} |W(s)|$ 可积, 故由引理 4.3 即得 $EW(\tau) = EW(t) = EW(0) = 0$. 特别, 对任一停时 τ 及 $t \geqslant 0$, $\tau \wedge t$ 是一个有界停时, 故 $EW(\tau \wedge t) = EW(0) = 0$. 此外, 由引理 4.1 知 $\{W^2(t) - t, \mathscr{F}_t; t \geqslant 0\}$ 是鞅, 且满足引理 4.3 的全部条件, 故对有界停时 $\tau \wedge t$ 有

$$E(W^2(\tau \wedge t) - \tau \wedge t) = E(W^2(0) - 0) = 0.$$

即得证 $EW^2(\tau \wedge t) = E(\tau \wedge t)$.

引理 4.4　对 Wiener 过程 W 的停时 $\tau = \tau_{a,b}, a < 0 < b$,

$$P\{W(\tau) = a\} = \frac{b}{|a| + b}, \ P\{W(\tau) = b\} = \frac{|a|}{|a| + b}, \tag{4.4}$$

且 $E\tau = EW^2(\tau) = |a|b$.

证 因为 $W(0) = 0$, 所以 Wiener 过程的样本函数都是从点 $0(\in (a,b))$ 出发, 且是双边无限的. 因此 $\tau = \tau_{a,b}$ 有限. 而 $W(\tau, \omega)$ 或在 a 或在 b 点离开开区间 (a,b). 记

$$P\{W(\tau) = a\} = p, \quad P\{W(\tau) = b\} = 1 - p.$$

注意到在 $(t < \tau)$ 上

$$|W(t)| \leqslant |a| + b := c,$$

所以当 $t \to \infty$ 时

$$\int_{\tau > t} |W(t)| dP \leqslant cP(\tau > t) \to 0.$$

从推论 4.1, 由控制收敛定理, 当 $t \to \infty$ 时有

$$0 = EW(\tau \wedge t) = EI_{(\tau \leqslant t)}W(\tau) + EI_{(\tau > t)}W(t) \to EW(\tau).$$

这样

$$0 = EW(\tau) = ap + b(1-p), \quad p = b/(b + |a|),$$

得证 (4.4) 式成立. 应用同样讨论于 $\{W^2(t); t \geqslant 0\}$, 从推论 4.1 可得

$$E\tau = \lim_{t \to \infty} E(\tau \wedge t) = \lim_{t \to \infty} EW^2(\tau \wedge t)$$
$$= \lim_{t \to \infty} (EI_{(\tau \leqslant t)}W^2(\tau) + EI_{(\tau > t)}W^2(t)) = EW^2(\tau).$$

直接计算知 $EW^2(\tau) = |a|b$. 证毕.

4.2 Wiener 过程的强马氏性

引理 4.5 (Wiener 过程的强马氏性) 设 τ 是 Wiener 过程 $W = \{W(t); t \geqslant 0\}$ 的停时, 则

$$W^\tau := \{W(\tau + t) - W(\tau); t \geqslant 0\}$$

也是 Wiener 过程且它与 $W_{[0,\tau]} = \{W(t); 0 \leqslant t \leqslant \tau\}$ 独立.

证 显然过程 W^τ 的样本函数都是从 0 出发且概率为 1 地连续、双边无界的. 这样, 我们只需证明 W^τ 的分布与 Wiener 过程同分布且与 $W_{[0,\tau]}$ 独立.

为此, 设 $(W_{t_1}, \cdots, W_{t_m})$ 和 $(W^\tau_{t_1}, \cdots, W^\tau_{t_m})$ 是 W 和 W^τ 的有限维随机向量, $g_1, \cdots, g_m$ 是 $\mathbf{R}$ 上任意的实值或复值有界连续函数, 我们只需证明任一事件 $B \in \mathscr{F}_\tau = \sigma(W_t : 0 \leqslant t \leqslant \tau)$

$$E(I_B g_1(W^\tau_{t_1}) \cdots g_m(W^\tau_{t_m})) = P(B)E(g_1(W_{t_1}) \cdots g_m(W_{t_m})). \tag{4.5}$$

例如 $g_j(a) = \mathrm{e}^{iu_j a}$, 则 $g_j(W_t) = \mathrm{e}^{iu_j W_t}, g_j(W_t^\tau) = \mathrm{e}^{iu_j(W_{\tau+t} - W_\tau)}$; 又如 $g_j(a) = I[0, a_j)$, 则 $g_j(W_t) = I(0 \leqslant W_t < a_j)$.

设 $h_n = 1/2^n$,

$$\tau_n = \sum_{k=1}^\infty kh_n I((k-1)h_n \leqslant \tau < kh_n),$$

则

$$\tau_n \downarrow \tau, \quad W_{\tau_n + t} \to W_{\tau+t}, \tag{4.6}$$

而且

$$B \bigcap (\tau_n = kh_n) \in \mathscr{F}_{kh_n} = \sigma(X_s : 0 \leqslant s \leqslant kh_n). \tag{4.7}$$

为证 (4.5) 式成立, 先来证明当 τ 换为 τ_n 时 (4.5) 式成立. 事实上, 由 (4.7) 式及 Wiener 过程的增量独立性可得

$$E\left\{ I\left(B \bigcap (\tau_n = kh_n) \right) g_1(W_{kh_n + t_1} - W_{kh_n}) \cdots g_m(W_{kh_n + t_m} - W_{kh_n}) \right\}$$
$$= P\left\{ B \bigcap (\tau_n = kh_n) \right\} E\{g_1(W_{t_1}) \cdots g_m(W_{t_m})\},$$

对 k 从 $1, 2, \cdots$ 求和, 即得 (4.5) 式当 τ 换为 τ_n 时是成立的. 这样从 (4.6) 及控制收敛定理就可推得 (4.5) 式成立. 证毕.

4.3 Skorohod 嵌入定理

引理 4.6 (嵌入引理) 设 r.v. X 具有 d.f. $F(x)$, 且 $EX = 0, 0 < \mathrm{Var}\, X = \sigma^2 < \infty$, 则存在 Wiener 过程 W 及它的一个停时 $\tau_{U,V}$, 使得

$$P\{W(\tau_{U,V}) < x\} = F(x), \quad E\tau_{U,V} = \sigma^2,$$

其中 U, V 是 r.v. 且 $U \leqslant 0 \leqslant V$.

证 设 $W = \{W(t); t \geqslant 0\}$ 是概率空间 $(\Omega_0, \mathscr{A}_0, P_0)$ 上的 Wiener 过程, $(U, V), U \leqslant 0 \leqslant V$, 是概率空间 $(\Omega_1, \mathscr{A}_1, P_1)$ 上的随机向量, 它具有如下的二元联合分布:

$$\mathrm{d}G(u, v) = \frac{1}{\alpha}(v - u)\mathrm{d}F(u)\mathrm{d}F(v), \quad \text{当 } u \leqslant 0 \leqslant v,$$

其中 $\alpha = EX^+ = EX^-$. 因为 $EX = EX^+ - EX^- = 0$, 且 X 是非退化的, 故 $\alpha > 0$. 这样在乘积概率空间 $(\Omega, \mathscr{A}, P) = (\Omega_0 \times \Omega_1, \mathscr{A}_0 \times \mathscr{A}_1, P_0 \times P_1)$ 上, W 和 (U, V) 是独立的, 即 σ 域 $\sigma(W(t); t \geqslant 0)$ 和 $\sigma(U, V)$ 是独立的. 若记

$$\tau_{U,V} = \inf\{t : W(t) \in (U, V)\},$$

则

$$(\tau_{U,V} \leqslant t) = \{ \min_{0 \leqslant s \leqslant t} W(s) \leqslant U \} \bigcup \{ \max_{0 \leqslant s \leqslant t} W(s) \geqslant V \} \in \mathscr{F}_t,$$

所以 $\tau_{U,V}$ 是 Wiener 过程 W 的一个停时.

若 $a > 0$, 则由条件概率性质

$$P\{W(\tau_{U,V}) > a\} = E(P\{W(\tau_{U,V}) > a | U, V\}).$$

由引理 4.4 得

$$P\{W(\tau_{U,V}) > a | U = u, V = v\} = \begin{cases} 0, & \text{当 } v < a, \\ -u/(v-u), & \text{当 } v \geqslant a. \end{cases}$$

代入上式得

$$P\{W(\tau_{U,V}) > a\} = \int_{-\infty}^{0} \int_{a}^{\infty} \frac{-u}{v-u} \mathrm{d}G(u,v) = P(X > a),$$

类似地, 若 $a < 0$, 则有

$$P\{W(\tau_{U,V}) < a\} = P(X < a),$$

得证 $W(\tau_{U,V})$ 的 d.f. 等于 X 的 d.f. $F(x)$.

又由引理 4.4 及已证的 $W(\tau_{U,V})$ 与 X 同分布可得

$$E\tau_{U,V} = E(E(\tau_{U,V}|U,V)) = E|UV| = E(W(\tau_{U,V}))^2 = EX^2.$$

证毕.

定理 4.1 (Skorohod 嵌入定理)   设给定 i.i.d.r.v. 序列 $\{X_n; n \geqslant 1\}, EX_1 = 0, \mathrm{Var}\, X_1 = 1$. 记 $S_0 = 0, S_n = \sum_{i=1}^{n} X_i$ $(n = 1, 2, \cdots)$. 则存在 Wiener 过程 $W = \{W(t); t \geqslant 0\}$ 及与它独立的正 r.v. 序列 $\{\tau_n; n \geqslant 1\}$ 使得

(i) $\{\tau_n; n \geqslant 1\}$ 是 i.i.d. 的, $E\tau_1 = \mathrm{Var}\, X_1 = 1$;

(ii) $\left\{ W\left(\sum_{i=1}^{n} \tau_i\right) - W\left(\sum_{i=1}^{n-1} \tau_i\right); n \geqslant 1 \right\}$ 是 i.i.d.r.v. 序列, 具有与 X_1 相同的分布, 或者等价地

(ii′) $\left\{ W\left(\sum_{i=1}^{n} \tau_i\right); n \geqslant 1 \right\}$ 与 $\{S_n; n \geqslant 1\}$ 同分布.

证   显然 (ii) 与 (ii′) 是等价的. 为证 (i) 和 (ii), 设 W 是概率空间 $(\Omega_0, \mathscr{A}_0, P_0)$ 上的 Wiener 过程, 又设 $(U_1, V_1), (U_2, V_2), \cdots$ 分别是概率空间

$(\Omega_1, \mathscr{A}_1, P_1), (\Omega_2, \mathscr{A}_2, P_2), \cdots$ 上, 具有共同的二元联合分布 $G(u,v)$ 的随机向量. 那么在乘积概率空间

$$(\Omega, \mathscr{A}, P) = (\Omega_0 \times \Omega_1 \times \Omega_2 \times \cdots, \mathscr{A}_0 \times \mathscr{A}_1$$
$$\times \mathscr{A}_2 \times \cdots, P_0 \times P_1 \times P_2 \times \cdots)$$

上, W 和 i.i.d. 随机向量列 $\{(U_n, V_n); n \geqslant 1\}$ 是独立的. 由引理 4.6, 存在 W 首次离开 (U_1, V_1) 的时刻 $\tau_1 = \tau_{U_1, V_1}$, 它是 Wiener 过程 W 的一个停时, 且满足

$$W(\tau_1) := X_1, \quad E\tau_1 = EX_1^2 = 1.$$

又由引理 4.5 知 $W^{(1)} := \{W(\tau_1 + t) - W(\tau_1); t \geqslant 0\}$ 与 $\{W(s), U_1, V_1; 0 \leqslant s \leqslant \tau_1\}$ 独立, 因此 Wiener 过程 $W^{(1)}$ 与 $W(\tau_1)$ 独立. 类似地, 存在 $W^{(1)}$ 首次离开 (U_2, V_2) 的时刻 τ_2, 它是 Wiener 过程 $W^{(1)}$ 的一个停时, 且满足

$$W^{(1)}(\tau_2) = W(\tau_1 + \tau_2) - W(\tau_1) := X_1, \quad E\tau_2 = EX_1^2 = 1.$$

$W^{(2)} := \{W(\tau_1 + \tau_2 + t) - W(\tau_1 + \tau_2); t \geqslant 0\}$ 是 Wiener 过程, 它与 $W(\tau_1 + \tau_2)$ 独立. 依此继续, 我们得到满足 (i) 的 i.i.d.r.v. 列 $\{\tau_n; n \geqslant 1\}$ 和满足 (ii) 的 i.i.d.r.v. 列

$$W(\tau_1), W(\tau_1 + \tau_2) - W(\tau_1) \cdots, W\left(\sum_{i=1}^{n} \tau_i\right) - W\left(\sum_{i=1}^{n-1} \tau_i\right), \cdots,$$

且 $W(\tau_1) := X_1$. 定理证毕.

注 4.1 Skorohod 原来的证明比较繁复. 这里利用鞅的简单性质, 比 Skorohod 的证明要简洁一些.

Strassen 在 1964 年应用 Skorohod 嵌入定理证得了关于 i.i.d.r.v. 的部分和的著名强不变原理之后, 接着又推广嵌入定理于鞅, 获得关于鞅的强不变原理. 这一嵌入定理以后又被其他作者推广于更一般的情形.

§5　强不变原理

5.1　独立同分布随机变量和的强不变原理

设 $\{X_n; n \geqslant 1\}$ 是概率空间 $(\Omega, \mathscr{A}, P)$ 上的 i.i.d.r.v. 序列, $EX_1 = 0, \mathrm{Var}\, X_1 = 1$. 记 $S_n = \sum_{i=1}^{n} X_i, n = 1, 2, \cdots$. 定义

$$W_n(t) = n^{-1/2}\{S_{[nt]} + (nt - [nt])X_{[nt]+1}\}, \quad 0 \leqslant t \leqslant 1.$$

定理 5.1 对于给定的 i.i.d.r.v. 序列 $\{X_n; n \geqslant 1\}$, 可构作一个新的概率空间 $(\widetilde{\Omega}, \widetilde{\mathscr{A}}, \widetilde{P})$, 在其上存在一个 Wiener 过程 $W = \{W(t); t \geqslant 0\}$ 和一个 r.v. 列 $\{\widetilde{S}_n; n \geqslant 1\}$, 使得

(i) $\{\widetilde{S}_n; n \geqslant 1\}$ 与 $\{S_n; n \geqslant 1\}$ 同分布; $\qquad\qquad$ (5.1)

(ii) $\lim\limits_{n \to \infty} \dfrac{|\widetilde{S}_n - W(n)|}{\sqrt{n \log\log n}} = 0$ a.s. $\qquad\qquad$ (5.2)

证 对 $\{X_n\}$, 设 $\{\tau_i\}$ 是由 Skoohod 嵌入定理定义的 i.i.d.r.v. 序列. 记

$$\widetilde{S}_n = W(\tau_1 + \cdots + \tau_n).$$

则 (i) 被满足. 为证 (ii), 注意到 $E\tau_1 = \operatorname{Var} X_1 = 1$, 由 Kolmogorov 强大数律, 可写 $\tau_1 + \cdots + \tau_n = n + \eta_n$, 其中 $\eta_n = o(n)$ a.s. 现在我们利用定理 2.1 来导出 (5.2) 式. 事实上, 我们有

$$\widetilde{S}_n - W(n) = W(n + \eta_n) - W(n).$$

因为 $\eta_n = o(n)$ a.s. 即对任给 $\varepsilon > 0$, 记 $\Omega_\varepsilon = \bigcup\limits_{m=1}^{\infty} \bigcap\limits_{n=m}^{\infty} (|\eta_n| \leqslant \varepsilon n) \subset \widetilde{\Omega}$, 有 $\widetilde{P}(\Omega_\varepsilon) = 1$. 这样对于 $a_n = \varepsilon n$, 由定理 2.1 有 $\Omega_0 \subset \widetilde{\Omega}, \widetilde{P}(\Omega_0) = 1$. 在 Ω_0 上, 对充分大 n

$$\sup_{0 \leqslant t \leqslant n - a_n} \sup_{0 \leqslant s \leqslant a_n} \frac{|W(t+s) - W(t)|}{\sqrt{2a_n(\log(n/a_n) + \log\log n)}} \leqslant 1 + \varepsilon.$$

故对任一 $\omega \in \Omega_\varepsilon \bigcap \Omega_0$, 当 n 充分大时

$$\frac{|W(n + \eta_n) - W(n)|}{\sqrt{n \log\log n}}$$

$$\leqslant \sup_{0 \leqslant t \leqslant n - a_n} \sup_{0 \leqslant s \leqslant a_n} \frac{|W(t+s) - W(t)|}{\sqrt{2a_n(\log(n/a_n) + \log\log n)}} \cdot \sqrt{\frac{2a_n(\log(n/a_n) + \log\log n)}{n \log\log n}}$$

$$< 2\sqrt{\varepsilon}$$

这就得证 (5.2) 式成立. 证毕.

注 5.1 定理的结论是在新的概率空间上给出的 (这可以通过扩大原概率空间, 即空间的联合来给出一个新的空间). 在其上定义新的 r.v. 序列 $\{\widetilde{S}_n; n \geqslant 1\}$ 与原 r.v. 序列 $\{S_n; n \geqslant 1\}$ 在同分布意义下等价. 且有 Wiener 过程 $W = \{W(t); t \geqslant 0\}$, 使 (5.2) 成立. 值得注意的是, 在原概率空间上, 不一定有 Wiener 过程 $\{W(t); t \geqslant 0\}$ 使

$$|S_n - W(n)| / \sqrt{n \log\log n} = o(1) \quad (\text{关于 } P \text{ 或 a.s.})$$

为简单计, 以后仍简记 $\widetilde{S}_n$ 为 S_n, 并简称 S_n 可用 Wiener 过程来逼近.

注 5.2 如果只假设 i.i.d.r.v. 序列 $\{X_n; n \geqslant 1\}$ 的 2 阶矩存在, Major (1976) 指出, (5.2) 中的速度是不能改进的. 当假设较高阶矩或矩母函数存在时, Komlós-Major-Tusnády (1975, 1976) 已经求得了可能达到的最佳速度.

利用定理 5.1 即可将关于 Wiener 过程的重对数律转移到 i.i.d.r.v. 列的部分和 S_n 上, 获得如下的 Strassen 强不变原理. 记

$$T_n(t) = W_n(t)/\sqrt{2n \log\log n}, \quad 0 \leqslant t \leqslant 1. \tag{5.3}$$

定理 5.2 (Strassen 强不变原理) $\{T_n(\cdot, \omega); n \geqslant 3\}$ 概率为 1 地相对紧且极限点集为 K.

作为 Strassen 强不变原理的直接推论, 我们有

定理 5.3 (Hartman-Wintner 重对数律) 设 $\{X_n; n \geqslant 1\}$ 是 i.i.d.r.v. 序列, $EX_1 = 0, \operatorname{Var} X_1 = 1$. 记 $S_n = \sum\limits_{i=1}^{n} X_i, n = 1, 2, \cdots$, 则

$$\begin{aligned} &\limsup_{n \to \infty} S_n/\sqrt{2n \log\log n} = 1 \quad \text{a.s.} \\ &\liminf_{n \to \infty} S_n/\sqrt{2n \log\log n} = -1 \quad \text{a.s.} \end{aligned} \tag{5.4}$$

且集 $\{S_n/\sqrt{2n \log\log n}; n \geqslant 3\}$ 的极限点集概率为 1 地与闭区间 $[-1, 1]$ 重合.

证 定理的前一部分结论, 即 (5.4) 式已在第四章 §5 中给出证明 (作为练习, 请读者利用定理 5.2 写出简洁证明).

为证定理的后一部分结论, 只需证明:

1° 存在 $\Omega_0, P(\Omega_0) = 1$, 对每一 $\omega \in \Omega_0$, 区间 $[-1, 1]$ 被含于

$$\{S_n(\omega)/\sqrt{2n \log\log n}; n \geqslant 3\}$$

的极限点集 A 中.

2° $\{\omega : \{S_n(\omega)/\sqrt{2n \log\log n}\}$ 的极限点集包含 $[-1, 1]\}$ 是可测集.

事实上, 由定理 5.2 可知, 对任一 $a, |a| \leqslant 1, f(t) = at \ (0 \leqslant t \leqslant 1) \in K$. 故有 $\Omega_0, P(\Omega_0) = 1$, 使对每一 $\omega \in \Omega_0$, 存在子列 $\{n'(\omega)\}$ 使得 $T_{n'(\omega)}(t, \omega) \to f(t)(0 \leqslant t \leqslant 1)$. 因此

$$S_{n'(\omega)}/\sqrt{2n'(\omega) \log\log n'(\omega)} = T_{n'(\omega)}(1, \omega) \to f(1) = a.$$

即得证 1° 成立.

对于 2°, 记 $[-1, 1]$ 中全体有理数为 $r_1, r_2, \cdots$,

$$A_m = \{\omega : \liminf_{n \to \infty} |S_n(\omega)/\sqrt{2n \log\log n} - r_m| = 0\}.$$

那么 A_m 是可测集 $(m = 1, 2, \cdots)$. 而因极限点集为闭集, 故

$$A = \{\omega : \{S_n(\omega)/\sqrt{2n\log\log n}; n \geqslant 3\} \text{ 的极限点集包含 } [-1, 1]\}$$
$$= \bigcap_{m=1}^{\infty} A_m,$$

因此 A 是可测集. 证毕.

习　题

1. 对 Wiener 过程 $\{W(t); t \geqslant 0\}$ 及实数 $b > 0$, 证明:

$$P\left\{\max_{0\leqslant j\leqslant 2^{n-k}} W(j/2^n) \geqslant b\right\} \leqslant \sqrt{\frac{2}{\pi}}\exp(-2^{k-1}/b^2)/b\sqrt{2^k} =: \beta;$$

$$P\left\{\max_{0\leqslant j\leqslant 2^{n-k}} |W(j/2^n)| \geqslant b\right\} \leqslant 2\beta.$$

2. 设 $b > 0, M(t) = \sup_{0\leqslant s\leqslant t} W(s)$, 试证:

(i) $P\{M(t) \geqslant b\} \leqslant 2P\{W(t) \geqslant b\}$;

(ii) $P\{M(t) \leqslant -b\} \leqslant 2P\{W(t) \leqslant -b\}$;

(iii) $P\{\sup_{0\leqslant s\leqslant t} |W(s)| \geqslant b\} \leqslant 2P\{|W(t)| \geqslant b\} = 4P\{W(1) \geqslant bt^{-1/2}\}$.

3. 试证对于 $y \geqslant 0, b \geqslant 0$ 成立

$$P\{W(t) < b - y, M(t) \geqslant b\} = P\{W(t) > b + y\}.$$

4. 试证 $(W(t), M(t))$ 有联合密度

$$f(x, y) = \begin{cases} 0, & x \geqslant y \text{ 或 } y \leqslant 0, \\ \sqrt{\frac{2}{\pi}} \cdot \frac{2y-x}{t^{3/2}}\exp\left(-\frac{(2y-x)^2}{2t}\right), & \text{其他情形.} \end{cases}$$

(提示: 利用习题 3 先证

$$P\{W(t) < x, M(t) < y\} = P\{W(t) < x\} - P\{W(t) > 2y - x\}.)$$

5.* 对每一满足 $f(0) = 0$ 的 $f(t) \in C[0, 1]$ 及任给的 $\varepsilon > 0$ 有

$$P\left\{\omega : \sup_{0\leqslant t\leqslant 1} |W(t, \omega) - f(t)| < \varepsilon\right\} > 0.$$

(提示: 利用表示式

$$P\{a < m(t) \leqslant M(t) < b,\ W(t) \in A\} = \int_A k(y)\mathrm{d}y,$$

其中 $m(t) = \inf_{0 \leqslant s \leqslant t} W(s)$,

$$k(y) = \frac{1}{\sqrt{2\pi t}} \sum_{n=-\infty}^{\infty} \left[\mathrm{e}^{-\frac{(y-2nc)^2}{2t}} - \mathrm{e}^{-\frac{(y-2a+2nc)^2}{2t}} \right], y \in \mathbf{R}^1,$$

其中 $t > 0, a < 0 < b, c = b - a$, 且当 $a < y < b$ 时, $k(y) > 0$.)

6. 试证: $P\{$对一切 $t > 0, M(t) > 0\} = 1$.

(提示: 注意到对 $A_n = \{W(t_n) > 0\}, t_n \downarrow 0, P(A_n) = 1/2$ 且事件 $\{A_n, \mathrm{i.o}\}$ 属于独立 r.v. 序列 $\{W(t_{n-1}) - W(t_n); n \geqslant 2\}$ 的尾 σ 域.)

7. 设 $\{X_n; n \geqslant 1\}$ 是 i.i.d.r.v. 序列, $EX_1 = 0, EX_1^2 = 1, S_n = \sum_{k=1}^{n} X_k$,

$$W_n(t) = n^{-1/2}\{S_{[nt]} + (nt - [nt])X_{[nt]+1}\}.$$

试用 Skorohod 嵌入定理证明存在一个概率空间, 在其上有一 Wiener 过程 $\{W(t); t \geqslant 0\}$ 和随机过程列 $\{\widetilde{S}_n(t); 0 \leqslant t \leqslant 1\}$ 使对每一 $n \geqslant 1$,

$$\{\widetilde{S}_n(t); 0 \leqslant t \leqslant 1\} \overset{d}{=} \{W_n(t); 0 \leqslant t \leqslant 1\}$$

且

$$\sup_{0 \leqslant t \leqslant 1} |\widetilde{S}_n(t) - W(t)| \overset{P}{\longrightarrow} 0.$$

第八章 Banach 空间中的概率极限理论

Banach 空间上的概率论始于 20 世纪 50 年代对向量值随机变量的大数律和中心极限定理的研究, 随着对 Banach 空间局部理论和几何结构研究的发展, 至 80 年代末, Banach 空间上的概率论已取得重大成果. 等周方法, 特别是乘积空间上等周不等式的发现, 使得向量值随机变量的各种强极限定理几乎可以被完整地描述. 另外, Banach 空间上概率极限理论的研究与随机过程, 特别是 Gauss 过程, 正则性的研究是相互渗透, 互相推进的.

本章将对可分 Banach 空间值随机变量的大数律、中心极限定理和重对数律等基本结果作一介绍, 这些不仅是实值情形相应结果的推广, 而且使我们能清楚地认识强、弱极限定理间的内在联系. 限于篇幅, 在此不介绍等周不等式这一强有力的工具, 有兴趣的读者可参见 [26].

§1 B 值随机变量的基本性质

在这一节中, 将给出 B 值 r.v. 的基本概念, 建立一些重要的概率不等式, 并讨论 B 值 Gauss r.v. 的可积性.

令 B 为 $\mathbf{R}^1$ 上可分的 Banach 空间, 具有范数 $\|\cdot\|$. B' 表示 B 的拓扑对偶. 当 $x \in B$, $f \in B'$ 时, $f(x) = \langle f, x \rangle$. $f \in B'$ 的范数仍记为 $\|f\|$. B 的所有开集生成 Borel σ 域 $\mathscr{B}$. 设概率空间 $(\Omega, \mathscr{A}, P)$ 足够大, 可以在其上定义我们所讨论的一切 r.v. 称从 $(\Omega, \mathscr{A})$ 到 $(B, \mathscr{B})$ 的可测映射 X 为 B 值 r.v., 并且称 X 在 P 下的像概率测度 $\mu = \mu_X$ 为 X 的分布. 对 B 上任何实值有界可测函数 φ, 记

$$E\varphi(X) = \int_B \varphi(x)\mathrm{d}\mu(x). \tag{1.1}$$

因 B 是可分的, $\mathscr{B}$ 也可由柱集生成. 从而 X 的分布将由有限维投影所确定, 即如果 X 和 Y 都是 B 值 r.v., 且对每个 $f \in B'$, 实值 r.v. $f(X)$ 和 $f(Y)$ 的分布相同, 则 $\mu_X = \mu_Y$. 特别, B' 上的特征泛函

$$E\exp(\mathrm{i}f(X)) = \int_B \exp(\mathrm{i}f(x))\mathrm{d}\mu(x), \quad f \in B' \tag{1.2}$$

将完全确定 X 的分布.

设 $0 < p < \infty$, X 为 B 值 r.v., 如果 $E\|X\|^p = \int_\Omega \|X\|^p dP < \infty$, 则称 X 为 p 阶可积的, 并记 $\|X\|_p = (E\|X\|^p)^{1/p}$, 如果 $\|X\|_\infty := \mathrm{esssup}\|X\| < \infty$, 则称 X 为有界的. 当 $E\|X\| < \infty$ 时, 存在 $z \in B$ 使对所有 $f \in B'$, $Ef(X) = f(z)$. 此时令 $EX = z$, 称为 X 的数学期望或均值. 特别, 如果对所有 $f \in B'$, $Ef(X) = 0$. 则 $EX = 0$. 用 $L_p(B) = L_p(\Omega, \mathscr{A}, P; B)$ 表示所有 p 阶可积的 B 值 r.v. 组成的集合. 当 $1 \leqslant p \leqslant \infty$ 时, $L_p(B)$ 关于 $\|\cdot\|_p$ 是一个 Banach 空间. 令 F 为 $\mathbf{R}_+$ 上的凸函数, X 和 Y 为独立的 B 值 r.v. 且 $EF(\|X\|) < \infty$, $EF(\|Y\|) < \infty$. 如果 $EY = 0$, 则由 Fubini 定理可证得 $EF(\|X\|) \leqslant EF(\|X + Y\|)$. 事实上

$$EF(\|X\|) = E_X F(\|X + E_Y Y\|) \leqslant E_X F(E_Y(\|X + Y\|))$$
$$\leqslant E_X E_Y F(\|X + Y\|) = EF(\|X + Y\|).$$

设 X 是 B 值 r.v., 如果 X 和 $-X$ 的分布相同, 则称 X 为**对称的**. 令 ε 是 Rademacher r.v., 即 $P(\varepsilon = 1) = P(\varepsilon = -1) = 1/2$. 设 ε 与 X 相互独立. 则 X 为对称的 r.v. 当且仅当 X 与 εX 的分布相同. 一列独立的 Rademacher r.v. $\{\varepsilon_i\}$ 称为 Rademacher 序列. 以下总设 $\{\varepsilon_i\}$ 与其他所有 r.v. 都相互独立. 一列 B 值 r.v. $\{X_i\}$ 称为**对称序列**, 如果 $\{X_i\}$ 与 $\{\varepsilon_i X_i\}$ 有相同分布. 当 $\{X_i\}$ 是一列独立对称的 B 值 r.v. 时, 则 $\{X_i\}$ 为对称序列. 对称化技巧是研究 B 值 r.v. 的强有力工具. 任给一个 B 值 r.v. X, 可以构造一个与 X 独立同分布的 r.v. X', 定义 $\widetilde{X} = X - X'$. 显然, $\widetilde{X}$ 是对称的, 且 X 与 $\widetilde{X}$ 的分布密切相关. 事实上, 对 $t, a > 0$,

$$P\{\|X\| \leqslant a\}P\{\|X\| > t + a\} \leqslant P(\|\widetilde{X}\| > t). \tag{1.3}$$

如果 a 满足 $P\{\|X\| \leqslant a\} \geqslant 1/2$, 则 (1.3) 可写成

$$P\{\|X\| > t + a\} \leqslant 2P(\|\widetilde{X}\| > t). \tag{1.4}$$

特别, $E\|X\|^p < \infty$ $(0 < p < \infty)$ 当且仅当 $E\|\widetilde{X}\|^p < \infty$. 另外, (1.3) 也可作如下改进: 对 $t, a > 0$,

$$\inf_{f \in B'} P\{|f(X)| \leqslant a\}P\{\|X\| > t + a\} \leqslant P(\|\widetilde{X}\| > t).$$

称 X 为 B 值 Gauss r.v., 如果对任何 $f \in B', f(X)$ 是实值 Gauss r.v. 设 $\{x_i\}$ 是 B 中一列元, $\{g_i\}$ 为一列独立标准正态 r.v., 那么收敛级数 $\sum_{i=1}^\infty g_i x_i$ 所定义的就是 B 值 Gauss r.v. B 值 Gauss r.v. 范数的平方具有指数可积性 (即 (1.5) 成立), 并且所有阶矩相互等价 (即满足 (1.6)), 这就是

定理 1.1 令 X 是 B 值 Gauss r.v., 则存在 $C > 0$ 使得

$$E \exp(\|X\|^2/C) < \infty, \tag{1.5}$$

且对任何 $0 < p, q < \infty$, 存在仅依赖于 p, q 的常数 $K_{p,q}$ 使得

$$\|X\|_p \leqslant K_{p,q}\|X\|_q. \tag{1.6}$$

特别, $K_{p,2} = K\sqrt{p}, p \geqslant 2, K$ 是常数.

证 令 B 值 r.v. Y 是与 X 独立同分布的. 由 Gauss r.v. 的旋转不变性, $(X+Y)/\sqrt{2}$ 与 $(X-Y)/\sqrt{2}$ 相互独立且都和 X 同分布. 任给 $\varepsilon > 1/2$, 取 $s > 0$ 满足 $P\{\|X\| \leqslant s\} = \varepsilon$. 则当 $t > s$ 时

$$
\begin{aligned}
&P\{\|X\| \leqslant s\}P\{\|X\| > t\} \\
&= P\{\|X+Y\| \leqslant \sqrt{2}s, \|X-Y\| > \sqrt{2}t\} \\
&\leqslant P\{\|X\| > (t-s)/\sqrt{2}, \|Y\| > (t-s)/\sqrt{2}\} \\
&= (P\{\|X\| > (t-s)/\sqrt{2}\})^2.
\end{aligned}
$$

因此

$$\frac{P\{\|X\| > t\}}{P\{\|X\| \leqslant s\}} \leqslant \left(\frac{P\{\|X\| > (t-s)/\sqrt{2}\}}{P\{\|X\| \leqslant s\}}\right)^2. \tag{1.7}$$

令 $t = t_n = (\sqrt{2^{n+1}} - 1)(\sqrt{2} + 1)s, n \geqslant 1$. 重复使用 (1.7) 式, 得

$$
\begin{aligned}
\frac{P\{\|X\| > t_n\}}{P\{\|X\| \leqslant s\}} &\leqslant \left(\frac{P\{\|X\| > (t_n - s)/\sqrt{2}\}}{P\{\|X\| \leqslant s\}}\right)^2 \\
&= \left(\frac{P\{\|X\| > t_{n-1}\}}{P\{\|X\| \leqslant s\}}\right)^2 \leqslant \cdots \leqslant \left(\frac{1-\varepsilon}{\varepsilon}\right)^{2^n},
\end{aligned}
$$

即有 $P\{\|X\| > t_n\} \leqslant \exp\left\{-2^n \log \dfrac{\varepsilon}{1-\varepsilon}\right\}$. 对任何 $t > s$, 存在 $n \geqslant 1$, 使 $t_n < t \leqslant t_{n+1}$. 这样我们有

$$
\begin{aligned}
P\{\|X\| > t\} &\leqslant P\{\|X\| > t_n\} \leqslant \exp(-2^n \log(\varepsilon/(1-\varepsilon))) \\
&\leqslant \exp\left(-\frac{t^2}{24s^2} \log \frac{\varepsilon}{1-\varepsilon}\right). \tag{1.8}
\end{aligned}
$$

简单的分部积分计算表明存在 $C > 0$ 使得 $E \exp(\|X\|^2/C) < \infty$.

下面证明第二个结论. 首先令 $q = 1, p > 1$. 取 $s = 4E\|X\|, \varepsilon = 3/4$. 由 (1.8) 有

$$E\|X\|^p = \left(\int_0^s + \int_s^\infty\right) P\{\|X\| > t\}\mathrm{d}t^p$$

$$\leqslant s^p + \int_s^\infty \exp\left(-\frac{t^2}{24s^2}\log 3\right)\mathrm{d}t^p \leqslant (K\sqrt{p}s)^p,$$

其中 K 为常数.

对于 $q < 1 < p$, 令 θ 满足 $1 = \dfrac{\theta}{q} + \dfrac{1-\theta}{p}$. 由 Hölder 不等式

$$E\|X\| = E\|X\|^\theta\|X\|^{1-\theta} \leqslant (E\|X\|^q)^{\theta/q} (E\|X\|^p)^{(1-\theta)/p}$$

$$\leqslant (4K\sqrt{p}E\|X\|)^{1-\theta} \|X\|_q^\theta.$$

这样, $E\|X\| \leqslant (4K\sqrt{p})^{\frac{1-\theta}{\theta}}\|X\|_q$, $\|X\|_p \leqslant 4K\sqrt{p}E\|X\| \leqslant (4K\sqrt{p})^{1/\theta}\|X\|_q$.

当 $0 < q < p < 1$ 时, 定义 θ 满足 $1 = \dfrac{\theta}{q} + \dfrac{1-\theta}{2}$. 因此

$$\|X\|_p \leqslant E\|X\| \leqslant (4K\sqrt{2})^{\frac{1-\theta}{\theta}}\|X\|_q.$$

定理证毕.

下面介绍一些关于 B 值 r.v. 序列部分和最大值的概率不等式. 其中 Lévy 和 Ottaviani 不等式是实值情形相应结果的拓广, 而 Hoffmann-Jørgensen 不等式和压缩原理是为研究 B 值 r.v. 而建立的.

定理 1.2 (Lévy 不等式) 令 $\{X_i; 1 \leqslant i \leqslant N\}$ 是 B 值对称 r.v., 记 $S_k = \displaystyle\sum_{i=1}^k X_i, 1 \leqslant k \leqslant N$, 则对每个 $t > 0$,

$$P\left\{\max_{1\leqslant k\leqslant N}\|S_k\| > t\right\} \leqslant 2P\{\|S_N\| > t\}, \tag{1.9}$$

$$P\left\{\max_{1\leqslant i\leqslant N}\|X_i\| > t\right\} \leqslant 2P\{\|S_N\| > t\}. \tag{1.10}$$

特别, 对任何 $0 < p < \infty$,

$$E\max_{1\leqslant k\leqslant N}\|S_k\|^p \leqslant 2E\|S_N\|^p, \ E\max_{1\leqslant i\leqslant N}\|X_i\|^p \leqslant 2E\|S_N\|^p.$$

证 仅证 (1.9), (1.10) 可类似证明. 令 $\tau = \inf\{k : k \leqslant N, \|S_k\| > t\}$. 易见 $\{\tau = k\}$ 仅依赖于 $X_1, X_2, \cdots, X_k$. 由于对每一 $k \geqslant 1, (X_1, \cdots, X_k, -X_{k+1}\cdots,$

$-X_N)$ 与 $(X_1, \cdots, X_k, X_{k+1}, \cdots, X_N)$ 的分布相同, 故

$$P\{\|S_N\| > t\} = \sum_{k=1}^{N} P\{\|S_N\| > t, \tau = k\}$$

$$= \sum_{k=1}^{N} P\{\|S_k - R_k\| > t, \tau = k\},$$

其中 $R_k = S_N - S_k, 1 \leqslant k \leqslant N.$

另一方面, 由三角不等式

$$2\|S_k\| \leqslant \|S_k + R_k\| + \|S_k - R_k\| = \|S_N\| + \|S_k - R_k\|,$$

因此

$$P\left\{\max_{1 \leqslant k \leqslant N} \|S_k\| > t\right\} = \sum_{k=1}^{N} P\{\tau = k\}$$

$$\leqslant \sum_{k=1}^{N} (P\{\|S_N\| > t, \tau = k\} + P\{\|S_k - R_k\| > t, \tau = k\})$$

$$= 2P\{\|S_N\| > t\}.$$

定理证毕.

作为 Lévy 不等式的一个重要应用, 我们有

定理 1.3 (压缩原理) 令 $F: \mathbf{R}_+ \to \mathbf{R}_+$ 是凸函数. 设 $x_i \in B, 1 \leqslant i \leqslant N,$ 实数 α_i 满足 $|\alpha_i| \leqslant 1, 1 \leqslant i \leqslant N.$ 则

$$EF\left(\left\|\sum_{i=1}^{N} \alpha_i \varepsilon_i x_i\right\|\right) \leqslant EF\left(\left\|\sum_{i=1}^{N} \varepsilon_i x_i\right\|\right), \tag{1.11}$$

且对任何 $t > 0,$

$$P\left\{\left\|\sum_{i=1}^{N} \alpha_i \varepsilon_i x_i\right\| > t\right\} \leqslant 2P\left\{\left\|\sum_{i=1}^{N} \varepsilon_i x_i\right\| > t\right\}. \tag{1.12}$$

证 在 $\mathbf{R}^N$ 上定义函数 $\varphi: (\alpha_1, \cdots, \alpha_N) \to EF\left(\left\|\sum_{i=1}^{N} \alpha_i \varepsilon_i x_i\right\|\right).$ 显然 φ 是凸函数, 并且在紧凸集 $[-1, 1]^N$ 上, φ 在某一极点处达到最大值. 即存在 $\alpha_1^0, \cdots, \alpha_N^0,$ 满足 $\alpha_i^0 = 1$ 或 -1 使得

$$\max_{|\alpha_i| \leqslant 1} EF\left(\left\|\sum_{i=1}^{N} \alpha_i \varepsilon_i x_i\right\|\right) = EF\left(\left\|\sum_{i=1}^{N} \alpha_i^0 \varepsilon_i x_i\right\|\right).$$

由于 $\{\varepsilon_i\}$ 的对称性, $EF\left(\left\|\sum\limits_{i=1}^{N}\alpha_i^0\varepsilon_i x_i\right\|\right)=EF\left(\left\|\sum\limits_{i=1}^{N}\varepsilon_i x_i\right\|\right)$. 这样 (1.11) 式成立.

由 $\{\varepsilon_i\}$ 的对称性, 不妨设 $\alpha_i\geqslant 0$. 进而由 $\{\varepsilon_i;\,1\leqslant i\leqslant N\}$ 同分布, 可设 $\alpha_1\geqslant\cdots\geqslant\alpha_N\geqslant\alpha_{N+1}=0$. 令 $S_k=\sum\limits_{i=1}^{k}\varepsilon_i x_i, 1\leqslant k\leqslant N$, 则 $\sum\limits_{i=1}^{N}\alpha_i\varepsilon_i x_i=\sum\limits_{k=1}^{N}\alpha_k(S_k-S_{k-1})=\sum\limits_{k=1}^{N}(\alpha_k-\alpha_{k+1})S_k$, 所以

$$\left\|\sum_{i=1}^{N}\alpha_i\varepsilon_i x_i\right\|\leqslant\sum_{k=1}^{N}(\alpha_k-\alpha_{k+1})\|S_k\|\leqslant\max_{1\leqslant k\leqslant N}\|S_k\|. \tag{1.13}$$

由 (1.13) 和 Lévy 不等式即得 (1.12). 定理证毕.

如果 $\{X_i\}$ 相互独立但不具对称性, 则可用如下结果代替 Lévy 不等式.

定理 1.4 (Ottaviani 不等式) 令 $\{X_i;\,1\leqslant i\leqslant N\}$ 是 B 值独立 r.v., 记 $S_k=\sum\limits_{i=1}^{k}X_i, 1\leqslant k\leqslant N$, 则对任何 $s,t>0$

$$P\left\{\max_{1\leqslant k\leqslant N}\|S_k\|>t+s\right\}\leqslant\frac{P\{\|S_N\|>t\}}{1-\max\limits_{1\leqslant k\leqslant N}P\{\|S_N-S_k\|>s\}}. \tag{1.14}$$

证 令 $\tau=\inf\{k:k\leqslant N,\|S_k\|>t+s\}$, 其中 $\inf\varnothing=\infty$. 那么 $\{\tau=k\}$ 仅依赖于 $X_1,X_2,\cdots,X_k$, 且

$$P\left\{\max_{1\leqslant k\leqslant N}\|S_k\|>t+s\right\}=\sum_{k=1}^{N}P\{\tau=k\}.$$

当 $\tau=k$ 且 $\|S_N-S_k\|\leqslant s$ 时, 有 $\|S_N\|>t$. 故由独立性

$$P\{\|S_N\|>t\}=\sum_{k=1}^{N}P\{\tau=k,\|S_N\|>t\}$$
$$\geqslant\sum_{k=1}^{N}P\{\tau=k,\|S_N-S_k\|\leqslant s\}$$
$$\geqslant\inf_{k\leqslant N}P\{\|S_N-S_k\|\leqslant s\}\sum_{k=1}^{N}P\{\tau=k\}.$$

得证 (1.14) 式成立. 定理证毕.

下列 Hoffmann-Jørgensen 不等式在 B 值 r.v. 部分和的可积性研究中起着重要作用.

定理 1.5 (Hoffmann-Jørgensen 不等式) 令 $\{X_i; 1 \leqslant i \leqslant N\}$ 是 B 值独立 r.v., 记 $S_k - \sum\limits_{i=1}^{k} X_t$, $k \leqslant N$, 则对任何 $s, t > 0$

$$P\left\{\max_{1 \leqslant k \leqslant N} \|S_k\| > 3t + s\right\} \leqslant \left(P\left\{\max_{1 \leqslant k \leqslant N} \|S_k\| > t\right\}\right)^2 + P\left\{\max_{1 \leqslant i \leqslant N} \|S_i\| > s\right\}.$$
$$(1.15)$$

进一步, 若 $\{X_i; 1 \leqslant i \leqslant N\}$ 又是对称的, 则

$$P\{\|S_N\| > 2t + s\} \leqslant 4\left(P\{\|S_N\| > t\}\right)^2 + P\left\{\max_{1 \leqslant i \leqslant N} \|X_i\| > s\right\}. \qquad (1.16)$$

证 令 $\tau = \inf\{j : j \leqslant N, \|S_j\| > t\}$. 那么 $\{\tau = j\}$ 仅依赖于 $X_1, X_2, \cdots, X_j$, 并且 $\left\{\max\limits_{1 \leqslant k \leqslant N} \|S_k\| > t\right\} = \sum\limits_{j=1}^{N} \{\tau = j\}$. 另外在 $\{\tau = j\}$ 上

$$\begin{aligned}
\|S_k\| &\leqslant t, & k < j, \\
\|S_k\| &\leqslant t + \|X_j\| + \|S_k - S_j\|, & k \geqslant j.
\end{aligned}$$

总之, $\max\limits_{1 \leqslant k \leqslant N} \|S_k\| \leqslant t + \max\limits_{1 \leqslant i \leqslant N} \|X_i\| + \max\limits_{k \leqslant j \leqslant N} \|S_k - S_j\|$. 由此及独立性得

$$P\left\{\max_{1 \leqslant k \leqslant N} \|S_k\| > 3t + s\right\} = \sum_{j=1}^{N} P\left\{\tau = j, \max_{1 \leqslant k \leqslant N} \|S_k\| > 3t + s\right\}$$

$$\leqslant \sum_{j=1}^{N} P\left\{\tau = j, \max_{j < k \leqslant N} \|S_k - S_j\| > 2t\right\}$$

$$+ \sum_{j=1}^{N} P\left\{\tau = j, \max_{1 \leqslant i \leqslant N} \|X_i\| > s\right\}$$

$$\leqslant \sum_{j=1}^{N} P\{\tau = j\} P\left\{\max_{j < k \leqslant N} \|S_k - S_j\| > 2t\right\}$$

$$+ \sum_{j=1}^{N} P\left\{\tau = j, \max_{1 \leqslant i \leqslant N} \|X_i\| > s\right\}$$

$$\leqslant \left(P\left\{\max_{1 \leqslant k \leqslant N} \|S_k\| > t\right\}\right)^2 + P\left\{\max_{1 \leqslant i \leqslant N} \|X_i\| > s\right\}, \qquad (1.17)$$

即第一个结论成立.

现证 (1.16) 式. 对每一 $1 \leqslant j \leqslant N$,

$$\|S_N\| \leqslant \|S_{j-1}\| + \|X_j\| + \|S_N - S_j\|.$$

类似于 (1.17) 式, 我们有

$$P\{\|S_N\| > 2t + s\} = \sum_{j=1}^{N} P\{\tau = j, \|S_N\| > 2t + s\}$$

$$\leqslant \sum_{j=1}^{N} P\{\tau = j\} P\{\|S_N - S_j\| > t\} + \sum_{j=1}^{N} P\left\{\tau = j, \max_{1 \leqslant i \leqslant N} \|X_i\| > s\right\}.$$

由 Lévy 不等式得证 (1.16) 式成立. 证毕.

推论 1.1 设 $0 < p < \infty$, $\{X_i; 1 \leqslant i \leqslant N\}$ 是 $L_p(B)$ 中的独立 r.v., 记 $S_k = \sum_{i=1}^{k} X_i, 1 \leqslant k \leqslant N$. 定义 $t_0 = \inf\{t : t > 0, P(\max_{k \leqslant N} \|S_k\| > t) \leqslant (2 \cdot 4^p)^{-1}\}$, 则

$$E \max_{k \leqslant N} \|S_k\|^p \leqslant 2 \cdot 4^p E \max_{1 \leqslant i \leqslant N} \|X_i\|^p + 2 (4t_0)^p. \tag{1.18}$$

进而若 X_i 是对称的, 定义 $t_0 = \inf\left\{t : t > 0, P(\|S_N\| > t) \leqslant (8 \cdot 3^p)^{-1}\right\}$, 则

$$E \|S_N\|^p \leqslant 2 \cdot 3^p E \max_{1 \leqslant i \leqslant N} \|X_i\|^p + 2 (3t_0)^p. \tag{1.19}$$

证 仅证 (1.19), (1.18) 可类似地证明. 令 $u > t_0$. 由 (1.16) 及分部积分公式有

$$E \|S_N\|^p = \int_0^\infty P\{\|S_N\| > t\} \, dt^p$$

$$= 3^p \left(\int_0^u + \int_u^\infty\right) P\{\|S_N\| > 3t\} \, dt^p$$

$$\leqslant 3^p u^p + 4 \cdot 3^p \int_u^\infty (P(\|S_N\| > t))^2 \, dt^p$$

$$+ 3^p \int_u^\infty P\left\{\max_{1 \leqslant i \leqslant N} \|X_i\| > t\right\} dt^p$$

$$\leqslant 3^p u^p + 4 \cdot 3^p P\{\|S_N\| > u\} \int_0^\infty P\{\|S_N\| > t\} \, dt^p$$

$$+ 3^p E \max_{1 \leqslant i \leqslant N} \|X_i\|^p$$

$$\leqslant 3^p u^p + \frac{1}{2} E \|S_N\|^p + 3^p E \max_{1 \leqslant i \leqslant N} \|X_i\|^p.$$

经过变形得

$$E \|S_N\| \leqslant 2 \cdot 3^p u^p + 2 \cdot 3^p E \max_{1 \leqslant i \leqslant N} \|X_i\|^p.$$

既然 $u > t_0$ 可任意选取, 得 (1.19) 式成立. 证毕.

推论 1.2 设 $0 < p < \infty$, $\{X_i; i \geqslant 1\}$ 是一列独立 B 值 r.v., 令 $S_n = \sum\limits_{i=1}^{n} X_i$, $n \geqslant 1$. 如果 $\sup\limits_{n} \|S_n\| < \infty$ a.s. 那么下列条件等价:

(i) $E \sup\limits_{n} \|S_n\|^p < \infty$;

(ii) $E \sup\limits_{n} \|X_n\|^p < \infty$.

如果 S_n a.s. 收敛, 则 (i) 和 (ii) 等价于

(iii) $E \left\| \sum\limits_{i=1}^{\infty} X_i \right\|^p < \infty$.

非常有趣的是 Borel-Cantelli 引理的独立部分可以从推论 1.2 得到. 事实上, 若 $\{A_n; n \geqslant 1\}$ 是一列独立事件, 且 $P\{A_n, \text{i.o.}\} = 0$, 即 $\sum\limits_{n=1}^{\infty} I(A_n)$ a.s. 收敛, 那么 $\sum\limits_{n=1}^{\infty} EI(A_n) = \sum\limits_{n=1}^{\infty} P(A_n) < \infty$.

§2 中心极限定理

设 X 是 B 值 r.v., $\{X_i; i \geqslant 1\}$ 是一列与 X 同分布的独立 r.v., 记 $S_n = \sum\limits_{i=1}^{n} X_i$. 如果 $S_n/\sqrt{n}$ 弱收敛, 则称 X 满足**中心极限定理**, 并记作 $X \in \text{CLT}(B)$.

当 $B = \mathbf{R}$ 时, $X \in \text{CLT}(\mathbf{R})$ 当且仅当 $EX = 0$, $EX^2 < \infty$. 此时 $S_n/\sqrt{n}$ 弱收敛于正态分布 $N(0, \sigma^2)$, $\sigma^2 = EX^2$. 对一般 Banach 空间 B, 如果 $X \in \text{CLT}(B)$, 那么对任何 $f \in B'$, $f(X) \in \text{CLT}(\mathbf{R})$. 因此 $Ef(X) = 0$, $Ef(X)^2 < \infty$, 且 $S_n/\sqrt{n}$ 弱收敛于一个 B 值 Gauss r.v. $G = G(X)$, 其中 G 与 X 具有相同的协方差结构 (即 $Ef(G)^2 = Ef(X)^2$), 此时称 X 为**预** Gauss r.v. 然而 $E\|X\|^2 < \infty$ 既不是 $X \in \text{CLT}(B)$ 的充分条件, 也不是必要条件. 正如下面结果所表明的那样, $X \in \text{CLT}(B)$ 不仅与 X 的概率性质有关, 而且依赖于 Banach 空间 B 的几何结构. 我们将从满足中心极限定理的 B 值 r.v.X 的范数的可积性的讨论开始.

定理 2.1 若 $X \in \text{CLT}(B)$, 那么 $EX = 0$, 且

$$\lim_{t \to \infty} t^2 P\{\|X\| > t\} = 0. \tag{2.1}$$

特别, 当 $0 < p < 2$ 时, $E\|X\|^p < \infty$.

证 仅给出 (2.1) 的证明. 首先假设 X 是对称的 r.v. 令 $0 < \varepsilon \leqslant 1$, $G = G(X)$ 表示 $S_n/\sqrt{n}$ 的极限 r.v., 故对任何 $t > 0$

$$\limsup_{n \to \infty} P\{\|S_n\|/\sqrt{n} > t\} \leqslant P\{\|G\| > t\}. \tag{2.2}$$

因 G 是 Gauss r.v., $E\|G\|^2 < \infty$. 所以可选 $t_0 = t_0(\varepsilon)\ (\geqslant \varepsilon)$ 充分大使得 $P\{\|G\| > t_0\} \leqslant \varepsilon/t_0^2$. 由 (2.2), 存在 $n_0 = n_0(\varepsilon)$, 当 $n \geqslant n_0$ 时,

$$P\{\|S_n\|/\sqrt{n} > t_0\} \leqslant 2\varepsilon/t_0. \tag{2.3}$$

又由 Lévy 不等式有

$$P\left\{\max_{1 \leqslant i \leqslant n} \|X_i\| > t_0\sqrt{n}\right\} \leqslant 4\varepsilon/t_0^2 \quad (\leqslant 1/2).$$

再由 $\{X_i\}$ 独立同分布推得

$$nP\{\|X\| > t_0\sqrt{n}\} \leqslant 8\varepsilon/t_0^2. \tag{2.4}$$

由此从 (2.4) 可推出

$$\limsup_{t \to \infty} t^2 P\{\|X\| > t\} \leqslant 16\varepsilon.$$

由 ε 任意性得证 $\lim_{t \to \infty} t^2 P\{\|X\| > t\} = 0$.

如果 X 不对称, 令 X' 与 X 独立同分布, 记 $\widetilde{X} = X - X'$, 则 $\widetilde{X} \in \mathrm{CLT}(B)$. 由已证的结果有

$$\lim_{t \to \infty} t^2 P\left\{\|\widetilde{X}\| > t\right\} = 0.$$

令 u 满足 $P\{\|X\| \leqslant u\} \geqslant 1/2$. 由 (1.4) 得

$$P\{\|X\| > t + u\} \leqslant 2P\left\{\|\widetilde{X}\| > t\right\},$$

所以仍成立着 $\lim_{t \to \infty} t^2 P\{\|X\| > t\} = 0$. 证毕.

推论 2.1 如果 $X \in \mathrm{CLT}(B)$, 则

$$\lim_{t \to \infty} t^2 \sup_n P\{\|S_n\|/\sqrt{n} > t\} = 0. \tag{2.5}$$

特别, 对 $0 < p < 2$, $\sup_n E\|S_n/\sqrt{n}\|^p < \infty$.

证 对任何给定的 k, 记 $Y = S_k/\sqrt{k}$. 令 $Y_1, Y_2, \cdots, Y_m$ 相互独立与 Y 同分布, 则 $\sum_{i=1}^m Y_i/\sqrt{m}$ 与 $S_{mk}/\sqrt{mk}$ 同分布. 在定理 2.1 的证明中用 Y 代替 X 即得. 证毕.

为方便计, 记 $\mathrm{CLT}\,(X) = \sup\limits_n E\,\|S_n\|/\sqrt{n}$.

称 X 满足**有界中心极限定理**, 记作 $X \in \mathrm{BCLT}\,(B)$, 如果 $S_n/\sqrt{n}$ 依概率有界, 即对任给 $\varepsilon > 0$, 存在 $M > 0$ 使得 $\sup\limits_n P\,\{\|S_n\|/\sqrt{n} > M\} < \varepsilon$. 定理 2.1 及其推论 2.1 的证明表明, 若 $X \in \mathrm{BCLT}\,(B)$, 那么 $EX = 0$ 且 $\sup\limits_{t>0}\sup\limits_n t^2 P\,\{\|S_n\|/\sqrt{n} > t\} < \infty$.

当 $B = \mathbf{R}$ 时, $X \in \mathrm{BCLT}\,(\mathbf{R})$ 等价于 $X \in \mathrm{CLT}\,(\mathbf{R})$. 在此我们运用 §1 的结果证明之. 此时只需证明从 $X \in \mathrm{BCLT}\,(\mathbf{R})$ 可推出 $EX = 0, EX^2 < \infty$.

首先假设 X 是对称的. 对 $n \geqslant 1, i = 1, 2, \cdots, n$, 令

$$u_i = u_i\,(n) = X_i I(|X_i| \leqslant \sqrt{n}). \tag{2.6}$$

由压缩原理有

$$P\left\{\left|\sum_{i=1}^n u_i\right| > t\right\} \leqslant 2P\left\{|S_n|/\sqrt{n} > t\right\}.$$

当 $X \in \mathrm{BCLT}\,(\mathbf{R})$ 时, 可选 t_0(与 n 无关) 满足 $P\{|S_n|/\sqrt{n} > t_0\} < 1/144$. 由此即得

$$P\left\{\left|\sum_{i=1}^n u_i\right| > t_0\right\} < 1/72.$$

从 (1.19) 式知 $E\left|\sum\limits_{i=1}^n u_i\right|^2 \leqslant 18\,(1 + t_0^2)$. 因 $\{u_i; 1 \leqslant i \leqslant n\}$ 是 i.i.d.r.v. 且是对称的, 所以 $E|X|^2\,I\,(|X| \leqslant \sqrt{n}) \leqslant 18\,(1 + t_0^2)$. 让 $n \to \infty$, 得证 $E|X|^2 < \infty$.

若 X 不对称, 定义 X' 与 X 独立同分布, 令 $\widetilde{X} = X - X'$. 显然 $\widetilde{X} \in \mathrm{BCLT}\,(\mathbf{R})$. 由上面已证的结论, $E\widetilde{X}^2 < \infty$, 它等价于 $EX^2 < \infty$. 由第四章知从大数定律可推得 $EX = 0$.

然而, 对于一般的 Banach 空间 B, $X \in \mathrm{BCLT}\,(B)$ 不能推出 $X \in \mathrm{CLT}(B)$. 考虑 $B = C_0$[①], 用 $\{e_k; k \geqslant 1\}$ 表示 C_0 的标准单位基, 令

$$X = \{\varepsilon_k e_k/(2\log(k+1))^{1/2},\ k \geqslant 1\}, \tag{2.7}$$

则 $X \in \mathrm{BCLT}(C_0)$.

[①]空间 C_0 为一切 $x = \{x_n\}, x_n \to 0\ (n \to \infty), \|x\| = \sup\limits_n |x_n|$.

事实上, 对任何 $M > 0$,

$$P\left\{\|S_n\|/\sqrt{n} > M\right\}$$

$$= 1 - \prod_{k=1}^{\infty}\left(1 - P\left\{\left|\sum_{i=1}^{n}\varepsilon_i\right|\bigg/\sqrt{n} > M\left(2\log\left(k+1\right)\right)^{1/2}\right\}\right)$$

$$\leqslant 1 - \prod_{k=1}^{\infty}\left(1 - 2\exp\left(-M^2\log\left(k+1\right)\right)\right)$$

$$\leqslant 4\sum_{k=1}^{\infty}\exp\left(-M^2\log\left(k+1\right)\right). \tag{2.8}$$

但 X 不是预 Gauss r.v., 因为与 X 具有相同协方差结构的 Gauss r.v. G 应具有下述形式:

$$G = \left\{g_k e_k/\left(2\log\left(k+1\right)\right)^{1/2}; \, k \geqslant 1\right\}, \tag{2.9}$$

其中 $\{g_k; \, k \geqslant 1\}$ 为独立的标准正态 r.v. 序列. 而另一方面

$$\limsup_{k\to\infty}|g_k|/\left(2\log\left(k+1\right)\right)^{1/2} = 1 \, \text{a.s.},$$

即 $G \in C_0$.

回顾 B 上概率测度列弱收敛的一般准则, 第五章 Prohorov 定理指出: B 上概率测度列 $\{P_n\}$ 是弱相对紧的当且仅当它是一致胎紧的, 即对每个 $\varepsilon > 0$, 存在 B 的紧子集 K 使得对一切 $n \geqslant 1$

$$P_n\left(K\right) > 1 - \varepsilon. \tag{2.10}$$

对于 B 的紧子集的刻画, 我们有

引理 2.1 B 的子集 K 是紧的当且仅当

(i) K 有界;

(ii) 对每一 $\varepsilon > 0$, 存在 B 的有限维子空间 F, 使对任一 $x \in K$, $d(x, F) < \varepsilon$.

若 F 是 B 的闭子空间, $T = T_F$ 表示 B 到 B/F 的商映射, 记 $\|T(x)\| = d(x, F)$, $x \in B$.

由 (2.10) 和引理 2.2, 我们可以看出, 如果对每一 $\varepsilon > 0$, 存在 B 的有界子集 L, 满足:

$$P_n\left(L\right) > 1 - \varepsilon, \, n \geqslant 1, \tag{2.11}$$

且有一个有限维子空间 F, 满足:

$$P_n\left\{x : d\left(x, F\right) < \varepsilon\right\} > 1 - \varepsilon, \quad n \geqslant 1, \tag{2.12}$$

那么 $\{P_n, n \geqslant 1\}$ 是弱相对紧的.

实际上, 当 (2.12) 成立时, (2.11) 可放宽为对每一 $f \in B'$, $\{P_n \circ f^{-1}\}$ 是弱相对紧的.

应用上面的讨论可得: $X \in \mathrm{CLT}(B)$ 当且仅当对任何 $\varepsilon > 0$, 存在 B 的紧子集 K 使得对 $n \geqslant 1$ 有

$$P\left\{S_n/\sqrt{n} \in K\right\} > 1 - \varepsilon. \tag{2.13}$$

等价地, 对每一 $f \in B'$, $f(X) \in \mathrm{CLT}(\mathbf{R})$ 且对任何 $\varepsilon > 0$, 存在有限维闭子空间 F 使得对 $n \geqslant 1$ 有

$$P\left\{\left\|T\left(S_n/\sqrt{n}\right)\right\| > \varepsilon\right\} < \varepsilon. \tag{2.14}$$

进而由定理 2.1 及其推论的证明可以看出, (2.14) 等价于 $\mathrm{CLT}(T(X)) < \varepsilon$. 特别, 如果对每一 $\varepsilon > 0$, 存在一个零均值简单 r.v. Y 使得 $\mathrm{CLT}(X - Y) < \varepsilon$, 则 $X \in \mathrm{CLT}(B)$. 另外, $X \in \mathrm{CLT}(B)$ 当且仅当 $X - X' \in \mathrm{CLT}(B)$, 也当且仅当 $\varepsilon X \in \mathrm{CLT}(B)$, 其中 X 与 X' 独立同分布, ε 为 Rademacher r.v.

一般地, 难以找到一个仅依赖于 X 的分布的条件, 使得 X 满足中心极限定理. 但在特殊的一类空间上, 如 2 型和 2 余型空间上, 却有相当完满的结果. 为此引入下列定义.

定义 2.1　令 $\{\varepsilon_i\}$ 为 Rademacher 序列.

(i) 设 $1 \leqslant p \leqslant 2$, 称 Banach 空间 B 为 p 型空间, 如果存在常数 $C > 0$, 使对 B 中任意 $n(\geqslant 1)$ 个元 $x_1, \cdots, x_n$

$$\left\|\sum_{i=1}^{n} \varepsilon_i x_i\right\|_p \leqslant C \left(\sum_{i=1}^{n} \|x_i\|^p\right)^{1/p};$$

(ii) 设 $2 \leqslant q \leqslant \infty$, 称 Banach 空间 B 为 q 余型空间, 如果存在常数 $C > 0$ 使对 B 中任意 $n(\geqslant 1)$ 个元 $x_1, \cdots, x_n$

$$\left\|\sum_{i=1}^{n} \varepsilon_i x_i\right\|_q \geqslant C \left(\sum_{i=1}^{n} \|x_i\|^q\right)^{1/q}.$$

由定义可知, 每一 Banach 空间都是 1 型和 ∞ 余型空间.

定理 2.2　设 B 是 2 型空间, X 是 B 值 r.v., 若 $EX = 0$, $E\|X\|^2 < \infty$, 则 $X \in \mathrm{CLT}(B)$.

证　设 $\{X, X_i; i \geqslant 1\}$ 是 i.i.d. 的. 由 Fubini 定理及 2 型空间的定义, 存在常数 $C > 0$, 使得

$$\mathrm{CLT}(X) = \sup_n E \left\| \sum_{i=1}^n X_i/\sqrt{n} \right\| \leqslant 2 \sup_n E \left\| \sum_{i=1}^n \varepsilon_i X_i/\sqrt{n} \right\|$$

$$\leqslant 2 \sup_n \left\{ E_X E_\varepsilon \left\| \sum_{i=1}^n \varepsilon_i X_i/\sqrt{n} \right\|^2 \right\}^{1/2} \leqslant 2C \sup_n \left\{ E_X \sum_{i=1}^n \|X_i\|^2/n \right\}^{1/2}$$

$$= 2C \left(E\|X\|^2 \right)^{1/2}. \tag{2.15}$$

由假设 $E\|X\|^2 < \infty$, 故对任给 $\varepsilon > 0$, 可选一零均值的简单 r.v. Y 使得 $E\|X - Y\|^2 < \varepsilon^2/(4C^2)$. 而 (2.15) 式对 $X - Y$ 也同样成立, 即有

$$\mathrm{CLT}(X - Y) \leqslant 2C \left(E\|X - Y\|^2 \right)^{1/2} < \varepsilon.$$

得证 $X \in \mathrm{CLT}(B)$. 证毕.

定理 2.3　设 B 是 2 余型空间, X 是 B 值 r.v., 如果 X 是预 Gauss 的, 即对任何 $f \subset B'$, $Ef(X) = 0$, $Ef(X)^2 < \infty$, 且存在一个零均值 Gauss r.v. $G = G(X)$ 具有与 X 相同的协方差结构, 则 $X \in \mathrm{CLT}(B)$.

为证明定理 2.3, 需要下述三个引理.

引理 2.2　设 X, Y 是 B 值零均值 Gauss r.v., 如果对所有 $f \in B'$, $Ef(Y)^2 \leqslant Ef(X)^2$, 则对任何凸集 C,

$$\{Y \in C\} \leqslant 2P\{X \in C\}. \tag{2.16}$$

证　不妨设 X 与 Y 相互独立. 令 Z 是与 Y 独立的零均值 Gauss r.v., 具有协方差结构 $Ef(Z)^2 = Ef(X)^2 - Ef(Y)^2$. 则 $Y - Z, Y + Z$ 与 X 同分布. 因此, 对任何凸集 C

$$P\{Y \in C\} = P \left\{ \frac{1}{2} \left((Y + Z) + (Y - Z) \right) \in C \right\}$$

$$\leqslant P\{Y + Z \in C\} + P\{Y - Z \in C\}$$

$$= 2P\{X \in C\}.$$

引理 2.3　令 X 是 B 值预 Gauss r.v., Y 满足 $Ef(Y) = 0$, $Ef(Y)^2 \leqslant Ef(X)^2$, $f \in B'$. 则 Y 也是预 Gauss 的, 且对 $p > 0$, $E\|G(Y)\|^p \leqslant 2E\|G(X)\|^p$, 其中 $G(X), G(Y)$ 分别为与 X, Y 相伴的 Gauss r.v.

证 因为 B 是可分的, 故可设 $\mathscr{A}$ 为可数生成的 σ 域. 这样 $L_2(\Omega, \mathscr{A}, P)$ 是可分的 Hilbert 空间. 特别, 存在一列标准正交基 $\{h_i\}$. 对 $N \geqslant 1$, 定义

$$G_N = \sum_{i=1}^{N} g_i E(h_i Y),$$

其中 $\{g_i; i \geqslant 1\}$ 是一列相互独立的标准正态 r.v.

由定义, 对 $f \in B'$

$$Ef(G_N)^2 \leqslant Ef(Y)^2 \leqslant Ef(X)^2 = Ef(G(X))^2. \tag{2.17}$$

由引理 2.2, 对 $N \geqslant 1$ 与任何凸集 C 有 $P\{G_N \in C\} \leqslant 2P\{G(X) \in C\}$. 从而 $\{G_N; N \geqslant 1\}$ 是一致胎紧的, 所以是弱相对紧的.

另外, 对每一 $f \in B'$, $Ef(G_N)^2 \to Ef(Y)^2$. 所以 G_N 弱收敛于一个 Gauss r.v. $G(Y)$, 且 $G(Y)$ 与 Y 有相同的协方差结构. 进而, 从 (2.17) 可得 $Ef(G(Y))^2 \leqslant Ef(G(X))^2$. 再由引理 2.2 得对任何 $t > 0$,

$$P\{\|G(Y)\| > t\} \leqslant 2P\{\|G(X)\| > t\}. \tag{2.18}$$

这样对 $p > 0$ 有 $E\|G(Y)\|^p \leqslant 2E\|G(X)\|^p$.

引理 2.4 若 B 是 2 余型空间, X 为预 Gauss r.v., 则 $E\|X\|^2 \leqslant CE\cdot\|G(X)\|^2 < \infty$, 其中 C 是仅依赖于 B 的 2 余型常数.

证 当 B 是 2 余型空间时, 存在常数 $C > 0$, 使对任意 n 个元素 $x_1, x_2, \cdots,$ $x_n \in B$,

$$\sum_{i=1}^{n} \|x_i\|^2 \leqslant CE\left\|\sum_{i=1}^{n} g_i x_i\right\|^2, \tag{2.19}$$

其中 $\{g_i; i \geqslant 1\}$ 是一列相互独立的标准正态 r.v.

对 $t > 0$, 令 $Y = \varepsilon X I(\|X\| \leqslant t)$, 其中 ε 为 Rademacher r.v. 且与 X 独立. 由引理 2.3, Y 是预 Gauss 的, 且 $E\|G(Y)\|^2 \leqslant 2E\|G(X)\|^2$. 另一方面, 存在单调增加的有限 σ 域序列 $\mathscr{A}_N$. 若记 $Y^N = E(Y\,|\,\mathscr{A}_N)$, 则 Y^N a.s. 收敛于 Y, 且也按 $L_2(B)$ 范数收敛. 由于 $\mathscr{A}_N$ 是有限 σ 域, 故 Y^N 可写成有限和 $\sum_i x_i I(A_i)$, 其中 $A_i \in \mathscr{A}_N$ 互不相交. 由此易见

$$G(Y^N) = \sum_i g_i P(A_i)^{1/2} x_i, \quad E\|Y^N\|^2 = \sum_i P(A_i)\|x_i\|^2.$$

这样, 由 (2.19) 式有

$$E\|Y^N\|^2 \leqslant CE\|G(Y^N)\|^2. \tag{2.20}$$

因对每一 $f \in B'$, $Ef\left(Y^N\right)^2 \leqslant Ef(Y)^2$, 故从引理 2.3 得

$$E\left\|G\left(Y^N\right)\right\|^2 \leqslant 2E\left\|G(Y)\right\|^2.$$

由此即得

$$E\left\|Y^N\right\|^2 \leqslant 2CE\left\|G(Y)\right\|^2 \leqslant 4CE\left\|G(X)\right\|^2,$$

让 $N \to \infty$ 有 $E\|Y\|^2 \leqslant 4CE\|G(X)\|^2$. 由 $t > 0$ 的任意性得证 $E\|X\|^2 \leqslant 4CE\|G(X)\|^2 < \infty$. 证毕.

定理 2.3 的证明　由于 X 是预 Gauss 的, 设相伴的 Gauss r.v. 为 $G(X)$. 由引理 2.4 有

$$E\|X\|^2 \leqslant CE\|G(X)\|^2 < \infty. \tag{2.21}$$

所以对每一 $n \geqslant 1$, $S_n/\sqrt{n}$ 是预 Gauss 的, 且相伴的 Gauss r.v. 仍为 $G(X)$. 因此

$$\mathrm{CLT}(X) \leqslant C\left(E\|G(X)\|^2\right)^{1/2}. \tag{2.22}$$

另一方面, $E\|X\|^2 < \infty$ 表明存在单调增加的有限 σ 域序列 $\mathscr{A}_N$, 若记 $X^N = E(X|\mathscr{A}_N)$, 则 X^N a.s. 收敛于 X, 且也按 $L_2(B)$ 范数收敛. 对每一 $N \geqslant 1$, $f \in B'$, 有

$$Ef\left(X - X^N\right)^2 \leqslant 2Ef(X)^2 = 2Ef\left(G(X)\right)^2.$$

由引理 2.3, $X - X^N$ 是预 Gauss 的, 且

$$Ef\left(G\left(X - X^N\right)\right)^2 \leqslant 2Ef\left(G(X)\right)^2.$$

由引理 2.2, Gauss 序列 $G\left(X - X^N\right)$ 是一致胎紧的. 既然对每一 $f \in B'$, $Ef\left(X - X^N\right)^2 \to 0$ $(N \to \infty)$, 所以 $G\left(X - X^N\right)$ 弱收敛于 0. 由 Gauss r.v. 可积性, 对任何 $\varepsilon > 0$, 存在 N 使得 $E\left\|G\left(X - X^N\right)\right\|^2 < \varepsilon^2/C^2$. 应用 (2.22) 于 $X - X^N$ 上, 得

$$\mathrm{CLT}(X - X^N) \leqslant C(E\|G(X - X^N)\|^2)^{1/2} < \varepsilon.$$

得证 $X \in \mathrm{CLT}(B)$. 证毕.

§3　大 数 定 律

在讨论大数定律前, 我们先介绍 B 值随机级数的收敛性, 它是第四章定理 2.4 和 2.5 在 B 上的推广.

定理 3.1 (Lévy-Itô-Nisio) 设 $\{X_i; i \geqslant 1\}$ 是 B 值对称 r.v. 序列, 记 $S_n = \sum_{i=1}^{n} X_i$ 的分布为 μ_n, 则下述事实等价:

(i) S_n a.s. 收敛;

(ii) S_n 依概率收敛;

(iii) μ_n 弱收敛;

(iv) 在 $(B, \mathscr{B})$ 上存在概率测度 μ, 使得 $\mu_n \circ f^{-1}$ 弱收敛于 $\mu \circ f^{-1}$, $f \in B'$.

证 (ii) $\Rightarrow$ (i) 若 S_n 依概率收敛于 S, 那么存在一整数子列 $\{n_k\}$, 使得

$$\sum_{k=1}^{\infty} P\left\{\|S_{n_k} - S\| > 2^{-k}\right\} < \infty.$$

由 Lévy 不等式有

$$P\left\{\max_{n_{k-1} < n \leqslant n_k} \|S_n - S_{n_{k-1}}\| > 2^{-k+2}\right\} \leqslant 2P\left\{\|S_{n_k} - S_{n_{k-1}}\| > 2^{-k+2}\right\}$$

$$\leqslant 2\left(P\left\{\|S_{n_k} - S\| > 2^{-k}\right\} + P\left\{\|S_{n_{k-1}} - S\| > 2^{-k+1}\right\}\right).$$

应用 Borel-Cantelli 引理得 S_n 是 a.s. Cauchy 列, 得证 (i) 成立.

(iii) $\Rightarrow$ (ii) 先证. $X_n \xrightarrow{P} 0$. 首先, $X_n = S_n - S_{n-1}$ 是弱相对紧的. 另一方面, 对每一 $f \in B'$, $f(S_n)$ 依分布收敛, 故对任给 $\delta > 0$, 存在 $M > 0$ 满足

$$\sup_n P\left\{|f(S_n)| > M\right\} < \delta^2. \tag{3.1}$$

Rademacher 序列 $\{\varepsilon_i\}$ 与 $\{X_i\}$ 是相互独立的. 以 $P_X, E_X (P_\varepsilon, E_\varepsilon)$ 分别表示关于 $\{X_i\}(\{\varepsilon_i\})$ 的条件概率与条件期望. 由 $\{X_i\}$ 的对称性有

$$\sup_n P_X P_\varepsilon \left\{\left|\sum_{i=1}^{n} \varepsilon_i f(X_i)\right| > M\right\} < \delta^2.$$

令 $A = \left\{\omega : P_\varepsilon\left(\left|\sum_{i=1}^{n} \varepsilon_i f(X_i(\omega))\right| > M\right) < \delta^2\right\}$. 由 Fubini 定理得 $P(A) = P_X(A) > 1 - \delta$. 对 $\omega \in A$ 有

$$\left(E_\varepsilon\left|\sum_{i=1}^{n} \varepsilon_i f(X_i(\omega))\right|^2\right)^{1/2} \leqslant \sqrt{2} E_\varepsilon\left|\sum_{i=1}^{n} \varepsilon_i f(X_i(\omega))\right|. \tag{3.2}$$

若 $\delta \leqslant 1/8$, 则有

$$E_\varepsilon \left| \sum_{i=1}^n \varepsilon_i f(X_i(\omega)) \right| \leqslant M + P_\varepsilon \left\{ \left| \sum_{i=1}^n \varepsilon_i f(X_i(\omega)) \right| > M \right\}^{1/2}$$

$$\cdot \left(E_\varepsilon \left| \sum_{i=1}^n \varepsilon_i f(X_i(\omega)) \right|^2 \right)^{1/2}$$

$$\leqslant M + E_\varepsilon \left| \sum_{i=1}^n \varepsilon_i f(X_i(\omega)) \right| \leqslant 2M.$$

从 (3.2) 可得 $\sum_{i=1}^n f(X_i(\omega))^2 \leqslant 8M^2$. 由此即得

$$\sup_n P \left\{ \sum_{i=1}^n f(X_i)^2 > 8M^2 \right\} < \delta^2,$$

所以 $\sum_{i=1}^n f(X_i)^2 < \infty$ a.s., 由此必有 $f(X_n) \to 0$ a.s. 故得 X_n 弱收敛于 0.

假设 S_n 不依概率收敛, 即 S_n 不是依概率 Cauchy 序列, 那么存在 $\{n_k\}$ 使得 $T_k = S_{n_k} - S_{n_{k-1}}$ 不依概率趋于 0. 但已知 $\sum_k T_k = \sum_i X_i$ 弱收敛, 由上面已证的结果知 $T_k \xrightarrow{P} 0$. 矛盾.

(iv) $\Rightarrow$ (iii)　因 B 可分, 故对每一闭子空间 F, 存在一列 $f_m \in B'$, $\|f_m\| = 1$, 使对任何 $x \in B$, $d(x, F) = \sup_{m \geqslant 1} |f_m(x)|$. 由假设知 $(f_1(S_n), \cdots, f_m(S_n))$ 在 $\mathbf{R}^m$ 上弱收敛于 $(\mu \circ f_1^{-1}, \cdots, \mu \circ f_m^{-1})$. 从 Lévy 不等式, 对 $\varepsilon > 0$ 有

$$P \left\{ \max_{1 \leqslant i \leqslant m} |f_i(S_n)| > \varepsilon \right\} \leqslant 2\mu \left\{ x : \max_{1 \leqslant i \leqslant m} |f_i(x)| > \varepsilon \right\}.$$

由此即得对任何 $\varepsilon > 0$, $n \geqslant 1$ 有

$$P\{d(S_n, F) > \varepsilon\} = P \left\{ \sup_{m \geqslant 1} |f_m(S_n)| > \varepsilon \right\}$$

$$\leqslant \sup_{m \geqslant 1} P \left\{ \max_{i \leqslant m} |f_i(S_n)| > \varepsilon \right\} \leqslant 2 \sup_m \mu \left\{ x : \max_{i \leqslant m} |f_i(x)| > \varepsilon \right\}$$

$$\leqslant 2\mu \left\{ x : \sup_{m \geqslant 1} |f_m(x)| > \varepsilon \right\} = 2\mu\{x : d(x, F) > \varepsilon\}, \tag{3.3}$$

其中 μ 是 $(B, \mathscr{B})$ 上的概率测度. 对任给 $\varepsilon > 0$, 可选 F 使 (3.3) 式右边任意地小, 从而 S_n 是弱相对紧的. 即得 (iii) 成立.

而由 (i) $\Rightarrow$ (ii) $\Rightarrow$ (iii) $\Rightarrow$ (iv) 是显然的. 证毕.

现在我们来讨论 B 值 r.v. 的大数定律. 设 $\{X_i; i \geqslant 1\}$ 是 B 值 r.v. 序列, 记 $S_n = \sum_{i=1}^{n} X_i$. 又设 $\{a_n\}$ 是单调递增趋向无穷的正数列. 我们先来看 S_n/a_n 的 a.s. 性质. 易见下述引理成立.

引理 3.1 设 $\{Y_n, Y_n'; n \geqslant 1\}$ 是独立 r.v. 序列, $Y_n - Y_n'$ a.s. 有界 $(Y_n - Y_n' \to 0 \text{ a.s.})$, 且 Y_n 依概率有界 $(Y_n \xrightarrow{P} 0)$, 那么 $\{Y_n\}$ a.s. 有界 $(Y_n \to 0 \text{ a.s.})$. 精确地说, 若存在数 M 和 A,

$$\limsup_{n \to \infty} \|Y_n - Y_n'\| \leqslant M \text{ a.s.}, \quad \limsup_{n \to \infty} P\{\|Y_n'\| > A\} < 1,$$

则

$$\limsup_{n \to \infty} \|Y_n\| \leqslant 2M + A \quad \text{a.s.}$$

给定 B 值独立 r.v. 序列 $\{X_i\}$, 定义 $\{X_i'\}$ 是与 $\{X_i\}$ 独立同分布的 B 值 r.v. 序列, 则 $\widetilde{X}_i = X_i - X_i'$, $i \geqslant 1$ 为独立对称 r.v. 引理 3.1 指出在对 S_n/a_n 的依概率性质作一适当假设下, 只要研究 $\sum_{i=1}^{n} \widetilde{X}_i/a_n$ 的 a.s. 性质, 就可获得 S_n/a_n 的 a.s. 性质. 因此不失一般性, 我们总可假设 $\{X_i\}$ 是独立对称 r.v. 序列.

引理 3.2 设 $\{X_i\}$ 是 B 值独立对称 r.v. 序列, 如果 S_n/a_n 依概率有界 $(S_n/a_n \xrightarrow{P} 0)$, 则对任何 $p > 0$ 和有界正数列 $\{c_n\}$, $\left\{E\left\|\sum_{i=1}^{n} X_i I(\|X_i\| \leqslant c_n a_n)\right\|^p \right/$ $a_n^p, n \geqslant 1\}$, 有界 (收敛于 0).

证 仅对 $S_n/a_n \xrightarrow{P} 0$ 情形证明引理成立. 假设 $c_n \leqslant c$, $n \geqslant 1$. 由 (1.19) 式我们有

$$E\left\|\sum_{i=1}^{n} X_i I(\|X_i\| \leqslant c_n a_n)\right\|^p$$
$$\leqslant 2 \cdot 3^p E \max_{1 \leqslant i \leqslant n} \|X_i\|^p I(\|X_i\| \leqslant c_n a_n) + 2(3 t_0(n))^p, \tag{3.4}$$

其中 $t_0(n) = \inf\left\{t > 0, P\left\{\left\|\sum_{i=1}^{n} X_i I(\|X_i\| \leqslant c_n a_n)\right\| > t\right\} \leqslant (8 \cdot 3^p)^{-1}\right\}$.

因 $S_n/a_n \xrightarrow{P} 0$, 从压缩原理得 $a_n^{-1} \sum\limits_{i=1}^{n} X_i I\left(\|X_i\| \leqslant c_n a_n\right) \xrightarrow{P} 0$. 因此 $t_0(n)/n \to 0$. 另一方面

$$a_n^{-p} E \max_{1 \leqslant i \leqslant n} \|X_i\|^p I\left(\|X_i\| \leqslant c_n a_n\right) \leqslant a_n^{-p} \int_0^{c a_n} P\left\{\max_{1 \leqslant i \leqslant n} \|X_i\| > t\right\} \mathrm{d}t^p$$

$$\leqslant 2 \int_0^c P\left\{\|S_n\| > t a_n\right\} \mathrm{d}t^p. \tag{3.5}$$

由控制收敛定理, (3.5) 右边趋于 0, 引理证毕.

设 $1 < c \leqslant C < \infty$, $\{a_n\}$ 中存在子数列 $\{a_{k_n}\}$ 满足 $c a_{k_n} \leqslant a_{k_{n+1}} \leqslant C a_{k_n}$. 记 $I(n) = \{k_{n-1}+1, \cdots, k_n\}$.

引理 3.3 设 $\{X_i; i \geqslant 1\}$ 是独立对称 B 值 r.v. 序列, 那么 S_n/a_n a.s. 有界 $(S_n/a_n \to 0 \text{ a.s.})$ 当且仅当 $a_n^{-1} \sum\limits_{i \in I(n)} X_i$ a.s. 有界 $\left(a_n^{-1} \sum\limits_{i \in I(n)} X_i \to 0 \text{ a.s.}\right)$.

证明从略, 请读者作为练习证明之.

从引理 3.1 和引理 3.3, 我们有如下的直接推论.

推论 3.1 设 $\{X_i; i \geqslant 1\}$ 是独立 B 值 r.v. 序列, 那么 $S_n/a_n \to 0$ a.s. 当且仅当 $S_n/a_n \xrightarrow{P} 0$ 且 $S_{k_n}/a_{k_n} \to 0$ a.s., 其中子数列 $\{a_{k_n}\}$ 满足上述性质.

现在我们考察 Kolmogorov, Marcinkiewicz-Zygmund 强大数律在 Banach 空间上的推广. 我们将看到在适当的矩条件下, 强、弱大数定律是等价的. 对于实值 r.v. X, 当 $EX = 0$, $E|X|^p < \infty$, $0 < p < 2$ 时, 有 $S_n/n^{1/p} \to 0$ a.s. 而在 B 空间中, $S_n/n^{1/p} \to 0$ a.s. 等价于 $S_n/n^{1/p} \xrightarrow{P} 0$.

定理 3.2 设 $0 < p < 2$, $\{X_i; i \geqslant 1\}$ 是独立 B 值 r.v. 序列, 且与 X 同分布, 那么 $S_n/n^{1/p} \to 0$ a.s. 当且仅当 $E\|X\|^p < \infty$, 且 $S_n/n^{1/p} \xrightarrow{P} 0$.

证 显然条件必要. 现证条件充分. 由引理 3.1, 不妨设 X 是对称的. 又由引理 3.3 及 Borel-Cantelli 引理, 只需证明对任给 $\varepsilon > 0$ 有

$$\sum_{n=1}^{\infty} P\left\{\left\|\sum_{i \in I(n)} X_i\right\| > \varepsilon 2^{n/p}\right\} < \infty, \tag{3.6}$$

其中 $I(n) = \{2^{n-1}+1, \cdots, 2^n\}$.

对每一 $n \geqslant 1$, 令 $u_i = u_i(n) = X_i I(\|X_i\| \leqslant 2^{n/p})$, $i \in I(n)$. 因 $E\|X\|^p < \infty$, 我们有

$$\sum_{n=1}^{\infty} P\left\{\exists i \in I(n): u_i \neq X_i\right\} \leqslant \sum_{n=1}^{\infty} 2^n P\left\{\|X\|^p > 2^n\right\} < \infty.$$

所以只需证明对任给 $\varepsilon > 0$ 成立

$$\sum_{n=1}^{\infty} P\left\{\left\|\sum_{i\in I(n)} u_i\right\| > \varepsilon 2^{n/p}\right\} < \infty. \tag{3.7}$$

另一方面, 由引理 3.2

$$\lim_{n\to\infty} 2^{-n/p} E\left\|\sum_{i\in I(n)} u_i\right\| = 0.$$

这样, (3.7) 就等价于对任给 $\varepsilon > 0$

$$\sum_{n=1}^{\infty} P\left\{\left\|\sum_{i\in I(n)} u_i\right\| - E\left\|\sum_{i\in I(n)} u_i\right\| > \varepsilon 2^{n/p}\right\} < \infty. \tag{3.8}$$

为证 (3.8) 式, 我们需要下述 Yurinskii 的结果.

引理 3.4 设 $\{X_i; 1\leqslant i\leqslant N\}$ 是 B 值独立可积 r.v., 记 $\mathscr{A}_i = \sigma(X_1,\cdots,X_i)$, $1\leqslant i\leqslant N$, $\mathscr{A}_0$ 为平凡 σ 域, $S_N = \sum_{i=1}^{N} X_i$, $d_i = E(\|S_N\| |\mathscr{A}_i) - E(\|S_N\| |\mathscr{A}_{i-1})$. 则 $|d_i| \leqslant \|X_i\| + E\|X_i\|$; 进一步, 若 $X_i \in L_2(\Omega, \mathscr{A}, P; B)$, 则

$$E\left|\|S_N\| - E\|S_N\|\right|^2 \leqslant 4\sum_{i=1}^{N} E\|X_i\|^2. \tag{3.9}$$

证 $\{d_i; 1\leqslant i\leqslant N\}$ 是鞅差序列且 $\sum_{i=1}^{N} d_i = \|S_N\| - E\|S_N\|$. 又由独立性可得

$$d_i = E(\|S_N\| - \|S_N - X_i\| \,|\, \mathscr{A}_i) - E(\|S_N\| - \|S_N - X_i\| \,|\, \mathscr{A}_{i-1}),$$

因此

$$|d_i| \leqslant E(\|X_i\| \,|\, \mathscr{A}_i) + E\|X_i\| = \|X_i\| + E\|X_i\|,$$

这就得证 (3.9) 成立.

为证 (3.8) 式, 应用引理 3.4 于 u_i 上, 并由 $E\|X\|^p < \infty$, 得

$$\sum_{n=1}^{\infty} P\left\{\left\|\sum_{i\in I(n)} u_i\right\| - E\left\|\sum_{i\in I(n)} u_i\right\| > \varepsilon 2^{n/p}\right\} \leqslant \frac{4}{\varepsilon^2}\sum_{n=1}^{\infty}\sum_{i\in I(n)} E\|u_i\|^2 / 2^{2n/p}$$

$$\leqslant \frac{4}{\varepsilon^2}\sum_{n=1}^{\infty} \frac{1}{2^{n(2/p-1)}} E\|X\|^2 I(\|X\|\leqslant 2^{n/p}) < \infty. \tag{3.10}$$

定理证毕.

推论 3.2 令 $\{X_i; i \geqslant 1\}$ 是 B 值独立 r.v. 序列,

(i) 设 $0 < p < 1$, 则 $S_n/n^{1/p} \to 0$ a.s. 当且仅当 $E\|X\|^p < \infty$;

(ii) 设 $1 \leqslant p < 2$, B 是 p 型空间, 则 $S_n/n^{1/p} \to 0$ a.s. 当且仅当 $EX = 0, E\|X\|^p < \infty$.

证 (i) 由定理 3.2, 只需证明从 $E\|X\|^p < \infty$ 可推出 $S_n/n^{1/p} \xrightarrow{P} 0$. 对每一 $\varepsilon > 0$, 存在一简单 r.v. Y 使得 $E\|X - Y\|^p < \varepsilon$. 令 $\{Y, Y_n; n \geqslant 1\}$ 是 i.i.d. B 值 r.v. 序列, 记 $T_n = \sum\limits_{i=1}^n Y_i$, 则

$$E\|S_n - T_n\|^p \leqslant nE\|X - Y\|^p < n\varepsilon. \tag{3.11}$$

因简单 r.v.Y 是有限维的, 故 $T_n/n^{1/p} \xrightarrow{P} 0$. 所以由 (3.11) 也有 $S_n/n^{1/p} \xrightarrow{P} 0$.

(ii) 只需证对 p 型空间 $B, E\|X\|^p < \infty, EX = 0$ 推出 $S_n/n^{1/p} \xrightarrow{P} 0$. 类似 (i), 由 p 型空间的定义有

$$\begin{aligned}
E\|S_n - T_n\|^p &\leqslant 2^p E\left\|\sum_{i=1}^n \varepsilon_i (X_i - Y_i)\right\|^p \\
&\leqslant 2^p E_{X,Y} E_\varepsilon \left\|\sum_{i=1}^n \varepsilon_i (X_i - Y_i)\right\|^p \\
&\leqslant 2^p C^p n E\|X - Y\|^p < 2^p C^p n\varepsilon.
\end{aligned} \tag{3.12}$$

证毕.

例 3.1 考察 $B = C_0$ 空间. 对任给单调递减趋向于 0 的正数列 $\{a_n\}$, 存在一个 a.s. 有界对称的 B 值 r.v. X, 使得 $S_n/na_n \xrightarrow{P} 0$.

证 令 $\{\xi_k\}$ 为独立实 r.v. 序列,

$$P\{\xi_k = 1\} = P\{\xi_k = -1\} = (1 - P\{\xi_k = 0\})/2 = (\log(k+1))^{-1}.$$

定义 $\beta_k = \sqrt{a_n} \left(2^{n-1} \leqslant k < 2^n\right)$, $X = \{\beta_k \xi_k; k \geqslant 1\}$. 则 X a.s. 有界且对称. 设 $\{\xi_{k,i}; i \geqslant 1\}$ 是独立 r.v. 序列, 与 $\{\xi_k\}$ 同分布. 对 $n, k \geqslant 1$ 记

$$E_{n,k} = \bigcap_{i=1}^n \{\xi_{k,i} = 1\}, \quad A_n = \bigcup_{k \leqslant 2^n} E_{n,k}.$$

显然 $P(E_{n,k}) = (\log(k+1))^{-n}$. 故当 $n \to \infty$ 时

$$P(A_n) = 1 - \prod_{k=1}^{2^n} P(E_{n,k}^c) = 1 - \prod_{k=1}^{2^n} \left(1 - (\log(k+1))^{-n}\right) \to 1.$$

用 $\{e_k; k \geqslant 1\}$ 表示 C_0 的一列标准单位基, 则

$$S_n/na_n = \sum_{k=1}^{\infty} \frac{1}{na_n} \left(\sum_{i=1}^{n} \xi_{k,i} \right) \beta_k e_k, \tag{3.13}$$

而在 A_n 上

$$\|S_n\|/na_n \geqslant \max_{k \leqslant 2^n} \frac{1}{na_n} \beta_k \left| \sum_{i=1}^{n} \xi_{k,i} \right| \geqslant \frac{1}{\sqrt{a_n}}.$$

由假设 $a_n \to 0$, 故对任给 $\varepsilon > 0$

$$\liminf_{n \to \infty} P\{\|S_n\|/na_n > \varepsilon\} \geqslant \liminf_{n \to \infty} P(A_n) = 1.$$

这表明 S_n/na_n 不依概率收敛于 0.

最后, 我们不加证明地给出一个关于独立不必同分布的 B 值 r.v. 序列服从强大数律的结果.

定理 3.3 设 $\{X_i; i \geqslant 1\}$ 是一独立 B 值 r.v. 序列, 若对某 $1 \leqslant p \leqslant 2$, $\sum_{i=1}^{\infty} E\|X_i\|^p/i^p < \infty$, 那么 $S_n/n \to 0$ a.s. 当且仅当 $S_n/n \xrightarrow{P} 0$.

详细证明可参见 [26].

§4 重对数律

本章最后一节介绍 B 值 r.v. 的重对数律, 其中包括经典的 Kolmogorov, Hartman-Wintner 和 Strassen 重对数律在 Banach 空间上的推广. 这些揭示了无穷维情形许多有趣的现象, 加深了我们对实值情形有关结果的理解. 正如大数定律一样, B 空间中在适当的矩条件下, 重对数律的 a.s. 形式可归结为相应的依概率形式来讨论. 重对数律是极限定理中极为精细的结果, 许多证明相当复杂. 限于篇幅, 在此仅作一简介. 某些定理也不给出证明, 读者可参见 [26].

首先介绍 Kolmogorov 关于有界 r.v. 的重对数律. 用 B_1' 记 B' 的单位球.

定理 4.1 设 $\{X_i; i \geqslant 1\}$ 是独立 B 值 r.v. 序列, 对每一 $f \in B_1'$, $Ef(X_i) = 0$, $Ef(X_i)^2 < \infty$. 令 $S_n = \sum_{i=1}^{n} X_i$, $s_n = \sup_{f \in B_1'} \left(\sum_{i=1}^{n} Ef(X_i)^2 \right)^{1/2}$, $n \geqslant 1$. 假设 $s_n \to \infty$, 且对某趋于 0 的正数列 $\{\eta_i; i \geqslant 1\}$,

$$\|X_i\|_{\infty} \leqslant \eta_i s_i/(2\log\log s_i^2)^{1/2}, \quad i \geqslant 1. \tag{4.1}$$

若 $S_n/\left(2s_n^2 \log\log s_n^2\right)^{1/2} \xrightarrow{P} 0$, 则

$$\limsup_{n\to\infty} \|S_n\|/\left(2s_n^2 \log\log s_n^2\right)^{1/2} = 1 \quad \text{a.s.} \tag{4.2}$$

注 4.1 与实值情形一样, 可证 $\limsup\limits_{n\to\infty} \|S_n\|/\left(2s_n^2 \log\log s_n^2\right)^{1/2} \geqslant 1$ a.s.; 而证明 $\limsup\limits_{n\to\infty} \|S_n\|/\left(2s_n^2 \log\log s_n^2\right)^{1/2} < \infty$ a.s. 也较容易, 困难在于建立 $\limsup\limits_{n\to\infty} \|S_n\|/\left(2s_n^2 \log\log s_n^2\right)^{1/2} \leqslant 1$ a.s.

现在来考察 i.i.d.r.v. 列的重对数律. 令 $\{X, X_i; i \geqslant 1\}$ 是 i.i.d. B 值 r.v. 序列, 记 $S_n = \sum\limits_{i=1}^{n} X_i$, $b_n = (2n\log\log n)^{1/2}$. 若

$$\Lambda(X) := \limsup_{n\to\infty} \|S_n\|/b_n < \infty \quad \text{a.s.} \tag{4.3}$$

(据 0–1 律, $\Lambda(X)$ 是非随机的), 则称 X 满足**有界重对数律**, 记作 $X \in \text{BLIL}$. 若 S_n/b_n 在 B 中 a.s. 相对紧, 则称 X 满足**紧重对数律**, 记作 $X \in \text{CLIL}$. 受 Strassen 重对数律的启发, 称 X **满足重对数律**, 若在 B 中存在紧凸对称集 K, 使得

$$\lim_{n\to\infty} d(S_n/b_n, K) = 0 \text{ 且 } C(\{S_n/b_n\}) = K \quad \text{a.s.}, \tag{4.4}$$

其中 $d(x, K) = \inf\{\|x - y\| : y \in K\}$, $C(\{S_n/b_n\})$ 表示 $\{S_n/b_n\}$ 的极限点集.

当 $B = \mathbf{R}$ 时, Hartman-Wintner-Strassen 结果指明了上述三种形式的重对数律是相互等价的, 且都等价于 $EX = 0$, $EX^2 < \infty$, 此时 $K = [-\sqrt{EX^2}, \sqrt{EX^2}]$. 对于无穷维 Banach 空间, 这些不再成立.

设 X 是 B 值 r.v., 既然 B 是可分的, 不妨设 $\mathscr{A}$ 是可数生成的 σ 域. 这样 $L_2(\Omega, \mathscr{A}, P)$ 是可分 Hilbert 空间. 假设对 $f \in B'$, $Ef(X) = 0$, $Ef(X)^2 < \infty$ (注意到, 若 $X \in \text{BLIL}$, 则对 $f \in B', f(S_n/b_n)$ a.s. 有界, 从而 $Ef(X) = 0, Ef(X)^2 < \infty$), 则 $\sigma(X) = \sup\limits_{f \in B_1'} \left(Ef(X)^2\right)^{1/2} < \infty$. 事实上, 考虑算子 $A = A_X : B' \to L_2(\Omega, \mathscr{A}, P)$, $Af = f(X)$, 那么 $\|A\| = \sigma(X)$, 且由闭图像定理, A 为有界线性算子. 以 A^* 记 A 的伴随算子. 对 $\xi \in L_2(\Omega, \mathscr{A}, P)$, $A^*\xi = E\xi X \in B$. 在 $A^*(L_2) \subset B$ 上定义内积 $\langle\cdot,\cdot\rangle_X$: 若 $\xi, \zeta \in L_2$, $\langle A^*\xi, A^*\zeta\rangle_X = \langle\xi,\zeta\rangle_{L_2} = \int_\Omega \xi\zeta\mathrm{d}P$. 用 $H = H_X$ 表示可分 Hilbert 空间 $(A^*L_2, \langle\cdot,\cdot\rangle_X)$, 称它为与 X 的协方差结构相伴的再生核 Hilbert 空间. 以 $K = K_X$ 记 H 的闭单位球, 即 $K = \{x : x \in B, x = E\xi X, \|\xi\|_2 \leqslant 1\}$, 它是 B 上有界凸对称子集. 据 Hahn-Banach 定理, $K = \{x : x \in B, f(x) \leqslant \|f(X)\|_2, f \in B'\}$. 进一步, 对 $f \in B'$,

$$\|f(X)\|_2 = \sup_{x \in K} f(x), \quad \sigma(X) = \sup_{x \in K} \|x\|.$$

命题 4.1 K 是紧的当且仅当 $\{f(X)^2; f \in B'_1\}$ 一致可积. 特别, 若 $E\|X\|^2 < \infty$, 则 K 是紧的.

证 首先假设 $\{f(X)^2, f \in B'_1\}$ 一致可积. 如果 $\{f_n\}$ 是 B'_1 中一列泛函, 对某子列 $\{f_{n_k}\}$ 和某 $f \in B'_1$, f_{n_k} 弱收敛于 f. 因此 $f_{n_k}(X) \to f(X)$ a.s. 由于 $\{f_{n_k}(X)^2\}$ 一致可积, 那么 $f_{n_k}(X)$ 也依 L_2 范数收敛于 $f(X)$. 这表明 A 是紧算子, 即 A^* 是紧算子. 所以 K 是紧子集. 得证条件充分.

现证条件必要. 设 K 是紧的, 若 $\{f(X)^2, f \in B'_1\}$ 不一致可积, 则存在 $\varepsilon > 0$ 及一列递增趋向 ∞ 的正数列 $\{c_n\}$, 使对每一 $n \geqslant 1$

$$\sup_{f \in B'_1} \int_{\{\|X\| \geqslant c_n\}} f(X)^2 \mathrm{d}P > \sup_{f \in B'_1} \int_{\{f(X) \geqslant c_n\}} f(X)^2 \mathrm{d}P > \varepsilon.$$

由此, 对每一 $n \geqslant 1$, 存在 $f_n \in B'_1$ 使得

$$\int_{\|X\| \geqslant c_n} f_n(X)^2 \mathrm{d}P > \varepsilon. \tag{4.5}$$

另一方面, 存在 $\{f_n\}$ 的子列 $\{f_{n'}\}$ 使得 $f_{n'}$ 弱收敛于某 f. 令 $x_{n'} = EX(f_{n'} - f)(X)$. 因 K 是紧集, 存在 $\{x_{n'}\}$ 的子列 $\{x_{n''}\}$ 使得 $x_{n''}$ 收敛于某 x. 由此即得

$$E\left(f_{n''}(X) - f(X)\right)^2 \leqslant (f_{n''} - f)(x_{n''}) \leqslant \|x_{n''} - x\| + (f_{n''} - f)(x) \to 0. \tag{4.6}$$

结合 (4.5), 与 $\lim_{n\to\infty} \int_{\|X\| \geqslant c_n} f(X)^2 \mathrm{d}P = 0$ 矛盾. 得证 $\{f(X)^2; f \in B'_1\}$ 一致可积. 证毕.

命题 4.2 设 X 是 B 值 r.v., 如果 $\{S_n/b_n\}$ 在 B 中 a.s. 相对紧, 那么

$$\lim_{n\to\infty} d(S_n/b_n, K) = 0, \ C(\{S_n/b_n\}) = K, \tag{4.7}$$

其中 $K = K_X$ 是与 X 的协方差结构相伴的再生核 Hilbert 空间的单位球且 K 是紧的. 反之, 若 (4.7) 对某 K 成立, 那么 $X \in \mathrm{CLIL}$ 且 $K = K_X$.

本命题的证明从略.

下面我们讨论 B 值 r.v. 满足有界或紧重对数律的条件.

假设 $X \in \mathrm{BLIL}$, 那么对每个 $f \in B'$, $Ef(X) = 0$, $Ef(X)^2 < \infty$. 另外, X_n/b_n a.s. 有界. 由 Borel-Cantelli 引理, 对某 $M < \infty$,

$$\sum_{n=1}^{\infty} P\{\|X\| > Mb_n\} < \infty,$$

这等价于 $E(\|X\|^2/\log\log\|X\|) < \infty$. 假设 $X \in \text{CLIL}$, 由命题 4.2, $K = K_X$ 是紧的. 又由命题 4.1, $\{f(X)^2; f \in B_1'\}$ 一致可积. 另一方面, S_n/b_n 不仅依概率有界且依概率收敛于 0. 因为 S_n/b_n 一致胎紧且唯一可能的极限点为 0, 由此易得必要条件, 实际上它也是充分的.

定理 4.2 设 X 是 B 值 r.v. 则 $X \in \text{BLIL}$ 当且仅当

(i) $E(\|X\|^2/\log\log\|X\|) < \infty$,

(ii) 对每一 $f \in B'$, $Ef(X) = 0$, $Ef(X)^2 < \infty$,

(iii) S_n/b_n 依概率有界.

$X \in \text{CLIL}$ 当且仅当

(i′) $E\left(\|X\|^2/\log\log\|X\|\right) < \infty$,

(ii′) $EX = 0$, $\{f(X)^2, f \in B_1'\}$ 一致可积,

(iii′) $S_n/b_n \xrightarrow{P} 0$,

此时 $\Lambda(X) = \limsup\limits_{n\to\infty} \|S_n\|/b_n = \sigma(X)$ a.s.

$$\lim_{n\to\infty} d(S_n/b_n, K) = 0, \quad C(\{S_n/b_n\}) = K_X \quad \text{a.s.}$$

上述定理完全刻画了 B 值 r.v. 服从重对数律的条件. 它不仅依赖于 r.v. 的分布, 且涉及部分和的弱极限性质. 如同讨论中心极限定理和大数定律时一样, r.v. 的矩条件并不足以保证这些弱极限性质. 但在特殊的空间上, 我们有

推论 4.1 设 B 是 2 型空间, X 是 B 值 r.v., 则 $X \in \text{BLIL}$ (相应地, $X \in \text{CLIL}$) 当且仅当 $E(\|X\|^2/\log\log\|X\|) < \infty$, 且 $Ef(X) = 0$, $Ef(X)^2 < \infty$ (相应地, $\{f(X)^2, f \in B_1'\}$ 一致可积).

证 由定理 4.2 只需证明 $EX = 0$, $E(\|X\|^2/\log\log\|X\|) < \infty$ 时, $S_n/b_n \xrightarrow{P} 0$.

不妨设 X 是对称的. 对每一 $n \geqslant 1$,

$$E\|S_n\| \leqslant E\left\|\sum_{i=1}^n X_i I\left(\|X_i\| \leqslant b_n\right)\right\| + nE\left(\|X\|I\left(\|X\| > b_n\right)\right). \tag{4.8}$$

因 $E(\|X\|^2/\log\log\|X\|) < \infty$, 由分部积分得

$$\lim_{n\to\infty} \frac{n}{b_n} E\|X\|I(\|X\| > b_n) = 0. \tag{4.9}$$

又由 2 型空间的定义得

$$b_n^{-1} E\left\|\sum_{i=1}^n X_i I\left(\|X_i\| \leqslant b_n\right)\right\| \leqslant \left(\frac{C}{2\log\log n} E\|X\|^2 I\left(\|X\| \leqslant b_n\right)\right)^{1/2}.$$

故对任何 $t > 0$

$$\frac{E\|X\|^2 I\left(\|X\| \leqslant b_n\right)}{2\log\log n} \leqslant \frac{t^2}{2\log\log n} + \frac{1}{2\log\log n} E\|X\|^2 I\left(t < \|X\| \leqslant b_n\right)$$
$$\leqslant \frac{t^2}{2\log\log n} + E\frac{\|X\|^2}{2\log\log\|X\|} I\left(\|X\| > t\right).$$

先令 $n \to \infty$, 再让 $t \to \infty$, 得

$$\lim_{n\to\infty} \frac{1}{b_n} E\left\|\sum_{i=1}^n X_i I\left(\|X_i\| \leqslant b_n\right)\right\| = 0. \tag{4.10}$$

结合 (4.8) 式得 $\lim_{n\to\infty} b_n^{-1}\|S_n\| = 0$, 所以 $S_n/b_n \xrightarrow{P} 0$.

习　题

1. 设 $\{\varepsilon_i\}$ 为 Rademacher 列

(i) 令 $\{\alpha_i\}$ 为实数列, 试证对任何 $t > 0$,

$$P\left\{\left|\sum_{n=1}^\infty \alpha_i\varepsilon_i\right| > t\right\} \leqslant 2\exp\left(-t^2 \bigg/ \left(2\sum_{i=1}^\infty \alpha_i^2\right)\right);$$

(ii) 试证存在常数 $C \geqslant 1$ 使得当 $\{\alpha_i\}$ 和 t 满足 $t \geqslant C\left(\sum_{i=1}^\infty \alpha_i^2\right)^{1/2}$,
$t\max_{1\leqslant i}|\alpha_i| \leqslant C^{-1}\sum_{i=1}^\infty \alpha_i^2$ 时,

$$P\left\{\sum_{n=1}^\infty \varepsilon_i\alpha_i > t\right\} \geqslant \exp\left\{-Ct^2 \bigg/ \sum_{i=1}^\infty \alpha_i^2\right\};$$

(iii) 试证对 $0 < p < \infty$, 存在 A_p, B_p 使得对任何有限实数 $\{\alpha_i; 1 \leqslant i \leqslant N\}$ 有

$$A_p\left(\sum_{i=1}^N \alpha_i^2\right)^{1/2} \leqslant \left\|\sum_{i=1}^N \alpha_i\varepsilon_i\right\|_p \leqslant B_p\left(\sum_{i=1}^N \alpha_i^2\right)^{1/2}.$$

2. 令 $\{X_i; 1 \leqslant i \leqslant N\}$ 是 B 值对称 r.v., $\{\xi_i, \zeta_i; 1 \leqslant i \leqslant N\}$ 是实 r.v. 若有对称函数 $\varphi_i : B \to \mathbf{R}$, 使 $\xi_i = \varphi_i(X_i)$, 对称函数 $\Psi_i : B \to \mathbf{R}$, 使 $\zeta_i = \psi_i(X_i)$. 若 $|\xi_i| \leqslant |\zeta_i|$ a.s. 那么对任何凸函数 $F : \mathbf{R}_+ \to \mathbf{R}_+$ (在适当可积性假定下)

$$EF\left(\left\|\sum_{i=1}^N \xi_i X_i\right\|\right) \leqslant EF\left(\left\|\sum_{i=1}^N \zeta_i X_i\right\|\right).$$

且对任何 $t > 0$

$$P\left\{\left\|\sum_{i=1}^{N}\xi_i X_i\right\| > t\right\} \leqslant 2P\left\{\left\|\sum_{i=1}^{N}\zeta_i X_i\right\| > t\right\}.$$

3. 设 $\{X_i\}$ 是独立对称 B 值 r.v., $\|X_i\|_\infty \leqslant a < \infty$ a.s. 且 $S = \sum_{i=1}^{\infty} X_i < \infty$ a.s. 试证对所有 $\lambda > 0$, $E\exp(\lambda\|S\|) < \infty$.

4. 设 X 是 B 值 r.v. 满足 $\mathrm{CLT}(X) < \infty$. 以 $L_{2,1}$ 记所有满足 $\|\xi\|_{2,1} = \int_0^\infty P(\xi > t)^{1/2}\,dt < \infty$ 的实 r.v. ξ 全体. 若非零实 r.v. $\xi \in L_{2,1}$ 且与 X 独立, 那么

$$\frac{1}{2}E|\xi|\,\mathrm{CLT}(X) \leqslant \mathrm{CLT}(\xi X) \leqslant 2\|\xi\|_{2,1}\,\mathrm{CLT}(X).$$

特别, $\xi X \in \mathrm{CLT}(B)$ (且 $EX = 0$) 当且仅当 $X \in \mathrm{CLT}(B)$.

5. 设 X 是 B 值 r.v., $EX = 0$, $\xi \in L_{2,1}$ 且 $E\xi = 0$, $E\xi^2 = 1$. 若 ξ 与 X 独立, 则下面两事实等价:

(i) $E\|X\|^2 < \infty$, $X \in \mathrm{CLT}(B)$,

(ii) 对 a.s. ω, $\dfrac{1}{\sqrt{n}}\sum_{i=1}^{n}\xi_i X_i(\omega)$ 依分布收敛.

6. 试证 (i) 设 B 是可分 Banach 空间, 若对任何满足 $EX = 0$, $E\|X\|^2 < \infty$ 的 B 值 r.v. X 都满足中心极限定理, 那么 B 必是 2 型空间;

(ii) 设 Banach 空间 B 可分, 若任何预 Gauss B 值 r.v. X 都满足中心极限定理, 则 B 是 2 余型空间.

7. 设 $1 \leqslant p < 2$, B 是可分 Banach 空间, 若任何满足 $EX = 0$, $E\|X\|^p < \infty$ 的 B 值 r.v. X 满足 $S_n/n^{1/p} \to 0$ a.s., 那么 B 是 p 型空间.

8. 试证明定理 3.3.

9. 试证明定理 4.1 和 4.2.

附录一　拓扑学、函数论有关知识

在本节中, 我们总用 S 记度量空间.

S 的一个开集类 $\mathscr{G}$ 叫作 S 的拓扑基, 若 S 的任一开子集 G 可表示成 $\mathscr{G}$ 的某些元的并.

定理 1　下述三命题等价:

(i) S 可分 (即 S 有一可列稠密子集);

(ii) S 有可列拓扑基;

(iii) S 的子集的任一开覆盖有一可列子覆盖.

证　(i) $\Rightarrow$ (ii). 设 D 是 S 的可列稠密子集, 用 V 记中心在 D 中, 且有有理半径的全体开球, V 是一个可列集. 我们来证 V 是 S 的拓扑基. 事实上, 对 S 的任一开子集 G, 令 $G_1 = \cup' S(d, r)$, 这里 $\cup'$ 是对 V 中那些被含于 G 中的球 $S(d, r)$ 来求和. 显然有 $G_1 \subset G$. 另一方面, 对任一 $x \in G$, 因 G 是开集, 故有某 $\varepsilon > 0$ 使 $S(x, \varepsilon) \subset G$. 因 D 在 S 中稠密, 故有 $d \in D$ 使 $\rho(x, d) < \varepsilon/2$. 取有理数 r 使 $\rho(x, d) < r < \varepsilon/2$. 则 $x \in S(d, r) \subset S(x, \varepsilon) \subset G$, 得 $G \subset G_1$. 因此 $G = G_1$.

(ii) $\Rightarrow$ (iii). 设 S 有可列拓扑基 $\{V_n\}$, S 的子集 A 有一开覆盖 $\{G_a\}$. 对于满足如下条件的 V_k: 有 G_a 使 $V_k \subset G_a$, 可对应地确定一个 G_{a_k} 使 $V_k \subset G_{a_k}$. 那么此时有 $A \subset \bigcup\limits_{k} G_{a_k}$, 即 A 有可列子覆盖.

(iii) $\Rightarrow$ (i). 对每一 n, $\{S(x, 1/n); x \in S\}$ 是 S 的开覆盖. 由 (iii), 它有一可列子覆盖 $\{S(x_{n,k}, 1/n); n, k = 1, 2, \cdots\}$. 易见可列集 $\{x_{n,k}; n, k = 1, 2, \cdots\}$ 在 S 中稠密. 证毕.

定义 1　距离空间 S 的子集 A 说是紧的, 若 A 的每一开覆盖必有一有限子覆盖. 子集 A 说是全有界的, 若对任给 $\varepsilon > 0$, A 有一有限 ε 网. 子集 A 说是完备的, 若 A 中任一基本序列在 A 中有　极限点.

定理 2　下述四个命题等价:

(i) $\overline{A}$ 是紧的;

(ii) $\overline{A}$ 的每一可列开覆盖有一有限子覆盖;

(iii) A 中每一无穷序列有一极限点;

(iv) A 是全有界的, 且 $\overline{A}$ 完备.

证 首先由 (iii) 知 $\bar{A}$ 中每一子列有一极限点, 且必在 $\bar{A}$ 中. 又 A 全有界当且仅当 $\bar{A}$ 全有界. 所以不失一般性, 总可设 $A = \bar{A}$ 是闭的.

(i) $\Rightarrow$ (ii) 显然.

(ii) $\Rightarrow$ (iii). 对任一列 $\{x_n\} \subset A$, 记 $F_n = \overline{\{x_k : k \geqslant n\}}$. 若 $\bigcap\limits_n F_n = \varnothing$, 则开集 $\{F_n^c\}$ 覆盖 A. 由 (ii) 存在 n, 使得 $A \subset F_1^c \bigcup \cdots \bigcup F_n^c$. 这就得 $A \bigcap F_n = \varnothing$, 矛盾. 所以有 $x \in \bigcap\limits_n F_n$, 它就是 $\{x_n\}$ 的极限点.

(iii) $\Rightarrow$ (iv). 若集 A 不是全有界的, 则有 $\varepsilon > 0$ 及 $\{x_n\}$, 使 $\rho(x_n, x_m) \geqslant \varepsilon$ $(m \neq n)$; 此时 $\{x_n\}$ 无极限点. 所以由 (iii) 得 A 必是全有界的, 显然又是完备的.

(iv) $\Rightarrow$ (i). 设 $\{G_\alpha\}$ 是 A 的一个开覆盖. 若没有有限子覆盖, 由 (iv) 知 A 是全有界的, 即对任一 n, A 可被有限个半径为 $1/2^n$ 的开球 $B_{n1}, \cdots, B_{nk_n}$ 所覆盖. 那么此时必有某 B_{ni}, 没有 $\{G_\alpha\}$ 的有限子族能覆盖 AB_{ni}. 记这一 B_{ni} 为 C_n. 又因 $\{B_{ni}C_{n-1}A\}$ 覆盖 AC_{n-1}, 所以没有 $\{G_\alpha\}$ 的有限子族能覆盖 AC_nC_{n-1}, 特别 $C_nC_{n-1} \neq \varnothing$. 设 $x_n \in AC_n$, 因 $C_nC_{n-1} \neq \varnothing$ 且 C_n 的半径为 $1/2^n$, 所以

$$\rho(x_n, x_{n-1}) < 6/2^n,$$

$$\rho(x_n, x_{n+k}) < 6/2^n.$$

这样 $\{x_n\}$ 是基本序列, 它的极限 $x \in A$. 有某 α 使 $x \in G_\alpha$. 此时有 $\varepsilon > 0$ 使 $S(x, \varepsilon) \subset G_\alpha$. 取充分大的 n, 使 $2^{-n} < \varepsilon/3$ 且 $\rho(x, x_n) < \varepsilon/3$, 这就得证 $C_n \subset G_\alpha$, 矛盾. 证毕.

定理 3 若 S 是 σ 紧的, 则 S 可分.

这由定理 2 和 1 即得.

Uryson 定理 每一可分度量空间 S 与 $\mathbf{R}^\infty$ 的某子集同胚.

证 设 $\{y_n\}$ 是 S 中一个稠密点集, 对任一 $x \in S$, 作 S 到 $\mathbf{R}^\infty$ 的映射

$$h : x \to h(x) = (\rho(x, y_1), \rho(x, y_2), \cdots).$$

若在 S 中有 $x_n \to x(\rho)$, 那么对每一 k 有 $\lim\limits_{n \to \infty} \rho(x_n, y_k) = \rho(x, y_k)$. 由于 $\mathbf{R}^\infty$ 的拓扑是由坐标的点收敛规定的, 由此得 $h(x_n) \to h(x)$, 即 h 是连续映射.

反之, 若 $x_n \nrightarrow x(\rho)$, 即有某 $\varepsilon > 0$ 及子列 $\{x_{n'}\}$ 使得 $\rho(x_{n'}, x) > \varepsilon$. 对这一 ε, 在稠密点列 $\{y_n\}$ 中有某 y_k 使得 $\rho(x, y_k) < \varepsilon/2$. 由此对任一 n', $\rho(x_{n'}, y_k) > \varepsilon/2$. 所以 $\rho(x_n, y_k) \nrightarrow \rho(x, y_k)$, 故 $h(x_n) \nrightarrow h(x)$.

易知 h 是一一的, 由上已知又是双方连续的, 所以 h 是 S 到 $\mathbf{R}^\infty$ 中的同胚映射.

空间 $C = C[0,1]$

记 $C = C[0,1]$ 为 $[0,1]$ 上实值连续函数全体. 它对一致距离

$$\rho(x,y) = \sup_{0 \leqslant t \leqslant 1} |x(t) - y(t)|$$

构成一个度量空间.

定理 4　度量空间 (C, ρ) 是可分且完备的.

证　令 B 为所有在点 i/k $(i = 0, 1, \cdots, k)$ 上取有理值的逐段线性函数 $(k = 1, 2, \cdots)$ 全体. 即

$$f(x) = f\left(\frac{i-1}{k}\right) + \left(\frac{1}{k} \Big/ \left(x - \frac{i-1}{k}\right)\right)\left(f\left(\frac{i}{k}\right) - f\left(\frac{i-1}{k}\right)\right),$$
$$\frac{i-1}{k} \leqslant x \leqslant \frac{i}{k},$$

易证 B 是 C 的可列稠密子集, 所以 C 是可分的.

设 $\{x_n\}$ 是 C 的一个基本序列, 即对任给 $\varepsilon > 0$, 有 N, 当 $m, n \geqslant N$ 时

$$\rho(x_m, x_n) = \sup_{0 \leqslant t \leqslant 1} |x_m(t) - x_n(t)| < \varepsilon.$$

此时对每一固定的 t, $\{x_n(t)\}$ 是 $\mathbf{R}^1$ 中的基本序列, 所以有极限 $x(t)$, 使 $\lim\limits_{n \to \infty} x_n(t) = x(t)$. 因为对任一 $t \in [0,1]$, 当 $m, n \geqslant N$ 时

$$|x_m(t) - x_n(t)| \leqslant \sup_{0 \leqslant t \leqslant 1} |x_m(t) - x_n(t)| < \varepsilon,$$

让 $m \to \infty$, 就得当 $n \geqslant N$ 时对一切 $t \in [0,1]$ 有

$$|x_n(t) - x(t)| < \varepsilon,$$

即 $[0,1]$ 上连续函数列 $\{x_n(t)\}$ 一致收敛于 $x(t)$, 因此 $x(t) \in C[0,1]$. 得证 C 是完备的.

C 中的元 $x = x(t)$ 的连续模定义为

$$w_x(\delta) = \sup_{|s-t| < \delta} |x(t) - x(s)| \quad (0 < \delta < 1).$$

Arzela-Ascoli 定理　C 的子集 A 的闭包 $\overline{A}$ 是紧的充要条件是:

(i) $\sup\limits_{x \in A} |x(0)| < \infty$,

(ii) $\lim\limits_{\delta \to 0} \sup\limits_{x \in A} w_x(\delta) = 0$.

证 **条件必要** 若 $\overline{A}$ 是紧的, 由定理 2 知 A 有有限 ε 网, 即对任给 $\varepsilon > 0$, 有 $x_1, \cdots, x_n \in C$, 使对任一 $x \in A$ 有某 x_k 使得 $\rho(x, x_k) < \varepsilon$. 所以 $|x(0) - x_k(0)| < \varepsilon$, 由此可得

$$\sup_{x \in A} |x(0)| < \varepsilon + \max_{1 \leqslant k \leqslant n} |x_k(0)| < \infty,$$

即 (i) 成立. 对任给 $\delta > 0$, 由于

$$|w_x(\delta) - w_y(\delta)| \leqslant \rho(x, y),$$

所以 $w_x(\delta)$ 关于 x 是连续的. 又当 $\delta > \delta'$ 时, $w_x(\delta) \geqslant w_x(\delta')$ 且 $\lim_{\delta \to 0} w_x(\delta) = 0$, 所以开集 $G_n = \{x : w_x(1/n) < \varepsilon\}$, $G_n \subset G_{n+1}$, $\{G_n\}$ 能覆盖 C. 若 $\overline{A}$ 是紧的, 则必有某 n 使 $A \subset G_n$, 即在 A 上一致地有

$$\sup_{x \in A} w_x(1/n) < \varepsilon,$$

得证 (ii) 成立.

条件充分 若 (i)、(ii) 成立, 取 k 充分大使 $\sup_{x \in A} w_x(1/k) < \varepsilon$. 因为

$$|x(t)| \leqslant |x(0)| + \sum_{i=1}^{k} |x(it/k) - x((i-1)t/k)|,$$

所以 $\alpha = \sup_{0 \leqslant t \leqslant 1} \sup_{x \in A} |x(t)| < \infty$. 现在来证 A 是全有界的, 即有有限 ε 网. 取正整数 v 使 $\alpha/v < \varepsilon$, 令

$$H = \{u\alpha/v : u = 0, \pm 1, \cdots, \pm v\}.$$

易见 H 是有限集. 设 C 的子集 B 由这样一些元组成: 在 i/k 上取值于 H 的折线 $(i = 0, 1, \cdots, k)$. 此时 B 中共有 $(2v+1)^{k+1}$ 个元. 我们来证 B 是 A 的 2ε 网. 事实上, 对任一 $x \in A$, $x(i/k) \leqslant \alpha$, 故存在 $y \in B$ 使

$$|x(i/k) - y(i/k)| < \alpha/v < \varepsilon \quad (i = 0, 1, \cdots, k).$$

由于 $w_x(1/k) < \varepsilon$, 且 y 在每一区间 $[(i-1)/k, i/k]$ 上为直线段, 所以由上式即得 $\rho(x, y) < 2\varepsilon$, 这就得证 B 是 A 的 2ε 网. 最后, 由 C 的完备性知 $\overline{A}$ 是完备的. 故由定理 2 得 $\overline{A}$ 是紧的.

附录二　概率不等式

概率不等式是概率论和数理统计的理论研究中的重要工具. 有力的概率不等式, 例如, 对于概率或矩的精确估计, 常常是创建一个重要定理的关键. 对于概率极限理论和统计大样本理论, 几乎所有重要结果的论证或者是借助于建立有力的概率不等式, 或者是通过对已有的概率不等式的巧妙应用. 为了便于研究或教学中查阅、引用, 我们将概率统计中特别是概率极限理论中常用的一些基本不等式不加证明地分类罗列如下.

一、随机事件的概率不等式

1. 若 $A \subset \bigcup_i A_i$, 则 $P(A) \leqslant P\left(\bigcup_i A_i\right) \leqslant \sum_i P(A_i)$.

2. $|P(AB) - P(A)P(B)| \leqslant 1/4$.

3. $|P(A) - P(B)| \leqslant P(A\Delta B)$, 其中 $A\Delta B = (A - B)\bigcup(B - A)$.

4. $P\left\{\left(\bigcup_n A_n\right)\Delta\left(\bigcup_n B_n\right)\right\} \leqslant P\left\{\bigcup_n (A_n\Delta B_n)\right\} \leqslant \sum_n P\{A_n\Delta B_n\}$.

5. $P\{(A_1 - A_2)\Delta(B_1 - B_2)\} \leqslant P\{A_1\Delta B_1\} + P\{A_2\Delta B_2\}$.

6. (Boole) $P(AB) \geqslant 1 - P\{A^c\} - P\{B^c\}$.

7. 记 $\limsup\limits_n A_n = \bigcap\limits_{N=1}^{\infty}\bigcup\limits_{n=N}^{\infty} A_n$, $\liminf\limits_n A_n = \bigcup\limits_{N=1}^{\infty}\bigcap\limits_{n=N}^{\infty} A_n$, 则

$$P\left\{\liminf_n A_n\right\} \leqslant \liminf_n P\{A_n\} \leqslant \limsup_n P\{A_n\}$$

$$\leqslant P\left\{\limsup_n A_n\right\} \leqslant \lim_{N\to\infty}\sum_{n=N}^{\infty} P\{A_n\}.$$

8. 若 $P(A) \geqslant 1 - \varepsilon$, $P(B) \geqslant 1 - \varepsilon$, 则 $P(AB) \geqslant 1 - 2\varepsilon$.

9. $P(A) + P(B) - 1 \leqslant P(AB) \leqslant \sqrt{P(A)P(B)}$; 一般地

$$\sum_{k=1}^{n} P(A_k) - (n-1) \leqslant P\left\{\bigcap_{k-1}^{n} A_k\right\} \leqslant \min_{1\leqslant k\leqslant n}\{P(A_k)\}^{1/2^{n-1}}.$$

10. 设 $\{A_n\}$ 相互独立, 则

$$1 - P\left\{\bigcup_{k=1}^{n} A_k\right\} \leqslant \exp\left\{-\sum_{k=1}^{n} P(A_k)\right\},$$

$$1 - P\left\{\bigcup_{k=1}^{\infty} A_k\right\} \leqslant \lim_n \exp\left\{-\sum_{k=1}^{n} P(A_k)\right\}.$$

11. 设 A, B 独立, $AB \subset D$, $A^c B^c \subset D^c$, 则 $P(AD) \geqslant P(A)P(D)$.

12. (Feller-Chung) 设 $A_0 = \varnothing$, $\{A_n\}$ 和 $\{B_n\}$ 是两事件列. 若 (i) 对一切 $n \geqslant 1$, B_n 与 $A_n A_{n-1}^c \cdots A_0^c$ 独立或 (ii) 对一切 $n \geqslant 1$, B_n 与 $\{A_n, A_n A_{n+1}^c, A_n A_{n+1}^c A_{n+2}^c, \cdots\}$ 独立, 则

$$\inf_{n \geqslant 1} P\{B_n\} P\left\{\bigcup_{n=1}^{\infty} A_n\right\} \leqslant P\left\{\bigcup_{n=1}^{\infty} A_n B_n\right\}.$$

13. (Bonferroni) 以 P_m 和 $P_{[m]}$ 分别记 $A_1, \cdots, A_N$ 等 N 个事件中至少发生 m 个及恰有 m 个发生的概率, 记 $S_m = \sum\limits_{1 \leqslant i_1 < \cdots < i_m \leqslant N} P\{A_{i_1} \cdots A_{i_m}\}$. 则

$$S_m - (m+1)S_{m+1} \leqslant P_{[m]} \leqslant S_m, \quad S_m - m S_{m+1} \leqslant P_m \leqslant S_m.$$

14. (Chung-Erdös)

$$P\left\{\bigcup_{i=0}^{n} A_i\right\} \geqslant \left(\sum_{i=0}^{n} P(A_i)\right)^2 \Big/ \left(\sum_{i=0}^{n} P(A_i) + \sum_{1 \leqslant i \neq j \leqslant n} P(A_i A_j)\right).$$

二、与分布函数和特征函数有关的不等式

1. $\dfrac{1}{\sqrt{2\pi}}(b-a)\mathrm{e}^{-(a^2 \vee b^2)/2} \leqslant \Phi(b) - \Phi(a) \leqslant b-a \qquad (-\infty < a < b < \infty)$.

2. 对 $x > 0$,

$$\left(\frac{1}{x} - \frac{1}{x^3}\right)\varphi(x) < \frac{x}{1+x^2}\varphi(x) < 1 - \Phi(x) < \frac{1}{x}\varphi(x),$$

$$\frac{2}{x + \sqrt{x^2+4}}\varphi(x) \leqslant 1 - \Phi(x) \leqslant \frac{2}{x + \sqrt{x^2+2}}\varphi(x).$$

精确地,

$$1 - \Phi(x) = \varphi(x)\left(\frac{1}{x} - \frac{1}{x^3} + \frac{1\cdot 3}{x^5} - \cdots + (-1)^k \frac{(2k-1)!!}{x^{2k+1}} + \cdots\right).$$

3. 对任一实数 x, $\dfrac{1}{2}\left(\sqrt{x^2+4} - x\right)\varphi(x) \leqslant 1 - \Phi(x)$;

对 $\qquad x > -1$, $\quad 1 - \Phi(x) \leqslant \dfrac{4}{3x + \sqrt{x^2+8}}\varphi(x)$.

4. 二项分布与正态分布之比:

$$\left|\frac{b(k;n,p)}{(npq)^{-1/2}\varphi(x)} - 1\right| < \frac{A}{n} + \frac{B|x|^3}{\sqrt{n}} + \frac{C|x|}{\sqrt{n}}, \quad x = \frac{k-np}{\sqrt{npq}}.$$

5. 泊松分布与正态分布之比:

$$\left| \frac{p(k,\lambda)}{\lambda^{-1/2}\varphi(x)} - 1 \right| \leqslant \frac{A}{\lambda} + \frac{B|x|^3}{\sqrt{\lambda}} + \frac{C|x|}{\sqrt{\lambda}}, \ x = \frac{k-\lambda}{\sqrt{\lambda}} = o\left(\lambda^{1/6}\right).$$

6. 设 (X,Y) 服从二元正态分布 $N\left(\begin{pmatrix} 0 \\ 0 \end{pmatrix}, \begin{pmatrix} 1 & r \\ r & 1 \end{pmatrix}\right)$, 则对任何实数 a, b, 当 $0 \leqslant r < 1$ 时有

$$(1-\Phi(a))\left(1-\Phi\left(\frac{b-ra}{\sqrt{1-r^2}}\right)\right) \leqslant P\{X>a, Y>b\}$$

$$\leqslant (1-\Phi(a))\left\{\left(1-\Phi\left(\frac{b-ra}{\sqrt{1-r^2}}\right)\right) + r\frac{\varphi(b)}{\varphi(a)}\left(1-\Phi\left(\frac{a-rb}{\sqrt{1-r^2}}\right)\right)\right\}.$$

若 $-1 < r \leqslant 0$, 则 "$\leqslant$" 改为 "$\geqslant$".

7. 设 $F_1(x), \cdots, F_m(x)$ 为 d.f., $\lambda_i > 0, \sum_{i=1}^m \lambda_i = 1$. 记 $H(x) = \sum_{i=1}^m \lambda_i F_i(x)$. 则存在常数 $K > 0$ 使得

$$F_i(x) \leqslant KH(x), \quad 1 - F_i(x) \leqslant K(1-H(x)).$$

8. 设 $F(x,y)$ 为二元分布函数, $F_1(x)$ 和 $F_2(y)$ 是它的两个边际分布. 则

$$|F(b,b) - F(a,a)| \leqslant |F_1(b) - F_1(a)| + |F_2(b) - F_2(a)|.$$

9. 对任意 c.f. $f(t)$, $1 - |f(2t)|^2 \leqslant 4\left(1-|f(t)|^2\right)$.

10. 若对 $|t| \geqslant b > 0$, $|f(t)| \leqslant c$, 则当 $|t| < b$ 时, $|f(t)| \leqslant 1 - \frac{1-c^2}{8b^2}t^2$.

11. 对非退化的 c.f. $f(t)$, 存在正数 δ 和 ε, 使当 $|t| \leqslant \delta$ 时, $|f(t)| \leqslant 1-\varepsilon t^2$.

12. 设 r.v.X 有界, $|X| \leqslant C$, 则当 $|t| \leqslant 1/(4C)$ 时, $e^{-\sigma^2 t^2} \leqslant |f(t)| \leqslant e^{-\sigma^2 t^2/3}$, 其中 $\sigma^2 = \mathrm{Var}X$.

13. (增量不等式) 对任意实数 t, h, c.f. $f(t)$ 满足:

$$|f(t) - f(t+h)|^2 \leqslant 2\{1 - \mathrm{Re}f(h)\}.$$

14. (截尾不等式) 对任意 $u > 0$, d.f. $F(x)$ 与对应的 c.f. $f(t)$, 满足

$$\int_{|x|<1/u} x^2 \mathrm{d}F(x) \leqslant \frac{3}{u^2}\{1 - \mathrm{Re}f(u)\},$$

$$\int_{|x|\geqslant 1/u} \mathrm{d}F(x) \leqslant \frac{7}{u}\int_0^u (1 - \mathrm{Re}f(v))\mathrm{d}v.$$

15. (积分不等式)　对任意 $u > 0$, 存在 $0 < m(u) < M(u) < \infty$, 使得
$$m(u)\int_0^u \{1 - \mathrm{Re} f(v)\}\mathrm{d}v \leqslant \int_{-\infty}^\infty \frac{x^2}{1+x^2}\mathrm{d}F(x) \leqslant M(u)\int_0^u \{1 - \mathrm{Re} f(v)\}\mathrm{d}v.$$
对充分接近于 0 的 u, 又有

$$\int_{-\infty}^\infty \frac{x^2}{1+x^2}\mathrm{d}F(x) \leqslant -M(u)\int_0^u \log(\mathrm{Re}\, f(v))\mathrm{d}v.$$

16. $\displaystyle\int_{-\infty}^\infty \frac{x^2}{1+x^2}\mathrm{d}F(x) \leqslant \int_0^\infty \mathrm{e}^{-t}|f(t)-1|\mathrm{d}t.$

17. (Esseen 和 Berry-Esseen)　设 $X_1, \cdots, X_n$ 是独立 r.v., $EX_j = 0$, $E|X_j|^3 < \infty, j = 1, \cdots, n$. 记 $\sigma_j^2 = EX_j^2, B_n = \sum_{j=1}^n \sigma_j^2, L_n = B_n^{-3/2}\sum_{j=1}^n E|X_j|^3$, 则存在常数 $A_1 > 0$

$$\sup_x \left| P\left\{ B_n^{-1/2}\sum_{j=1}^n X_j < x \right\} - \Phi(x) \right| \leqslant A_1 L_n.$$

特别地, 当 $X_1, \cdots, X_n$ 为 i.i.d. 时, 记 $\sigma^2 = EX_1^2, \rho = E|X_1|^3/\sigma^3$, 则存在常数 $A_2 > 0$

$$\sup_x \left| P\left\{ \frac{1}{\sigma\sqrt{n}}\sum_{j=1}^n X_j < x \right\} - \Phi(x) \right| \leqslant A_2 \rho n^{-1/2}.$$

其中 $A_1 \leqslant 0.791\,5, A_2 \leqslant 0.765\,5$.

18. 设 $X_1, \cdots, X_n$ 是 i.i.d.r.v., 则存在 $C_1, C_2 > 0$, 成立

$$\left\| P\left\{ \frac{1}{\sigma\sqrt{n}}\sum_{j=1}^n X_j < x \right\} - \Phi(x) \right\|_p \leqslant C_1\left(\delta(n) + n^{-1/2} \right),$$

$$\left\| P\left\{ \frac{1}{\sigma\sqrt{n}}\sum_{j=1}^n X_j < x \right\} - \Phi(x) \right\|_p + n^{-1/2} \geqslant C_2 \delta(n),$$

其中 $\delta(n) = EX_1^2 I(|X_1| \geqslant \sqrt{n}) + n^{-1/2}E|X_1|^3 I(|X_1| \leqslant \sqrt{n}) + n^{-1}EX_1^4 I(|X_1| \leqslant \sqrt{n})$,

$$\|f(x)\|_p = \begin{cases} \sup_x |f(x)|, & \text{当 } p = \infty, \\ \left(\int_{-\infty}^\infty |f(x)|^p \mathrm{d}x \right)^{1/p}, & \text{当 } 1 \leqslant p < \infty. \end{cases}$$

三、随机变量的概率不等式

1. $P(X + Y \geqslant x) \leqslant P(X \geqslant x/2) + P(Y \geqslant x/2),$

$$P(|X + Y| \geqslant x) \leqslant P(|X| \geqslant x/2) + P(|Y| \geqslant x/2).$$

2. 设 X 与 Y 独立, 则

(1) $P\{X + Y \leqslant x\} \geqslant P(X \leqslant x/2) P(Y \leqslant x/2),$

(2) $P\{|X + Y| \leqslant x\} \geqslant P(|X| \leqslant x/2) P(|Y| \leqslant x/2).$

(3) 对充分大的 $x > 0$,

$$P(|X| > x) \leqslant 2P(|X| > x, |Y| < x/2) \leqslant 2P(|X + Y| > x/2).$$

3. $P\left\{\max_{1 \leqslant k \leqslant n} |X_k| \geqslant x\right\} \leqslant \sum_{k=1}^{n} P\{|X_k| \geqslant x\};$

$$P\left\{\min_{1 \leqslant k \leqslant n} |X_k| \leqslant x\right\} \leqslant \sum_{k=1}^{n} P \cdot \{|X_k| \leqslant x\}.$$

4. 设 $\{X_j\}$ 和 $\{Y_j\}$ 满足 (i) 对一切 $n \geqslant 1$, X_n 与 $(Y_1, \cdots, Y_n)$ 独立或 (ii) 对一切 n, X_n 与 $(Y_n, Y_{n+1}, \cdots)$ 独立, 则对任意常数 $\varepsilon_n, \delta_n, \varepsilon$ 和 δ

$$P\left\{\bigcup_{n=1}^{\infty} (X_n + Y_n > \varepsilon_n)\right\} \geqslant P\left\{\bigcup_{n=1}^{\infty} (Y_n > \varepsilon_n + \delta_n)\right\} \inf_{n \geqslant 1} P\{X_n \geqslant -\delta_n\},$$

$$P\left\{\limsup_n (X_n + Y_n) \geqslant \varepsilon\right\} \geqslant P\left\{\limsup_n Y_n > \varepsilon + \delta\right\} \liminf_n P\{X_n \geqslant -\delta\}.$$

5. (1) (弱对称不等式) 对任意 x 和 a,

$$\frac{1}{2}P\{X - mX \geqslant x\} \leqslant P\{X^s \geqslant x\},$$

$$\frac{1}{2}P\{|X - mX| \geqslant x\} \leqslant P\{|X^s| \geqslant x\} \leqslant 2P\{|X - a| \geqslant x/2\},$$

其中 $X^s = X - X'$, X' 是与 X 独立同分布的 r.v.

(2) (强对称不等式) 设 r.v. 序列 $\{T_n\}$ 与 $\{T'_n\}$ 独立同分布, $T_n^s = T_n - T'_n$. 则对任意 $x > 0$ 和数列 $\{c_n\}$ 有

$$\frac{1}{2}P\left\{\sup_{n \geqslant 1} |T_n - mT_n| \geqslant x\right\} \leqslant P\left\{\sup_{n \geqslant 1} |T_n^s| \geqslant x\right\}$$

$$\leqslant 2P\left\{\sup_{n \geqslant 1} |T_n - c_n| \geqslant x/2\right\},$$

$$\frac{1}{2}P\left\{\max_{1 \leqslant n \leqslant N} |T_n - mT_n| \geqslant x\right\} \leqslant P\left\{\max_{1 \leqslant n \leqslant N} |T_n^s| \geqslant x\right\}.$$

6. 设 $\{X_j\}$ 是独立对称的 r.v. 序列,

$$\sup_{x>0} x^p P \left\{ \left| \sum_{j=1}^{n} X_j \right| > x \right\} \leqslant C(p) \sum_{j=1}^{n} \sup_{x>0} x^p P(|X_j| > x).$$

7. (Lévy)　设 $\{X_j\}$ 是独立 r.v. 序列, $S_n = \sum_{j=1}^{n} X_j$, 则对任意 $x > 0$

(1) $P \left\{ \max_{1 \leqslant i \leqslant n} [S_i - m(S_i - S_n)] \geqslant x \right\} \leqslant 2P(S_n \geqslant x)$;

(2) $P \left\{ \max_{1 \leqslant i \leqslant n} |S_i - m(S_i - S_n)| \geqslant x \right\} \leqslant 2P(|S_n| \geqslant x)$;

(3) 若 $EX_j = 0, EX_j^2 < \infty$. 记 $B_n = \sum_{j=1}^{n} EX_j^2$, 则

$$P \left\{ \max_{1 \leqslant i \leqslant n} S_i \geqslant x \right\} \leqslant 2P \left\{ S_n \geqslant x - \sqrt{2B_n} \right\}.$$

8. 设 $\{X_j\}$ 是独立对称 r.v. 序列, $b_n > 0$ 使 $S_n/b_n \xrightarrow{P} 0$, 则

$$P \left\{ \max_{1 \leqslant i \leqslant n} |X_j| > x b_n \right\} \leqslant P \left\{ \max_{1 \leqslant i \leqslant n} |S_i| > x b_n / 2 \right\}.$$

9. $X_1, \cdots, X_n$ 为 r.v. 记 $S_0 = 0, S_i = \sum_{j=1}^{i} X_j, M_n = \max_{0 \leqslant i \leqslant n} |S_i|, M_n' = \max_{0 \leqslant i \leqslant n} \min(|S_i|, |S_n - S_i|), M_n'' = \max_{0 \leqslant i \leqslant j \leqslant k \leqslant n} \min(|S_j - S_i|, |S_k - S_j|)$, 则

(1) $P\{M_n \geqslant x\} \leqslant P\{M_n' \geqslant x/4\} + P \left\{ \max_{1 \leqslant j \leqslant n} |X_j| \geqslant x/4 \right\}$;

(2) 若对给定的 $\gamma \geqslant 0, \alpha > 1$ 和任意的 $x > 0$, $P\{|S_j - S_i| \geqslant x\} \leqslant \left(\sum_{i < l \leqslant j} u_l \right)^{\alpha} \bigg/ x^{\gamma}$, 则存在常数 $K_{\gamma,\alpha}$, 成立

$$P\{M_n \geqslant x\} \leqslant K_{\gamma,\alpha} \left(\sum_{l=1}^{n} u_l \right)^{\alpha} \bigg/ x^{\gamma};$$

(3) 若对给定的 $\gamma \geqslant 0, \alpha > 1/2$ 和任意的 $x > 0$,

$$P\{|S_j - S_i| \geqslant x, |S_k - S_j| \geqslant x\} \leqslant \left(\sum_{i < l \leqslant k} u_l \right)^{2\alpha} \bigg/ x^{2\gamma},$$

则存在常数 $K_{\gamma,\alpha}'$ 和 $K_{\gamma,\alpha}''$, 成立

$$P\{M_n' \geqslant x\} \leqslant K_{\gamma,\alpha}' \left(\sum_{l=1}^{n} u_l \right)^{2\alpha} \bigg/ x^{2\gamma}, \quad P\{M_n'' \geqslant x\} \leqslant K_{\gamma,\alpha}'' \left(\sum_{l=1}^{n} u_l \right)^{2\alpha} \bigg/ x^{2\gamma};$$

(4) 若对给定的 $\gamma \geqslant 0,\ \alpha > 1/2$ 和任意的 $x > 0$,

$$P\left\{|S_j - S_i| \geqslant x,\ |S_k - S_j| \geqslant x\right\} \leqslant \left(\sum_{i < l \leqslant j} u_l\right)^{\alpha} \left(\sum_{j < l \leqslant k} u_l\right)^{\alpha} \Big/ x^{2\gamma},$$

则存在常数 $K'''_{\gamma,\alpha}$ 成立

$$P\left\{M''_n \geqslant x\right\} \leqslant K'''_{\gamma,\alpha} \left(\sum_{l=1}^{n} u_l\right)^{2\alpha} \min_{1 \leqslant i \leqslant n} \left(1 - u_i \Big/ \left(\sum_{l=1}^{n} u_l\right)\right)^{\alpha} \Big/ x^{2\gamma}.$$

10. (Ottaviani)　设 $\{X_j\}$ 是独立 r.v. 序列, 则对任给 $x > 0$

$$P\left\{\max_{1 \leqslant i \leqslant n} |S_i| > 2x\right\} \leqslant P\left\{|S_n| > x\right\} \Big/ \min_{1 \leqslant i \leqslant n} P\left\{|S_n - S_i| \leqslant x\right\}.$$

特别地, 若存在 $c > 0$, 对每一 $k = 0, 1, \cdots, n-1,\ P\{|X_{k+1} + \cdots + X_n| \leqslant c\} \geqslant 1/2$, 则,

$$P\left\{\max_{1 \leqslant i \leqslant n} |S_i| > 2c\right\} \leqslant 2P\left\{|S_n| > c\right\}.$$

11. (Lévy-Skorohod)　设 $\{X_j\}$ 是独立 r.v. 序列, $0 < c < 1$, 则对任意 $x > 0$

$$P\left\{\max_{1 \leqslant i \leqslant n} S_i \geqslant x\right\} \leqslant P\left\{S_n \geqslant cx\right\} \Big/ \min_{1 \leqslant i \leqslant n} P\left\{S_n - S_i \leqslant (1-c)\,x\right\}.$$

12. (Chernoff)　设 $\{X_j\}$ 是 i.i.d.r.v. 序列, $EX_1 = 0$, 在 $t = 0$ 的一个邻域内, $R(t) := Ee^{tX_1} < \infty$. 记 $\rho(x) = \inf_{t} e^{-tx} R(t)$, 则对任意 $x > 0$

$$P\left\{S_n \geqslant nx\right\} \leqslant \rho^n(x),\ \lim_{n \to \infty} \left(P\left(S_n \geqslant nx\right)\right)^{1/n} = \rho(x).$$

13. (Hoffmann-Jørgensen)　设 $\{X_j,\ j \in Z_+^d\}$ 是 i.i.d. 对称 r.v. 场. 则对每一 $j = 1, 2, \cdots$,

$$P\left\{|S_n| \geqslant 3^j t\right\} \leqslant C_j\,|n|\,P\left\{|X_1| \geqslant t\right\} + D_j\left(P\left\{|S_n| \geqslant t\right\}\right)^{2j},$$

其中 C_j, D_j 是只与 j 有关的常数, 特别地 $C_1 = 1,\ D_1 = 4$.

14. (Mogulskii)　设 $\{X_j\}$ 是独立 r.v. 序列. 对 $2 \leqslant m \leqslant n,\ x_1 > 0,\ x_2 > 0$ 成立

$$P\left\{\min_{m \leqslant k \leqslant n} |S_k| \leqslant x_1\right\} \leqslant P\left\{|S_n| \leqslant x_1 + x_2\right\} \Big/ \min_{m \leqslant k \leqslant n} P\left\{|S_n - S_k| \leqslant x_2\right\}.$$

15. 设 $\{X_j\}$ 是 i.i.d.r.v. 序列, $EX_1 = 0$, $EX_1^2 = \sigma^2$. 又设 $|\theta| < \delta < 1$. 则对任意 $\varepsilon > 0$, 存在 $0 < c_1, c_2 < \infty$ 使得

$$P\left\{ |S_n| \Big/ \sqrt{2n \log\log n} - \theta \right| \leqslant \varepsilon \}$$
$$\geqslant \frac{c_1}{(\log n)^\delta} - nP\left(|X_1| > \sqrt{n}\right) - \frac{c_2}{\sqrt{n}} E\left|X_1 I\left(|X_1| \leqslant \sqrt{n}\right)\right|^3.$$

四、矩不等式

1. 对任意正数 r 和 c, $E\,|XI\,(|X| \leqslant c)|^r \leqslant E|X|^r$.

2. (c_r 不等式) $E|X+Y|^r \leqslant c_r(E|X|^r + E|Y|^r)$, 其中 $c_r = 1$, 若 $0 < r \leqslant 1$; $c_r = 2^{r-1}$, 若 $r \geqslant 1$.

3. (Cauchy-Schwarz) $|EXY| \leqslant (EX^2)^{1/2}(EY^2)^{1/2}$; 又对任一 σ 域 $\mathscr{G}$, $E(|XY||\mathscr{G}) \leqslant \{E(X^2|\mathscr{G})E(Y^2|\mathscr{G})\}^{1/2}$ a.s.

4. (Hölder) 对正数 $p, q > 1$, $\frac{1}{p} + \frac{1}{q} = 1$ 有

$$|EXY| \leqslant (E|X|^p)^{1/p}(E|Y|^q)^{1/q};$$
$$|E(XY|\mathscr{G})| \leqslant (E(|X|^p|\mathscr{G})^{1/p}(E(|Y|^q|\mathscr{G}))^{1/q} \quad \text{a.s.}$$

5. (Minkowski) 对 $r \geqslant 1$

$$\left(E\left|\sum_{j=1}^n X_j\right|^r\right)^{1/r} \leqslant \sum_{j=1}^n (E\,|X_j|^r)^{1/r};$$
$$\left(E\left(\left|\sum_{j=1}^n |X_j|^r\right|\mathscr{G}\right)\right)^{1/r} \leqslant \sum_{j=1}^n (E(|X_j|^r\,|\mathscr{G}))^{1/r} \quad \text{a.s.}$$

6. (Minkowski 伴随不等式)

$$E\left(\sum_{j=1}^n |X_j|\right)^r \geqslant \sum_{j=1}^n E\,|X_j|^r, \quad r \geqslant 1,$$
$$E\left(\sum_{j=1}^n |X_j|\right)^r < \sum_{j=1}^n E\,|X_j|^r, \quad r < 1,$$
$$\left(E\left|\sum_{j=1}^n X_j\right|^r\right)^{1/r} > \sum_{j=1}^n (E\,|X_j|^r)^{1/r}, \quad r < 1.$$

7. 对任意 $0 < r \leqslant s$

$$(E|X|^r)^{1/r} \leqslant (E|X|^s)^{1/s}\,; \quad \left(\frac{1}{n}\sum_{j=1}^n |X_j|^r\right)^{1/r} \leqslant \left(\frac{1}{n}\sum_{j=1}^n |X_j|^s\right)^{1/s}.$$

8. (Jensen) 若 φ 为 $\mathbf{R}^1$ 上的下凸函数, X, $\varphi(X)$ 都可积, 则

$$\varphi(EX) \leqslant E\varphi(X)\,; \quad \varphi(E(X|\mathscr{G})) \leqslant E(\varphi(X)|\mathscr{G}).$$

9. 设 $E|X| < \infty$, 记 $Y = aI(X < a) + XI(a \leqslant X \leqslant b) + bI(X > b)$ $(-\infty < a < b < \infty)$. 则对 $1 \leqslant p < \infty$, $E|X - EX|^p \geqslant E|Y - EY|^p$.

10. 设 X 与 X' i.i.d., $E|X|^r < \infty$, $1 \leqslant r \leqslant 2$, 则

$$\frac{1}{2}E\,|X - X'|^r \leqslant E|X|^r \leqslant E\,|X - X'|^r\,;$$

又对任意 a 及 $r > 0$ 有

$$\frac{1}{2}E|X - mX|^r \leqslant E|X - X'|^r \leqslant 2C_r E|X - a|^r.$$

11. (Lyapunov) 记 $\beta_k = E|X|^k$, $0 \leqslant l \leqslant m \leqslant n$, 则 $\beta_m^{n-l} \leqslant \beta_l^{n-m}\beta_n^{m-l}$.

12. 设 X 与 Y 独立, $EX = 0$, $E|X|^p < \infty$, $E|Y|^p < \infty$, $1 \leqslant p \leqslant \infty$. 则

$$E\,|Y|^p \leqslant E\,|X + Y|^p.$$

13. 设 $u(x)$ 和 $v(x)$ 同为非增 (或同为非减) 的函数, 则

$$Eu(X)\,Ev(X) \leqslant E(u(X)\,v(X)).$$

14. 若 $X, Y \geqslant 0$, 则对 $p \geqslant 0$, $E(X + Y)^p \leqslant 2^p(EX^p + EY^p)$;
对 $p > 1$, $E(X + Y)^p \leqslant 2^{p-1}(EX^p + EY^p)$;
对 $0 \leqslant p \leqslant 1$, $E(X + Y)^p \leqslant EX^p + EY^p$.

15. 设 $EX^2 < \infty$, 则 $\mathrm{Var}X^+ \leqslant \mathrm{Var}X$, $\mathrm{Var}X^- \leqslant \mathrm{Var}X$.

16. 设 X 服从 $N(0,1)$, $1 \leqslant p < 2$, 则对任意 $t > 0$, $\varepsilon > 0$ 有

$$\exp\left(t^{\frac{2}{2-p}}\beta_p\right) \leqslant E\exp(t|X|^p) \leqslant \exp\left\{t\delta_p + t^{\frac{2}{2-p}}\beta_p + t^{\frac{3}{2}}\frac{9}{(2-p)^2}\right\}$$

$$\wedge \exp\left\{(1+\varepsilon)\,t\delta_p + t^{\frac{2}{2-p}}\,(\beta_p + c(\varepsilon, p))\right\},$$

其中 $\delta_p = E|X|^p$, $\beta_p = p^{p/(2-p)} \cdot \dfrac{2-p}{2}$, $c(\varepsilon, p) = \left(\dfrac{18}{2-p}\right)^{\frac{8}{2-p}}\left(\dfrac{1}{\varepsilon}\right)^{\frac{3p-2}{2-p}}$.

五、随机变量的概率与矩间的不等式

1. (Chebychev-Markov 型)　设 $x > 0$

(1) (Chebychev)　$P\{|X - EX| \geqslant x\} \leqslant \mathrm{Var}X/x^2$;

(2) $P\{X - EX \geqslant x\} \leqslant \left(1 + \dfrac{x^2}{\mathrm{Var}X}\right)^{-1}$;

(3) (Markov)　对任意 $r > 0$, $P(|X| \geqslant x) \leqslant E|X|^r/x^r$;

(4) 设 g 是正值偶函数, 在 $[0, \infty)$ 上不减, 则

$$\frac{Eg(X) - g(x)}{\mathrm{a.s.\,} \sup g(X)} \leqslant P\{|X| \geqslant x\} \leqslant Eg(X)/g(x)^{①};$$

(5) 设 $|X| \leqslant 1$, 则 $P\{|X| \geqslant x\} \geqslant EX^2 - x^2$;

(6) 设 $X \geqslant 0$, 则对任意 $0 < \alpha < 1$, $P\{X > \alpha EX\} \geqslant (1-\alpha)^2(EX)^2/EX^2$;

(7) 若 X 的可能值为 $1, 2 \cdots$, 且 $P\{X = k\}$ 关于 k 递减, 则

$$P(X = k) \leqslant \frac{2}{k^2} EX.$$

2. 若 $X \geqslant 0$, 则 $\displaystyle\sum_{n=1}^{\infty} P(X \geqslant n) \leqslant EX \leqslant \sum_{n=0}^{\infty} P(X \geqslant n)$.

3. (Kolmogorov)　设 $\{X_j\}$ 是独立 r.v. 列, $EX_j = 0, x > 0$, 记 $S_n = \displaystyle\sum_{j=1}^{n} X_j$.

(1) $P\left\{\displaystyle\max_{1 \leqslant i \leqslant n} |S_i| > x\right\} \leqslant \mathrm{Var}S_n/x^2$; 若 $|X_j| \leqslant c$, 还有

$$P\left\{\max_{1 \leqslant i \leqslant n} |S_i| > x\right\} \geqslant 1 - \frac{(x - c)^2}{\mathrm{Var}S_n};$$

(2) 设有 $r > 1, E|X_j|^r < \infty$, 记 $A = \left\{\displaystyle\max_{1 \leqslant i \leqslant n} |S_i| \geqslant x\right\}$, 则

$$x^r P\left\{\max_{1 \leqslant i \leqslant n} |S_i| \geqslant x\right\} \leqslant E|S_n|^r I(A) \leqslant E|S_n|^r;$$

(3) $P\left\{\displaystyle\max_{1 \leqslant i \leqslant n} S_i \geqslant x\right\} \leqslant (\mathrm{Var}S_n)/\left(x^2 + \mathrm{Var}S_n\right)$;

(4) $P\left\{\displaystyle\max_{1 \leqslant i \leqslant n} |S_i| \leqslant x\right\} \leqslant \dfrac{x^2}{x^2 + \mathrm{Var}S_n}$.

4. (Rényi-Hájek)　设 $\{X_j\}$ 是独立 r.v. 序列, $EX_j = 0$, 数 $0 < c_n \leqslant \cdots \leqslant c_1, x > 0, m < n$.

---

① $\mathrm{a.s.\,} \sup |X| = \inf\{c : 0 \leqslant c \leqslant \infty, P(|X| > c) = 0\}$.

(1) $P\left\{\max_{m\leqslant k\leqslant n} c_k |S_k| \geqslant x\right\} \leqslant \dfrac{1}{x^2}\left(c_m^2 \sum_{k=1}^{m} EX_k^2 + \sum_{k=m+1}^{n} c_k^2 EX_k^2\right);$

(2) 设 $g(x)$ 在 $(0,\infty)$ 上非降下凸, $g(+0) = 0$ 且 $g(xy) \leqslant g(x)g(y)$, 则

$$P\left\{\max_{m\leqslant k\leqslant n} c_k S_k \geqslant x\right\} \leqslant \dfrac{1}{g(x)}\left\{g(c_n)E^+ g(S_n)\right.$$
$$\left. + \sum_{k=m}^{n-1}(g(c_k) - g(c_{k+1}))E^+ g(S_k)\right\},$$

其中 $E^+ g(X) = \displaystyle\int_0^{\infty} g(x)\mathrm{d}F(x)$, $F(x)$ 是 X 的 d.f.

(3) (Bickel) 进一步, 若 $X_j\,(j=1,\cdots,n)$ 是对称的, $g(x)$ 是非负下凸函数, 记 $G_n = \displaystyle\sum_{k=1}^{n-1}(c_k - c_{k+1})\,g(S_k) + c_n g(S_n)$. 则

$$P\left\{\max_{1\leqslant k\leqslant n} c_k g(S_k) \geqslant x\right\} \leqslant 2P\left\{G_n \geqslant x\right\}.$$

(4) (Heyde) 写 $X_k = Y_k + Z_k$, 其中 $EY_k = 0$, $EY_k^2 < \infty$ 则对任意 $x > 0$ 和 $0 < a < 1$ 有

$$P\left\{\max_{m\leqslant k\leqslant n} c_k |S_k| \geqslant x\right\} \leqslant \dfrac{1}{(1-a)^2 x^2}\left\{c_m^2 \sum_{k=1}^{m} EY_k^2 + \sum_{k=m+1}^{n} c_k^2 EY_k^2\right\}$$
$$+ \sum_{k=m+1}^{n} P\{Z_k \neq 0\} + P\left\{c_m\left|\sum_{k=1}^{m} Z_k\right| \geqslant ax\right\}.$$

5. 设 $\{X_j\}$ 是独立 r.v. 序列, $EX_j = 0$ 且存在 $p \geqslant 2$, $E|X_j|^p < \infty$. 则对任意 $x > 0$ 和常数 a_j, $j = 1, \cdots, n$,

$$P\left\{\left|\sum_{j=1}^{n} a_j X_j\right| \geqslant x\right\} \leqslant 2\left(1 + \dfrac{2}{p}\right)^p \sum_{j=1}^{n} E|a_j X_j|^p/x^p$$
$$+ 2\exp\left\{-2\mathrm{e}^{-p}x^2\Big/\left((p+2)\sum_{j=1}^{n} E(a_j X_j)^2\right)\right\}.$$

6. 设 $\{X_j\}$ 是独立 r.v. 序列, 记 $M_n = \max_{1\leqslant j\leqslant n} |X_j - mX_j|$, 则对任意 $x > 0$

$$P\{|S_n - mS_n| \geqslant x/4\} \geqslant P(M_n > x)/8.$$

7. (Rényi-Hájek-Chow) 设 $\{S_n, \mathscr{F}_n\}$ 为下鞅, ξ_n 是 $\mathscr{F}_{n-1}$ 可测的且 $0 < \xi_1(\omega) \leqslant \xi_2(\omega) \leqslant \cdots \leqslant \xi_n(\omega)$ a.s., 则对任意 $x > 0$

$$P\left\{\max_{1 \leqslant k \leqslant n} S_k/\xi_k \geqslant x\right\} \leqslant \frac{1}{x}\left\{E(S_1^+/\xi_1) + \sum_{k=2}^{n} E((S_k^+ - S_{k-1}^+)/\xi_k)\right\}.$$

8. (上穿不等式) 设 $\{S_n, \mathscr{F}_n\}$ 为下鞅, 记 $\nu_{a,b}^{(n)}$ 是样本 $\{S_j, j = 1, 2, \cdots, n\}$ 上穿区间 $[a, b]$ 的次数, 则

$$E\nu_{a,b}^{(n)} \leqslant \frac{1}{b-a}\left\{E(S_n - a)^+ - E(S_1 - a)^+\right\} \leqslant \frac{1}{b-a}\left\{ES_n^+ + |a|\right\}.$$

9. (下穿不等式) 设 $\{S_n, \mathscr{F}_n\}$ 为上鞅, 记 $\mu_{a,b}^{(n)}$ 是样本 $\{S_j, j = 1, 2, \cdots, n\}$ 下穿区间 $[a, b]$ 的次数, 则

$$E\mu_{a,b}^{(n)} \leqslant \frac{1}{b-a}\left\{E(S_1 \wedge b) - E(S_n \wedge b)\right\}.$$

10. (Burkholder) 设 $\{S_n, \mathscr{F}_n\}$ 为鞅或非负下鞅. 则有常数 C 使对任意 $x > 0$ 成立

$$P\left\{\sum_{j=1}^{n}(S_j - S_{j-1})^2 \geqslant x\right\} \leqslant CE|S_n|/\sqrt{x}.$$

六、部分和及其极大值的矩估计

在本节中, 设 $\{X_j\}$ 是 r.v. 序列, 记 $S_n = \sum_{j=1}^{n} X_j$.

1. (1) 对 $r > 1$, $E|S_n|^r \leqslant n^{r-1} \sum_{j=1}^{n} E|X_j|^r$;

(2) 对 $0 < r \leqslant 1$, $E|S_n|^r \leqslant \sum_{j=1}^{n} E|X_j|^r$;

(3) 设 $\{X_j\}$ 是独立对称 r.v. 序列 (更弱地, X_j 关于 S_{j-1} 的条件分布对称), 则对 $1 \leqslant r \leqslant 2$ 有 $E|S_n|^r \leqslant \sum_{j=1}^{n} E|X_j|^r$.

2. 设 $\{X_n\}$ 是 i.i.d.r.v. 序列, $P(X_1 \neq 0) > 0$, $EX_1 = 0$, 则

(1) 存在 $C > 0$ 使得 $E|S_n| \geqslant C\sqrt{n}$;

(2) $\lim_{n \to \infty} E|S_n|/\sqrt{n} = 2 \lim_{n \to \infty} ES_n^+/\sqrt{n} = \sqrt{\frac{2}{\pi}EX_1^2}$, 其中 $0 \leqslant EX_1^2 \leqslant \infty$.

3. 设 $1 \leqslant r \leqslant 2$.

(1) 若 $\{X_j\}$ 是独立 r.v. 序列, $EX_j = 0$, 则

$$E|S_n|^r \leqslant [1 - D(r)]^{-1} \sum_{j=1}^{n} E|X_j|^r,$$

其中 $D(r) = \dfrac{13.52}{\pi(2.6)^r} \Gamma(r) \sin \dfrac{r\pi}{2}$;

(2) 若 $E(X_{n+1}|S_n) = 0$ a.s., 则 $E|S_n|^r \leqslant 2^{2-r} \displaystyle\sum_{j=1}^{n} E|X_j|^r$;

(3) 若 $E(X_j|R_{mj}) = 0$ a.s. 其中 $R_{mj} = \displaystyle\sum_{i=1}^{m+1} X_i - X_j$, $1 \leqslant j \leqslant m+1 \leqslant n$, 则

$$E|S_n|^r \leqslant \left(2 - \frac{1}{n}\right) \sum_{j=1}^{n} E|X_j|^r.$$

4. (1) 设 $\{X_j\}$ 是鞅差序列, $r \geqslant 2$, 则

$$E|S_n|^r \leqslant C_r n^{\frac{r}{2}-1} \sum_{j=1}^{n} E|X_j|^r,$$

其中 $C_r = \left\{8(r-1)\max\left(1, 2^{r-3}\right)\right\}^r$;

(2) 设 $\{X_j\}$ 是独立 r.v. 序列, $EX_j = 0$ (或对任意的正整数 $i_1, \cdots, i_p, k_1, \cdots, k_p$, 满足 $\min(k_1, \cdots, k_p) = 1$, 成立 $EX_{i_1}^{k_1} \cdots X_{i_p}^{k_p} = 0$), 则对正整数 m,

$$E|S_n|^{2m} \leqslant D_{2m} n^{m-1} \sum_{j=1}^{n} E|X_j|^{2m},$$

其中 $D_{2m} = \displaystyle\sum_{p=1}^{m} p^{2m-1}/(p-1)!$;

(3) 设 $\{X_j\}$ 是独立 r.v. 序列, $EX_j = 0$, $r \geqslant 2$, 则

$$E|S_n|^r \leqslant B_r n^{\frac{r}{2}-1} \sum_{j=1}^{n} E|X_j|^r,$$

其中 $B_r = \dfrac{1}{2} r(r-1)(1 \vee 2^{r-3})\{1 + 2^{r-1} D_{2m}^{(r-2)/2m}\}$, 整数 m 满足 $2m \leqslant r < 2m+2$.

5. (1) 设 $\{X_j\}$ 是 i.i.d.r.v. 序列, 存在 $r \geqslant 1$, $E|X_1|^r < \infty$. 则 $E\max\limits_{1 \leqslant k \leqslant n} |S_k|^r \leqslant 8E|S_n|^r$;

(2) (Doob) 设 $\{S_n\}$ 是非负下鞅, 则

$$E\left(\sup_{n \geqslant 1} S_n\right) \leqslant \frac{e}{e-1}\left\{1 + \sup_n E\left(S_n \log^+ S_n\right)\right\},$$

$\left(E\left|\sup\limits_{n \geqslant 1} S_n\right|^p\right)^{1/p} \leqslant q \sup\limits_{n \geqslant 1} (E|S_n|^p)^{1/p}$, 其中 $p > 1$, $q > 1$ 且 $\dfrac{1}{p} + \dfrac{1}{q} = 1$.

6. 设 $\{X_j\}$ 是 i.i.d.r.v. 序列, 则 $E\left\{\sup_{n\geqslant 1}|S_n/n|^r\right\} < \infty \ (r\geqslant 1)$ 等价于 $E\left\{\sup_{n\geqslant 1}|X_n/n|^r\right\} < \infty \ (r\geqslant 1)$ 也等价于 $E\left(|X_1|\log^+|X_1|\right) < \infty \ (r=1)$ 或 $E|X_1|^r < \infty \ (r>1)$.

7. 设 $\{X_j\}$ 是 i.i.d.r.v. 序列, $EX_1 = 0$, 则 $E\left\{\sup_{n\geqslant 1}\left|S_n/\sqrt{n\log\log n}\right|^r\right\} < \infty \ (r\geqslant 2)$ 等价于 $E\left\{\sup_n\left|X_n/\sqrt{\log^+\log n}\right|^r\right\} < \infty \ (r\geqslant 2)$ 也等价于 $E\left(X_1^2\log^+|X_1|/\log^+\log|X_1|\right) < \infty \ (r=2)$ 或 $E|X_1|^r < \infty (r>2)$.

8. 设 $\{X_j\}$ 是 i.i.d.r.v. 序列, $EX_1 = 0$, 常数 $a_j, j = 1,\cdots,n$, 满足 $\sum_{j=1}^{n} a_j^2 = 1$.

(1) $E\left(\sum_{j=1}^{n} a_j X_j\right)^2 = EX_1^2$;

(2) $E\left|\sum_{j=1}^{n} a_j X_j\right|^{2+r} < \left\{1 + \dfrac{2}{\pi}\Gamma(3+r)\sin\dfrac{r\pi}{2}\left(\dfrac{2^{1-r}}{\Gamma(3+r)}\right.\right.$
$\left.\left. +\dfrac{2}{r} + \dfrac{3}{16(2-r)}\right)\right\}E|X_1|^{2+r} \quad (0 < r < 2)$;

(3) $E\left(\sum_{j=1}^{n} a_j X_j\right)^{2p} < \left(\dfrac{3}{2}\right)^{p-2}(2p-1)!!EX_1^{2p}$ (整数 $p\geqslant 2$);

(4) $E\left|\sum_{j=1}^{n} a_j X_j\right|^{2p+r} < \left\{1 + \dfrac{2}{\pi}\Gamma(2p+r+1)\sin\dfrac{r\pi}{2}\right.$
$\cdot\left(\dfrac{2^{1-r}}{\Gamma(2p+r+1)} + \dfrac{2}{r(2p)!} + \dfrac{1}{(2-r)(2p+2)!!}\left(\dfrac{3}{2}\right)^p\right.$
$\left.\left. +\dfrac{2}{r(2p)!!}\left(\dfrac{3}{2}\right)^{p-2}\right)\right\}E|X_1|^{2p+r}$

(整数 $p\geqslant 2, 0 < r < 2$).

9. 设 $\{X_j\}$ 是独立 r.v. 序列, $|X_j|\leqslant 1$ a.s., 存在 $a>0$ 使 $P(|S_n|\geqslant a)\leqslant \dfrac{1}{8\mathrm{e}}$, 则存在 $c>0$ 使对任意正整数 m, $E|S_n|^m \leqslant c8^m m!(a+1)^m$.

10. (Khinchin) 设 $\{X_j\}$ 是 i.i.d.r.v. 序列, $P(X_1 = 1) = P(X_1 = -1) = 1/2$, $\{b_j\}$ 是实数列, $r>0$, 那么存在 $0 < C_{1r} \leqslant C_{2r} < \infty$ 使得

$$C_{1r}\left(\sum_{j=1}^{n} b_j^2\right)^{r/2} \leqslant E\left|\sum_{j=1}^{n} b_j X_j\right|^r \leqslant C_{2r}\left(\sum_{j=1}^{n} b_j^2\right)^{r/2}.$$

11. (1) 若 $\{X_j\}$ 是正交 r.v. 序列, 则

$$E\left(\max_{1\leqslant j\leqslant n}|S_{a+j}-S_a|\right)^2 \leqslant (\log(2n)/\log 2)^2 \sum_{j=a+1}^{a+n} EX_j^2;$$

(2) 设 $g(n)$ 是正的非降函数, 满足 $2g(n) \leqslant g(2n)$, $\lim\limits_{n\to\infty} g(n)/g(n+1) = 1$. 若存在 $\nu > 2$, 对一切 $a \geqslant 0$, $E|S_{a+n}-S_a|^\nu \leqslant g^{\nu/2}(n)$. 则存在常数 K_ν 使得

$$E\left\{\max_{1\leqslant j\leqslant n}|S_{a+j}-S_a|^\nu\right\} \leqslant K_\nu g^{\nu/2}(n);$$

(3) 设 $g(a,k)$ 是 $X_{a+1},\cdots,X_{a+k}$ 的联合分布的泛函 $(a\geqslant 0,\ k\geqslant 1)$, 满足 $E(S_{a+k}-S_a)^2 \leqslant g(a,k)$ 及 $g(a,k)+g(a+k,m) \leqslant g(a,k+m)\ (m\geqslant 1)$. 则

$$E\left\{\max_{1\leqslant j\leqslant n}|S_{a+j}-S_a|^2\right\} \leqslant (\log(2n)/\log 2)^2 g(a,n).$$

12. (Doob) 设 $\{S_n,\mathscr{F}_n\}$ 是鞅, 则

$$E\left\{\max_{1\leqslant i\leqslant n}|S_i|\right\} \leqslant \frac{e}{e-1}\left(1+E|S_n\log^+S_n|\right),\quad E\left\{\sup_{n\geqslant 1}|S_n|\right\}$$
$$\leqslant \frac{e}{e-1}\left(1+\sup_{n\geqslant 1}E|S_n\log^+S_n|\right);$$

又对 $p > 1$

$$E\left\{\max_{1\leqslant i\leqslant n}|S_i|^p\right\} \leqslant \left(\frac{p}{p-1}\right)^p E|S_n|^p,\quad E\left\{\sup_{n\geqslant 1}|S_n|^p\right\} \leqslant \left(\frac{p}{p-1}\right)^p \sup_{n\geqslant 1}E|S_n|^p.$$

13. (Marcinkiewicz-Zygmund-Burkholder) 设 $\{X_j\}$ 是鞅差序列, 则对任意 $p > 1$, 存在正的常数 $a_p \leqslant b_p$ 和 $a_p' \leqslant b_p'$ 使得

$$a_p E\left(\sum_{j=1}^n X_j^2\right)^{p/2} \leqslant E|S_n|^p \leqslant b_p E\left(\sum_{j=1}^n X_j^2\right)^{p/2}.$$
$$a_p' E\left(\sum_{j=1}^\infty X_j^2\right)^{p/2} \leqslant \sup_{n\geqslant 1}E|S_n|^p \leqslant b_p' E\left(\sum_{j=1}^\infty X_j^2\right)^{p/2};$$

14. 设 $\{X_j\}$ 是独立 r.v. 序列, $EX_j = 0$, 存在 $r > 2$, $E|X_j|^r < \infty$. 记 $s_n^2 = \sum\limits_{j=1}^n EX_j^2$. 则有 $M > 0$ 使得

$$|E|S_n/s_n|^r - E|N(0,1)|^r| \leqslant Mn^{-(1\wedge(r-2))/2};$$

若 $r \geqslant 4$ (i.i.d. 时 $r \geqslant 3$) 的整数, 则绝对矩可换成矩.

七、指数不等式

1. 设 $X \leqslant 1$ a.s., 则 $E\left(\exp X\right) \leqslant \exp\left(EX + EX^2\right)$.

2. 下列事实等价:

(1) 存在 $H > 0$, 当 $|t| < H$ 时, $Ee^{tX} < \infty$;

(2) 存在 $a > 0$, $Ee^{a|X|} < \infty$;

(3) 存在 $b > 0$ 和 $c > 0$, 对一切 $x > 0$, $P\{|X| \geqslant x\} \leqslant be^{-cx}$;

(4) 存在 $g > 0, T > 0$, 当 $|t| \leqslant T$ 时, $Ee^{tX} \leqslant e^{gt^2}$.

以下设 $\{X_j\}$ 为独立 r.v. 序列, 记 $S_n = \sum\limits_{j=1}^{n} X_j$.

3. 设 $g_1, \cdots, g_n, T$ 为正常数, 当 $0 \leqslant t \leqslant T\,(-T \leqslant t \leqslant 0)$ 时 $Ee^{tX_k} \leqslant e^{g_k t^2/2}$. 记 $G = \sum\limits_{j=1}^{n} g_j$, 则对 $0 \leqslant x \leqslant GT$ 有

$$P\{S_n \geqslant x\} \leqslant e^{-x^2/2G} \quad \left(P\{S_n \leqslant -x\} \leqslant e^{-x^2/2G}\right);$$

对 $x \geqslant GT$ 有

$$P\{S_n \geqslant x\} \leqslant e^{-Tx/2} \quad \left(P\{S_n \leqslant -x\} \leqslant e^{-Tx/2}\right).$$

4. 设 $EX_j = 0, \sigma_j^2 = EX_j^2 < \infty, B = \sum\limits_{j=1}^{n} \sigma_j^2$. 假设存在 $H > 0$, 对任意整数 $m \geqslant 2, \left|EX_j^m\right| \leqslant \dfrac{m!}{2}\sigma_j^2 H^{m-2}$, 则对 $0 \leqslant x \leqslant B/H$, 有

$$P\{S_n \geqslant x\} \leqslant e^{-x^2/4B}, \ P\{S_n \leqslant -x\} \leqslant e^{-x^2/4B};$$

对 $x \geqslant B/H$, 有

$$P\{S_n \geqslant x\} \leqslant e^{-x/4H}, \ P\{S_n \leqslant -x\} \leqslant e^{-x/4H}.$$

5. 设 $0 \leqslant EX_j < \infty$ 且存在正数 $g_1, \cdots, g_n$ 和 T, 当 $0 \leqslant t \leqslant T$ 时 $Ee^{tX_j} \leqslant e^{g_j t^2/2}$, 则

$$P\left\{\max_{1 \leqslant i \leqslant n} S_i \geqslant x\right\} \leqslant e^{-x^2/2G} \quad (0 \leqslant x \leqslant GT),$$

$$P\left\{\max_{1 \leqslant i \leqslant n} S_i \geqslant x\right\} \leqslant e^{-Tx/2} \quad (x \geqslant GT).$$

6. (Hoeffding)

(1) 设 $0 \leqslant X_j \leqslant 1$, 记 $\overline{X} = \dfrac{1}{n}\sum\limits_{j=1}^{n} X_j$, $\mu = E\overline{X}$, 则对 $0 < x < 1 - \mu$,

$$P\left\{\overline{X} - \mu \geqslant x\right\} \leqslant P\left\{\max_{1 \leqslant i \leqslant n} (S_i - ES_i) \geqslant nx\right\}$$

$$\leqslant \left\{\left(\frac{\mu}{\mu + x}\right)^{\mu + x}\left(\frac{1 - \mu}{1 - \mu - x}\right)^{1 - \mu - x}\right\}^n$$

$$\leqslant \mathrm{e}^{-g(\mu)nx^2} \leqslant \mathrm{e}^{-2nx^2},$$

其中 $g(\mu) = \dfrac{1}{1 - 2\mu}\ln\dfrac{1 - \mu}{\mu}\ \left(0 < \mu < \dfrac{1}{2}\right)$, $\dfrac{1}{2\mu(1 - \mu)}\ \left(\dfrac{1}{2} \leqslant \mu < 1\right)$.

(2) 设 $a_j \leqslant X_j \leqslant b_j$, 则对任意的 $x > 0$

$$P\{\overline{X} - \mu \geqslant x\} \leqslant P\left\{\max_{1 \leqslant i \leqslant n} (S_i - ES_i) \geqslant nx\right\} \leqslant \mathrm{e}^{-2n^2x^2 / \sum\limits_{j=1}^{n} (b_j - a_j)^2}.$$

7. (Bennett) 设 $X_j \leqslant b$, $EX_j = 0$, 记 $\sigma^2 = \dfrac{1}{n}\sum\limits_{j=1}^{n} EX_j^2$, 则对任意的 $x > 0$

$$P\left\{\overline{X} > x\right\} \leqslant P\left\{\max_{1 \leqslant i \leqslant n} S_i \geqslant nx\right\} \leqslant \exp\left\{-\frac{nx}{b}\left[\left(1 + \frac{\sigma^2}{bx}\right)\ln\left(1 + \frac{bx}{\sigma^2}\right) - 1\right]\right\},$$

$\Bigg($ 对 $0 < x < b$, 上述界可改为

$$\left\{\left(1 + \frac{bx}{\sigma^2}\right)^{-(1 + bx/\sigma^2)\sigma^2/(b^2 + \sigma^2)}\left(1 - \frac{x}{b}\right)^{-(1 - x/b)b^2/(b^2 + \sigma^2)}\right\}^n.\Bigg)$$

8. (Bernstein) 设 $EX_j = 0$, 对某 $a > 0$ 和一切 $n \geqslant 2$, $E|X_j|^n \leqslant v_j n! a^{n-2}/2$, 则对一切 $x > 0$

$$P\left\{\sqrt{n}\cdot\overline{X} \geqslant x\right\} \leqslant \exp\left\{-\frac{x^2/2}{\sum\limits_{j=1}^{n} v_j/n + ax/\sqrt{n}}\right\}.$$

特别地, 当 $|X_j| \leqslant m$ 时有

$$P\{\overline{X} \geqslant x\} \leqslant \exp\left\{-\frac{n^2x^2}{2\sum\limits_{j=1}^{n} \mathrm{Var}X_j + 2mnx/3}\right\}.$$

9. (Kolmogorov-Prohorov) 设 $EX_j = 0$, $EX_j^2 < \infty$, 记 $s_n^2 = \sum_{j=1}^{n} EX_j^2$,

设 $|X_j| \leqslant cs_n$ a.s. $(j = 1, \cdots, n)$.

(1) 设 $\varepsilon > 0$ 满足 $\varepsilon c \leqslant 1$, 则 $P\{S_n/s_n > \varepsilon\} \leqslant \exp\left\{-\dfrac{\varepsilon^2}{2}\left(1 - \dfrac{\varepsilon c}{2}\right)\right\}$;

(2) 设 $\varepsilon > 0$, 则 $P\{S_n/s_n \geqslant \varepsilon\} \leqslant \exp\left\{-\dfrac{\varepsilon}{2c}\arcsin h\left(\dfrac{\varepsilon c}{2}\right)\right\}$;

(3) 对 $r > 0$ 存在 $\varepsilon(r)$ 和 $\pi(r)$, 当 $\varepsilon \geqslant \varepsilon(r)$ 和 $\varepsilon c \leqslant \pi(r)$ 时

$$P\{S_n/s_n > \varepsilon\} \leqslant \exp\left\{-\dfrac{\varepsilon^2}{2}(1 + r)\right\}.$$

10. 设 $\{X_j\}$ 是 i.i.d.r.v. 序列, 则对任意正数 b, v 和 s,

$$P\left\{\left|\sum_{j=1}^{n} X_j I(|X_j| \leqslant b) - E\sum_{j=1}^{n} X_j I(|X_j| \leqslant b)\right|\right.$$
$$\geqslant \dfrac{v}{2b}\mathrm{e}^v n EX_1^2 I(|X_1| \leqslant b) + \left.\dfrac{sb}{v}\right\}$$
$$\leqslant 2\mathrm{e}^{-s}.$$

特别地, 对任意 $\sigma^2 \geqslant EX_1^2 I(|X_1| \leqslant b)$, $b > 0$, $x > 0$ 有

$$P\left\{\left|\sum_{j=1}^{n} X_j I(|X_j| \leqslant b) - E\sum_{j=1}^{n} X_j I(|X_j| \leqslant b)\right|\right.$$
$$\geqslant \dfrac{1}{2}\left(1 + \exp\dfrac{bx}{\sqrt{n}\sigma}\right)\left. x\sqrt{n}\sigma\right\}$$
$$\leqslant 2\mathrm{e}^{-x^2/2}.$$

参 考 文 献

[1] 王梓坤. 概率论基础及其应用. 北京: 科学出版社, 1976; 北京师范大学出版社, 2009.

[2] 严士健, 刘秀芳. 测度与概率. 北京: 北京师范大学出版社, 1994.

[3] 吴智泉, 王向忱. 巴氏空间上的概率论. 长春: 吉林大学出版社, 1990.

[4] 缪柏其, 胡太忠. 概率论教程. 合肥: 中国科技大学出版社, 2009.

[5] 林正炎, 陆传荣. 强极限定理. 北京: 科学出版社, 1992.

[6] 林正炎, 陆传荣, 苏中根. 概率极限理论基础. 北京: 高等教育出版社, 1999.

[7] 林正炎, 苏中根, 张立新. 概率论. 杭州: 浙江大学出版社, 2014.

[8] Lin Z Y, Bai Z D. Probability Inequalities. Springer, 2011.

[9] Billingsley P. Convergence of Probability Measures, Second Edition. New York: Wiley, 1999.

[10] Chen L H, Goldstein L, Shao Q M. Normal Approximation by Stein's Method. Springer, 2011.

[11] Chen M F. From Markov Chain to Non-equilibrium Particle System. Singapore: World Scientific, 1994.

[12] Chow Y S, Teicher H. Probability Theory Independence, Interchangeability, Martingales. Berlin: Springer-Verlag, 1968.

[13] Chung K L. A Course in Probability Theory, Second Edition. New York: Academic Press, 1974.

[14] Csörgö M, Révész P. Strong Approximations in Probability and Statistics. New York: Academic Press, 1981.

[15] Dembo A, Zeitouni O. Large Deviations: Techniques and Applications, Second Edition. Stochastic Modelling and Applied Probability, V. 38. Springer, 1998.

[16] Durrett R. Probability: Theory and Examples, Fourth Edition. Cambridge University Press, 2010.

[17] Feller W. An Introduction to Probability Theory and Its Applications, V.I, Third Edition. John Wiley & Sons, Inc, 1968.

[18] Feller W. An Introduction to Probability Theory and Its Applications, V.II, Third Edition. John Wiley & Sons, Inc, 1971.

[19] Freedman D. Brownian Motion and Diffusion. Berlin: Springer-Verlag, 1971.

[20] de la Peña V H, Lai T L, Shao Q M. Self-Normalized Processes—Limit Theory and Statistical Applications. Springer, 2009.

[21] Grimmett G, Stirzaker D. Probability and Random Processes, Third Edition. Oxford University Press, 2001.

[22] Hall P, Heyde C. C. Martingale Limit Theory and its Application. Academic Press, New York, 1990.

[23] Hsu P. L, Robbins H. Complete convergence and the law of large numbers. Proc. Nat. Acad. Sci. U.S.A. 33, 25-31, 1947.

[24] den Hollander F. Large Deviations. Fields Institute Monographs V.14, American Mathematical Society, 2008.

[25] Ikeda N, Watanabe S. Stochastic Differential Equations and Diffusion Processes. Amsterdam: North-Holland, 1981.

[26] Ledoux M, Talagrand M. Probability in Banach Spaces—Isoperimetry and Processes. Berlin: Springer-Verlag, 2011.

[27] Loéve M. Probability Theory, 4th edition, Berlin: Springer-Verlag, 1978.

[28] Petrov V V. Limit Theorems of Probability Theory— Sequences of Independent Random Variables. Oxford: Oxford Science Publications, 1995.

[29] Polland D. Convergence of Stochastic Processes. Berlin: Springer-Verlag, 1984.

[30] Rao M M. Probability Theory with Applications. Academic Press, 1984.

[31] Shevtsova I. On the absolute constants in the Berry‐Esseen type inequalities for identically distributed summands. http://arxiv.org/abs/1111.6554, 2011.

[32] Shiryaev A N. Probability, Second Edition. Graduate Texts in Mathematics V.95, Springer. 1995.

[33] Skorohod A V. Studies in the Theory of Random Processes. Reading Mass: Addison-Wesley, 1961.

[34] Stout W F. Almost Sure Convergence. New York: Academic Press, 1974.

[35] Гнеденко Б В, Колмогоров А Н. Пределъные Распределения для Сумм Независимых Случайных Величин. Москва: Гостехиздат, 1949.

[36] Золотарев В М. Современная теория суммирования независимых случайных величин. Москва: Наука, 1986.

索　引

跋

Jacob Bernoulli 1705 年在瑞士 Basel 去世. 8 年后, 他的《The Art of Guessing》一书正式出版, 标志着概率论学科的开始. 该书中仅包含一个数学定理, 即著名的 Bernoulli 大数定律: 假设 $\xi_1, \xi_2, \cdots, \xi_n, \cdots$ 为一列 i.i.d.r.v., $P(\xi_n = 1) = p$, $P(\xi_n = 0) = 1 - p$, 其中 $0 < p < 1$. 令 $S_n = \sum\limits_{k=1}^{n} \xi_k$, 那么

$$P\left(\omega : \left|\frac{S_n(\omega)}{n} - p\right| > \varepsilon\right) \to 0, \quad n \to \infty. \tag{0.1}$$

17 世纪下半叶, Newton 刚发明微积分不久, 人们对计算各种数列的极限有着相当大的兴趣, 并发展了不少有效的方法和技巧. 但是, "$\varepsilon - N$" 语言并不能很好地解释 "随机试验中频率是否收敛到概率" 这样的问题. 正是 Bernoulli 大数律首次给出了 "频率收敛到概率" 的数学解释和严格证明.

Bernoulli 大数律内涵丰富, 成为后人发展概率论的源泉. (0.1) 式充分肯定了经验观测可以揭示随机现象规律的基本思想; 提出了 r.v. 序列依概率收敛到常数甚至随机变量的基本概念. 受此启发, 人们自然会问: 如果考虑一般 r.v. 的平均值, 情况会如何? 特别, 假设 $\xi_1, \xi_2, \cdots, \xi_n, \cdots$ 为一列 i.i.d.r.v., $E\xi_n = \mu$. 令 $S_n = \sum\limits_{k=1}^{n} \xi_k$, 那么

$$P\left(\omega : \left|\frac{S_n(\omega)}{n} - \mu\right| > \varepsilon\right) \to 0, \quad n \to \infty \tag{0.2}$$

成立吗? 用观测平均值去计算真值的思想很早以前就已出现, 并一直用于日常生活和社会实践. 关键在于能给出一个严格的数学证明吗?

回顾 (0.1) 式的证明, Bernoulli 二项分布起着关键作用. 事实上, $S_n \sim B(n, p)$. 因此

$$P\left(\omega : \left|\frac{S_n(\omega)}{n} - p\right| > \varepsilon\right) = \sum_{k:|k-np|>n\varepsilon} \binom{n}{k} p^k (1-p)^{n-k}. \tag{0.3}$$

根据杨辉三角或 Pascal 二项组合式, 容易得到

$$\sum_{k=0}^{n} \binom{n}{k} p^k (1-p)^{n-k} = 1. \tag{0.4}$$

跋   319

但是, (0.3) 的困难在于计算部分和, 而不是对所有 $k = 0, 1, \cdots, n$ 求和. 为此, Bernoulli 利用了 $n!$ 的渐近计算公式. 显然, 这样一个计算技巧对 (0.2) 不合适, 因为 ξ_n 的分布并不知道. 事实上, 即使 ξ_n 只取三个值, Bernoulli 的计算方法显得笨拙而不可行!

为了证明 (0.2), 我们需要使用下列 Chebyshev 不等式. 假设 X 是 r.v., $EX = \mu$, $\mathrm{Var}(X) = \sigma^2 < \infty$, 那么对任意 $x > 0$

$$P(|X - EX| > x) \leqslant \frac{\mathrm{Var}(X)}{x^2}. \tag{0.5}$$

Chebyshev 被看作是俄国现代数学之父. 上述 Chebyshev 不等式在概率论学科发展中起着举足轻重的作用. 事实上, 概率自 16 世纪由赌博游戏引入以来, 到 19 世纪末, 历经 300 年. 相对于这一时期的分析、代数、几何、方程等其他数学分支而言, 概率论发展非常缓慢. 尽管有不少大数学家热衷于概率的研究并积极倡导和应用, 但总体上来说, 概率论学科还停留在一些具体事件的概率计算上. Chebyshev 不等式可看作是一个时代的转折点.

作为应用, 可以用 (0.5) 证明 (0.1):

$$P\left(\omega : \left|\frac{S_n(\omega)}{n} - p\right| > \varepsilon\right) \leqslant \frac{\mathrm{Var}\left(\frac{S_n}{n}\right)}{\varepsilon^2} = \frac{\mathrm{Var}(S_n)}{n^2 \varepsilon^2}. \tag{0.6}$$

既然 $\varepsilon > 0$ 是任意给定的正数, 那么只要验证 $\mathrm{Var}(S_n) = o(n^2)$ 就够了. 在二项分布情形,

$$\mathrm{Var}(S_n) = \sum_{k=0}^{n}(k - np)^2 \binom{n}{k}p^k(1-p)^{n-k} = np(1-p). \tag{0.7}$$

注意, 正如 (0.4) 一样, (0.7) 的计算比 (0.3) 要容易得多. 更为重要的是, 上述讨论不局限于 Bernoulli 二项分布, 而适用于非常广泛的随机变量序列. 以下是 Chebyshev 大数律: 假设 $\xi_1, \xi_2, \cdots, \xi_n, \cdots$ 为一列 r.v., $E\xi_n = \mu_n$, $\mathrm{Var}(\xi_n) = \sigma_n^2$. 如果

$$\mathrm{Var}(S_n) = o(n^2), \tag{0.8}$$

那么

$$P\left(\omega : \left|\frac{1}{n}\sum_{k=1}^{n}\xi_k - \frac{1}{n}\sum_{k=1}^{n}\mu_k\right| > \varepsilon\right) \to 0, \quad n \to \infty. \tag{0.9}$$

该定理的条件 (0.8) 包含的范围非常广泛. 如, i.i.d. 且方差有限; 独立不同分布且方差有界; 不独立但互不相关且方差有界; 其他相依情形. 后几种情形更

为常见, 在实际观测时, 并不能苛求试验环境, 数据之间不可避免地存在一定联系, 并且不能保证同分布.

Chebyshev 大数律显然是 Bernoulli 大数律的极大推广. 但是, 条件 (0.8) 对于一个大数律来说无疑有点强. Khinchin 改进了 Chebyshev 大数律, 在 i.i.d. 且数学期望存在有限的情况下, 证明了 (0.2). 当然, 此时无法直接使用 Chebyshev 不等式 (0.5), 截尾方法应运而生.

Bernoulli 大数律告诉人们: 给定任意精度, 只要试验重复足够多次, 频率就有很大可能接近概率真值, 以致误差在给定精度内. 人们自然会问, 试验次数究竟多大合适? 该如何确定呢? 当然, 给定精度 $\varepsilon > 0$, 无论 n 多么大, 都无法保证独立重复试验 n 次后 $|S_n/n - p| \leqslant \varepsilon$. n 的大小取决于事先给定的可靠度 (置信度), 关键在于如何由精度和可靠度来确定 n. 即, 给定 $0 < \varepsilon, \eta < 1$, 如何有效地表达 (近似)

$$P\left(\omega : \left|\frac{S_n(\omega)}{n} - p\right| > \varepsilon\right) = \eta. \tag{0.10}$$

De Moivre-Laplace 考虑了这样的问题, 并对独立二项分布 r.v. 序列证明了下列中心极限定理: 对任意 $a < b$,

$$P\left(\omega : a < \frac{S_n(\omega) - np}{\sqrt{np(1-p)}} \leqslant b\right) \approx \Phi(b) - \Phi(a). \tag{0.11}$$

直接应用该结果, (0.10) 可写成

$$P\left(\omega : \left|\frac{S_n(\omega)}{n} - p\right| > \varepsilon\right) \approx 2\left(1 - \Phi\left(\varepsilon\sqrt{\frac{n}{p(1-p)}}\right)\right) =: \eta. \tag{0.12}$$

由此可以计算 n 的大小 (依赖于 ε, η, p).

De Moivre 在前人特别是 Bernoulli 家族和 Huygens 的基础上, 研究和发展概率论. 他 1711 年出版了《The Doctrine of Chances: a Method of Calculating the Probabilities of Events in Play》, 并在赌徒中很有影响和地位. 事实上, 他首先考虑了 $p = 1/2$ 情形, 并和他的朋友 Stirling 同时发现了下列公式

$$n! \sim \sqrt{2\pi n}n^n \mathrm{e}^{-n}. \tag{0.13}$$

通常称 (0.13) 为 Stirling 公式, 实际上应该称为 De Moivre-Stirling 公式.

差不多 40 年后, Laplace 考虑了 $p \neq 1/2$ 情形. 应该说, Laplace 对概率统计和天体力学贡献巨大. 他 1799—1825 年期间出版了五卷本《Celestial Mechanics》, 1812 年出版了《Analytic Theory of Probability》. 直到今天, 人们在概率极限理论方面的研究还受到 Laplace 工作的影响.

正如 Bernoulli 大数律一样, De Moivre-Laplace 中心极限定理对概率论学科的发展影响深远. 受 (0.11) 启发, 人们提出了 r.v. 序列依分布收敛的概念, 并给出一般形式的中心极限定理: 假设 $\xi_1, \xi_2, \cdots, \xi_n, \cdots$ 是一列 i.i.d.r.v., $E\xi_n = \mu$, $\mathrm{Var}(\xi_n) = \sigma^2 < \infty$, 那么

$$P\left(\omega : \frac{S_n(\omega) - n\mu}{\sqrt{n}\sigma} \leqslant x\right) \to \Phi(x), \quad n \to \infty. \tag{0.14}$$

但是, 如何证明呢? 我们需要找到一个有效的工具和判别准则. 随着 Fourier 分析的发展, 人们发现 Fourier 变换是研究 d.f. 的一个有效工具. 在概率论中, 称 d.f. 的 Fourier 变换为特征函数.

假设 X 为 r.v., 定义 $\phi(t) = Ee^{itX}$ 为 c.f.. 任意 r.v. 都存在 c.f, 它具有非常良好的分析性质、运算性质和唯一性. 随着 c.f. 的引入, 20 世纪 20-30 年代概率论的发展进入一段黄金时期. 法国数学家 Lévy 建立了连续性定理: $X_n \xrightarrow{d} X$ 当且仅当 $\phi_n(t) \to \phi(t)$, 其中 ϕ_n 和 ϕ 分别为 X_n 和 X 的 c.f.. 由此, 可以证明 (0.14). 事实上, 令 $X_n = (S_n - n\mu)/\sqrt{n}\sigma$, 那么

$$\begin{aligned}
Ee^{itX_n} &= \prod_{k=1}^{n} Ee^{it\frac{\xi_k - \mu}{\sqrt{n}\sigma}} \\
&= \left(1 - \frac{t^2}{2n} + o\left(\frac{1}{n}\right)\right)^n \\
&\to e^{-\frac{t^2}{2}}.
\end{aligned} \tag{0.15}$$

所以, (0.14) 成立. 这被称为 Feller-Lévy 中心极限定理, 上述证明已写入大学概率论教材, 具有微积分基础的学生都能掌握.

Lindeberg 和 Feller 研究了独立不同分布情形, 再次运用 c.f. 方法证明了下列定理: 假设 $\{\xi_n; n \geqslant 1\}$ 为一列独立 r.v., 相应的 d.f. 分别为 F_n, 并且 $E\xi_n = \mu_n$, $\mathrm{Var}(\xi_n) = \sigma_n^2 < \infty$. 令 $B_n = \sum_{k=1}^{n} \sigma_k^2 \to \infty$. 那么

$$\max_{1 \leqslant k \leqslant n} \frac{\sigma_k^2}{B_n} \to 0 \tag{0.16}$$

和

$$\frac{1}{\sqrt{B_n}} \sum_{k=1}^{n} (\xi_k - \mu_k) \xrightarrow{d} N(0, 1) \tag{0.17}$$

当且仅当对任意 $\varepsilon > 0$

$$\frac{1}{B_n} \sum_{k=1}^{n} \int_{|x - \mu_k| > \varepsilon\sqrt{B_n}} (x - \mu_k)^2 \mathrm{d}F_k(x) \to 0. \tag{0.18}$$

称 (0.16) 为 Feller 条件, (0.18) 为 Lindeberg 条件. 当 r.v. 同分布且方差存在时, 这些条件都满足. 当 r.v. 不同分布时, (0.16) 意味着各个 r.v. $\xi_k/\sqrt{B_n}$ "一致地无穷小, 没有一个起显著作用". 正如 Chebyshev 大数律一样, Lindeberg-Feller 定理应用非常广泛, 譬如说明各类测量误差可以近似地用正态分布描述.

中心极限定理不仅适用于独立 r.v. 部分和, 而且可以推广到许多相依 r.v. 序列情形, 如鞅差序列, Markov 链, 各类混合序列, 正、负相依 (伴) 序列等, 从而发展了许多新的方法, 如 20 世纪 70 年代提出的 Stein 方法.

除 Bernoulli 大数律和 De Moivre-Laplace 中心极限定理外, 另一个经典极限定理是 Poisson 极限定理. 它讨论的仍然是二项分布. 假设 $\{S_n; n \geqslant 1\}$ 为一列二项分布 r.v., $S_n \sim B(n, p_n)$. 如果 $np_n \to \lambda > 0$, 那么对每个 $k = 0, 1, 2, \cdots$

$$\lim_{n \to \infty} P(\omega : S_n(\omega) = k) = \frac{\lambda^k}{k!} \mathrm{e}^{-\lambda}. \tag{0.19}$$

注意, $\sum_{k=0}^{\infty} \lambda^k \mathrm{e}^{-\lambda}/k! = 1$. 因此, 可以构造一个 r.v. X, 具有分布

$$P(\omega : X(\omega) = k) = \frac{\lambda^k}{k!} \mathrm{e}^{-\lambda}, \quad k = 0, 1, 2, \cdots, \tag{0.20}$$

称 X 为 Poisson r.v., 记作 $X \sim \mathcal{P}(\lambda)$. (0.19) 可写作

$$S_n \xrightarrow{d} \mathcal{P}(\lambda) \tag{0.21}$$

(0.21) 的证明并不难, 利用 Stirling 公式 (0.13) 直接计算或者利用 Lévy 连续性定理均可.

以上三大经典极限定理讨论的都是 Bernoulli 二项分布 r.v.,

20 世纪 20—30 年代, 人们试图寻求一种普适极限定理, 来描述随机现象的内在规律. 假设 $\{\xi_{n,k}; 1 \leqslant k \leqslant k_n, n \geqslant 1\}$ 为行内独立的三角组列, 令 $S_n = \sum_{k=1}^{k_n} \xi_{n,k}$ 表示组列的第 n 行 r.v. 和. 如果对任意 $\varepsilon > 0$,

$$\max_{1 \leqslant k \leqslant k_n} P(\omega : |\xi_{n,k}(\omega)| > \varepsilon) \to 0 \quad (n \to \infty), \tag{0.22}$$

那么称 $\{\xi_{n,k}\}$ 满足无穷小条件. 该条件意味着每行内的 r.v. "一致的小, 没有一个起显著性作用". 如果 S_n 解释为测量误差, 那么 $\{\xi_{n,k}; 1 \leqslant k \leqslant k_n\}$ 可看作是造成误差的诸多细微的因素, 每一个因素都会导致测量误差, 但没有系统

误差. 人们自然会问: 用什么描述 S_n 的分布比较合适? 事实上, 当造成误差的因素可以细分, 并且满足无穷小条件 (0.22) 时, 误差 S_n 的分布是无穷可分分布.

假设 X 是 r.v., d.f. 为 $F(x)$, c.f. 为 $\phi(t)$. 如果对任意 $n \geqslant 1$, 存在 r.v. $\xi_{n,1}, \cdots, \xi_{n,n}$ 使得

$$X \overset{d}{=} \sum_{k=1}^{n} \xi_{n,k}, \tag{0.23}$$

那么称 X 为无穷可分 r.v. 等价地, 可以用 d.f. 或 c.f. 来描述. 无穷可分分布族包括退化单点分布、正态分布、Poisson 分布以及它们的混合分布; 但不包括有界非退化随机变量. 一个分布是无穷可分分布当且仅当其 c.f. $\phi(t)$ 可以写成下列 Lévy-Khinchin 表示:

$$\phi(t) = \exp\left(i\gamma t - \frac{\sigma^2 t^2}{2} + \int_{-\infty}^{\infty} \left(e^{itx} - 1 - \frac{itx}{1+x^2}\right) \frac{1+x^2}{x^2} dG(x)\right), \tag{0.24}$$

其中 γ 为常数, $G(x)$ 单调不减、右连续左极限存在, $G(-\infty) = 0$ 并且 $G(\infty) < \infty$.

普适极限定理断言: 如果无穷小三角组列 $\{\xi_{n,k}\}$ 的行和 S_n 依分布收敛到某 X, 那么 X 一定是 i.d.r.v. 进而, 可以给出收敛到某给定 i.d.d.f. 的充分必要条件. 事实上, 三大经典极限定理都是该普适性极限定理的特殊情况. 可以说, 普适极限定理是 20 世纪 20—30 年代的杰作, 它将 c.f. 方法运用到极致. 然而, 由于理论过于一般化, 证明相当繁琐, 初学者不易掌握.

几乎必然收敛. 假设 $X, X_n, n \geqslant 1$ 为一列定义在概率空间 $(\Omega, \mathscr{A}, P)$ 上的 r.v., 如果存在一个 Ω_0 使得 $P(\Omega_0) = 1$, 并且对每一个 $\omega \in \Omega_0$ 都有

$$\lim_{n \to \infty} X_n(\omega) = X(\omega), \tag{0.25}$$

称 X_n 几乎必然收敛到 X, 记作 $X_n \longrightarrow X$ a.s.. 就概念本身而言, 几乎必然收敛是容易理解的, 因为 (0.25) 本质上是数列极限. 在 r.v. 序列的各种各样收敛性中, 几乎必然收敛是最强的收敛性之一. 如何判别某 r.v. 序列几乎必然收敛呢? 不难看出: $X_n \longrightarrow X$ a.s. 当且仅当对任意 $\varepsilon > 0$

$$P(\omega : |X_n(\omega) - X(\omega)| > \varepsilon, \text{ i.o.}) = 0. \tag{0.26}$$

这等价于

$$\lim_{n \to \infty} P(\omega : \sup_{k \geqslant n} |X_k(\omega) - X(\omega)| > \varepsilon) = 0. \tag{0.27}$$

显然, 一个充分条件为

$$\sum_{n=1}^{\infty} P(\omega : |X_n(\omega) - X(\omega)| > \varepsilon) < \infty. \tag{0.28}$$

更一般地, 有下列 Borel-Cantelli 引理: 假设 $\{A_n, n \geqslant 1\}$ 是一列事件, 如果 $\sum_{n=1}^{\infty} P(A_n) < \infty$, 那么 $P(A_n, \text{i.o.}) = 0$. 当然, 级数收敛这一条件要强得多. 不过, 如果 $\{A_n\}$ 是一列独立事件, 并且 $P(A_n, \text{i.o.}) = 0$, 那么 $\sum_{n=1}^{\infty} P(A_n) < \infty$.

Borel 强大数律: 假设 $\{\xi_n; n \geqslant 1\}$ 是一列 i.i.d.r.v., $P(\xi_n = 1) = p$, $P(\xi_n = 0) = 1 - p$. 令 $S_n = \sum_{k=1}^{n} \xi_k$, 那么

$$\lim_{n \to \infty} \frac{S_n}{n} = p \quad \text{a.s.} \tag{0.29}$$

显然, Borel 强大数律更为深刻地解释了 "频率收敛到概率" 的基本事实. 值得强调, 从 Bernoulli 大数律到 Borel 大数律历经两百年, 无数人为此进步付出了毕生精力. 证明是 Borel-Cantelli 引理的简单应用. 事实上,

$$\sum_{n=1}^{\infty} P\left(\omega : \left|\frac{S_n(\omega)}{n} - p\right| > \varepsilon\right) \leqslant \sum_{n=1}^{\infty} \frac{E|S_n - np|^4}{n^4 \varepsilon^4} < \infty. \tag{0.30}$$

如果有什么需要注意的话, 那就是在 (0.29) 中所有 ξ_n 都定义在同一个概率空间上, 以至于 $S_{n+1}(\omega) = S_n(\omega) + \xi_{n+1}(\omega)$.

正如读者注意到的那样, Borel 大数律证明之所以简单, 在于 $S_n \sim B(n, p)$, 因此四阶矩存在, 并且 $E|S_n - np|^4 = O(n^2)$. 能将 Khinchin 大数律加强为 a.s. 收敛吗? Kolmogorov 强大数律肯定地回答了这个问题.

Kolmogorov 是 20 世纪最伟大的数学家之一, 现代概率论的奠基人. 1920 年进入莫斯科国立大学学习, 1929 年获得博士学位. 博士期间完成多篇论文, 其中最具代表性的工作有: 强大数律, 三级数定理, 以及重对数律. Kolmgorov 强大数律: 假设 $\{\xi_n; n \geqslant 1\}$ 为 i.i.d.r.v. 序列, 令 $S_n = \sum_{k=1}^{n} \xi_k$. 那么

$$\lim_{n \to \infty} \frac{S_n}{n} = \mu \quad \text{a.s.} \tag{0.31}$$

当且仅当 $E|\xi_1| < \infty$, $E\xi_k = \mu$.

条件的必要性是 Borel-Cantelli 引理的简单推论; 但充分性的证明要复杂得多. 为此, Kolmogorov 创造了许多新的方法, 包括子序列方法和独立 r.v. 部分和的最大值不等式.

1929 年, Kolmogorov 证明了著名的有界重对数律: 假设 $\{\xi_n; n \geqslant 1\}$ 为一列独立 r.v., $E\xi_n = 0$, $\mathrm{Var}(\xi_n) = \sigma_n^2 < \infty$. 令 $S_n = \sum\limits_{k=1}^{n} \xi_k$, $B_n = \sum\limits_{k=1}^{n} \sigma_k^2 \to \infty$.
如果 $|\xi_n| \leqslant M_n = o((B_n/\log\log B_n)^{1/2})$ a.s., 那么

$$\limsup_{n\to\infty} \frac{|S_n|}{\sqrt{2B_n \log\log B_n}} = 1 \quad \text{a.s.} \tag{0.32}$$

这个定理的意义是多方面的. 它以一种完全不同于大数律和中心极限定理的形式刻画了独立 r.v. 和的渐近性质; 将 Borel-Cantelli 引理用到极致; 创建了指数型不等式.

对于 i.i.d.r.v. 序列 $\{\xi_n; n \geqslant 1\}$,

$$\limsup_{n\to\infty} \frac{|S_n|}{\sqrt{2n \log\log n}} = \sigma \quad \text{a.s.} \tag{0.33}$$

当且仅当 $E\xi_k = 0$, $E\xi_1^2 = \sigma^2 < \infty$.

令人惊讶的是, 该定理直到 1941 年才由 Hartman-Wintner 证明.

19 世纪末、20 世纪初, 整个数学正经历着一场革命. Lebesgue 测度论、Poincaré 的拓扑学、Hilbert 的 23 个问题, 都给 20 世纪数学家留下了巨大的发展空间. 概率论学科经过 200 多年的孕育后, 于 20 世纪初迎来了发展的黄金时期. Kolmogorov 1933 年出版了《Foundations of Theory of Probability》, 标志着现代概率论的开始. 此书共分四章, 主要内容包括一、构建概率论公理化体系; 二、发展条件概率和条件期望; 三、给出无穷维分布相容性条件; 四、证明独立 r.v. 和极限定理. 它们为后来整个概率论学科的发展奠定了基础.

正如读者注意到的那样, 无论大数律、中心极限定理, 还是重对数律, 讨论的都是收敛性问题. 以 Feller-Lévy 定理为例, 假设 $\{\xi_n; n \geqslant 1\}$ i.i.d., $E\xi_n = 0$, $\mathrm{Var}(\xi_n) = 1$, 那么对每个 x

$$P\Big(\omega : \frac{S_n}{\sqrt{n}} \leqslant x\Big) \longrightarrow \Phi(x), \quad n \to \infty. \tag{0.34}$$

由于 $\Phi(x)$ 是单调递增连续函数, 那么上述收敛一致成立, 即

$$\Delta_n := \sup_{-\infty < x < \infty} \Big| P\Big(\omega : \frac{S_n}{\sqrt{n}} \leqslant x\Big) - \Phi(x) \Big| \longrightarrow 0, \quad n \to \infty. \tag{0.35}$$

一个自然的问题是: Δ_n 趋于 0 的速度如何? 这不仅仅是一个理论问题, 而且在数理统计中有着重要应用. Berry-Esseen 给出下列结果: 假设 $\xi_k, 1 \leqslant k \leqslant n$ 独立同分布, $E\xi_k = 0$, $\mathrm{Var}(\xi_k) = 1$, $E|\xi_k|^3 < \infty$, 那么存在一个数值常数

$A > 0$,

$$\Delta_n \leqslant A \frac{E|\xi_1|^3}{\sqrt{n}}. \tag{0.36}$$

对于独立不同分布情形, 类似结果成立:

$$\sup_{-\infty < x < \infty} \left| P\left(\omega : \frac{S_n - ES_n}{\sqrt{B_n}} \leqslant x \right) - \Phi(x) \right| \leqslant A \frac{\displaystyle\sum_{k=1}^n E|\xi_k|^3}{B_n^{3/2}}. \tag{0.37}$$

注意, (0.36) 和 (0.37) 对任意 $n \geqslant 1$ 都成立. 作为一个定理, 如果不对 ξ_k 的分布作假设, (0.36) 的上界的阶是不可改进的. 例如, 如果 $P(\xi_k = \pm 1) = 1/2$, 那么 $P(S_n = 0) \sim n^{-1/2}$. 但是对于有界对称连续型 r.v., (0.36) 的上界的阶可以改进到 n^{-1}.

根据 (0.36),

$$P\left(\omega : \frac{S_n}{\sqrt{n}} \leqslant x \right) = \Phi(x) + O(n^{-1/2}). \tag{0.38}$$

类似地,

$$P\left(\omega : \frac{S_n}{\sqrt{n}} > x \right) = 1 - \Phi(x) + O(n^{-1/2}). \tag{0.39}$$

这些结果对于统计推断中置信区间估计和假设检验非常有用. 但是, 当 x 比较大时, $1 - \Phi(x)$ 本身很小, 有可能远比 $n^{-1/2}$ 小. 例如, 保险精算中破产概率及其他风险的估计就可能出现这种问题. 这样, 运用 (0.39) 来估计 $P(\omega : S_n > \sqrt{n}x)$ 当然不准确了. Cramér 证明

$$\frac{P(\omega : S_n > \sqrt{n}x)}{1 - \Phi(x)} = (1 + o(1)) \mathrm{e}^{\frac{x^3}{\sqrt{n}} \lambda(\frac{x}{\sqrt{n}})}, \tag{0.40}$$

其中 $x = o(\sqrt{n})$, $\lambda(\cdot)$ 为 Cramér 级数. 称 (0.40) 为 Cramér-型大偏差, 用于描述小概率事件的渐近性质. 20 世纪六七十年代, Donsker, Varadhan 等进一步考虑了多维 r.v. 和随机过程的大偏差. 大偏差理论现已成为概率极限理论的一个重要分支.

为了精确刻画大数律的收敛性, 许宝騄和 Robbins 1947 年证明了下列完全收敛性: 假设 $\{\xi_n; n \geqslant 1\}$ 是一列 i.i.d.r.v., $E\xi_1 = 0$, $E\xi_1^2 < \infty$, 那么对任意 $\varepsilon > 0$,

$$\sum_{n=1}^{\infty} P\left(\omega : \left| \frac{S_n(\omega)}{n} \right| > \varepsilon \right) < \infty. \tag{0.41}$$

显然, 从 (0.41) 可推出强大数律成立, 从而 $E|\xi_1| < \infty$ 并且 $E\xi_1 = 0$. 但是, 方差的存在性并不明显. 事实上, Erdös 1950 年证明了方差存在有限是 (0.41) 成立的必要条件. 而 Baum-Katz 1968 年证明

$$\sum_{n=1}^{\infty} \frac{1}{n} P\left(\omega : \left|\frac{S_n(\omega)}{n}\right| > \varepsilon\right) < \infty \qquad (0.42)$$

当且仅当 $E|\xi_1| < \infty$, $E\xi_1 = 0$.

随后, 在上世纪 70—80 年代, 文献中有大量关于各种各样完全收敛性的讨论. 其中一个非常有趣的问题是: (0.41) 的左边究竟有多大? 它是如何依赖于 $\varepsilon > 0$ 的? Hedey 1980 年考虑该问题并证明下列结论: 假设 $\{\xi_n ; n \geq 1\}$ 是一列 i.i.d.r.v., $E\xi_1 = 0$, $E\xi_1^2 = \sigma^2 < \infty$, 那么

$$\lim_{\varepsilon \to 0} \varepsilon^2 \sum_{n=1}^{\infty} P\left(\omega : \left|\frac{S_n(\omega)}{n}\right| > \varepsilon\right) = \frac{\sigma^2}{2}. \qquad (0.43)$$

其证明利用了中心极限定理以及正态分布的尾概率估计. 当然, 可以进一步讨论其他类似的问题. 现在, 文献中称这类问题为精确渐近性.

随机过程的迅猛发展是概率论学科乃至整个数学在 20 世纪取得的最大成就之一. Wiener 过程、Gauss 过程、Markov 过程、Lévy 过程、鞅等都是概率学家最为熟悉的概念. 在这些过程的研究中, 有关独立 r.v. 序列部分和的各种经典概率极限定理得到广泛应用和推广. 著名的结果包括 Kolmogorov-Smirnov 定理、Donsker 弱不变原理和 Skorohod 强不变原理.

在数理统计中, 总体分布 $F(x)$ 往往并不知道; 人们通常用经验 d.f. $F_n(x)$ 去做统计推断. 对每个固定的 x, 经典的大数律和中心极限定理表明: $F_n(x) \to F(x)$ a.s., 并且 $\sqrt{n}(F_n(x) - F(x)) \xrightarrow{d} N(0, F(x)(1 - F(x)))$. 但逐点收敛并不能很好地描述 d.f. $F(x)$ 的整体性质, 人们需要一致收敛性. Glivenko-Cantelli 定理证明了 $\sup_x |F_n(x) - F(x)| \to 0$ a.s.; 进而, Kolmogorov 和 Smirnov 给出了其渐近分布. 具体地说, $(F_n(x) - F(x), -\infty < x < \infty)$ 作为随机过程序列依分布收敛到 Brown 桥, 并且

$$\lim_{n \to \infty} P\left(\sup_{-\infty < x < \infty} \sqrt{n}(F_n(x) - F(x)) > t\right) = e^{-2t^2} \qquad (0.44)$$

和

$$\lim_{n \to \infty} P\left(\sup_{-\infty < x < \infty} \sqrt{n}|F_n(x) - F(x)| > t\right) = 2\sum_{k=1}^{\infty} (-1)^{k-1} e^{-2k^2 t^2}. \qquad (0.45)$$

这些结果可以用来检验总体 d.f. $F(x)$, 因此通常称 $\sup_{-\infty < x < \infty} \sqrt{n}|F_n(x) - F(x)|$ 为 Kolmogorov-Smirnov 检验统计量.

众所周知, 经典随机游动和随机过程有着简单而自然的联系. 假设 $\{\xi_n;$ $n \geqslant 1\}$ 是一列 i.i.d.r.v., $P(\xi_n = \pm 1) = \frac{1}{2}$. 令 $S_0 = 0$, $S_n = \sum_{i=1}^{n} \xi_i$, 那么 $(S_0, S_1, S_2, \cdots, S_n, \cdots)$ 构成一个随机过程. 事实上, 它是 Markov 链、独立增量过程和鞅, 成为研究随机过程各种性质的基本例子. 如果在时间 – 位置坐标系中描点, 便得到随机游动轨迹. 如果限于前 n 个时刻, 那么获得 2^n 条不同轨迹, 每条轨迹出现的可能性均为 $\frac{1}{2^n}$. 如果把相邻的两点连接起来, 得到连续轨迹. 定义部分和过程

$$X_n(t) = \frac{1}{\sqrt{n}} \sum_{i=1}^{[nt]} \xi_i + \frac{nt - [nt]}{\sqrt{n}} \xi_{[nt]+1}, \quad 0 \leqslant t \leqslant 1. \tag{0.46}$$

显然, 根据 Lévy-Feller 中心极限定理知, 对每个 t 成立 $X_n(t) \to N(0, t)$. 进而, 作为随机过程来说, $(X_n(t), 0 \leqslant t \leqslant 1)$ 依分布收敛. 特别, Donsker 证明了下列结果

$$X_n \Rightarrow W, \quad n \to \infty, \tag{0.47}$$

其中 $W = (W(t), 0 \leqslant t \leqslant 1)$ 为标准 Wiener 过程. 正如中心极限定理那样, 这一结果不仅对简单随机游动成立, 而且可以推广到一般 r.v. 序列, 并称为 Donsker 不变原理. 它的重要性体现在两方面: (1) 证明了 Brown 运动的存在性; (2) 结合依分布收敛的连续性, 得到 r.v. 序列部分和产生的各种统计量的极限定理和渐近分布, 从而在数理统计、计量经济、金融数学等学科中有广泛应用.

上述 Kolmogorov-Smirnov 定理和 Donsker 不变原理成为研究一般拓扑空间和距离空间上概率测度弱收敛的基本例子和主要动机. 根据样本轨迹的正则性和有界性, 可以把随机过程看作是某个函数空间上的随机元 (r.e.). 例如, 部分和过程可以看作是 $C([0,1])$ 上的 r.e., 经验过程可以看作是 $D([0,1])$ 空间上的 r.e.; 前者赋有一致拓扑, 后者赋有 Skorohod 拓扑. 距离空间上概率测度弱收敛的定义如下.

假设 (S, ρ) 为距离空间, $P, P_n, n \geqslant 1$ 为 S 上一列概率测度, 如果对每一个有界连续函数 f,

$$\int_S f(s) \mathrm{d}P_n \to \int_S f(s) \mathrm{d}P, \quad n \to \infty, \tag{0.48}$$

那么称 P_n 弱收敛到 P, 记作 $P_n \Rightarrow P$. 这一概念是 d.f. 弱收敛的推广. 一个自然的问题是, 如何判别概率测度弱收敛呢? 通常分为两步: (1) 概率测度序列弱相对紧, (2) 所有子序列的极限测度都相同. Prohorov 定理对于验证概率

测度序列弱相对紧起着重要作用. 假设 Π 是 S 上一族概率测度, 如果对任意 $\varepsilon > 0$, 存在一个紧致子集 K 使得

$$\sup_{P \in \Pi} P(K^c) < \varepsilon, \tag{0.49}$$

则称 Π 是一致胎紧的 (uniformly tight). Prohorov 定理给出概率测度族弱相对紧的充分条件: 如果 Π 是一致胎紧的, 那么 Π 是弱相对紧的. 其实, 在可分完备距离空间上, 弱相对紧的概率测度族是一致胎紧的. 该定理的兴趣在于: 它将概率测度族的弱收敛性和距离空间的紧致子集的刻画联系起来. 有了 Prohorov 定理, 不同距离空间上的概率测度弱收敛有着各具特色的判别法则.

自 1960 年以来, Hilbert 空间值和 Banach 空间值 r.v. 的概率极限理论逐渐发展起来. 许多实数值 r.v. 的极限定理都被推广到 Banach 空间值 r.v. 情形, 并获得新的结果. 特别有趣的是, 概率极限理论可以用来研究 Banach 空间的局部几何结构, 如 p- 型和 q- 余型空间. 为了研究 Banach 空间值 r.v. 的概率极限定理, 人们建立了许多新型概率不等式, 如 Hoffman-Jørgensen 不等式, Rosenthal 矩不等式, Talagrand 等周不等式. 这些不等式甚至对实值 r.v. 的研究都有巨大帮助. 1991 年由 Ledoux 和 Talagrand 编著的《Probability in Banach Spaces》总结了 90 年代以前的主要研究成果, 是 Banach 空间上概率论的经典著作.

1970 年代, 匈牙利 Major 等学者利用 Skorohod 嵌入定理, 建立了与弱不变原理 (0.47) 相应的强不变原理: 假设 $\{\xi_n; n \geqslant 1\}$ 是概率空间 $(\Omega, \mathscr{A}, P)$ 上的一列 i.i.d.r.v., $E\xi_1 = 0$, $E\xi_1^2 = 1$. 记 $S_n = \sum_{i=1}^{n} \xi_i$. 那么可以构造一个新的概率空间 $(\tilde{\Omega}, \tilde{\mathscr{A}}, \tilde{P})$, 在其上存在一个 Wiener 过程 W 和一列 i.i.d.r.v. 序列 $\{\tilde{\xi}_n, n \geqslant 1\}$, 使得 $\{\tilde{S}_n; n \geqslant 1\}$ 与 $\{S_n; n \geqslant 1\}$ 同分布, 且

$$\lim_{n \to \infty} \frac{|\tilde{S}_n - W(n)|}{\sqrt{n \log \log n}} = 0 \quad \text{a.s.} \tag{0.50}$$

随机过程样本轨道性质的研究自 1930 年代开始. Lévy 1937 年首先讨论了 Brown 运动样本曲线的连续模大小, 并证明

$$\limsup_{\delta \to 0} \sup_{0 \leqslant t_2 - t_1 \leqslant \delta} \frac{W(t_2) - W(t_1)}{\left(2\delta \log \frac{1}{\delta}\right)^{1/2}} = 1, \quad \text{a.s.} \tag{0.51}$$

其中 $W = (W(t), t \geqslant 0)$ 为标准 Brown 运动. 该结果精确地刻画了 Wiener 过程样本曲线的不正则性. 后来, 有关 Wiener 过程和 Gauss 过程样本曲线的

连续模大小的研究成为一个热门课题, 吸引了许多概率极限理论学者的关注. 特别, 以 Csrögö 和 Révesz 为代表的匈牙利学派在该领域做了大量工作, 完整清晰地刻画了一大类 Gauss 过程的样本曲线性质.

我国在概率极限理论方面也有一系列研究. 1970 年代以后. 浙江大学、中国科技大学等高校在 r.v. 部分和的各种极限理论, 统计大样本理论以及一般 Gauss 过程样本曲线渐近性质等方面取得了许多成果, 并得到国内外同行的认可.